扫描二维码下载“学评系统”
教学练习一体化

BAP Using Microsoft® Office 2010 SHANGWU ZHUANYE YINGYONG NENGLI GUOJI RENZHENG Essential Level Office DASHI TONGGUAN BAODIAN

BAP Using Microsoft® Office 2010 商务专业应用能力国际认证 Essential Level

Office大师通关宝典

JYiC认证研究团队　编著

中国铁道出版社
CHINA RAILWAY PUBLISHING HOUSE

北京市版权局著作权合同登记　　　　国字 01—2017—2673

内 容 简 介

本书为微软 Office 办公软件 BAP 认证核心级配套教材，内容包含 Word、Excel、PowerPoint 软件的认证测试题，采用图解式标注的方法，让读者循序渐进地解题并学习各项知识点，达到学中做、做中学的效果。随书附赠“BAP 学评系统”，模拟真实认证考试环境，读者可通过系统进行自我学习检验。

本书适合作为高等院校 Office 高级应用课程教材，也可作为参加 BAP 核心能力认证考试的参考书。

图书在版编目（CIP）数据

BAP Using Microsoft® Office 2010 商务专业应用能力国际认证 Essential Level Office 大师通关宝典 / JYiC 认证研究团队编著．— 北京：中国铁道出版社，2017.6

ISBN 978-7-113-23089-0

Ⅰ．①B… Ⅱ．①J… Ⅲ．①办公自动化—应用软件 Ⅳ．①TP317.1

中国版本图书馆 CIP 数据核字（2017）第 107802 号

书　　名：BAP Using Microsoft® Office 2010 商务专业应用能力国际认证 Essential Level Office 大师通关宝典

作　　者：JYiC 认证研究团队　编著

策　　划：秦绪好　　　　读者热线：（010）63550836

责任编辑：秦绪好　李学敏

编辑助理：孙晨光

封面设计：付　巍

封面制作：白　雪

责任校对：张玉华

责任印制：郭向伟

出版发行：中国铁道出版社（100054，北京市西城区右安门西街 8 号）

网　　址：http://www.tdpress.com/51eds/

印　　刷：北京尚品荣华印刷有限公司

版　　次：2017 年 6 月第 1 版　　2017 年 6 月第 1 次印刷

开　　本：787 mm×1 092 mm　1/16　印张：18　字数：428 千

印　　数：1～3 000 册

书　　号：ISBN 978-7-113-23089-0

定　　价：59.80 元

前言 Preface

「BAP 商务专业应用能力国际认证」是第一种强调学习概念的Office 国际认证，内容涵盖办公室软件的技术应用及文件管理，并邀集学、业界Office 专家共同指导研发在不同职场应用范畴中所制订的学评系统及测评系统，帮助学生在考证之外，能真正掌握运用Office 办公室软件的技能。只要通过BAP 的认证考试，即可取得由GLAD 颁发的国际性专业认证证书，证明个人对于Office 办公室软件具有充分的专业知识及能力，并能提升工作技能及效率，在工作环境中受到肯定。

本书针对BAP 商务专业应用能力国际认证——核心能力级（Essential Level），内容包含2010 版核心能力等级的Documents 文字处理、Spreadsheets电子表格、Presentations 演示文稿三项专业认证测验题组，提供考前复习测验题组，图解式解答方法以及完整的解答视频教程，随书附赠的BAP学评系统（http://www.crphdm.com/2017/0608/13560.shtml）拥有4大特色功能：

影音教学——听、看、练三方位立体教学。真正做到手把手教学。

即学即评——第一时间对学习后操作练习结果做出评测，得到答题正确或错误的反馈，保证练到会。

解题分析——评量总表，让你知道错在哪里，加深学习印象，建立深刻记忆。

模拟考测——模拟真实操作环境，随机出题，让学员更加真实地感受操作环境，测出最佳实力，学以致用。

希望藉由本书提升读者的Office应用技能，并能顺利晋升为BAP 大师。

最后，本书得以顺利出版，除了感谢JYiC 认证研究团队所有伙伴的努力外，更感谢台科大范文豪总经理及编辑赖冠儒的协助。

目录 Contents

第一篇 关于BAP国际认证

第二篇 Documents 2010核心能力认证

注：1代表本篇第1题，D-05 代表本篇的第5页，以下各表类同。

第三篇 Spreadsheets 2010核心能力认证

1	S-05	2	S-07	3	S-09	4	S-12	5	S-14
6	S-16	7	S-17	8	S-19	9	S-21	10	S-23
11	S-26	12	S-28	13	S-31	14	S-33	15	S-35
16	S-37	17	S-39	18	S-41	19	S-46	20	S-50
21	S-52	22	S-54	23	S-57	24	S-59	25	S-62
26	S-63	27	S-65	28	S-67	29	S-69	30	S-70

第四篇 Presentations 2010核心能力认证

1	P-06	2	P-10	3	P-15	4	P-20	5	P-25
6	P-28	7	P-31	8	P-34	9	P-36	10	P-38
11	P-41	12	P-45	13	P-49	14	P-53	15	P-55
16	P-59	17	P-62	18	P-68	19	P-70	20	P-73
21	P-76	22	P-80	23	P-84	24	P-86	25	P-88
26	P-91	27	P-94	28	P-96	29	P-100	30	P-103

第一篇

关于BAP国际认证

本篇章节

一、何谓BAP国际认证
二、BAP国际认证科目
三、BAP国际认证领域范畴
四、证书样本
五、考生注册、应考须知及流程
六、启动（登入）国际认证考试界面说明
七、BAP国际认证合格考试中心设备需求
八、BAP国际认证考场申请书

一、何谓BAP国际认证

商务专业应用能力国际认证（Business Application Professionals Certification），简称BAP认证，是第一种强调学习概念的Office国际认证。

BAP认证的发证单位为GLAD全球学习与测评发展中心，总公司位于美国有第二个硅谷之称的加州Irvine（尔湾市）。公司离美国著名加州大学尔湾校区UCI不远，并分别在加拿大Toronto 等地逐一建立研发基地。

GLAD是由一群对创新教学与测评研究发展有经验、有兴趣的专家所组成。GLAD是全球计算机行业协会CompTIA的成员之一，也是全球测评发行行业协会ATP的成员之一。

GLAD的成立使命之一是为全球各国提供具有创新与价值的学习培训或测评项目。这些项目是经过各国行业专家SME（Subject Matter Expert）的推荐、指导与审慎评估，以自行研发或是技术合作方式制定出来的。

BAP认证是邀集了学、业界Office专家共同指导研发的Office考核能力认证，是升学推荐、求职、在职及自我能力价值肯定的重要依据之一。

认证的范围包含Documents 字处理、Spreadsheets电子表格、Presentations 演示文稿，并依据难易程度区分为三个能力级别： Fundamental 基础能力、Essential 核心能力、Professional 专业应用能力。

二、BAP国际认证科目

BAP All Round Master Roadmap

级别 / 科目	Fundamental 基础能力 满分1000分/通过分数700分 考试时间40分钟	Essential 核心能力 满分1000分/通过分数700分 考试时间60分钟	Professional 专业应用能力 满分1000分/通过分数700分 考试时间100分钟
题数	Exam G001~G003 3大题 （三技能，每一技能5题抽1题）	Exam G004~G006 30题 （60小题）	Exam G007 （1大题）
Documents 文字处理	Exam G001	Exam G004	Exam G001+G004
Spreadsheets 电子表格	Exam G002	Exam G005	Exam G002+G005
Presentations 演示文稿	Exam G003	Exam G006	Exam G003+G006

续表

科目 \ 级别	Fundamental 基础能力 满分1000分/通过分数700分 考试时间40分钟	Essential 核心能力 满分1000分/通过分数700分 考试时间60分钟	Professional 专业应用能力 满分1000分/通过分数700分 考试时间100分钟
Comprehensive Office 综合软件应用	Exam G007	Exam G008	Exam G009
证书头衔	Fundamental Master	Master	All Round Master

注：（1）通过Exam G001~Exam G003共三科，可自费￥120并缴交学习心得，即获颁Fundamentals Master证书。

（2）通过Exam G004~Exam G006共三科，可自费￥120并缴交应用报告，即获颁Master证书，应用报告示例如图所示。

（3）通过 Exam G001~Exam G006 并加考 Exam G009 共七科，即免费获颁 All Round Master 证书。

（4）通过全国计算机等级考试（NCRE）一级或二级，加考 Exam G007，可自费 ¥120 并缴交学习心得，即获颁 Fundamentals Master 证书。

（5）通过全国计算机等级考试（NCRE）一级或二级，加考 Exam G007+ Exam G004~Exam G006 + Exam G009 共五科，即免费获颁 All Round Master 证书。

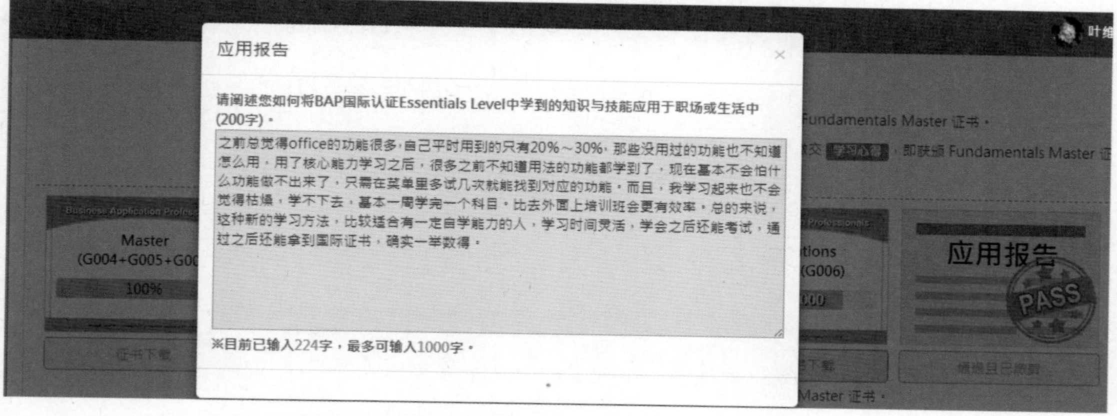

三、BAP国际认证领域范畴

BAP国际认证各个级别的能力指标见表。

科目 \ 级别	Professional Level	
	Fundamental Level	Essential Level
Documents 文字处理	• 图文编辑 • 表格设计 • 邮件合并	• 文字格式化 • 版面配置套用 • 段落编排 • 样式设计应用 • 表格设计应用 • 图文格式化 • 引用外部数据及审阅 • 邮件合并应用 • 管理宏与控件 • 文件建立与环境管理

续表

级别 科目	Professional Level	
	Fundamental Level	Essential Level
Spreadsheets 电子表格	• 数据编辑与格式设置 • 基本统计图表设计 • 电子表格的基本函数应用	• 单元格样式与格式设计 • 多媒体对象格式化 • 页面设置与视图设置 • 公式与函数 • 数据工具应用 • 共享与维护文件 • 公式审核与文件审阅 • 管理宏与窗体 • 文件建立与环境设定 • 数据透视图表
Presentations 演示文稿	• 幻灯片编辑与母版设计 • 演示文稿设计与应用 • 幻灯片放映与输出	• 文字格式化 • 幻灯片版式与设计 • 多媒体对象编辑 • 幻灯片切换 • 幻灯片动画设计 • 幻灯片放映与设置 • 幻灯片审阅 • 文件建立与环境设置 • 幻灯片保存并发送
Comprehensive Office	• Documents 商务文字处理 • Spreadsheets 商务信息分析 • Presentations 商务简报设计	

四、证书样本

Fundamental\Essential Master证书

All Round Master证书

五、 考生注册、应考须知及流程

（界面仅供参考，请以实际网站显示界面为主）

考生应考须知

1．考试前需自行至 GLAD 官方网站（www.gladworld.net）完成在线注册。

2．请考生务必于考前详阅“BAP 国际认证考生注意事项”。

3．考生必须在开始考试前三十分钟抵达考场并确认已完成考试费用缴交程序。开始考试后，迟到考生将视同弃权，除不得进入试场外，已缴交的考试费用将不予退还。

4．考试当日，考生必须出示有效证件（身份证原件或有效期限内之护照原件）。注意：携带无相片或其他不可辨识其身份文件者，视同违规，并取消应试资格，不得入场应试。

5．考试时应将有效证件置于监评人员所规定之处，以便查验。

6．正式考试时间：基础能力为40 min、核心能力为60 min、专业应用能力为100 min。

7．非应试用品不准携带入座（请勿携带贵重物品，遗失恕不负责）。进入考场前，请将移动电话或手表等任何电子用品关机（不可打开电源），并置于监考人员指定位置，违者不予计分。考场内不得抽烟及饮食。

8．考试过程中，考生间严禁谈话，若有任何问题，考生应立即举手向该场次监考人员反映。

9．考试时严禁传递、夹带或左顾右盼、意图窥视、相互交谈、抄袭他人答案或自诵答案等行为，以上皆属违规事项，该次成绩不予计算，亦不退费。

10．考试未结束，应试者不得擅自离开座位，结束考试并经监考人员同意后方可离场。违反考场规则者，监考人员可取消其应试资格并请其离场，该次成绩不予计算，亦不得要求退费及办理延期考试。

11．考试结束后，系统会自行上传成绩，请自行至GLAD 官方网站确认成绩成功上传后，尽速安静离开考场（教室）。

12．考生若该科考试不合格，系统会自动产生一组补考序号，建议于七日后再补考同一科目。（如订购无补考卷试卷者除外）

13．除考试中心另有规定外，考生不得以任何理由要求退还已缴交的考试费用。

14．考生若成功通过 BAP 国际认证任一科考试，即可获发该科国际证书，考生可自行在线下载电子证书。

15．本认证试题版权为 GLAD® 所有，禁止复印或抄袭。

BAP国际认证考生注意事项

1．考试类型为实作题。

2．因为BAP系统界面会将工具栏遮住，建议考试前先将“默认输入语言”设定为惯用的输入法，并且“还原语言列”，再将输入法拖动至题目面板右下方，即可方便观看目前使用的输入法。

3．BAP国际认证考试接口右下方提供了“跳过”“重设”“下一题”三个控制按钮：

- 单击“跳过”按钮可暂时跳过不会回答的题目，等所有试题作答完成，系统会自动再接续出现刚才“跳过”的题目，让您重新思考，但每一题只能跳过一次。
- 单击“重设”按钮可将目前所在题目的作答过程清除，并重新作答。
- 单击“下一题”按钮可继续进入下一题。单击“下一题”按钮后，无法返回之前的题目。

基础能力仅有“重设”“下一题组”“参考答案”三个控制按钮。以上按钮动作并不会影响计分，但考试时间仍会继续计算。

4．每道题目切换过程所需的等待时间，并不会列入计算。

5．考试过程若发生死机问题，请举手等待监考人员处理，依判断再进行作答。

6．没有把握的题目建议暂时先“跳过”，切勿流连于某一题。（基础能力无此功能）

7．考试时间一到，系统会自动停止作答、计算并上传成绩。

8．请考生测验完毕自行至GLAD 官方网站确认成绩成功上传后，尽速安静离开考场（教室）。

先注册再参加考试——注册的方法与注意事项

1．请至GLAD 美国官方网站进行注册，如图所示。

Step 1 请输入网址进入GLAD 首页，如图所示。

Step 2 单击“Chinese Simplified”按钮选择简体中文。

Step 3 单击“PRODUCTS”按钮。

Step 4 单击BUSINESS APPLICATION PROFESSIONALS (BAP) 选项。

Step 5 单击“Register注册”按钮，如图所示。

2．依序输入相关数据，含有“※”的字段为必填字段，其中电子邮件、中文姓名、英文姓名、证书显示方式、生日，一经注册就无法自行修改，所以数据务必正确。

（1）基本资料

Step 1 “电子邮件”：请输入常收信的邮件地址，如图所示。

Step 2 “使用者名称”：建议输入学号、员工编号等与个人资料相关且不易遗忘的字符串。

Step 3 “密码”：至少六位（英文、数字皆可）。

Step 4 输入“中文姓名”。

Step 5 输入“英文姓名”（例：CHEN,XIAOMAN姓和名之间用逗号分隔，所有字母都大写）。

Step 6 “证书姓名显示”：选择证书姓名要显示的方式，右方可预览证书姓名。

Step 7 选择“性别”。

Step 8 输入“生日”。

Step 9 选择“国别”。

Step 10 选中“我同意并接受会员条款”单选框。

Step 11 输入“验证码”。

Step 12 单击“下一步”按钮。

（2）学校/公司

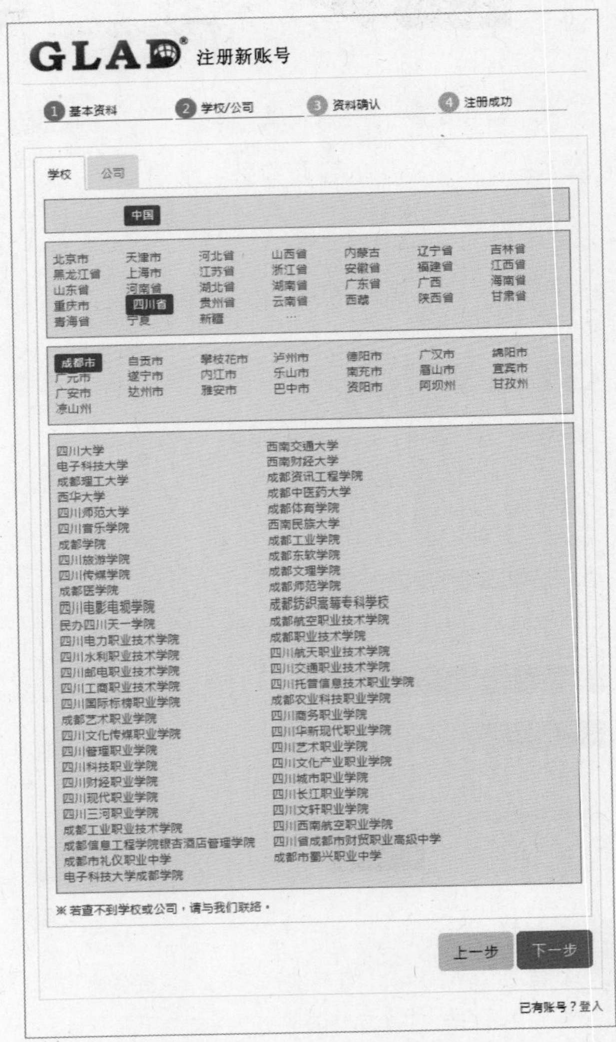

Step 1 依所在区域逐步选择“学校”或“公司”选项，如图所示。

Step 2 单击“下一步”按钮。

（3）数据确认

确认数据是否正确，如需修正可单击“上一步”按钮返回修正，若无错误，单击“送出”按钮，如图所示。

（4）注册成功

注册成功，如图所示。

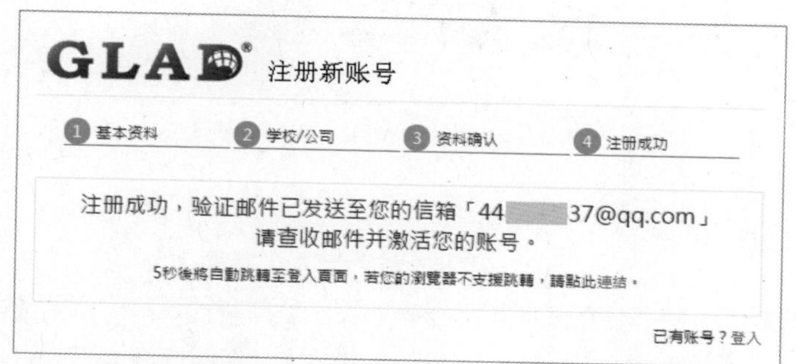

3. 完成注册流程，请至注册的信箱收信。

4. 在邮件内容中，单击“点我激活账号”超链接进行连接，启用会员账户，如图所示。

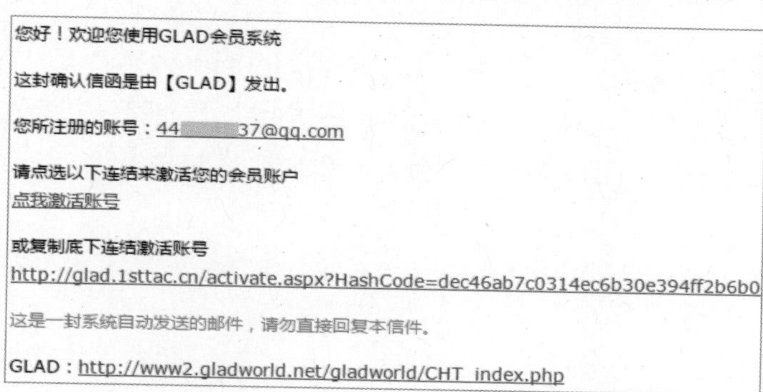

5．进入GLAD 会员账号启用界面。

Step 1 输入“验证码”，如图所示。

Step 2 输入“密码”。

Step 3 单击“送出”按钮，弹出“启动账号成功”提示窗口，如图所示。

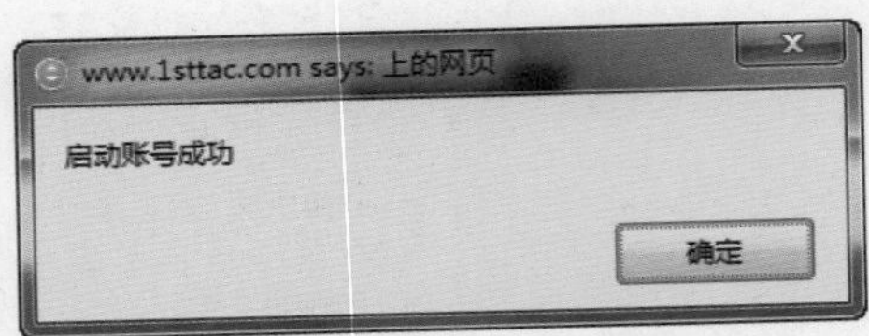

6．登入GLAD 会员系统。

Step 1 输入“账号”（电子邮件或用户名称），如图所示。

Step 2 输入“密码”。

Step 3 点选“登录”按钮。

六、启动（登入）国际认证考试界面说明

BAP国际认证采用在线实作方式进行考试。BAP考试系统启动步骤：

1．在“Windows桌面”双击BAP国际认证系统快捷方式进入。

2．请依据监考官指示输入“认证码”，请输入账号与密码。

3．请先到GLAD 中国官方网站完成注册程序，可节省考前的个人资料注册时间，详见前述之注册方法说明，如果未事先注册或没有考生的账号与密码，请选择“注册新账号”设定。

4．单击“登入”按钮，如图所示。

5. 请选择要考试的科目，如图所示。

6. 查看“考生应考须知”与“版权相关说明”。
7. 选择“是，我同意遵守”及“是，我已了解”按钮。
8. 弹出考试指南窗口，如图所示，请详加阅读。

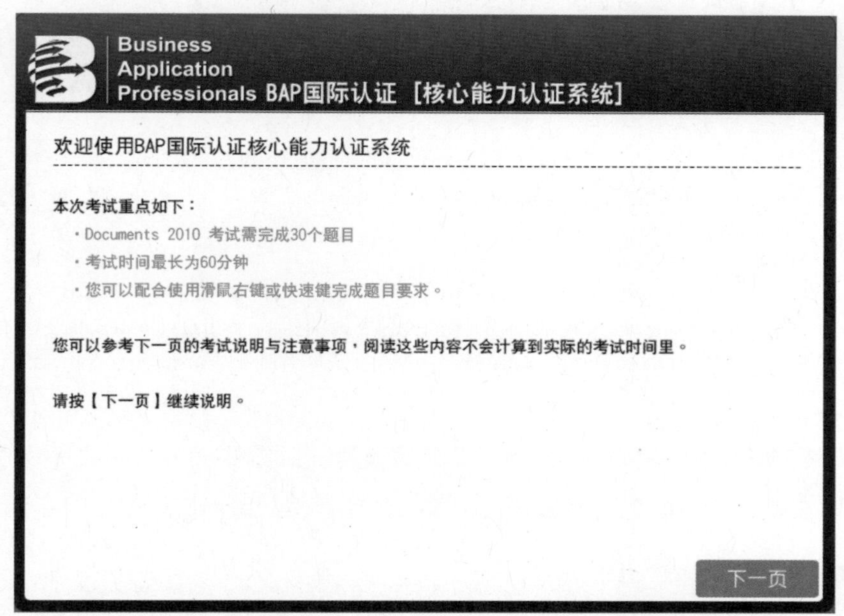

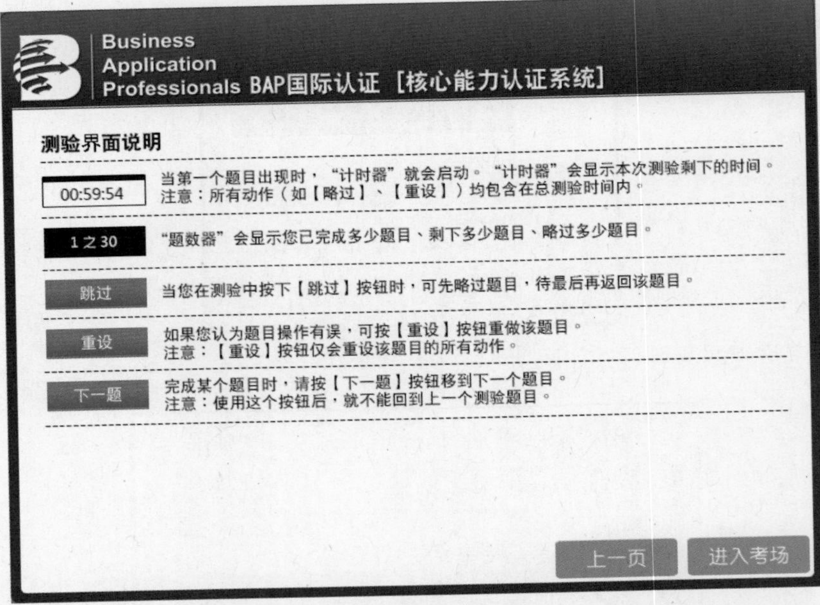

9．开始正式考试作答。系统自动开始倒数计时（60 min）。

10．当作答完所有题目，或考试时间到，请按“下一题”与“继续”按钮完成该次测验，系统将自动评定分数。

11．系统自动显示考试成绩画面（请等待监考人员抄录成绩）。

12．请考生务必于结束考试系统后，登入GLAD 中国官方网站检查成绩上传无误，再离开考场。

七、BAP 国际认证合格考试中心设备需求

考试中心计算机软硬件需求见表。

考试中心计算机需求表

元　件	需　求
CPU	Pentium® 4 1 GHz 或更快的x86 或x64 位处理器
内存（RAM）	1 GB RAM（32 位）；2 GB RAM（64 位）
硬盘	5 GB 可用空间
显示器	15″ 以上
显示适配器	图形硬件加速需要 DirectX 9.0c 图形适配器
分辨率	1024 × 768 以上
文字大小（DPI）	只支持 96 DPI
操作系统	Microsoft® Windows® 7/8/10 32-bit Microsoft® Windows® 7/8/10 64-bit（建议搭配Office 2010 64位版本）
Office	Microsoft Office 2010 32-bit Or 64-bit （标准版或专业版，不支持Starter 版本）
虚拟打印机	Microsoft XPS Document Writer
浏览器	Microsoft Internet Explorer 8以上； Mozilla Firefox 10.x 或更新的版本；或 Google Chrome 17.x
.NET Framework	4.0
防病毒软件	需关闭
防火墙	需关闭或加入允许名单

八、 BAP国际认证考场申请书

BAP国际认证考场申请书

填妥申请表，并注意是否合乎条件。　　　　填表日：______年____月____日

<table>
<tr><td colspan="2">申请单位：
单位性质：□公立　□私立</td><td colspan="2">英文（全称）：</td></tr>
<tr><td colspan="4">地址：　　邮政编码　　　县（市）　　　市区（乡镇）　　　路（街）
　　　　段　　　巷　　　弄　　　号　　　楼</td></tr>
<tr><td colspan="4">英文地址：</td></tr>
<tr><td>考场主任：</td><td colspan="2">E-mail：</td><td>电话：</td></tr>
<tr><td>承办人：</td><td colspan="2">E-mail：</td><td>电话：</td></tr>
<tr><td>技术支持人：</td><td colspan="2">E-mail：</td><td>电话：</td></tr>
<tr><td>是否具备BAP监考资格</td><td>□是　□尚未</td><td colspan="2">□是　□尚未</td></tr>
<tr><td>※若以上人员未通过BAP认证，拟先派员参加考试。
※电话及E-Mail务必填写，方便通知陪同监考或参加监评研习营等作业。</td><td>1.
Tel:
E-mail：</td><td colspan="2">2.
Tel:
E-mail：</td></tr>
<tr><td>校长或主管（签章）</td><td>审查结果</td><td colspan="2"></td></tr>
<tr><td>考场主任（签章）</td><td>通知日</td><td colspan="2"></td></tr>
</table>

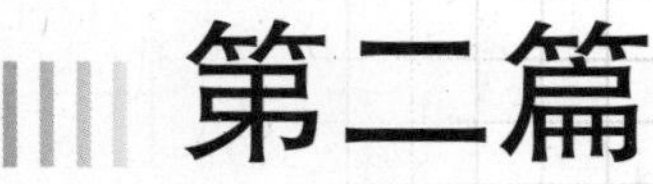

第二篇

Documents 2010 核心能力认证

题号	题目要求	页码
1/30		
❶	建立“特色”样式替换所有“标题2”的文字，格式需具备“底纹：蓝色，强调文字颜色1”“字体颜色：白色，背景1”“行距：固定值20磅”。（注意：接受其他所有默认设置）	D-5
❷	定位至书签“城市”，将该段落套用名为“评比”的样式格式。	D-7
2/30		
❶	修正窗体公式以计算“补领差旅费”，计算公式为：“补领差旅费=总计金额-预支差旅费”。	D-9
❷	套用编辑限制，仅允许使用者可填写窗体属性。使用7301作为密码。	D-10
3/30		
❶	修改“页面布局”使其内容可以套用在指定位置上。纸张大小：宽18厘米，高25厘米。页边距：上13.5厘米，下2厘米，左右各1.5厘米。	D-12
❷	插入位于“我的图片”内的“Invitation.png”图片，设置格式如下： 四周型环绕，图片大小放大比例为120%。水平对齐方式居中相对于栏，垂直相对位置相对于页面10%。	D-14
4/30		
❶	将“澳洲十大城市”段落底下的所有文本转换为表格，列宽需根据内容调整，且表格宽度占页面的80%。	D-17
❷	该表格套用“浅色列表 – 强调文字颜色1”的表格样式，需要包含“汇总行”，并居中对齐。	D-18
5/30		
❶	选取“著名茶学专著”段落下的所有项目文字，指定为两栏式编排，间距2字符，并以分隔线区隔。	D-19
❷	套用26磅的  绿色艺术型页面边框于左、右页面，并使其完全紧贴于文字页边距。	D-20
6/30		
❶	指定所有“绿色”样式段落为“1级”，“橙色”样式段落为“2级”。	D-22
❷	于“插入目录”标记之后的段落插入分节符（目录与文章需不同页），并使用“自动目录2”替换“插入目录”标记。	D-24
7/30		
❶	将所有文字内容置于“高：5.5厘米，宽：9.1厘米”的文本框内，并填充“花束”纹理。（注意：水平位置需对齐右侧栏0厘米，垂直位置需对齐段落下侧0厘米）	D-26
❷	套印单一标签，选择样式为“Microsoft东亚尺寸，高：5.5厘米，宽：9.1厘米”，使其填充整个标签纸。将输出后的标签纸存储于“我的文档”内，命名为“展场识别证.docx”。	D-27
8/30		
❶	插入“细条纹”封面，文件标题为“中国茶文化”，并删除文件副标题。	D-29
❷	插入[传统型]页脚于第二节，起始页码应从1开始。更新目录修正页码。	D-30
9/30		
❶	在第2页“泉水”文字标题前，建立“泉水”书签。	D-32
❷	在第1页的“泉水”文本框上建立超链接，并链接至“泉水”书签。隐藏名为“河”的图片。	D-32
10/30		
❶	将两条橙色波浪线之间的所有段落设置两个制表位位置：5字符、左对齐、无前导符；36字符、右对齐，第2个样式的前导符。（注意：接受其他所有默认设置）	D-34
❷	设置红色的文字宽度皆与“谢恩暨答礼”同宽。	D-36

题号	题目要求	页码
11/30		
❶	将标题“蝴蝶的一生”右对齐后，套用“渐变填充–橙色，强调文字颜色6，内部阴影”文本效果，并在文字添加右对齐的拼音指南，大小为10磅，微软雅黑体。	D-37
❷	更改SmartArt图形颜色为“彩色–强调文字颜色”，并套用“强烈效果”SmartArt样式。	D-38
12/30		
❶	使用公式计算表格最后一列的总分，并依总分降序排序；如果总分相同，则以语文分数降序排序。	D-39
❷	在页脚文字“制表日期：”右方插入日期和时间，如2013/12/13，格式：14磅、Arial、加粗，日期和时间自动更新。	D-42
13/30		
❶	转换文字为横向垂直，并以WATERMARK.gif图片为水印，缩放比例为150%。(注意：接受其他默认设置)	D-43
❷	仅复制并套用“文档”文件夹“样式集.dotx”模板文件中的“标题”及“标题1”样式。	D-45
14/30		
❶	根据现有文件建立信函合并，使用“文档”文件夹的“清单.docx”填入收件人列表，新增“姓名”字段以替换文件里“姓名”的标记，再根据“性别”字段数据替换“称谓”的标记，若性别为“男”，则称“先生”，否则为“女士”；其中“姓名”及“称谓”的格式须与文字“亲启”相同。	D-48
❷	编辑单个文档，完成并合并，将合并后的文件命名为“邀请函.docx”保存于“文档”文件夹。	D-50
15/30		
❶	设置表格平均分布列宽，单元格左右边距为0.5厘米，跨页必须重复标题行	D-52
❷	删除所有超链接。	D-53
16/30		
❶	更新“Park”样式以匹配第一段文字样式后，再将“Park”样式套用至所有红色文字段落。	D-54
❷	使用大纲视图，显示级别“1级”，按段落首字笔画数，以升序方式重新排序文件内容。（注意：完成文件须以页面视图检视）	D-55
17/30		
❶	将两条横线之间的项目符号更改为“文档”文件夹的“astrolog.jpg”图片，大小为20磅、文本对齐方式为居中对齐。	D-56
❷	更改页码格式，使页码由第1页开始。	D-59
18/30		
❶	自第2页起，插入“细条纹”样式的页脚，并使用文件摘要信息的“标题”属性替换“键入文字”内容。	D-60
❷	使用“Microsoft XPS Document Writer”打印机打印目前的文件，每版打印2页，并在“文件”文件夹将文件另存为“打印结果.xps”。	D-61
19/30		
❶	自动更正拼写和语法检查，并将文件转换为简体中文。	D-62
❷	将图片右方数字加上带圈字符字体效果，保持原文字大小。	D-64
20/30		
❶	将“现代科学之父”作为第一段文字“牛顿”的脚注。	D-64
❷	本文以“标题1”样式的标题创建3个子文档后，保存文档。	D-65

题号	题 目 要 求	页码
21/30		
❶	将第一段红色文字“玉”设为首字下沉，位置为下沉、下沉3行高度、字体为“幼圆”。（注意：接受其他默认设置）	D-67
❷	在最后一个段落以流行的格式、依据拼音排序，插入三栏的索引目录。（注意：接受其他默认设置）	D-67
22/30		
❶	使用红色文字在第二段落中插入一个“连续块状流程”SmartArt图形，编辑文字，使得每个文字成为独立的段落，并更改颜色为“彩色-强调文字颜色”，“优雅”SmartArt样式。	D-68
❷	将左下方的文本框，链接至右下方文本框。	D-70
23/30		
❶	在文章第三页的图片下方插入题注，使用标签“图”，内容为“：自然迷宫”，并更新整个图表目录。	D-71
❷	将文件以“1234”密码加密，再标记为最终状态。	D-72
24/30		
❶	将第一段文字“乔迁开幕店庆”更改为艺术字，格式“填充-红色，强调文字颜色2，粗糙棱台”，水平对齐方式相对于页面居中对齐；垂直对齐方式相对于页面顶端对齐。	D-74
❷	将黄色底图透明化。	D-75
25/30		
❶	在最后的段落中插入内置的“二次公式”公式。	D-76
❷	自第二段起加入行号、接续本页连续编号。	D-77
26/30		
❶	在第二页的标题“特征与行为”下方的黄色标记文字“参照捕食”，插入链接标题“捕食”的交叉引用。	D-78
❷	更改第五页多级列表，使用 1 / 1.1 / 1.1.1 / 1.1.1.1 / 1.1.1.1.1 样式。	D-79
27/30		
❶	将“身份证号码”右方单元格拆分为18列，并合并上下表格。	D-80
❷	使用“图片内容控件”替换表格中单元格文字“贴相片处”，然后插入“文件”文件夹中的“smile.jpg”图片。	D-81
28/30		
❶	图表绘图区填充“蓝色面巾纸”纹理。	D-82
❷	在“详细资料：”右方插入一个图标，以开启位于“文件”文件夹中名为“详细资料.xlsx”的工作簿，然后将图标的题注更改为“详细数据”。（注意：接受其他默认设置）	D-83
29/30		
❶	根据现有文件建立目录合并，使用“文件”文件夹的“清单.docx”填入收件人列表，在表格中新增合并域，让该字段替代正确且标明的占位符。	D-85
❷	编辑收件人列表，使其依名次升序，然后编辑单个文件，合并记录1到5，将合并后的文件命名为“前五名成绩.docx”存储于“文件”文件夹。	D-86
30/30		
❶	将[文件]文件夹中的“产品列表-a.docx”与“产品列表-b.docx”文件合并至新文件。将“产品列表-b.docx”设置为原始文件，然后仅显示并接受“TIKED”所有的更改。（注意：接受其他默认设置）	D-88
❷	将文件命名为“优惠方案.docx”，保存于“文件”文件夹内。	D-90

测验试题　1/30

●题目

1. 建立“特色”样式替换所有“标题2”的文字，格式需具备“底纹：蓝色，强调文字颜色1”“字体颜色：白色，背景1”“行距：固定值20磅”。（注意：接受其他所有默认设置）
2. 定位至书签“城市”，将该段落套用名为“评比”的样式格式。

●解题步骤

第1小题

❶ 单击“开始”选项卡，在“样式”组中右击“标题2”选项。

❷ 单击“全选：无数据”命令。

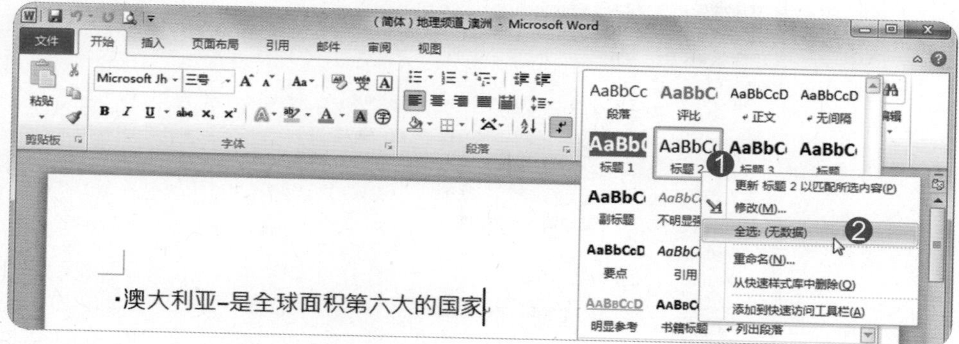

❸ 单击“开始”选项卡，在“样式”组中单击下拉菜单按钮。

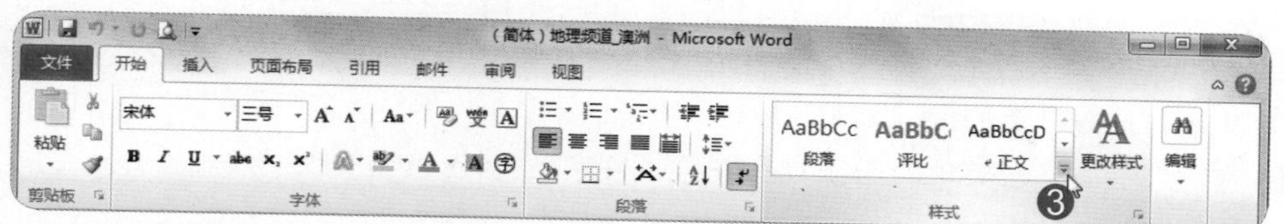

❹ 单击“将所选内容保存为新快速样式”命令，弹出“根据格式设置创建新样式”对话框。

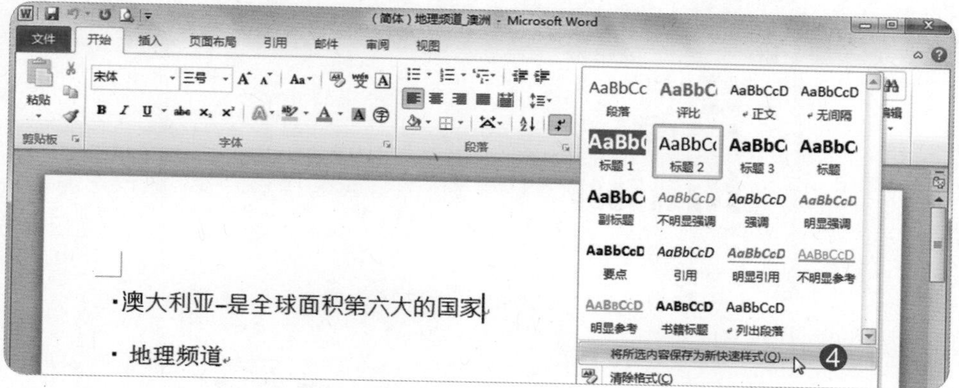

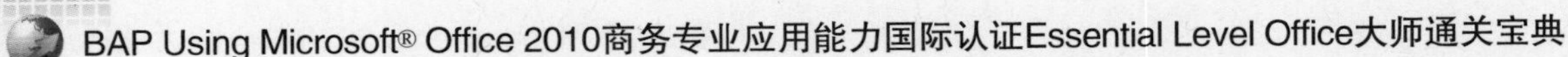

❺ 在“根据格式设置创建新样式”对话框中输入名称为“特色”。

❻ 单击“修改”按钮，弹出对话框进行设定。

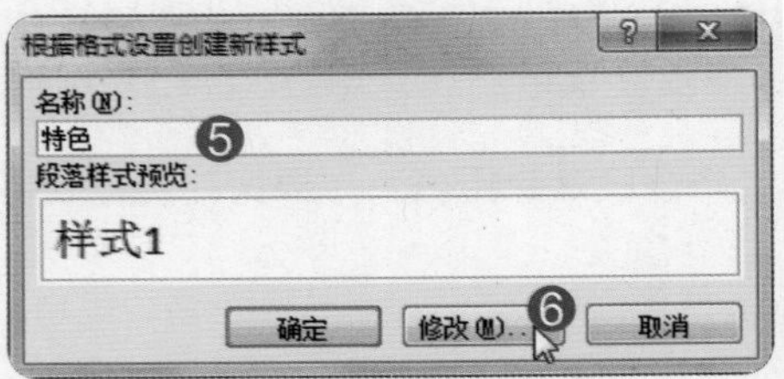

❼ 单击“格式”按钮，选中“边框”命令，弹出“边框和底纹”对话框。

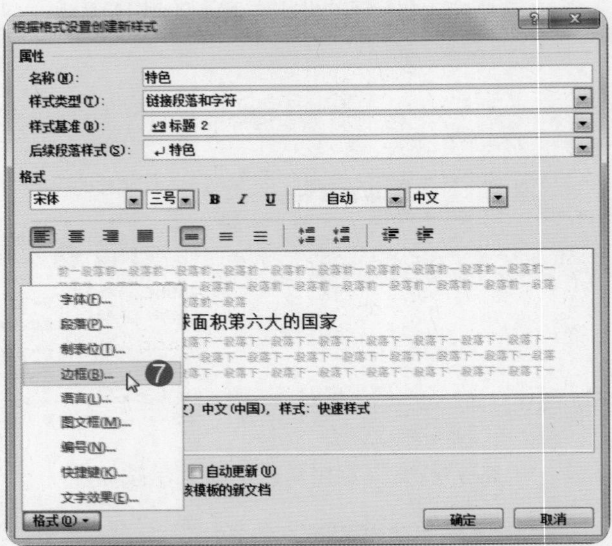

❽ 单击“底纹”选项卡。

❾ 在“填充”下拉菜单中选择“蓝色 强调文字颜色1”选项。

❿ 单击“确定”按钮。

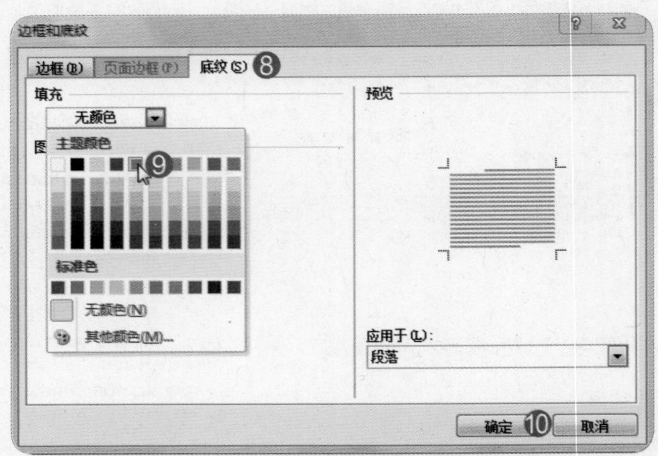

⑪ 设定字体颜色为“白色，背景1”。

⑫ 单击“格式”按钮，选中“段落”命令，弹出“段落”对话框。

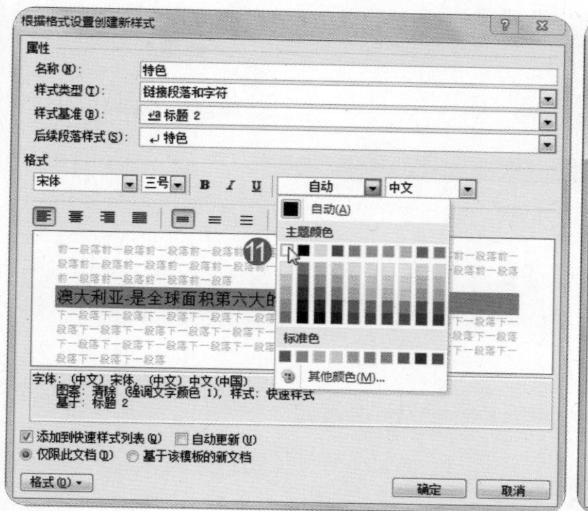

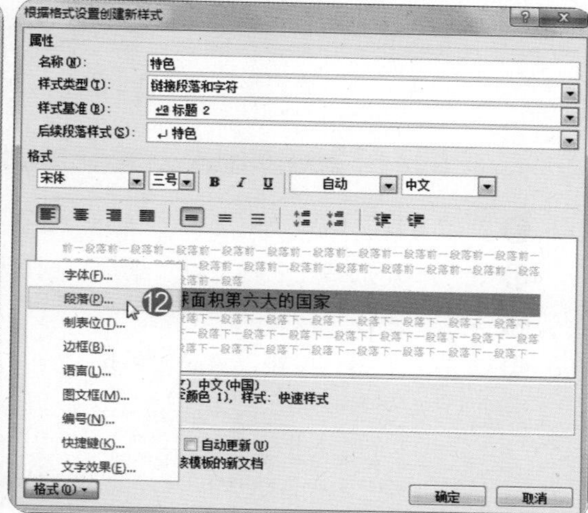

⑬ 在“行距”中设定为“固定值”。

⑭ 在“设置值”中设定为“20磅”。

⑮ 单击“确定”按钮。

⑯ 再次单击“确定”按钮，关闭“根据格式设置创建新样式”对话框，设置完成。

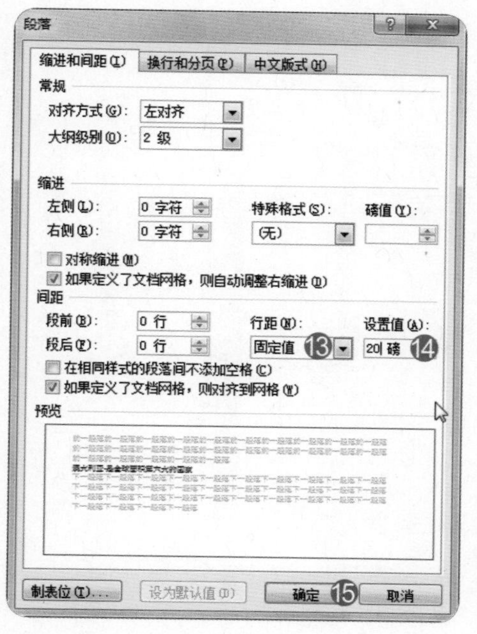

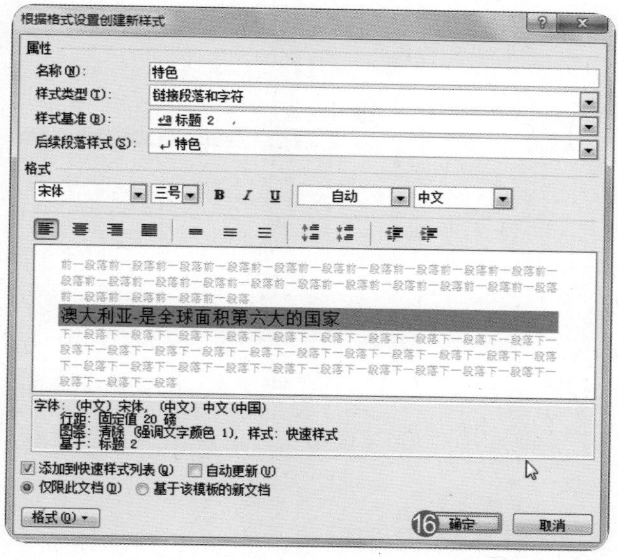

第2小题

❶ 单击“开始”选项卡。单击“编辑”下拉菜单，单击“查找”下拉菜单。

❷ 单击“转到”命令，弹出“查找和替换”对话框。

❸ 在“定位”选项卡中选择“书签”选项。

❹ 在“请输入书签名称”框中选择“城市”选项。

❺ 单击“定位”按钮。

❻ 单击“关闭”按钮，关闭对话框。

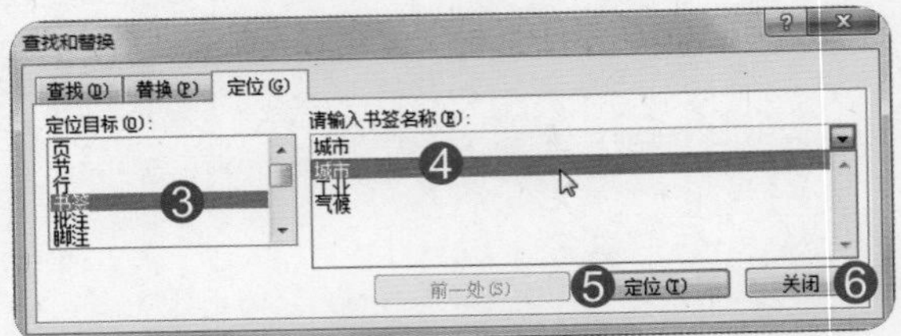

❼ 此时光标定位在“澳洲十大城市”前。

❽ 单击“样式”命令组中的“评比”样式，完成套用“评比”样式。

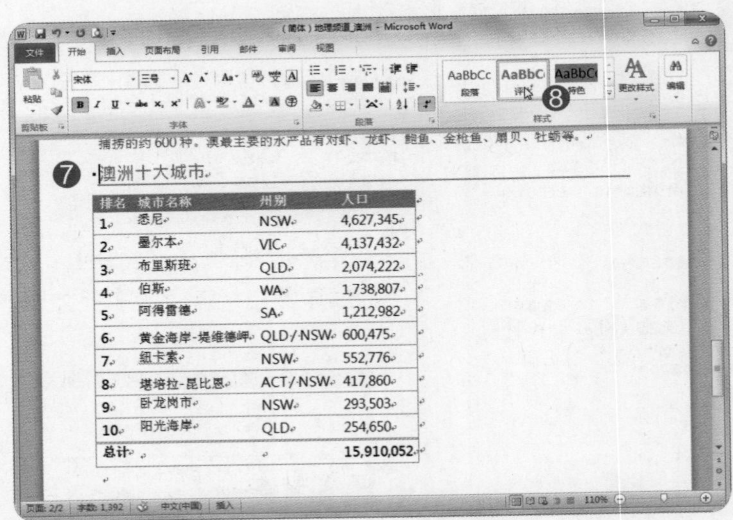

测验试题 2/30

●题目

1. 修正窗体公式以计算“补领差旅费”，计算公式为：“补领差旅费=总计金额-预支差旅费”。
2. 套用编辑限制，仅允许使用者可填写窗体属性。使用7301作为密码。

●解题步骤

第1小题

❶ 单击“总计”右边的文本框。

❷ 单击“开发工具”选项卡。

❸ 在“控件”组中单击“属性”命令，弹出“文字型窗体域选项”对话框。

❹ 设定“书签”为“总计金额”。

❺ 单击“确定”按钮。

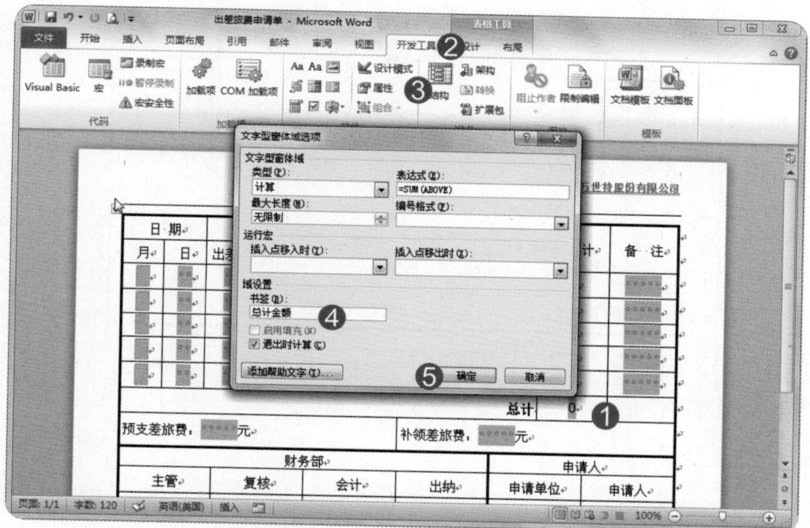

❻ 重复步骤1，单击“预支差旅费”右边的文本框。弹出“文字型窗体域选项”对话框。

❼ 设定“书签”为“预支差旅费”。

❽ 单击“确定”按钮。

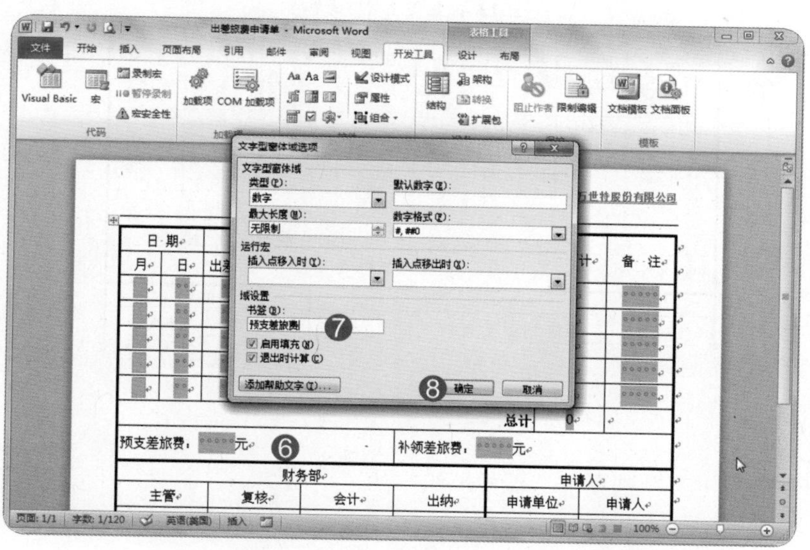

⑨ 重复步骤1，单击“补领差旅费”右边的文字框。开启“文字型窗体域选项”对话框。

⑩ 单击“类型”下三角按钮，选择“计算”选项。

⑪ 设定“表达式”为“=总计金额-预支差旅费”。

⑫ 单击“确定”按钮。

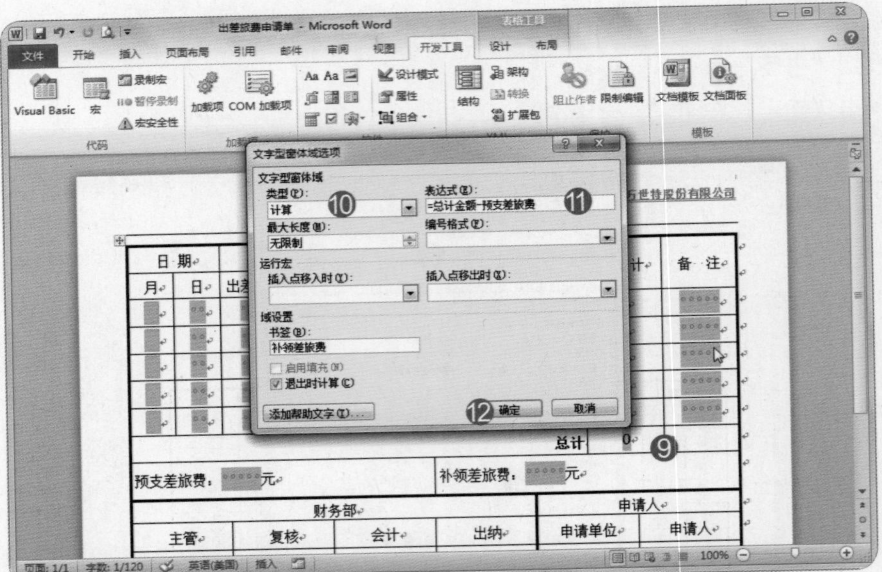

⑬ 完成表格公式计算。

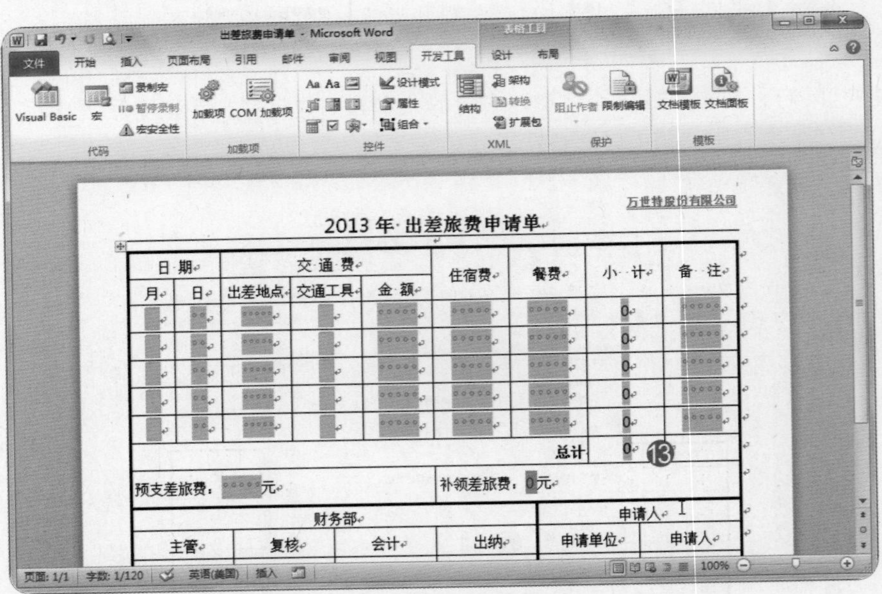

第2小题

❶ 单击“开发工具”选项卡“保护”组中的“限制编辑”命令，开启“限制表格设定及编辑”功能。

❷ 在“限制格式和编辑”窗格中选择“仅允许在文档中使用此类型的编辑”复选框。

❸ 单击下方的下三角按钮选择“填写窗体”选项。

❹ 单击“是，启动强制保护”按钮。

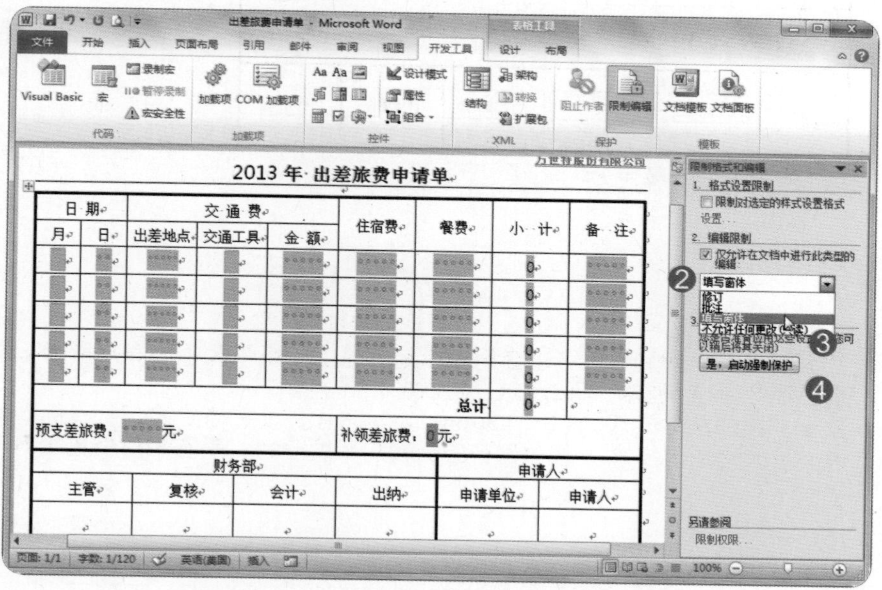

❺ 在开启的“启动强制保护”对话框中，输入密码及确认密码均为“7301”。

❻ 单击“确定”按钮。

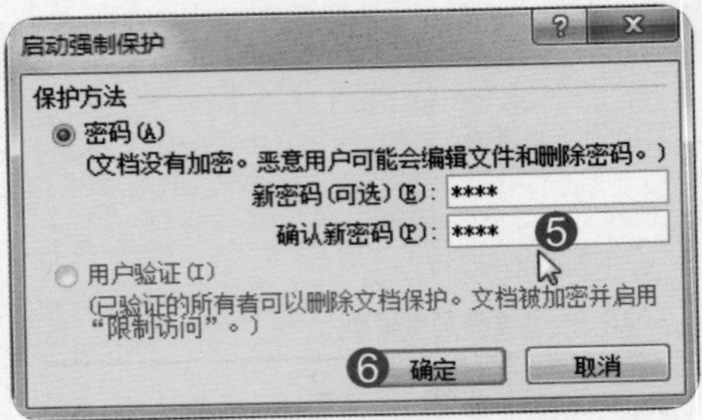

❼ 完成套用限制编辑。

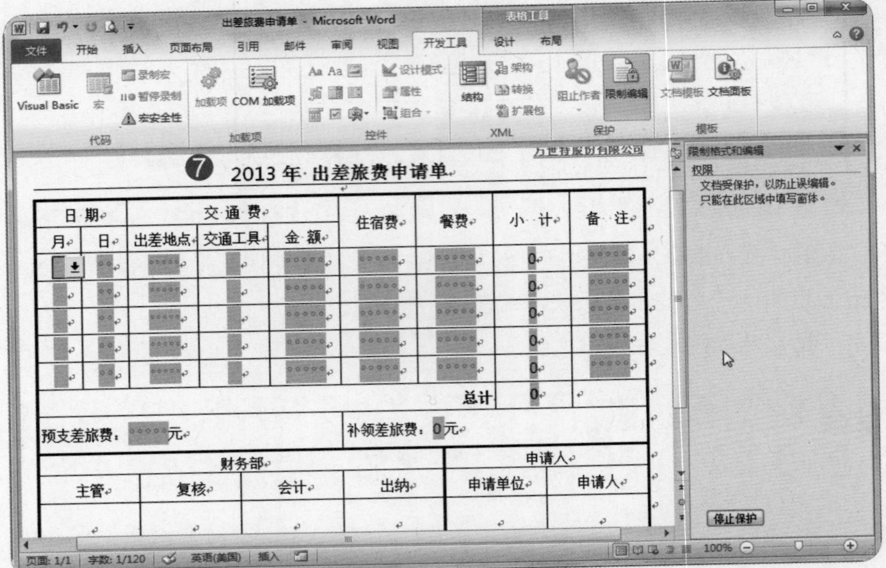

测验试题 3/30

● **题目**

1. 修改“页面布局”使其内容可以套用在指定位置上。纸张大小：宽18厘米，高25厘米。页边距：上13.5厘米，下2厘米，左右各1.5厘米。
2. 插入位于“我的图片”内的“Invitation.png”图片，设置格式如下：四周型环绕，图片大小放大比例为120%。水平对齐方式居中相对于栏，垂直相对位置相对于页面10%。

● **解题步骤**

第1小题

❶ 单击“页面布局”选项卡。

❷ 单击“页面设置”组中右下角的“显示对话框”按钮，弹出“页面设置”对话框。

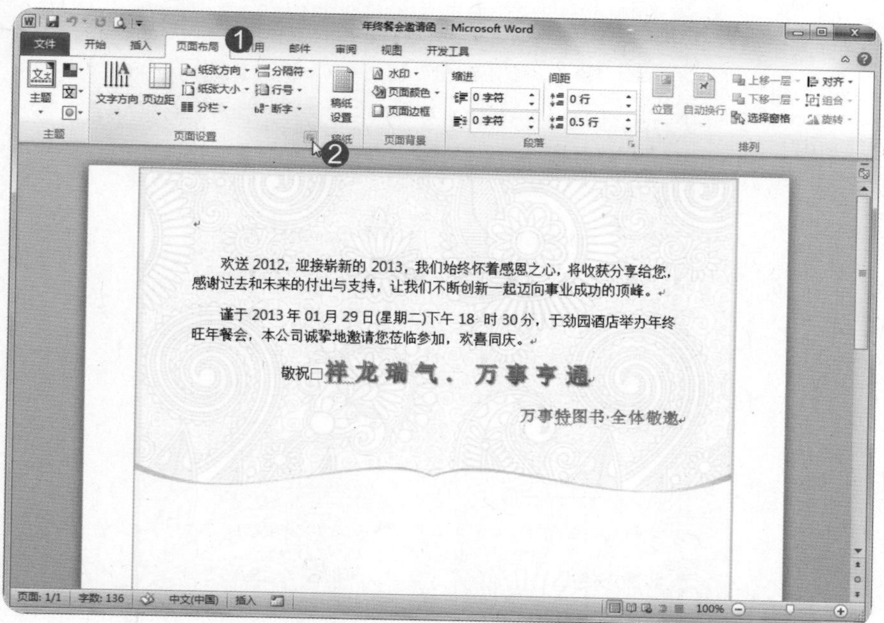

❸ 选择“纸张”选项卡。

❹ 设定宽度为“18厘米”，高度为“25厘米”。

❺ 选择“页边距”选项卡。

❻ 设定页边距上为“13.5厘米”下为“2厘米”，左右均为“1.5厘米”。

❼ 单击“确定”按钮关闭对话框。

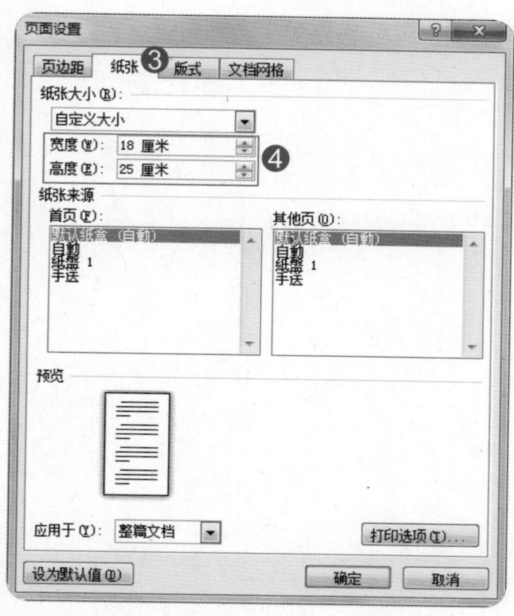

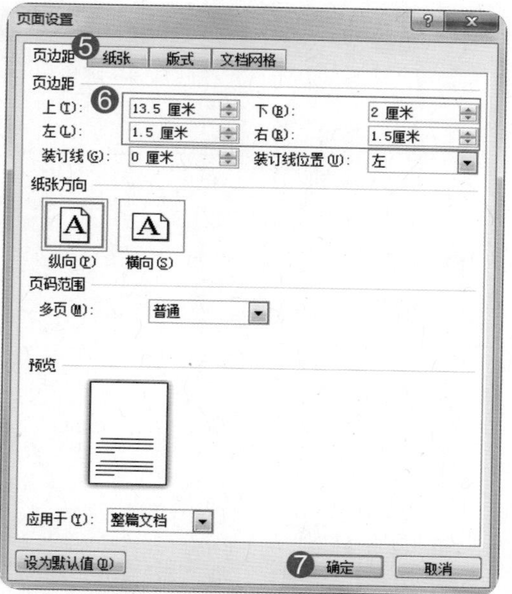

❽ 重新开启“页面设置”对话框，确认“纸张”选项卡的纸张大小，修订宽度为“18厘米”。

❾ 单击“确定”按钮关闭对话框。

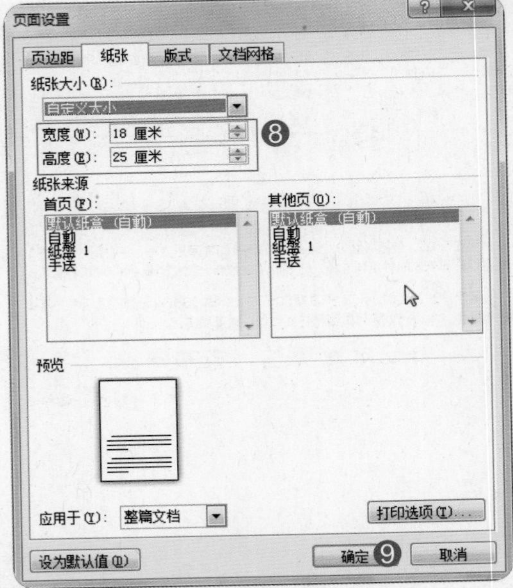

第2小题

❶ 选择“插入”选项卡。

❷ 选择“插图”组中的“图片”命令。

❸ 选择“我的图片”文件夹的“Invitation.png”图片。

❹ 单击“插入”按钮。

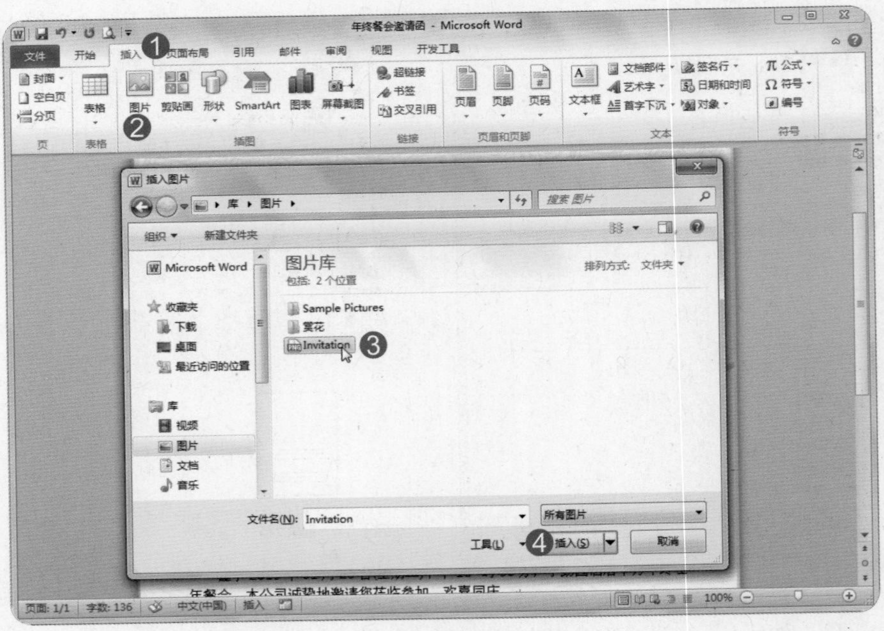

❺ 在选中图片的状态下，选择“格式”选项卡→“排列”组→“自动换行”命令→“其他布局选项”命令，弹出“布局”对话框。

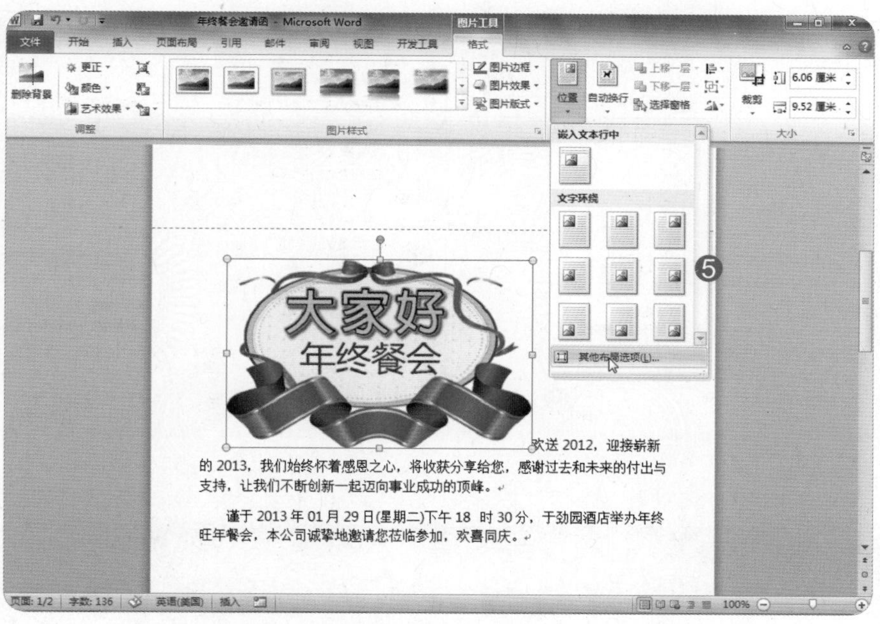

⑥ 在“文字环绕”选项卡中选择“四周型”。

⑦ 选择“大小”选项卡

⑧ 设定“缩放”的高度及宽度均为“120%”。

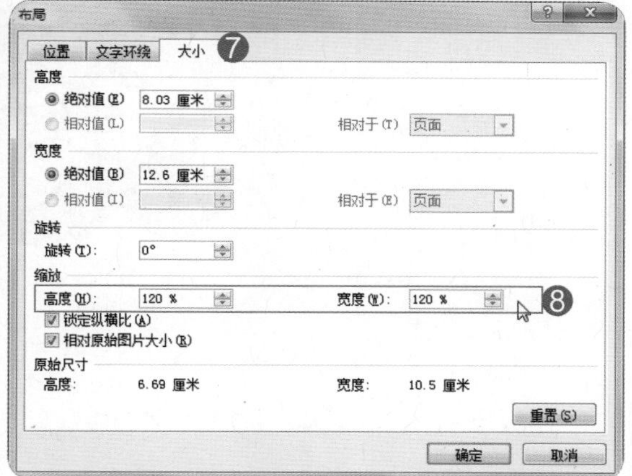

⑨ 选择“位置”选项卡。

⑩ 设定“水平”对齐方式“居中”，相对于“栏”。

⑪ 设定“垂直”对齐方式“相对位置”为“10%”，相对于“页面”。

⑫ 单击“确定”按钮关闭对话框。

⑬ 重新打开“布局”对话框，选择“位置”选项卡，修订“垂直”对齐方式“相对位置”为“10%”，相对于“页面”。

⑭ 单击“确定”按钮关闭对话框。

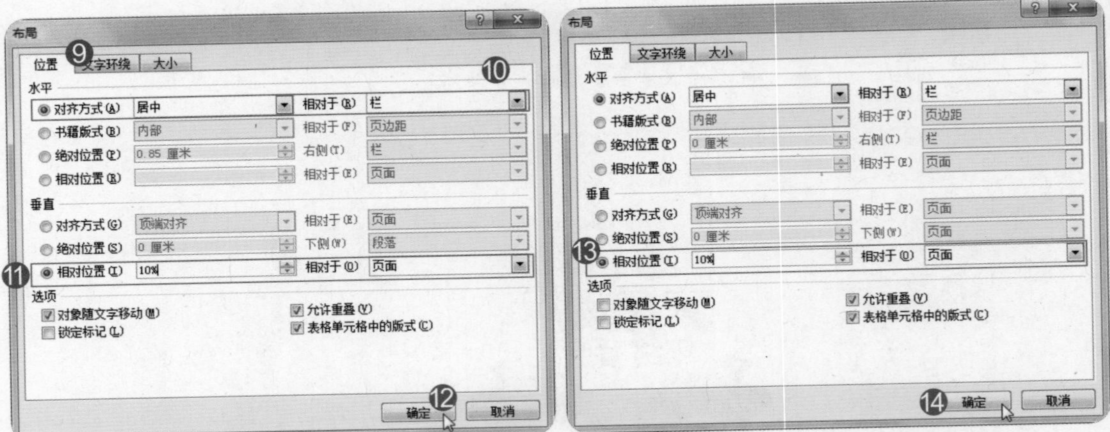

⑮完成插入图片。

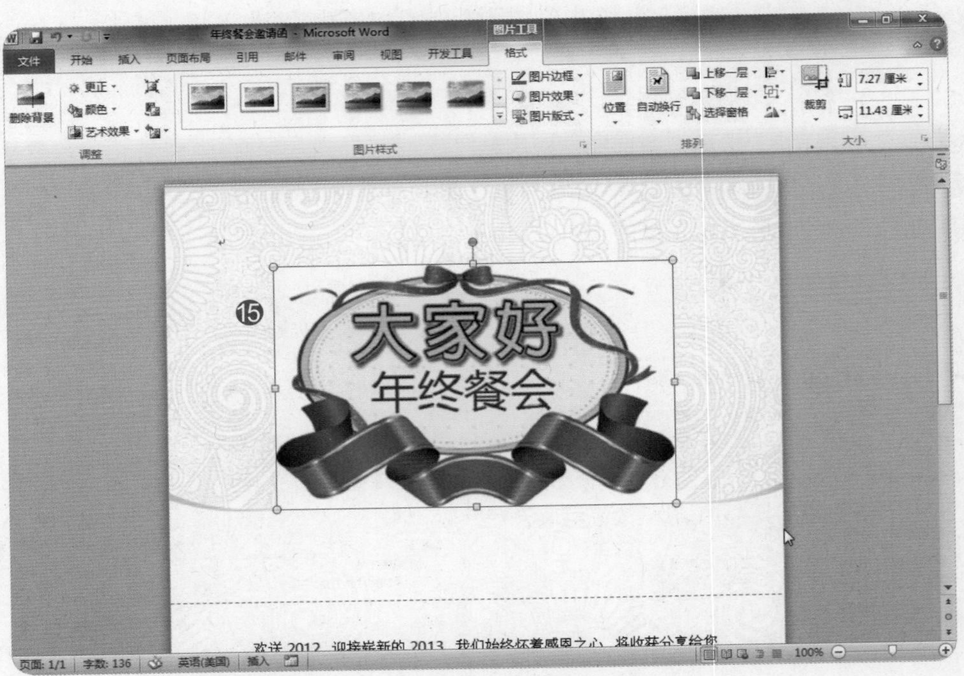

测验试题 4/30

●题目

1. 将“澳洲十大城市”段落底下的所有文本转换为表格，列宽需根据内容调整，且表格宽度占页面的80%。
2. 该表格套用“浅色列表 – 强调文字颜色1”的表格样式，需要包含“汇总行”，并居中对齐。

●解题步骤

第1小题

❶ 框选“澳洲十大城市”段落下面的所有文字。

❷ 单击“插入”选项卡。

❸ 单击“表格”组中的“表格”按钮。

❹ 选择“文本转换成表格”命令，弹出“将文字转换成表格”对话框。

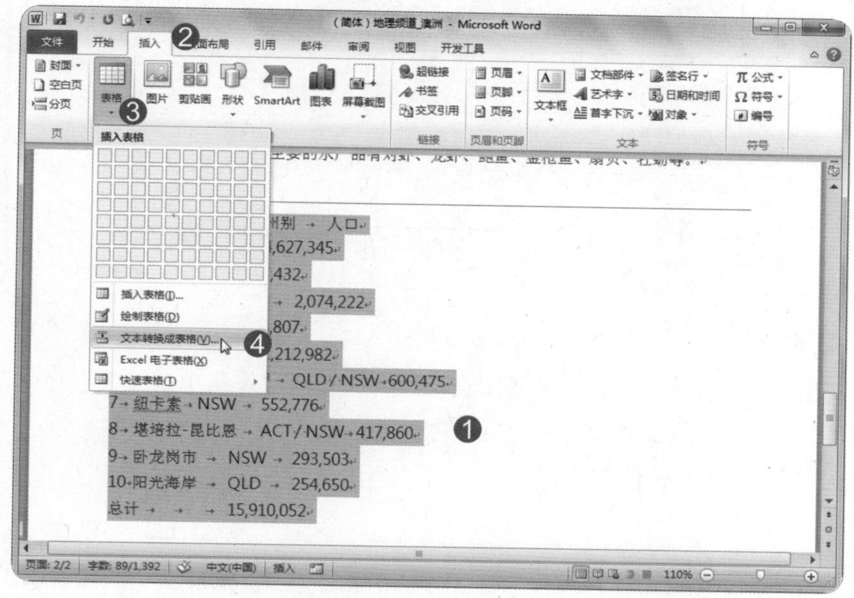

❺ 选择““自动调整”操作”分组中的“根据内容调整表格”单选按钮。

❻ 单击“确定”按钮关闭对话框。

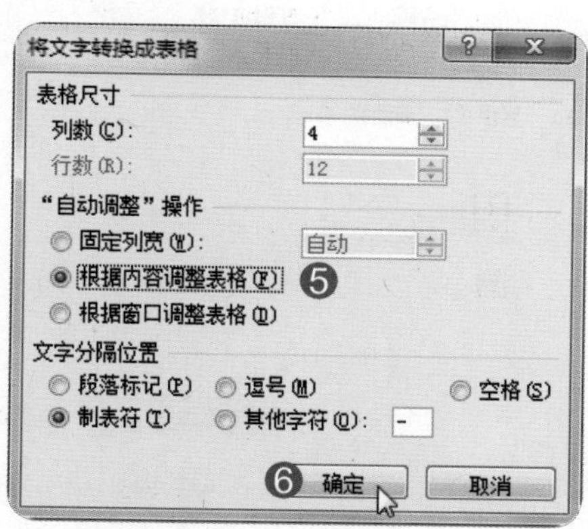

❼ 在表格中右击，从弹出的快捷菜单中选择“表格属性”命令，弹出“表格属性”对话框。

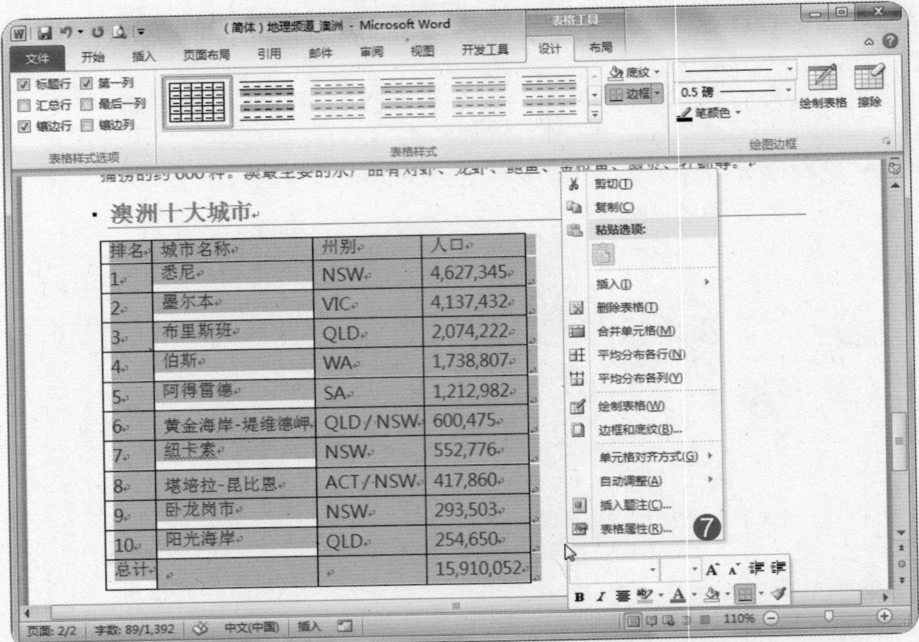

❽ 在“表格”选项卡中，选中“指定宽度”，先选择“度量单位”为“百分比”，再设定“指定宽度”为“80%”。

❾ 单击“确定”按钮关闭对话框。

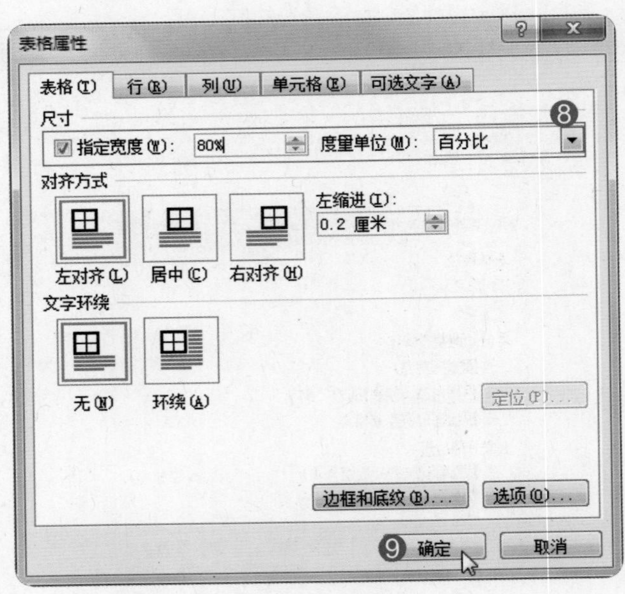

第2小题

❶ 选中表格，单击“设计”选项卡，在“表格样式”组中选择套用“浅色列表–强调文字颜色1”的表格样式。

❷ 在“表格样式选项”组中，单击“汇总行”复选框。

❸ 单击“开始”选项卡。

❹ 选择“段落”组中的“居中”命令。

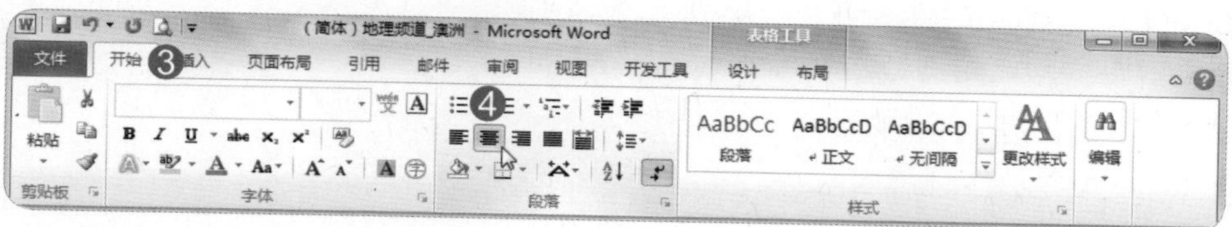

测验试题 5/30

●**题目**

1. 选取“著名茶学专著”段落下的所有项目文字，指定为两栏式编排，间距2字符，并以分隔线区隔。
2. 套用26磅的 绿色艺术型页面边框于左、右页面，并使其完全紧贴于文字页边距。

●**解题步骤**

第1小题

❶ 选中“著名茶学专著”段落下的所有文字。

❷ 单击“页面布局”选项卡。

❸ 在“页面设置”组中选择“分栏”命令。

❹ 选择“更多分栏”命令，弹出“分栏”对话框。

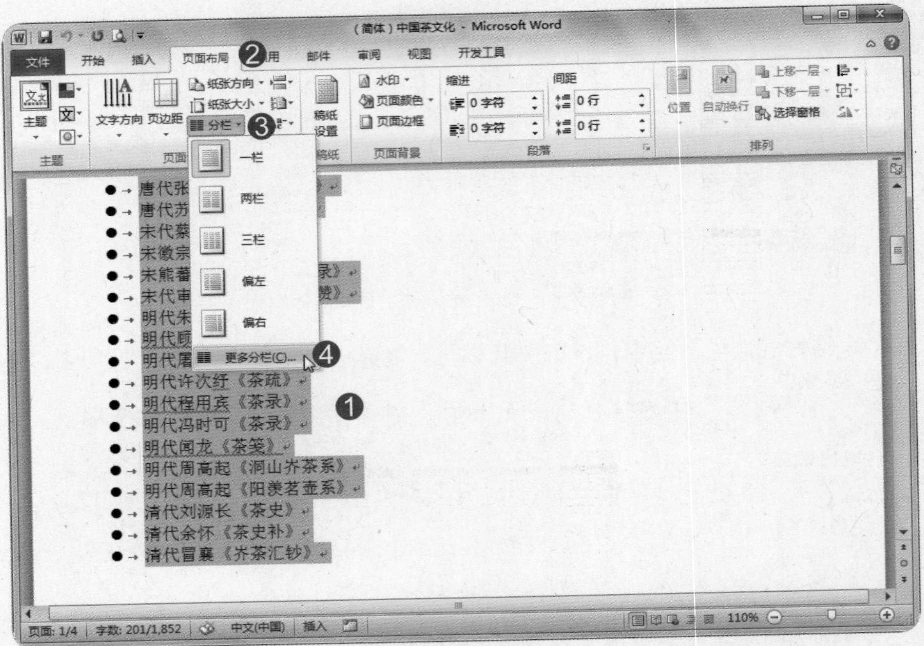

❺ 选择“预设”组中的“两栏”选项。

❻ 设定间距为“2字符”。

❼ 选择“分隔线”复选框。

❽ 单击“确定”按钮。

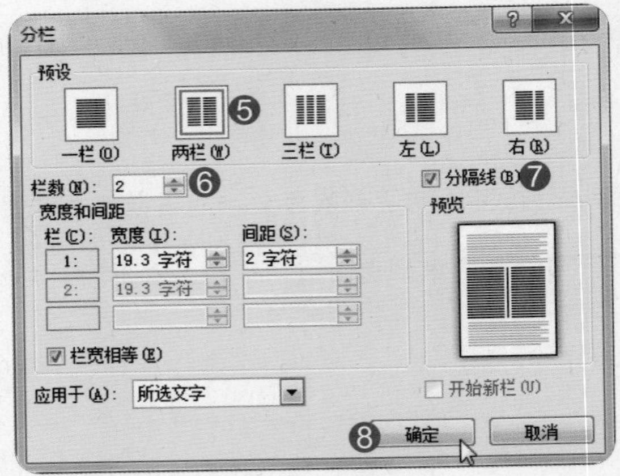

第2小题

❶ 单击“页面布局”选项卡“页面背景”组中的“页面边框”按钮，弹出“边框和底纹”对话框。

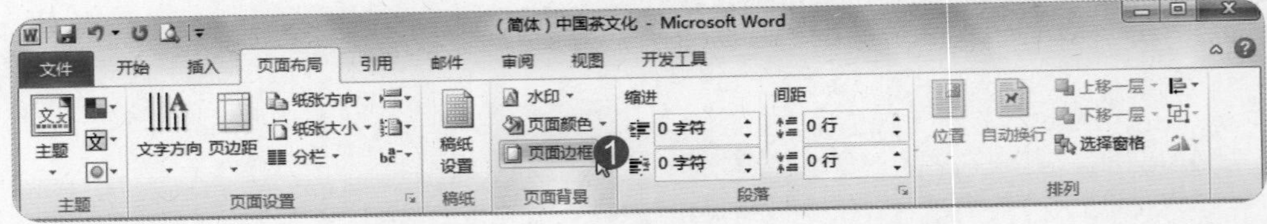

❷ 在“页面边框”选项卡中设定“颜色”为“绿色”。

❸ 选择“艺术型”为[艺术型边框样式]。

❹ 设定“宽度”为“26磅”。

❺ 取消“上”“下”边框。

❻ 单击“选项”按钮，弹出“边框和底纹选项”对话框。

❼ 选择“测量基准”为“文字”。

❽ 设定“边距”，“左”“右”为“0磅”。

❾ 单击“确定”按钮关闭对话框。

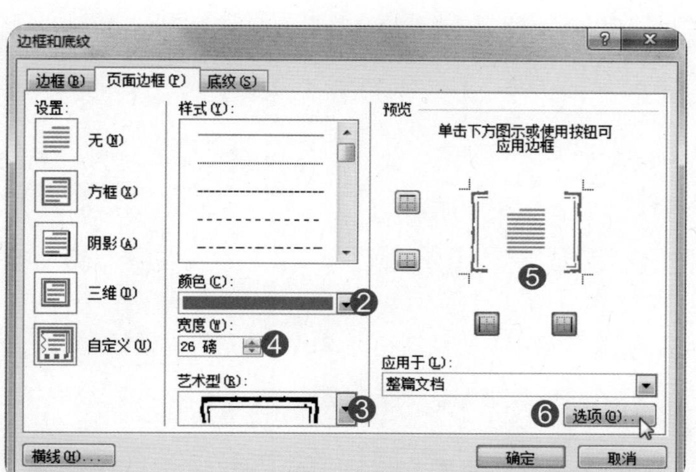

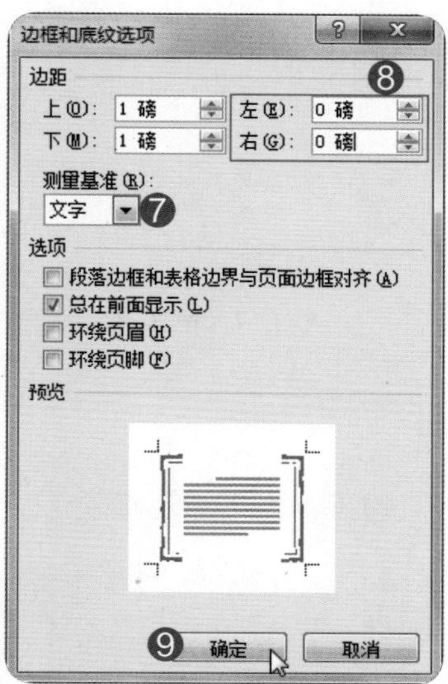

❿ 完成页面边框设定。

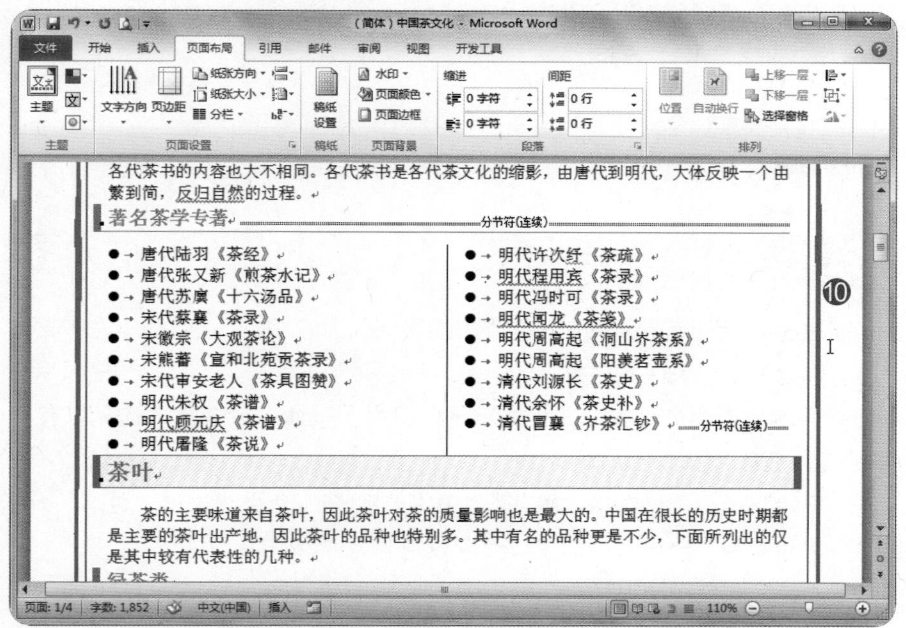

测验试题 6/30

●题目

1. 指定所有“绿色”样式段落为“1级”，“橙色”样式段落为“2级”。
2. 于“插入目录。”标记之后的段落插入分节符（目录与文章需不同页），并使用“自动目录2”替换“插入目录”标记。

●解题步骤

第1小题

❶ 单击“开始”选项卡，右击“样式”组中的“绿色”选项，选择“全选：（无数据）”命令，选取所有“绿色”段落。

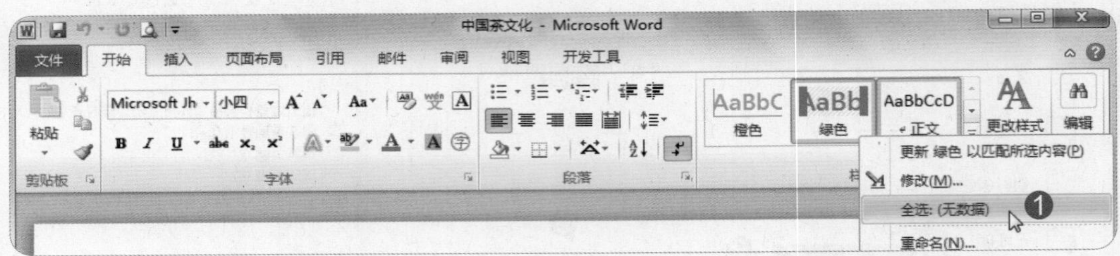

❷ 单击“开始”选项卡，单击“段落”组中的扩展按钮，弹出“段落”对话框。

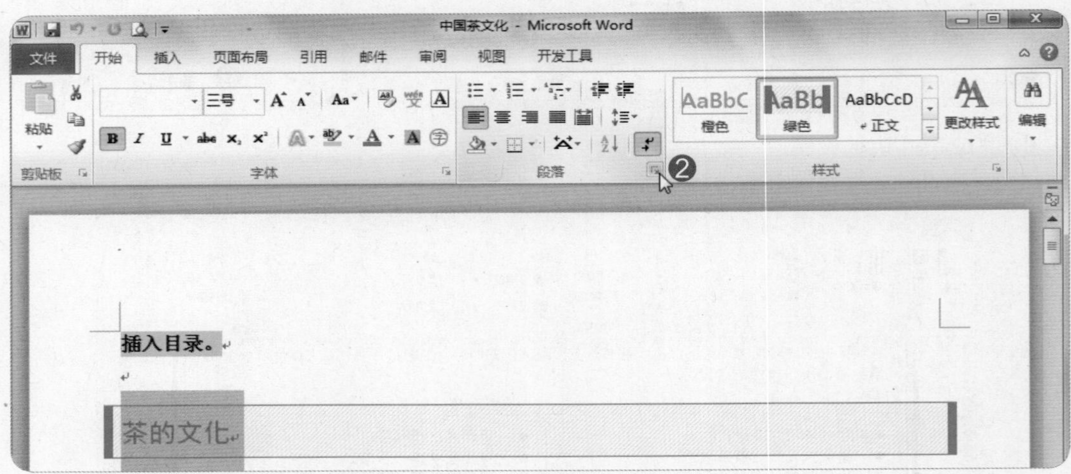

❸ 在“缩进和间距”选项卡中，选择“大纲级别”为“1级”。

❹ 单击“确定”按钮关闭对话框。

❺ 单击“开始”选项卡，右击“样式”组中“橙色”命令，选择“选择所有11个实例”命令，选取所有“橙色”段落。

❻ 单击“开始”选项卡，选择“段落”组中的“段落”命令，弹出“段落”对话框。

❼ 在“缩进和间距”选项卡中选择“大纲级别”为“2级”。

❽ 单击“确定”按钮关闭对话框。

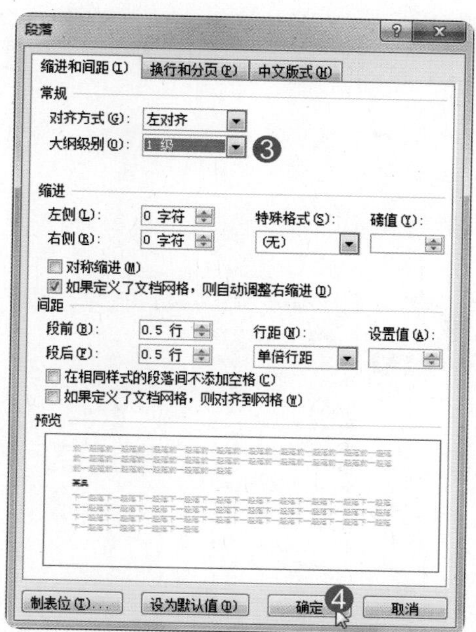

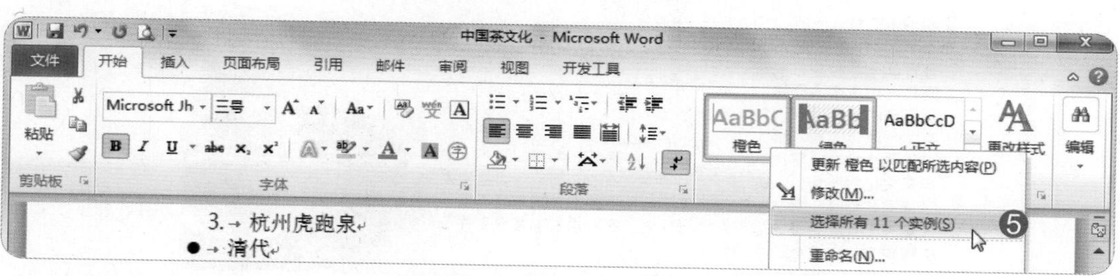

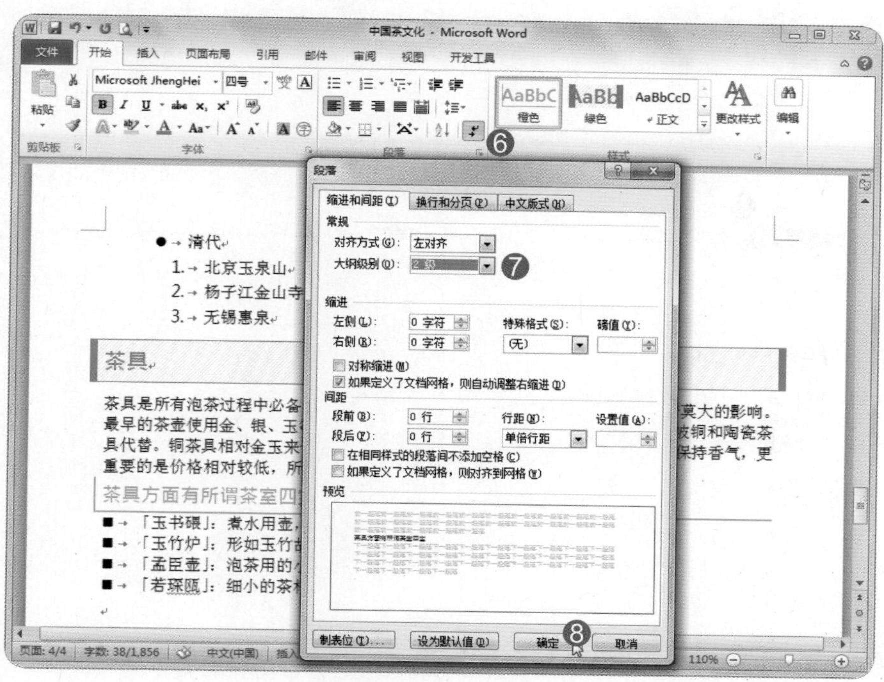

第2小题

❶ 光标定位在“插入目录”下空白处。

❷ 单击“页面布局”选项卡。

❸ 在“页面设置”组中选择“分隔符”命令。

❹ 选择“分节符”下方的“下一页”命令，进行分节操作。

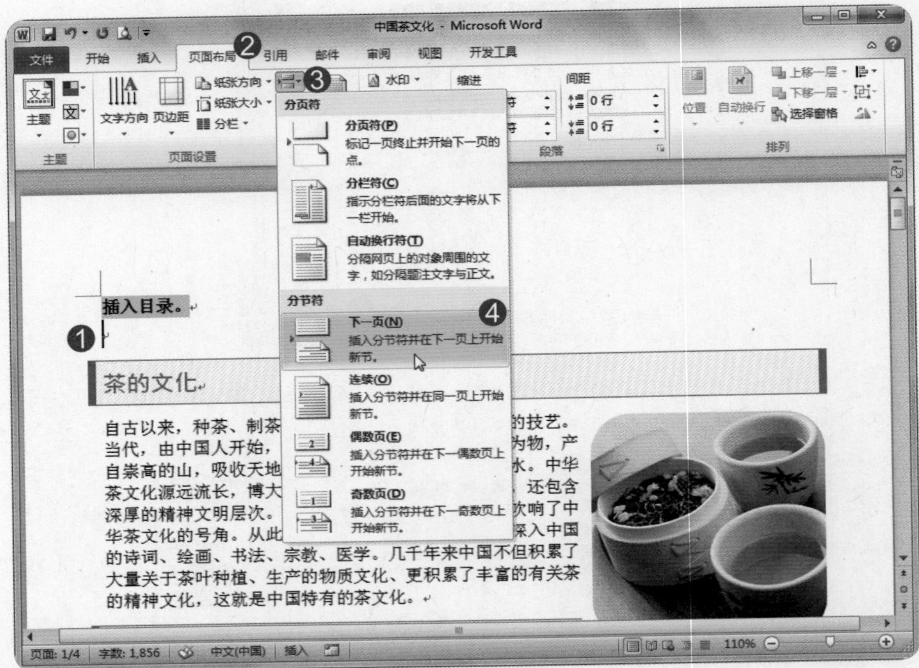

❺ 选择第一页“插入目录”标记。

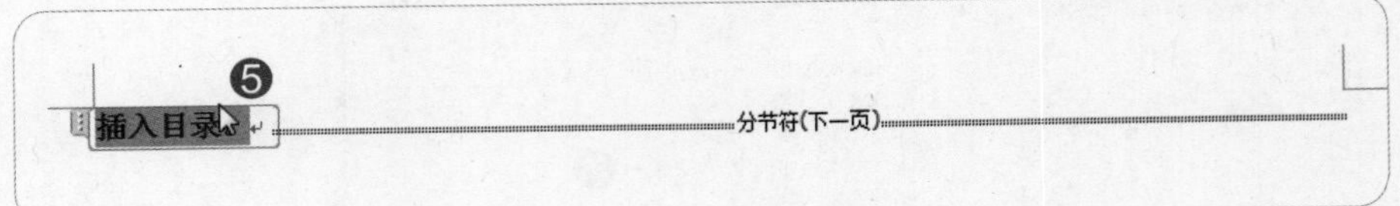

❻ 单击“引用”选项卡。

❼ 选择“目录”组中“目录”命令。

❽ 选择“自动目录2”项目。

❾ 完成插入目录操作。

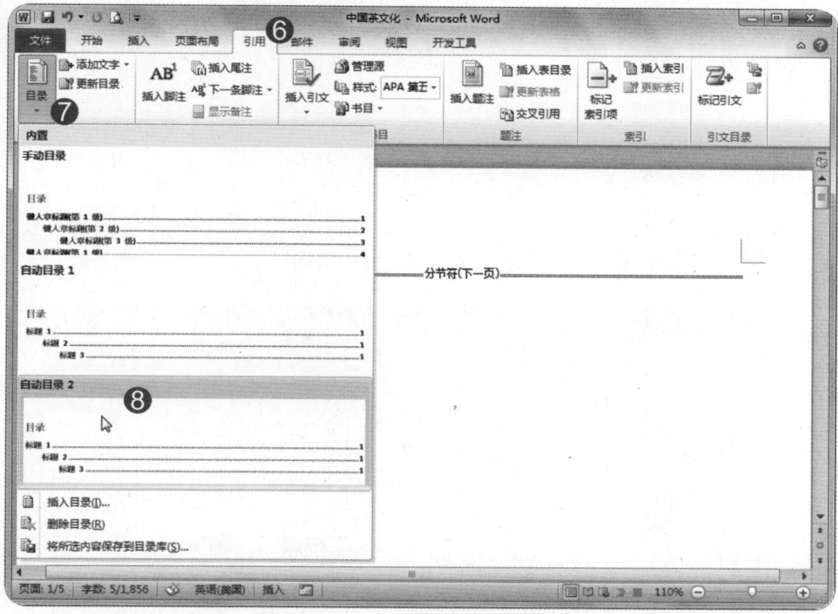

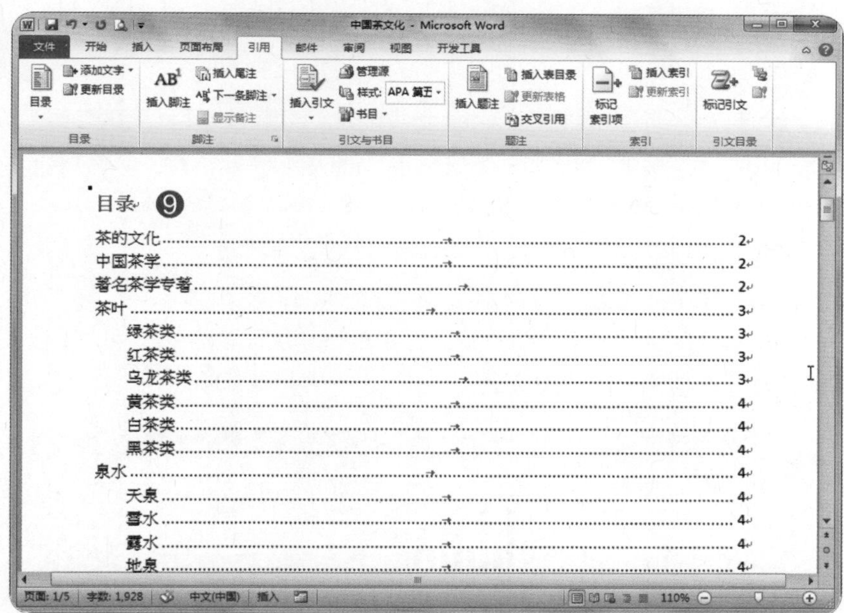

测验试题 7/30

●题目

1. 将所有文字内容置于“高：5.5厘米，宽：9.1厘米”的文本框内，并填充“花束”纹理。（注意：水平位置需对齐右侧栏0厘米，垂直位置需对齐段落下侧0厘米）
2. 套印单一标签，选择样式为“Microsoft东亚尺寸，高：5.5厘米，宽：9.1厘米”，使其填充整个标签纸。将输出后的标签纸存储于“我的文档”内，命名为“展场识别证.docx”。

●解题步骤

第1小题

❶ 选中所有段落。

❷ 单击“插入”选项卡。

❸ 选择“文本”组中的“文本框”命令。

❹ 选择“绘制文本框”命令将所有文字置于文字框内。

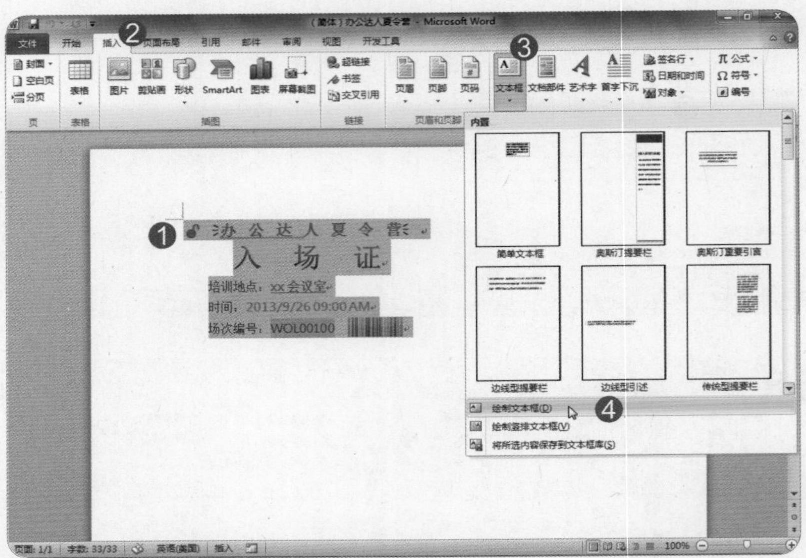

❺ 单击“格式”选项卡。

❻ 设定“大小”组中高度为“5.5厘米” 宽度为“9.1厘米”。

❼ 选择“形状样式”组→“形状填充”下拉菜单→“纹理”命令。

❽ 选择“纹理”选项中的“花束纹理”。

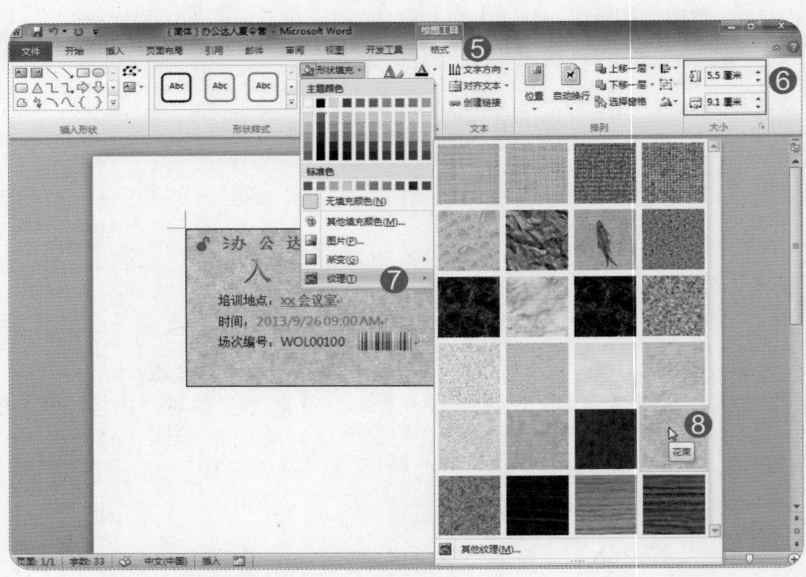

❾ 单击“格式”选项卡。单击“排列”组中的“位置”下拉菜单。

❿ 选择“其他布局选项”命令，弹出“布局”对话框。

⓫ 在“位置”选项卡设定水平绝对位置对齐右方栏0厘米。

⓬ 设定垂直绝对位置在段落下方0厘米。

⓭ 单击“确定”按钮关闭对话框。

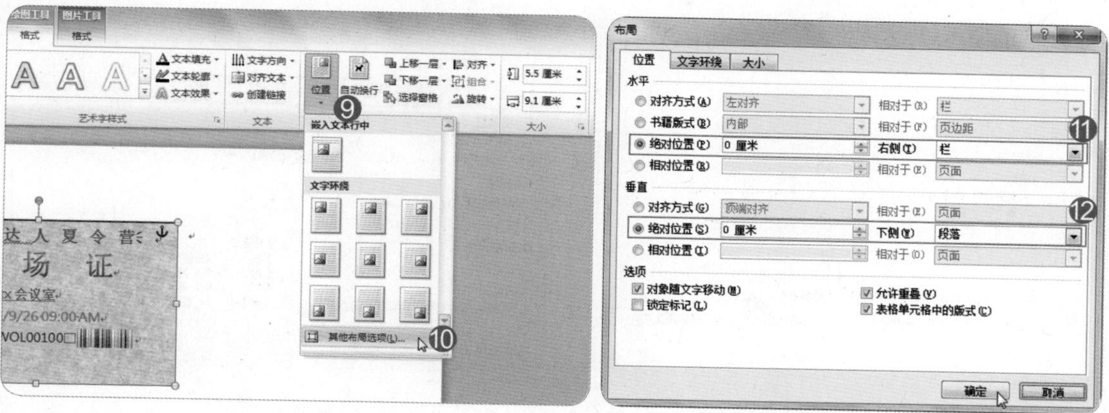

第2小题

❶ 单击文件边界，选中文件所有内容。

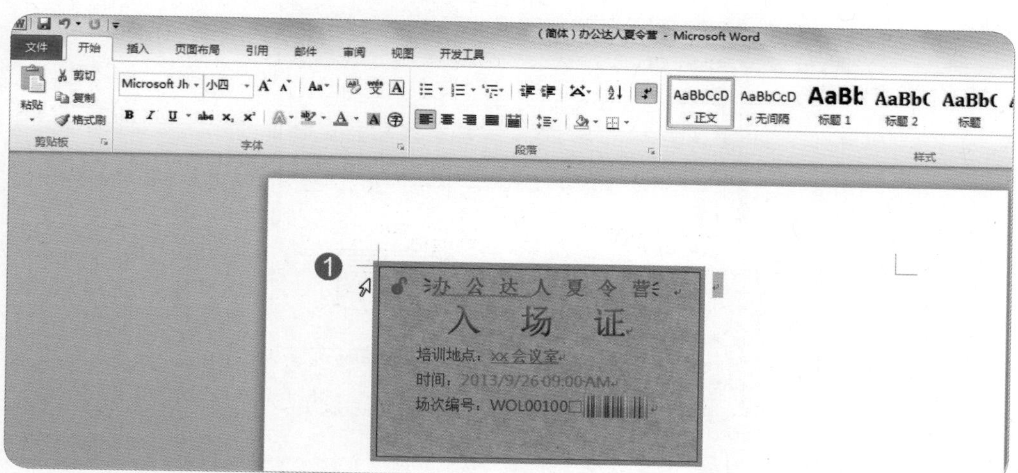

❷ 单击“邮件”选项卡。

❸ 选择“创建”组中“标签”命令，弹出“信封和标签”对话框。

❹ 单击“标签”选项卡中的“选项”按钮，弹出“标签选项”对话框。

❺ 在“产品编号”列表中选择“东亚尺寸”，并确认“标签信息”内容：高为“5.5厘米”，宽为“9.1厘米”。

❻ 单击“确定”按钮关闭对话框。

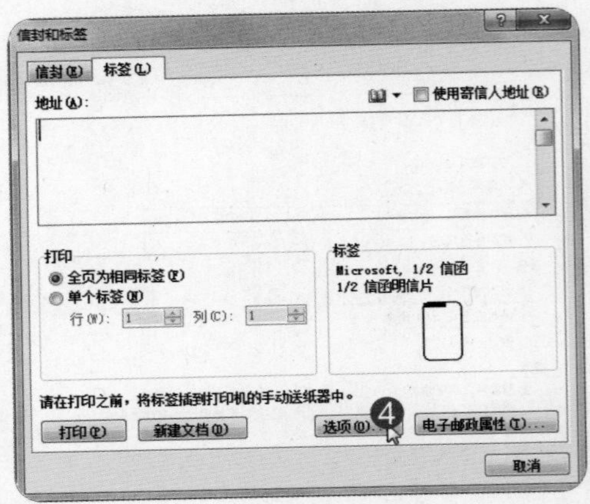

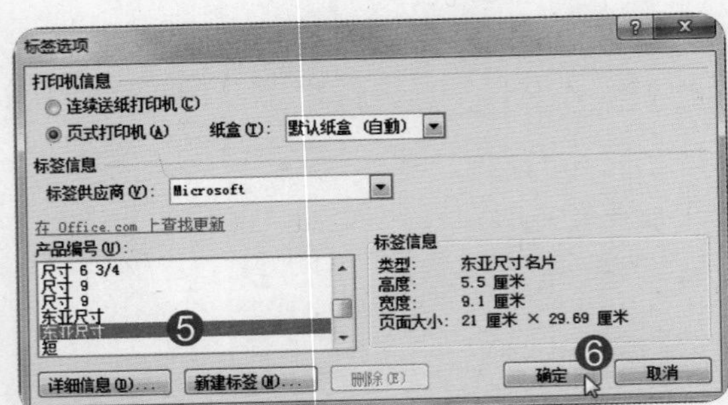

❼ 返回“信封和标签”对话框。单击“新建文档”按钮，建立新文件。

❽ 单击“文件”选项卡。

❾ 选择“另存为”命令，弹出“另存为”对话框。

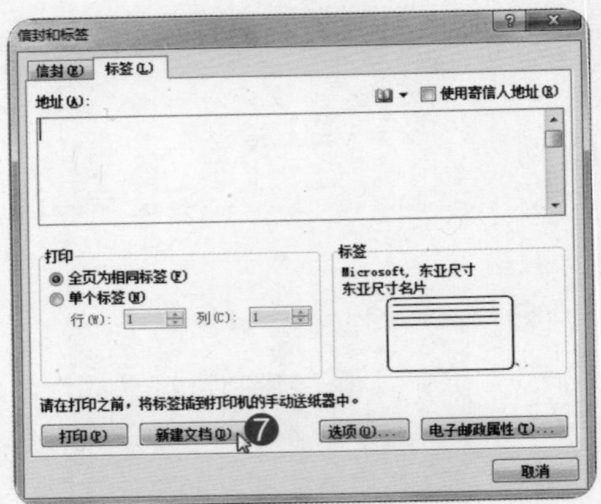

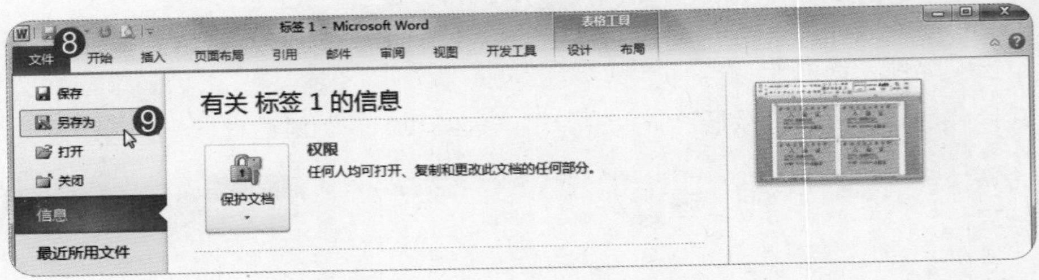

❿ 设定存储位置于“文档”文件夹。

⓫ 文件名称更改为“展场识别证”。

⓬ 单击“保存”按钮。

测验试题 8/30

●题目

1. 插入“细条纹”封面，文件标题为“中国茶文化”，并删除文件副标题。
2. 插入“传统型”页脚于第二节，起始页码应从1开始。更新目录修正页码。

●解题步骤

第1小题

❶ 单击“插入”选项卡。

❷ 选择“页”组中的“封面”命令。

❸ 选择“细条纹”封面样式，插入封面页。

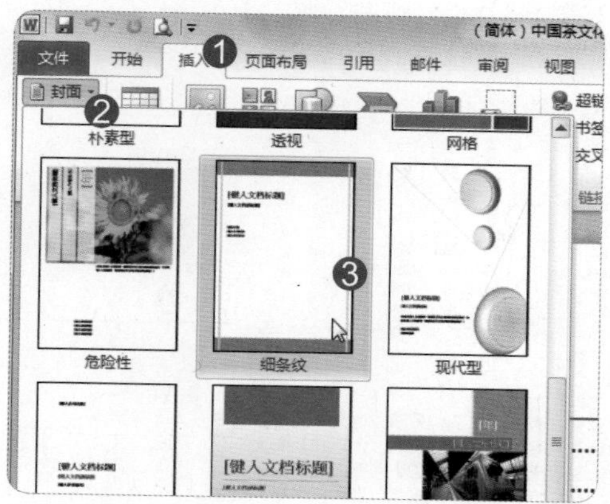

❹ 在封面页中输入主标题“中国茶文化”。

❺ 单击副标题组，按【Delete】键删除文件副标题。

❻ 完成封面页设定。

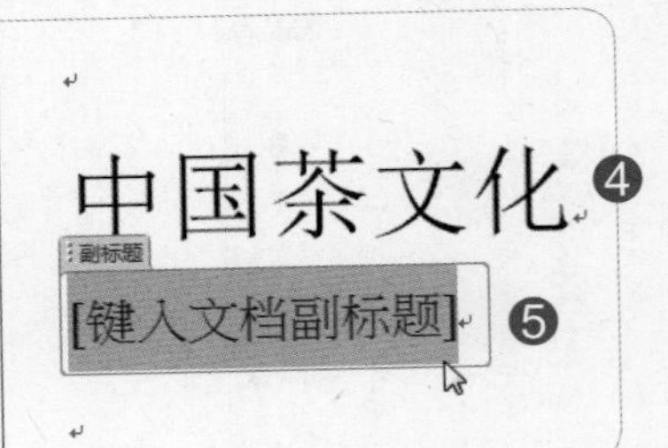

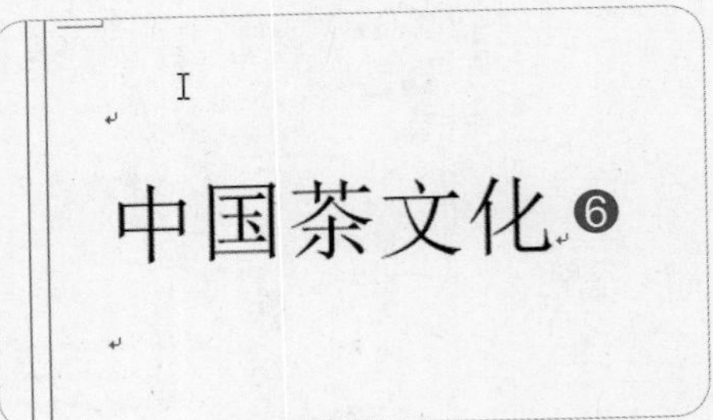

第2小题

❶ 单击“开始”选项卡。

❷ 单击“编辑”组中“查找”按钮的下三角按钮。

❸ 选择“转到”命令，弹出“查找和替换”对话框。

❹ 在“定位”选项卡中设定“定位目标”为“节”。

❺ 输入节号“2”。

❻ 单击“定位”按钮。

❼ 单击“关闭”按钮，关闭对话框。

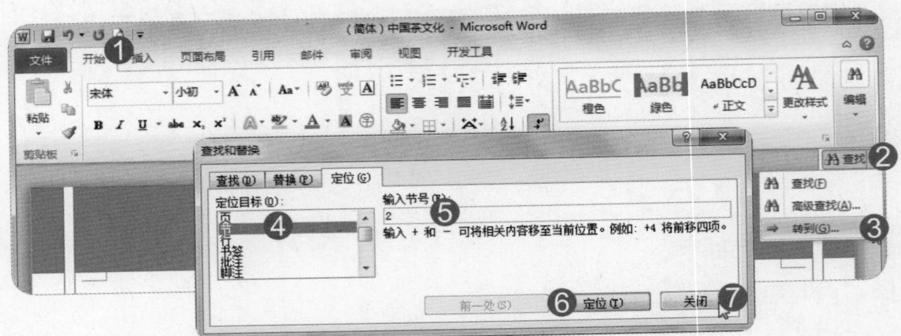

❽ 单击“插入”选项卡。

❾ 选择“页眉和页脚”组中“页脚”命令。

❿ 选择“传统型”页脚项目。

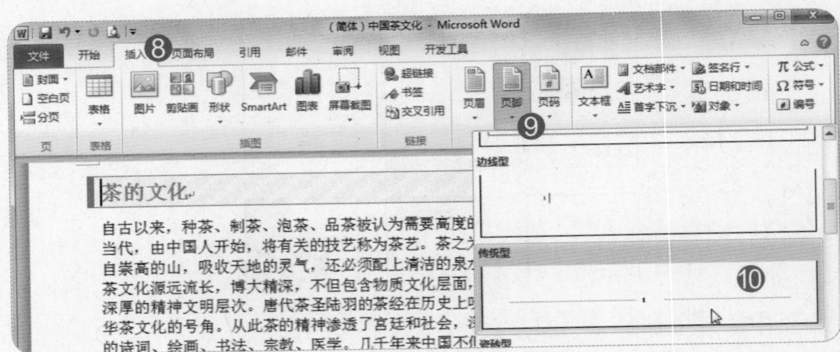

⓫ 单击“设计”选项卡，选择“页眉和页脚”组中的“页码”命令。

⓬ 选择“设置页码格式”命令，弹出“页码格式”对话框。

⑬ 设定“页码编号”为“起始页码：1”.

⑭ 单击“确定”按钮关闭对话框。

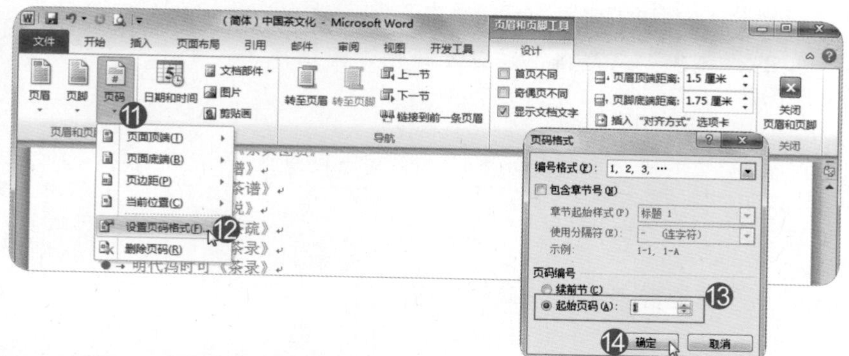

⑮ 单击“关闭页眉和页脚”按钮，返回文件。

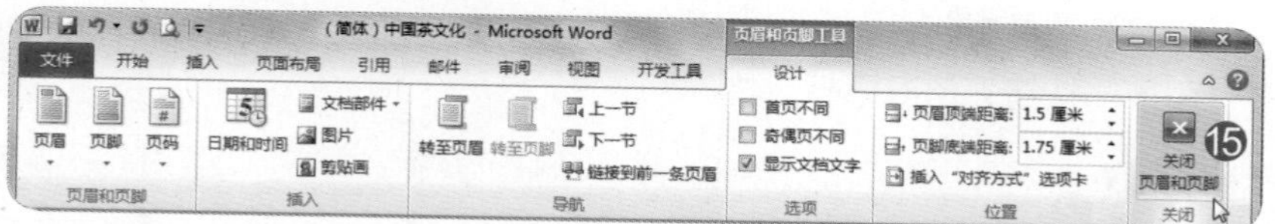

⑯ 将光标定位在第二页目录中任意位置并右击，弹出快捷命令菜单，选择“更新域”命令，弹出“更新目录”对话框。

⑰ 单击“只更新页码”单选按钮。

⑱ 单击“确定”按钮关闭对话框。

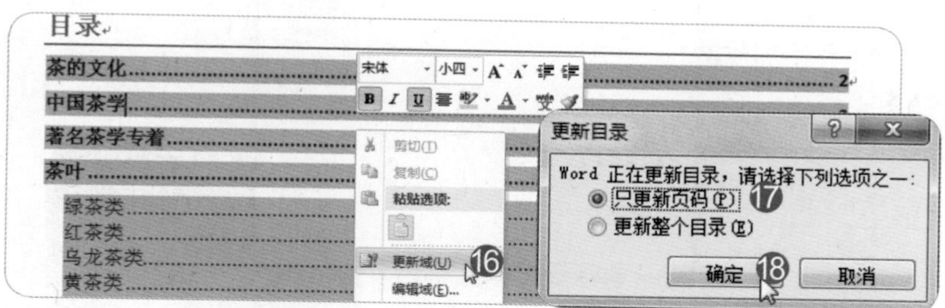

⑲ 完成页码更新。

测验试题 9/30

●题目

1. 在第二页“泉水”文字标题前，建立“泉水”书签。
2. 在第一页的“泉水”文本框上建立超链接，并链接至“泉水”书签。隐藏名为“河”的图片。

●解题步骤

第1小题

❶ 把光标定位于第三页“泉水”标题文字前。

❷ 单击“插入”选项卡。

❸ 选择“链接”组中“书签”命令，弹出“书签”对话框。

❹ 输入书签名称“泉水”。

❺ 单击“添加”按钮关闭对话框。

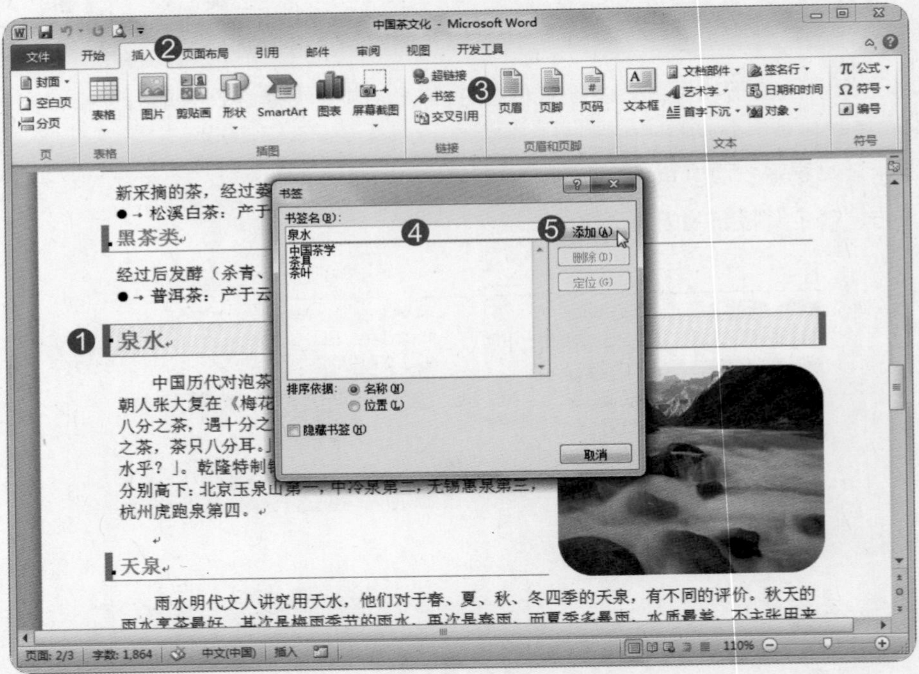

第2小题

❶ 单击第一页的“泉水”文本框。

❷ 单击“插入”选项卡，选择“链接”组中“超链接”命令，弹出“插入超链接”对话框。

❸ 选择“链接到”选项中的“本文档中的位置”单选按钮。

❹ 单击文档中位置“书签”下“泉水”项目。

❺ 单击“确定”按钮完成插入超链接。

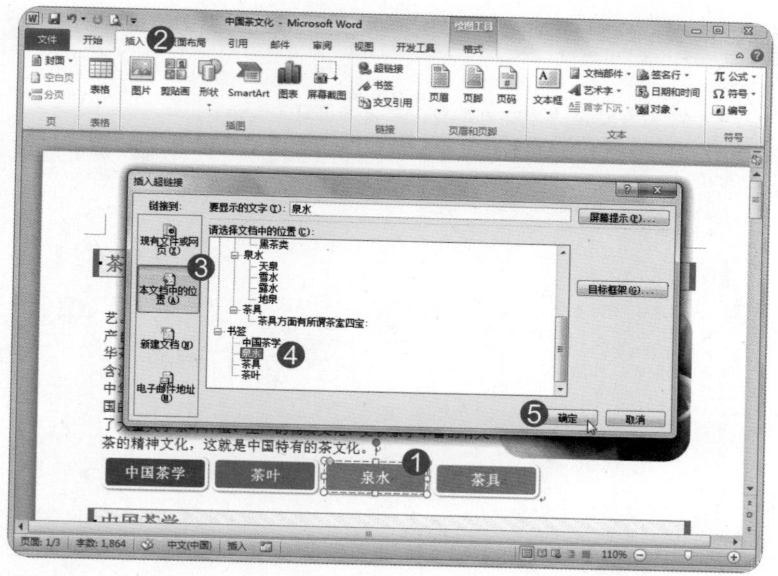

⑥ 单击“开始”选项卡。

⑦ 选择“编辑”组中“选择”命令。

⑧ 单击“选择窗格”命令，弹出“选择和可见性”工作窗口。

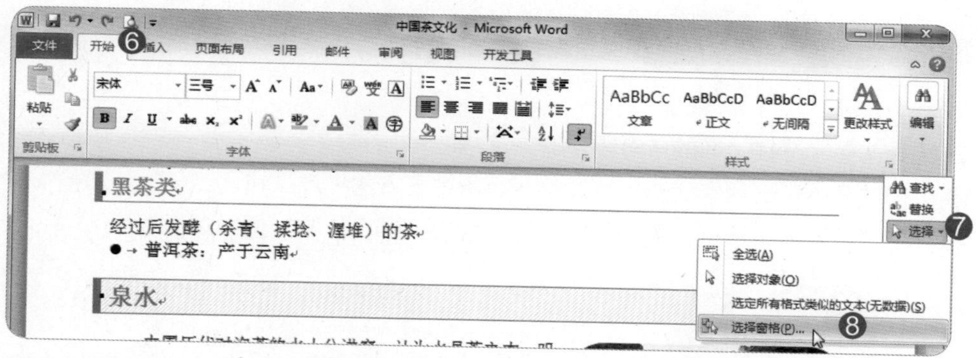

⑨ 移至第三页，在“选择和可见性”工作窗口中查看到页面中包含名称为“河”的图片。

⑩ 单击工作窗口中名称为“河”图片右方的按钮，隐藏图片。

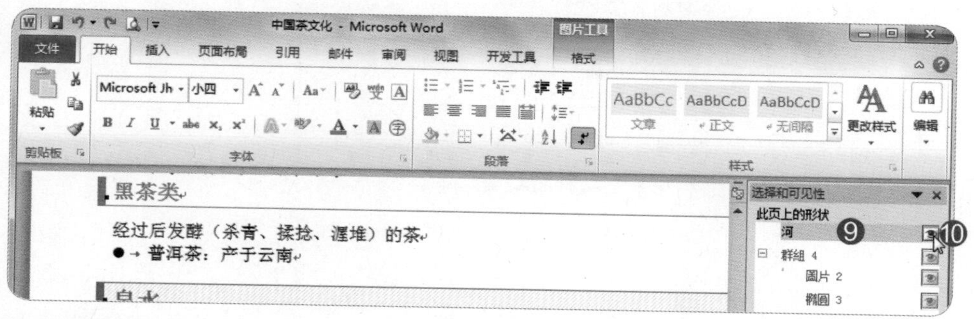

⑪ 完成图片隐藏。

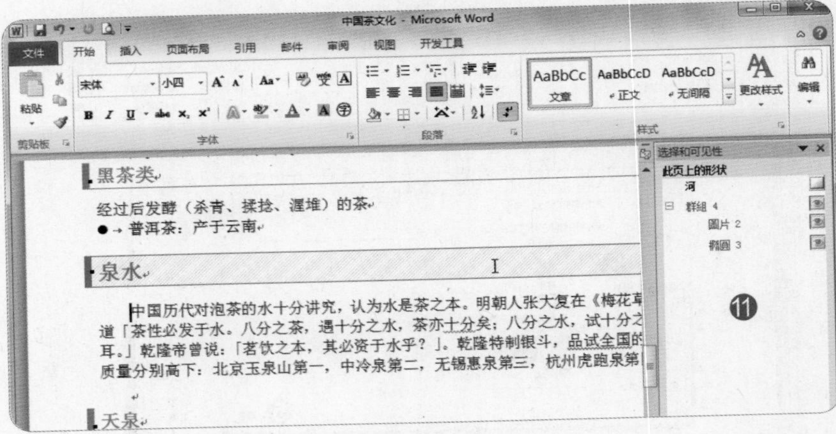

测验试题 10/30

●题目

1. 将两条橙色波浪线之间的所有段落设置两个制表位位置：5 字符、左对齐、无前导符；36字符、右对齐，第2个样式的前导符。（注意：接受其他所有默认设置）
2. 设置红色的文字宽度皆与“谢恩暨答礼”同宽。

●解题步骤

第1小题

❶ 选择两条水平线之间的所有段落。

❷ 单击“开始”选项卡，选择“段落”组中右下方的扩展按钮。

❸ 弹出“段落”对话框，单击“制表位”按钮，弹出“制表位”对话框。

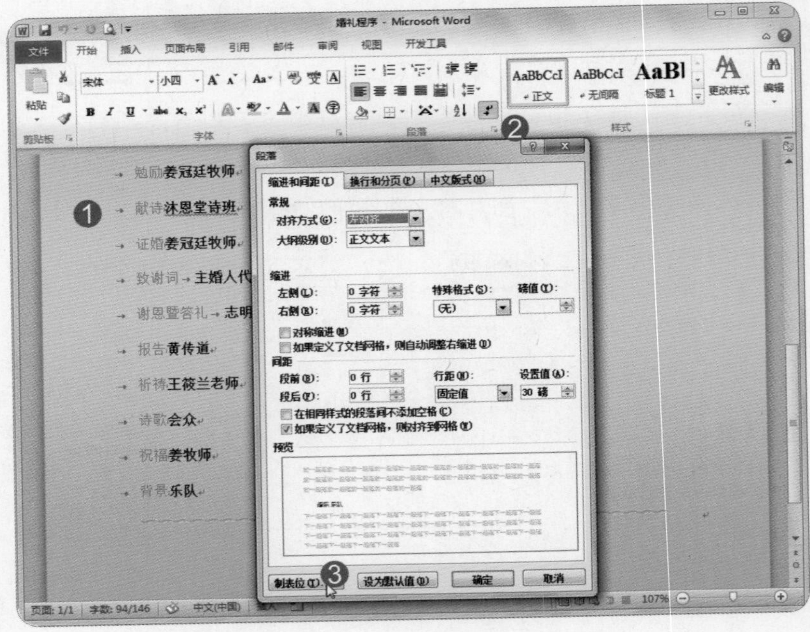

❹ 输入制表位位置为“5”。

❺ 对齐方式为“左对齐”。

❻ 前导符为“无”。

❼ 单击“设置”按钮。

❽ 输入制表位位置为“36”。

❾ 对齐方式为“右对齐”。

❿ 单击第2种样式前导符。

⓫ 单击“设置”按钮。

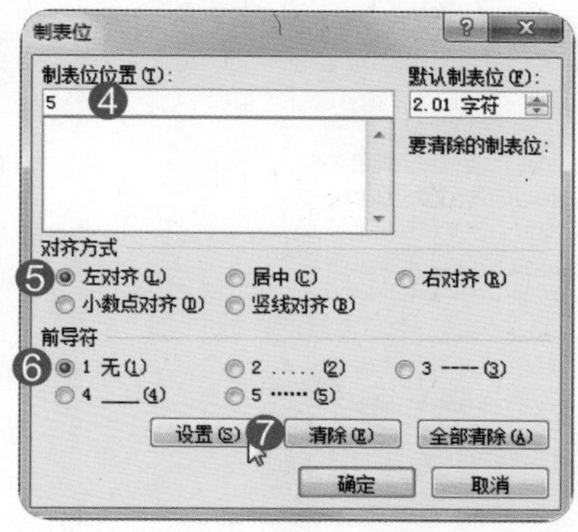

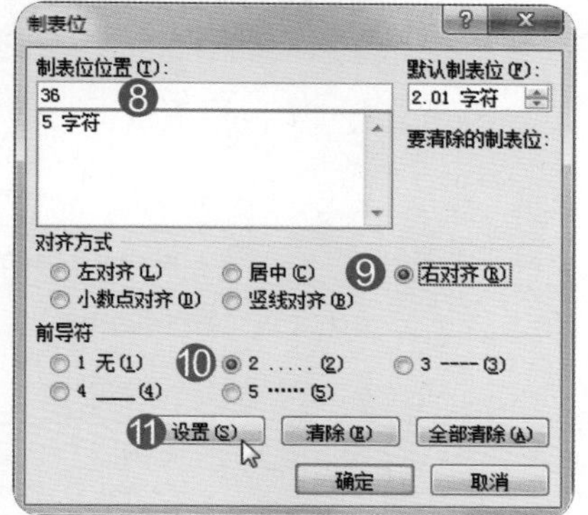

⓬ 单击“确定”按钮关闭对话框。

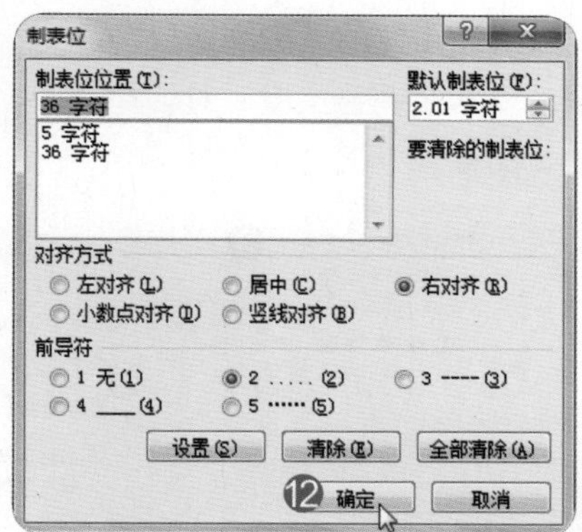

⓭ 完成定位点设置。

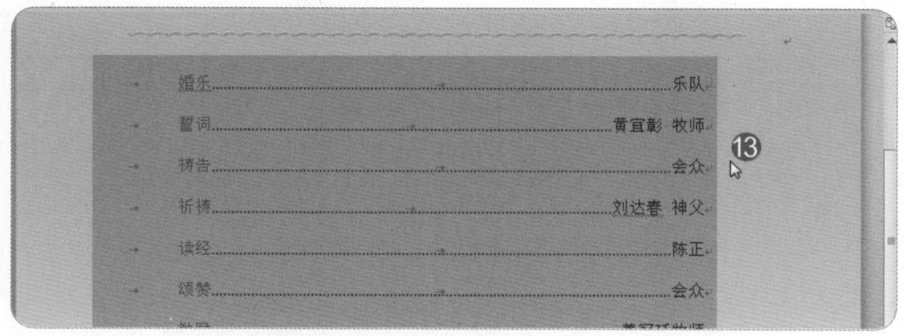

第2小题

❶ 在文件中任一红色文字上右击，在弹出的快捷菜单中选择“样式”命令。

❷ 选择“选定所有格式类似的文本”命令。

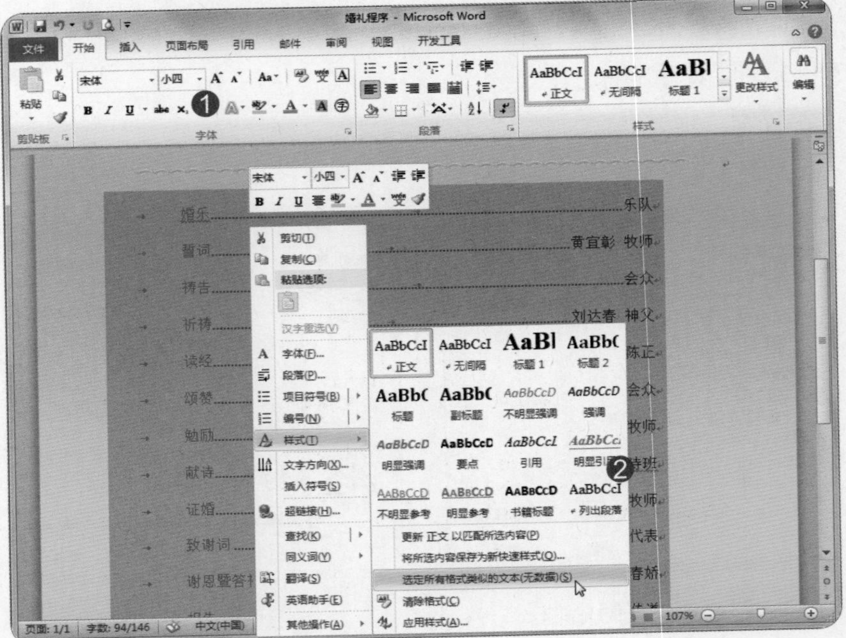

❸ 选择“开始”选项卡“段落”组中的“中文版式”命令。

❹ 选择“调整宽度”命令，弹出“调整宽度”对话框。

❺ 单击“确定”按钮关闭对话框。

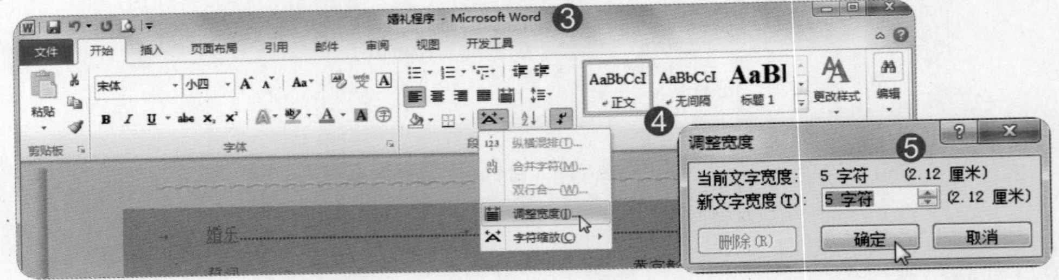

❻ 完成红色文字宽度设置。

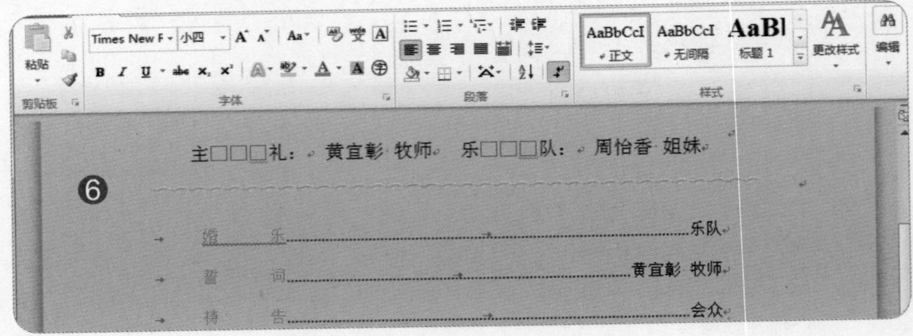

测验试题 11/30

●题目

1. 将标题“蝴蝶的一生”右对齐后，套用“渐变填充-橙色，强调文字颜色6，内部阴影”文本效果，并在文字添加右对齐的拼音指南，大小为10磅，微软雅黑体。
2. 更改SmartArt图形颜色为“彩色-强调文字颜色”，并套用“强烈效果”SmartArt样式。

●解题步骤

第1小题

❶ 选中“蝴蝶的一生”文字。

❷ 单击“开始”选项卡“段落”组中的“文本右对齐”按钮。

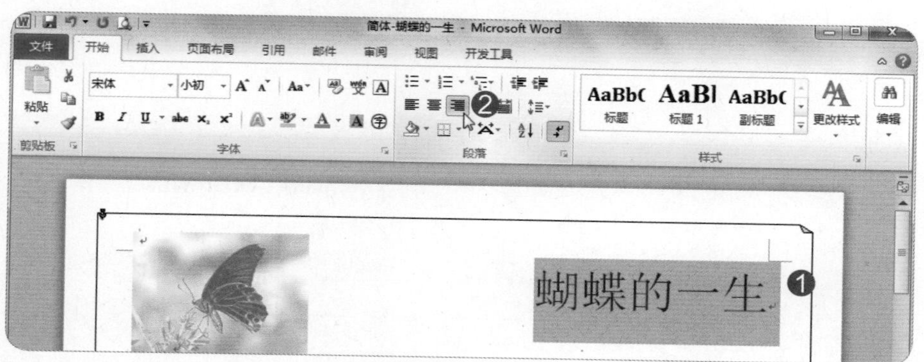

❸ 单击“开始”选项卡“字体”组中的“文本效果”按钮。

❹ 选择套用“渐变填充-橙色，强调文字颜色6，内部阴影”文字效果。

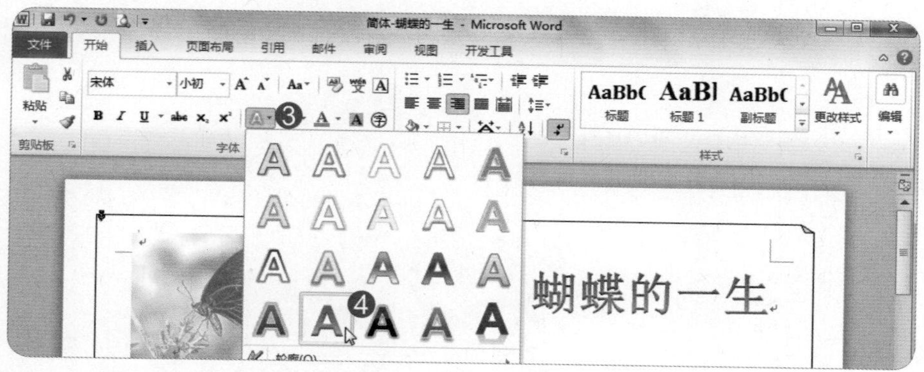

❺ 单击“拼音指南”按钮，弹出“拼音指南”对话框。

❻ 设置对齐方式为“右对齐”。

❼ 字体为“微软雅黑”。

❽ 字号大小为“10”磅。

❾ 单击“确定”按钮关闭对话框。

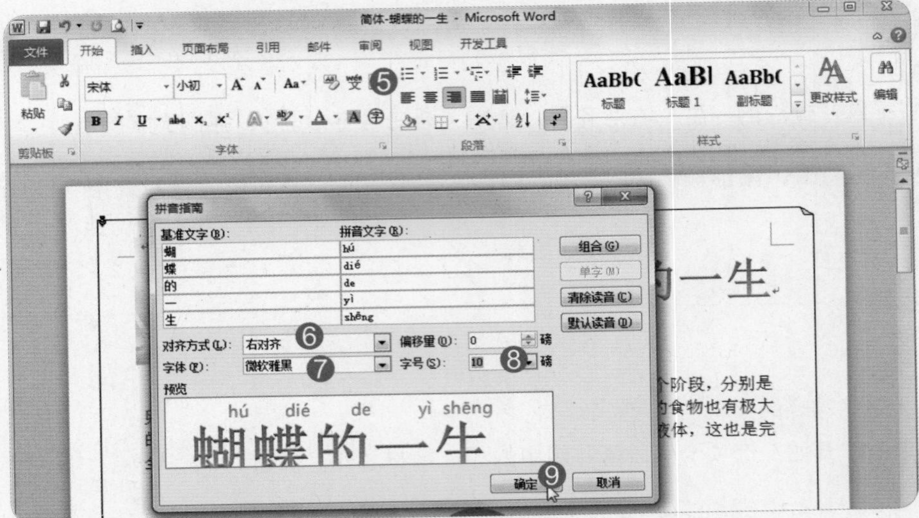

⑩ 完成封面页设置。

第2小题

❶ 单击选中文件中的SmartArt图案。

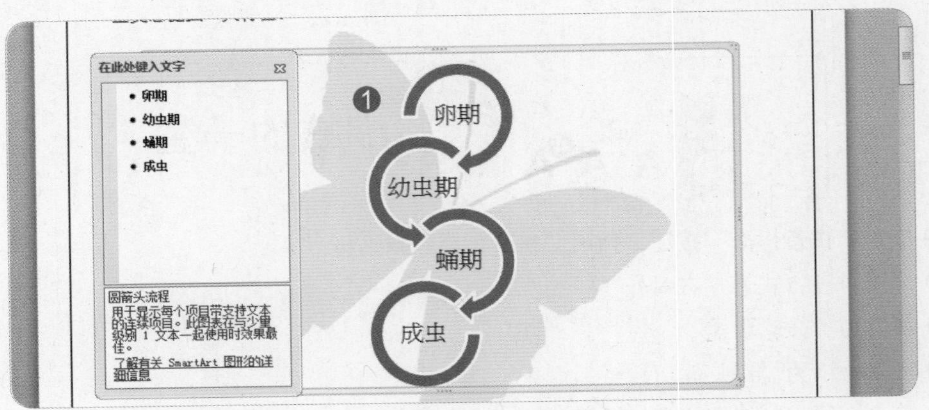

❷ 单击“SmartArt工具”下方“设计”选项卡。

❸ 选择“SmartArt样式”组中“更改颜色”按钮。

❹ 选择套用“彩色-强调文字颜色”选项。

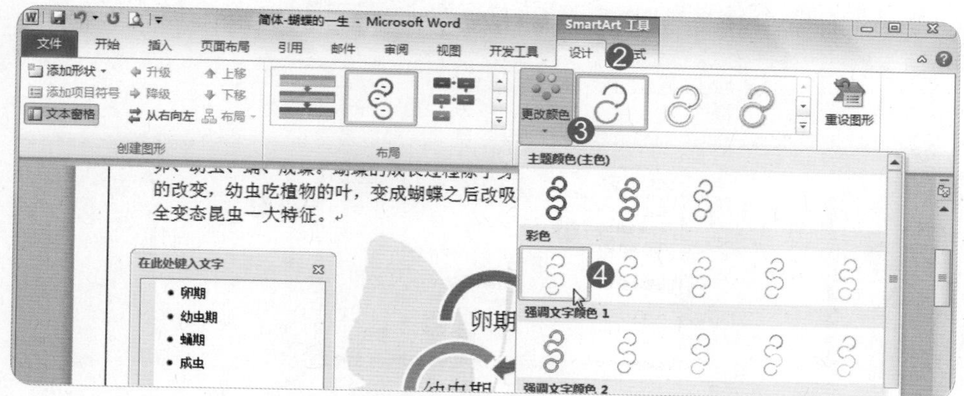

❺ 选择套用SmartArt样式表中“强烈效果”样式。

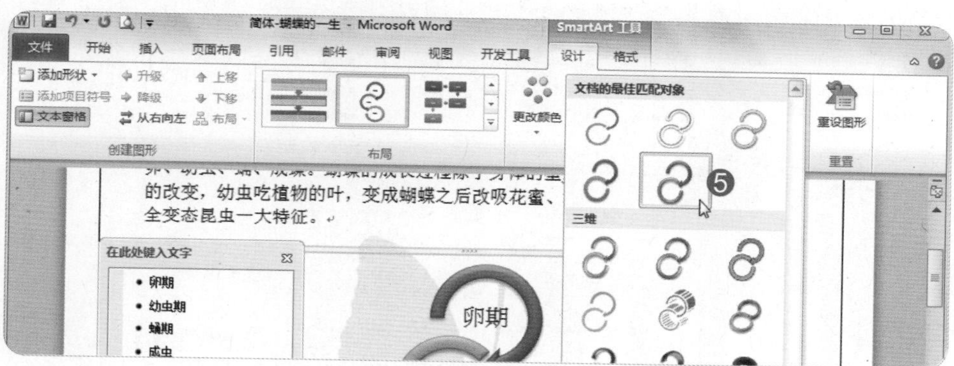

测验试题 12/30

●题目

1. 使用公式计算表格最后一列的总分，并依总分降序排序；如果总分相同，则以语文分数降序排序。
2. 在页脚文字“制表日期：”右方插入日期和时间，如2013/12/13，格式：14磅、Arial、加粗，日期和时间自动更新。

●解题步骤

第1小题

❶ 将光标定位在第二行最后一个单元格。

❷ 单击“表格工具”下方的“布局”选项卡。

❸ 单击“数据”组中“公式”按钮，弹出“公式”对话框。

❹ 确认公式为“=SUM(LEFT)”。

❺ 单击“确定”按钮关闭对话框，计算第一位学生总分。

⑥ 复制计算完成的总分内容。

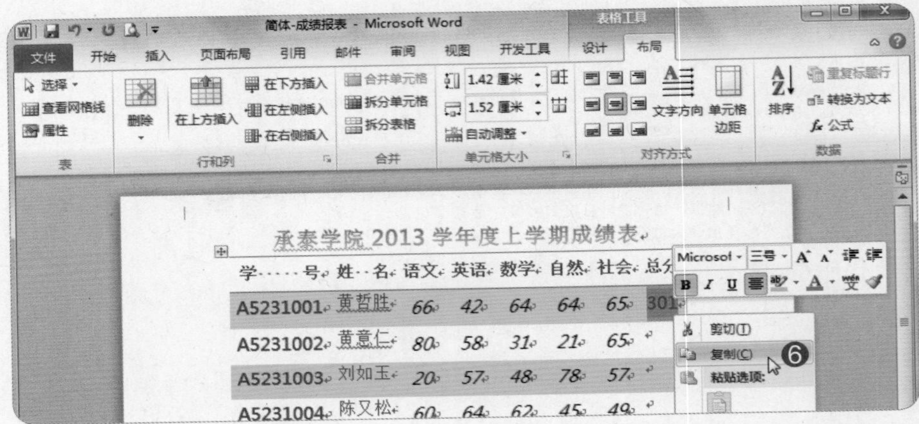

⑦ 选择“总分”列其他空白单元格，按【Ctrl+V】组合键，复制剪贴板内容。

⑧ 按【F9】功能键更新单元格公式结果。

❾ 选择表格左上方的全选图标，选中表格。

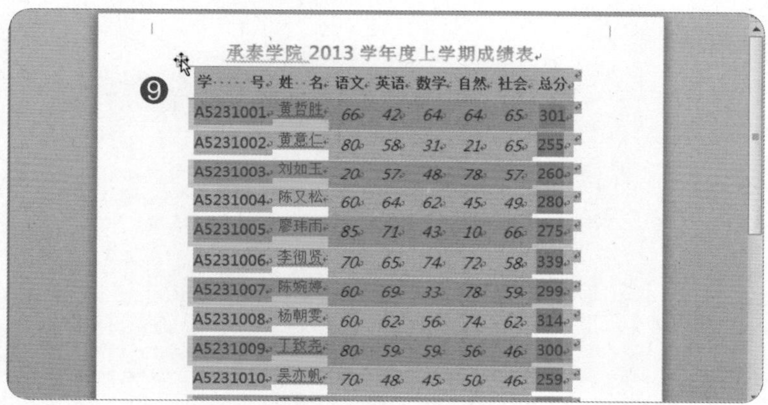

❿ 单击“表格工具”下方的“布局”选项卡。

⓫ 单击“数据”组中“排序”按钮，弹出“排序”对话框。

⓬ 主要关键字选择“总分”，单击“降序”单选按钮排序。

⓭ 次要关键字选择“语文”，单击“降序”单选按钮排序。

⓮ 单击“确定”按钮关闭对话框。

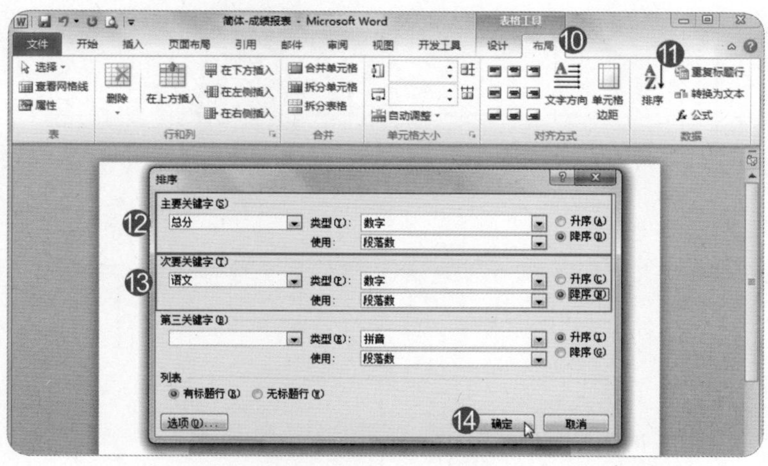

⑮ 完成表格公式计算及排序。

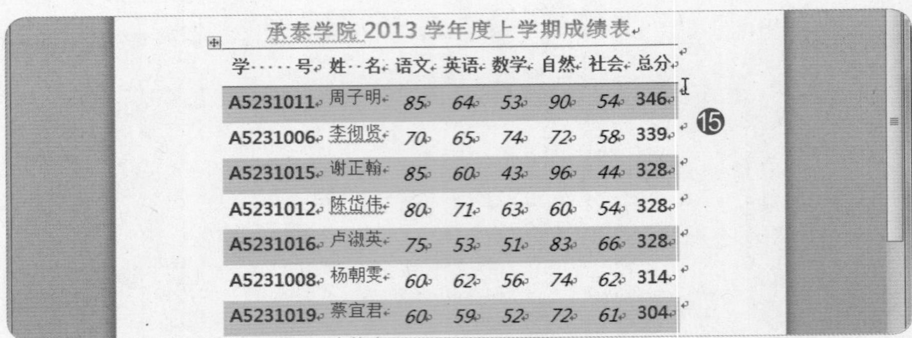

承泰学院 2013 学年度上学期成绩表

学号	姓名	语文	英语	数学	自然	社会	总分
A5231011	周子明	85	64	53	90	54	346
A5231006	李御贤	70	65	74	72	58	339
A5231015	谢正翰	85	60	43	96	44	328
A5231012	陈岱伟	80	71	63	60	54	328
A5231016	卢淑英	75	53	51	83	66	328
A5231008	杨朝雯	60	62	56	74	62	314
A5231019	蔡宜君	60	59	52	72	61	304

第2小题

❶ 将光标定位到“制表日期：”右方。

❷ 单击“页眉和页脚工具”下方“设计”选项卡。

❸ 单击“插入”组中“日期和时间”按钮，弹出“日期和时间”对话框。

❹ 选择可用格式为“2013/12/13”。

❺ 单击“自动更新”复选框。

❻ 单击“确定”按钮完成插入日期。

❼ 选中插入的日期。

❽ 单击“开始”选项卡。

❾ 在“字体”组中设定字体为“Arial”，字体大小为“14”，“粗体”。

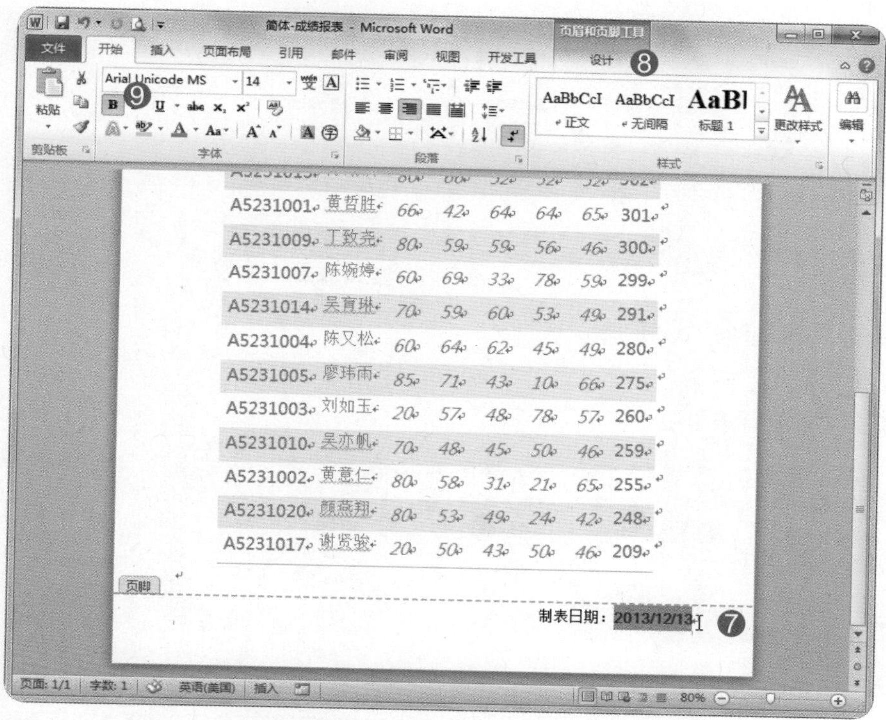

⑩ 单击“页眉和页脚工具”下方“设计”选项卡。

⑪ 单击“关闭页眉和页脚”按钮。

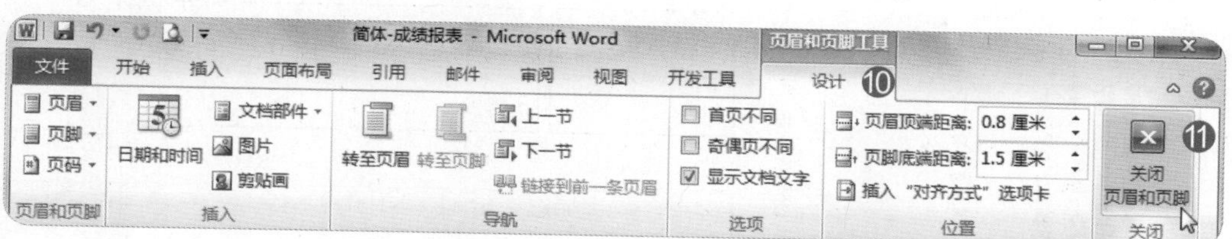

测验试题 13/30

●题目

1. 转换文字为横向垂直，并以WATERMARK.gif图片为水印，缩放比例为150%。（注意：接受其他默认设置）
2. 仅复制并套用“文档”文件夹“样式集.dotx”模板文件中的“标题”及“标题1”样式。

●解题步骤

第1小题

❶ 单击“页面布局”选项卡。

❷ 单击“页面设置”组中“文字方向”按钮。

❸ 选择“垂直”命令。

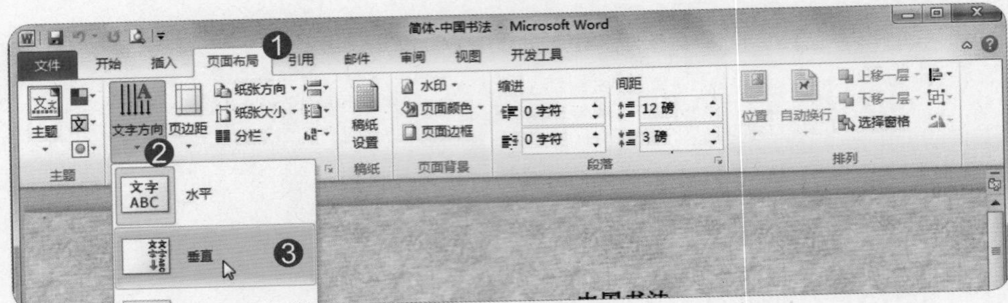

❹ 单击“纸张方向”按钮。

❺ 选择“横向”命令。

❻ 单击“页面背景”组中“水印”按钮。

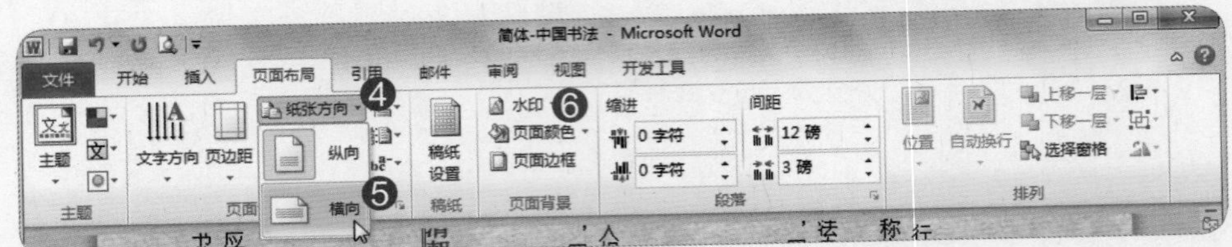

❼ 选择“自定义水印”命令，弹出“水印”对话框。

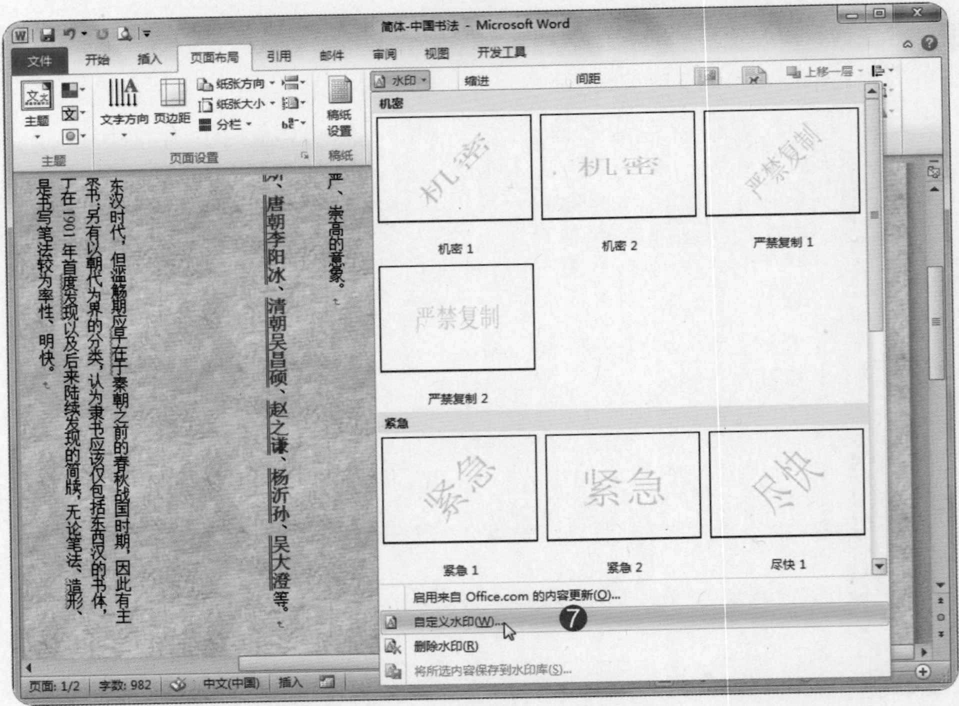

❽ 选择“图片水印”单选按钮。

❾ 单击“选择图片”按钮，插入指定文件夹中的“WATERMARK.gif”图片。

❿ 选择缩放比例为“150%”。

⓫ 单击“确定”按钮关闭对话框。

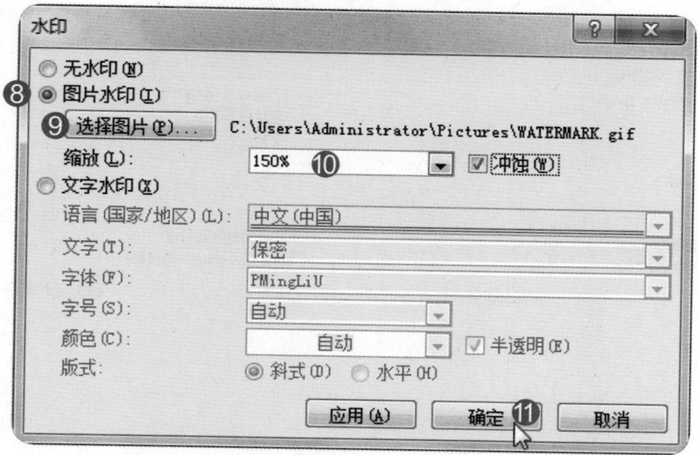

第2小题

❶ 单击“开始”选项卡。

❷ 选择“样式”组右下方的扩展按钮，弹出“样式”工作窗口。

❸ 单击“样式”工作窗口下方的“管理样式”按钮，弹出“管理样式”对话框。

❹ 单击左下方的“导入/导出”按钮，弹出“管理器”对话框。

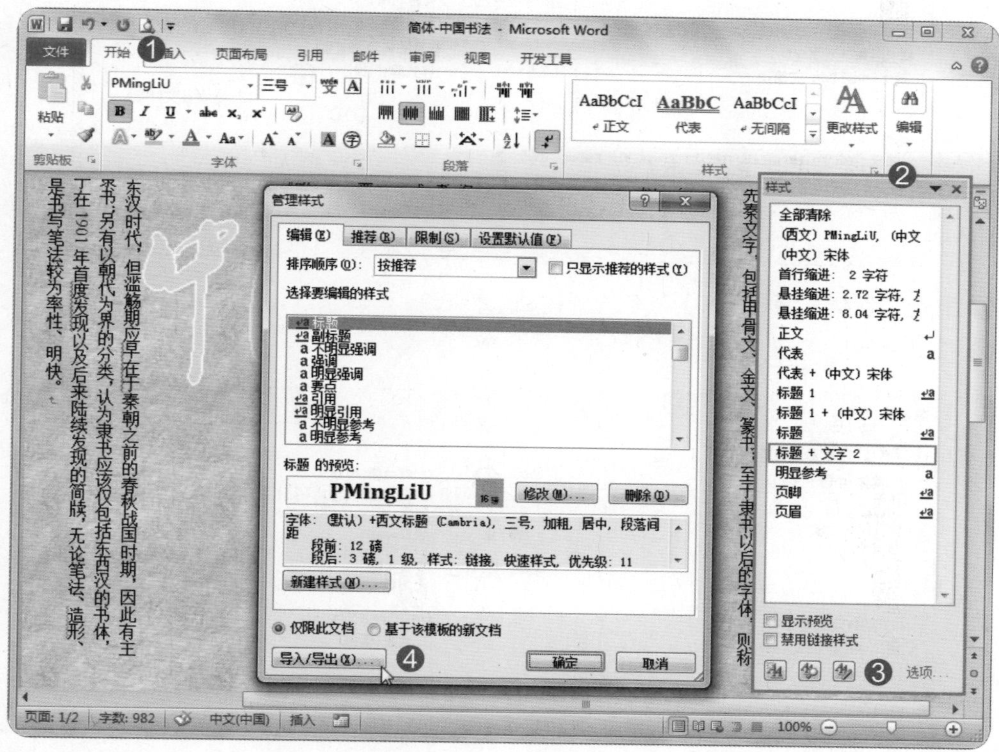

❺ 在“管理器”对话框中，单击右方“关闭文件”按钮关闭“Normal.dotm”，此时按钮名称为“打开文件”。

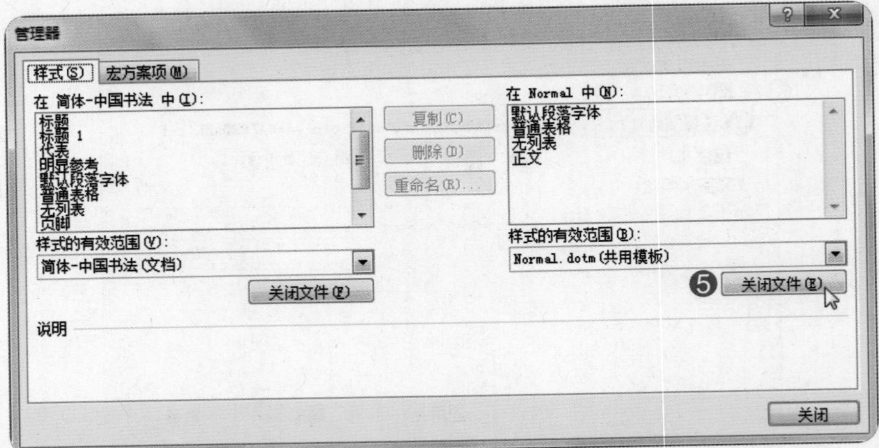

❻ 按下“打开文件”按钮，开启“我的文档”文件夹双击文件“样式集.dotx”。

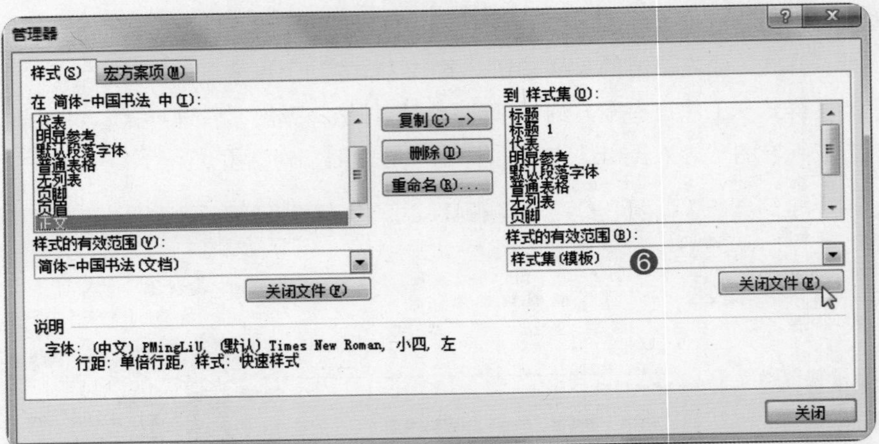

❼ 点选“在样式集中（N）”中的“标题”样式。

❽ 按“复制”按钮。

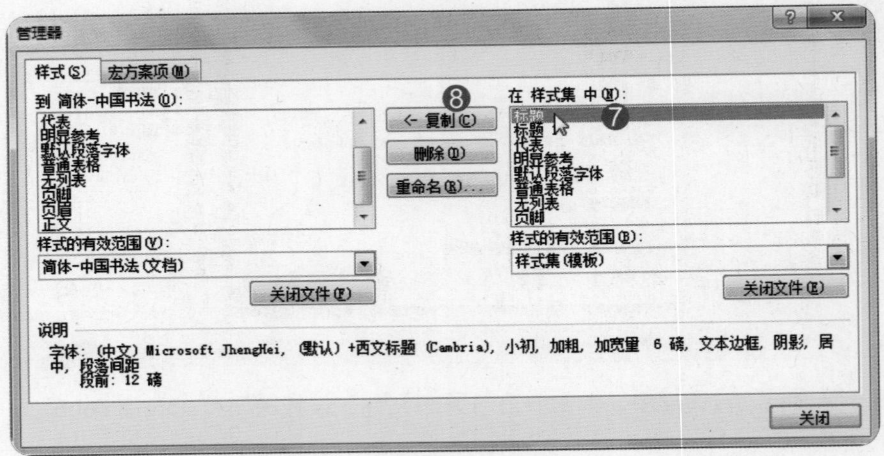

⑨ 在提示对话框中按“是”按钮，将“标题”样式复制到“中国书法.docx”中既有的样式。

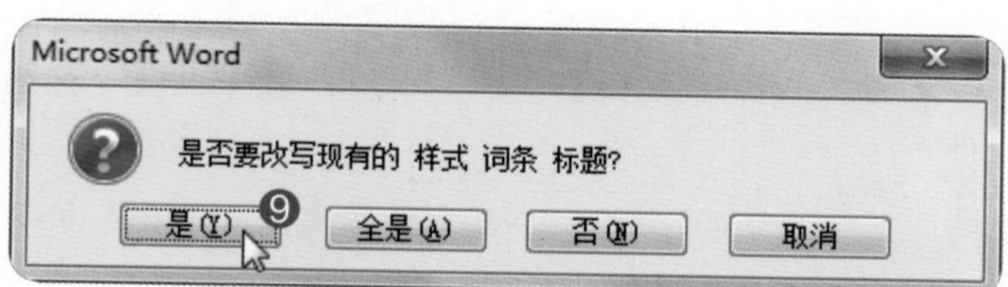

⑩ 重复上述步骤，复制“标题1”样式。

⑪ 按“关闭”按钮关闭对话框。

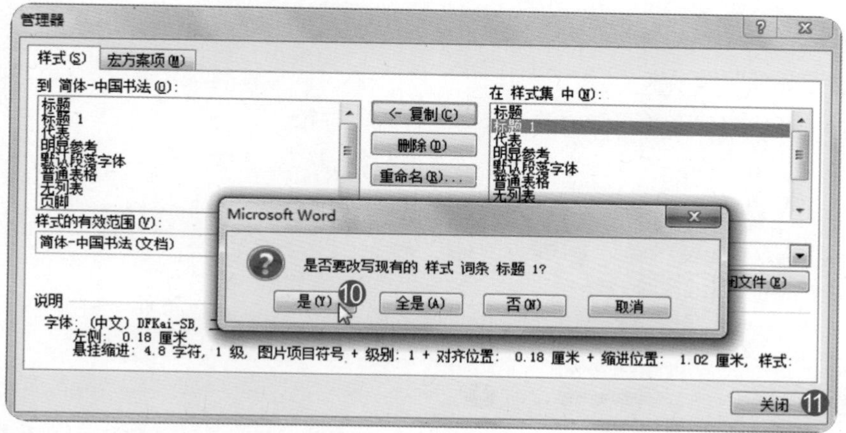

⑫ 完成复制样式结果。

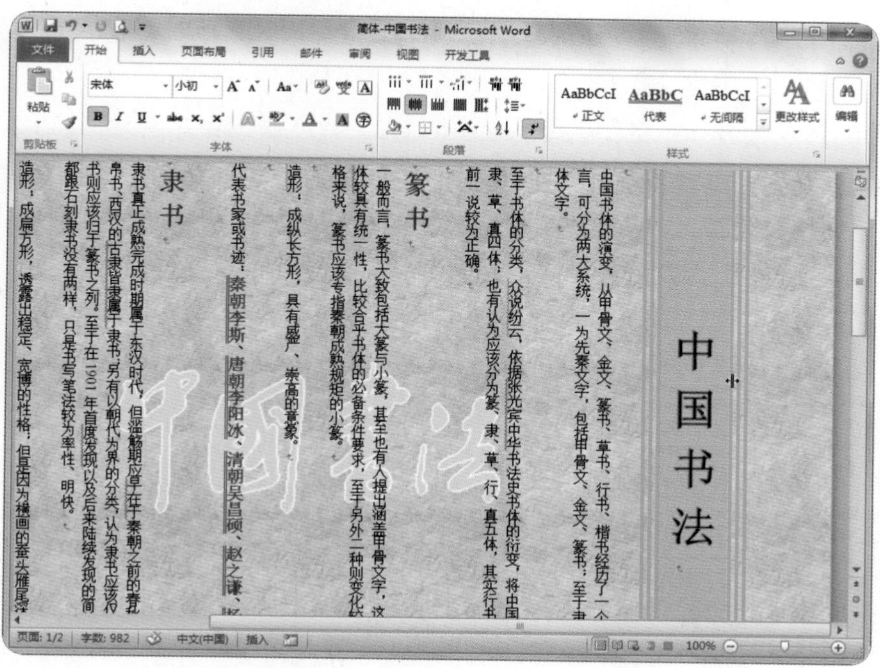

测验试题 14/30

●题目

1. 根据现有文件建立信函合并，使用“文档”文件夹的“清单.docx”填入收件人列表，新增“姓名”字段以替换文件里“姓名”的标记，再根据“性别”字段数据替换“称谓”的标记，若性别为“男”，则称“先生”，否则为“女士”；其中“姓名”及“称谓”的格式须与文字“亲启”相同。
2. 编辑单个文档，完成并合并，将合并后的文件命名为“邀请函.docx”保存于“文档”文件夹。

●解题步骤

第1小题

❶ 单击“邮件”选项卡。

❷ 单击“开始邮件合并”组中的“选择收件人”按钮。

❸ 选择“使用现有列表”命令，弹出“选取数据源”对话框。

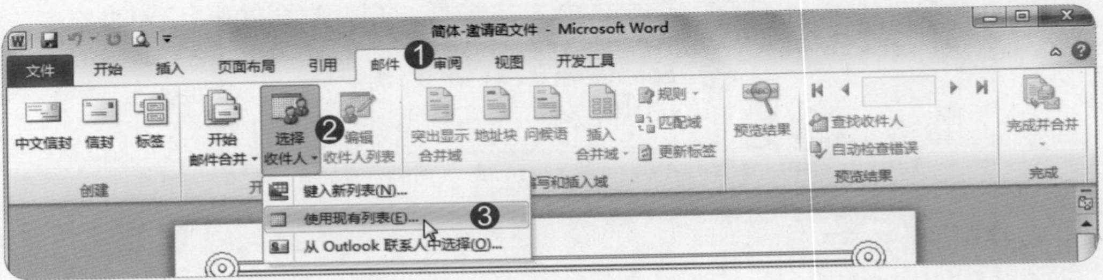

❹ 选择“文档”文件夹中的“清单.xlsx”文件。

❺ 单击“打开”按钮，弹出“选择表格”对话框。

❻ 选择“清单”表格。

❼ 单击“确定”按钮。

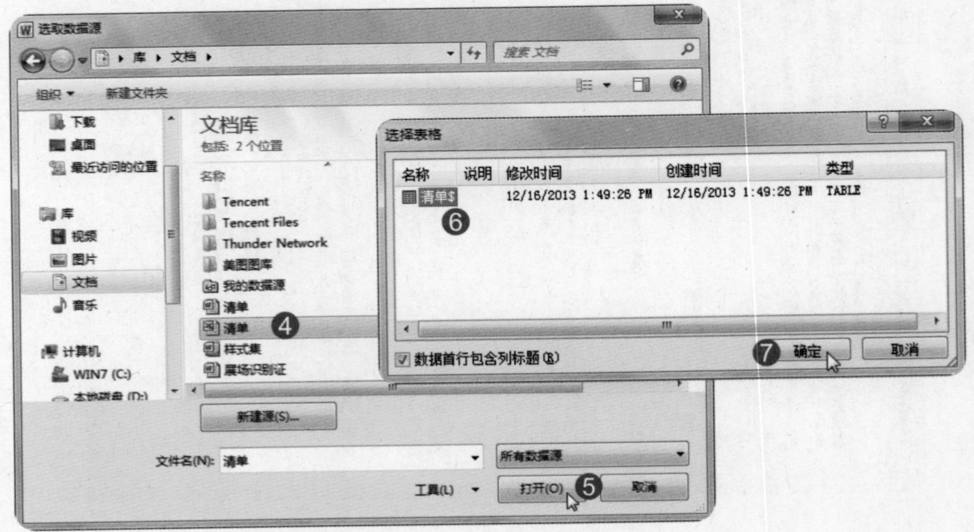

❽ 选择文件中“姓名”的标记。

❾ 选择“编写和插入域”组中“插入合并域”命令。

❿ 选择“姓名”命令。

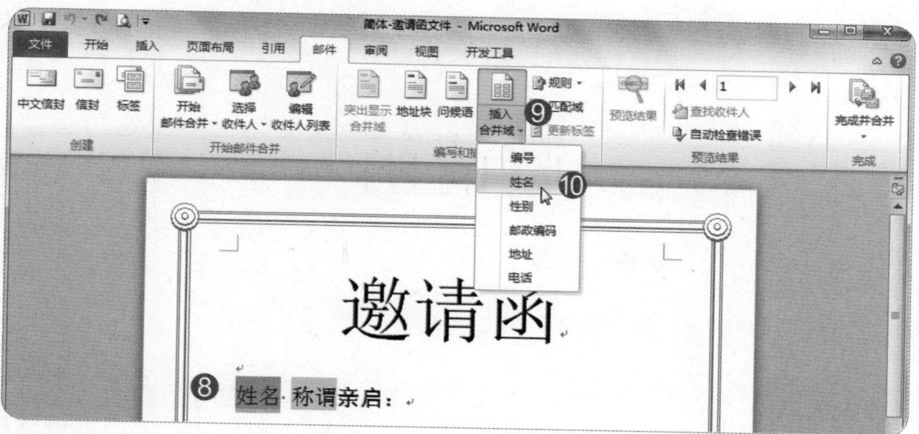

⓫ 选择文件中“称谓”的标记。

⓬ 单击“编写和插入域”组中“规则”按钮。

⓭ 选择“如果…那么…否则…”命令，弹出“插入Word域：IF”对话框。

⓮ 域名选择“性别”，比较条件为“等于”，比较对象为“男”。

⓯ 则插入此文字设置为“先生”。

⓰ 否则插入此文字设置为“女士”。

⓱ 单击“确定”按钮关闭对话框。

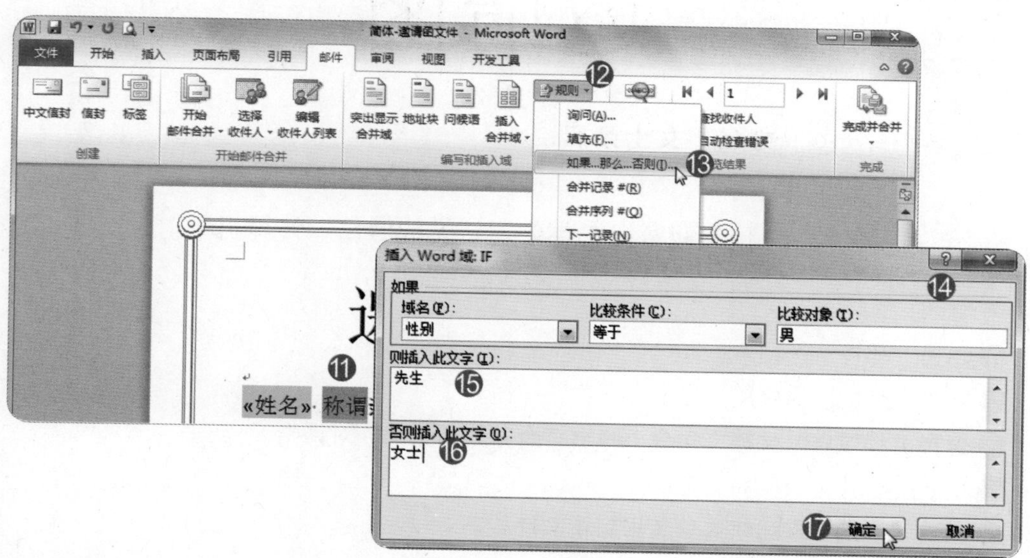

⓲ 选择文字“亲启”。

⓳ 单击“开始”选项卡。

⓴ 单击“剪贴板”组中的“格式刷”按钮。

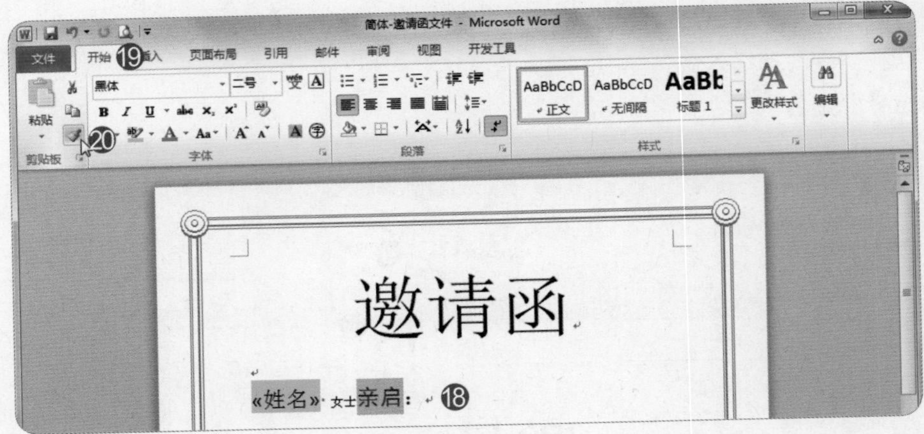

㉑ 将格式复制到“姓名”及“称谓”标记上。

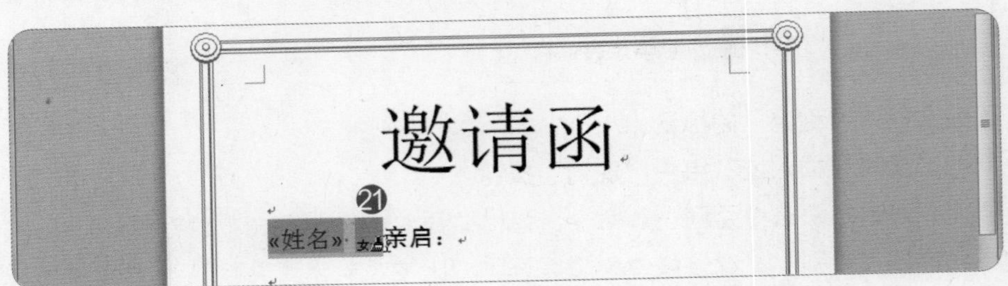

㉒ 完成合并邮件设置。

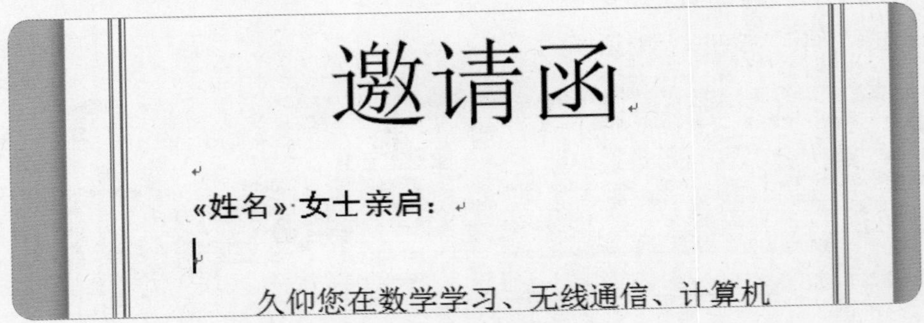

第2小题

❶ 单击“邮件”选项卡。

❷ 单击“完成”组中的“完成并合并”按钮。

❸ 选择“编辑单个文档”命令，弹出“合并到新文档”对话框。

❹ 确定“合并记录”为“全部”。

❺ 单击“确定”按钮将清单套用到新文件。

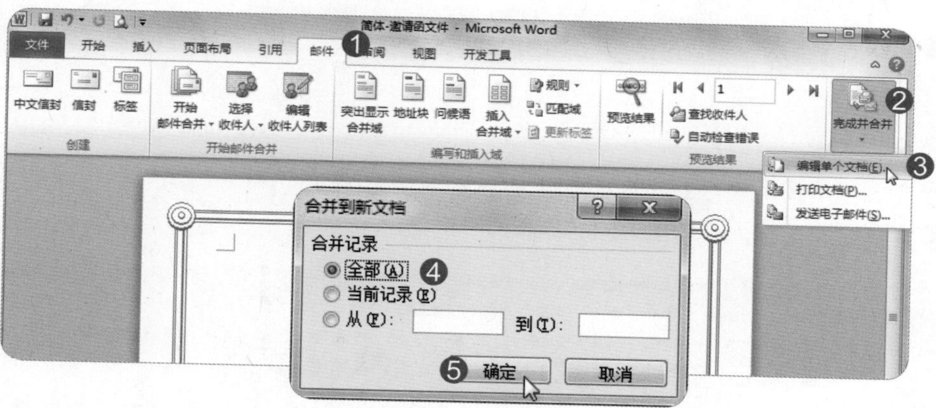

⑥ 单击“文件”选项卡。

⑦ 选择“另存为”命令，弹出“另存为”对话框。

⑧ 将新文件保存于“文档”文件夹。

⑨ 文件名称为“邀请函.docx”。

⑩ 单击“保存”按钮，完成设置。

测验试题 15/30

●题目

1. 设置表格平均分布列宽，单元格左右边距为0.5厘米，跨页必须重复标题行。
2. 删除所有超链接。

●解题步骤

第1小题

❶ 全选表格。

❷ 单击“表格工具”下方的“布局”选项卡。

❸ 单击“单元格大小”组中的“分布列”按钮。

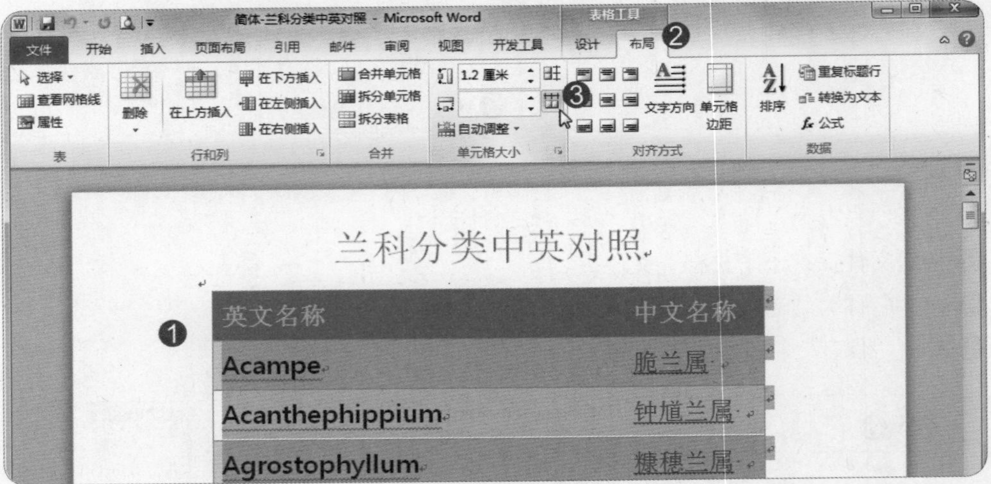

❹ 单击“对齐方式”组中的“单元格边距”按钮，弹出“表格选项”对话框。

❺ 设定默认单元格边距“左”“右”皆为“0.5厘米”。

❻ 单击“确定”按钮关闭对话框。

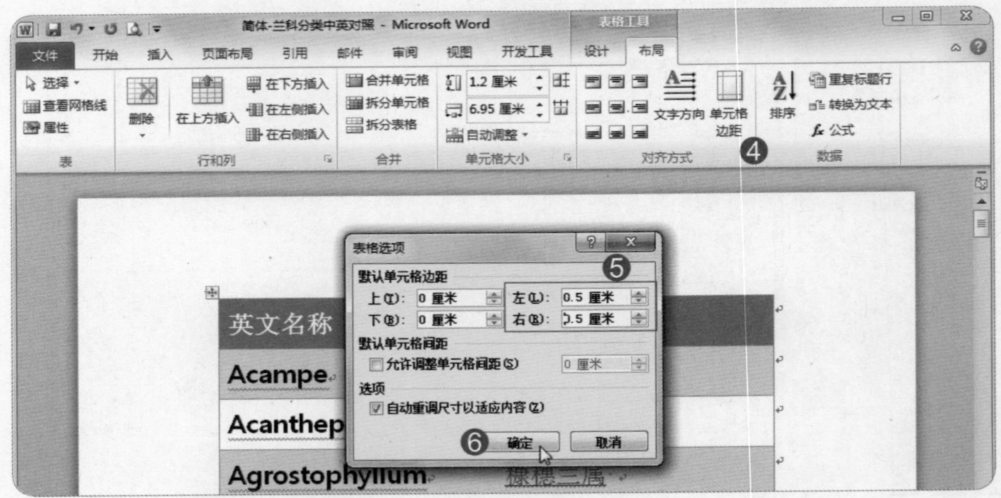

❼ 将光标定位在表格第一列中。

❽ 单击“布局”选项卡“数据”组中的“重复标题行”按钮。

第2小题

❶ 全选表格。

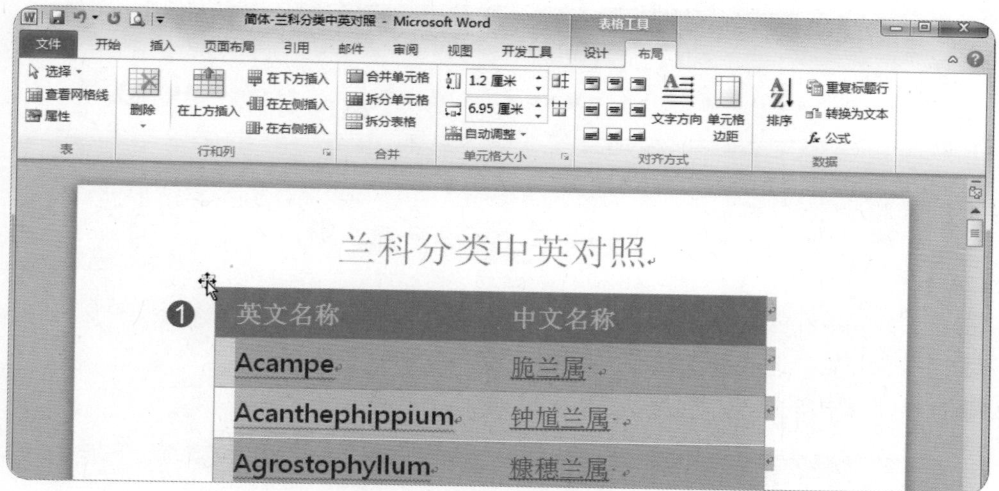

❷ 按【Ctrl+Shift+F9】或【Ctrl+6】组合键，取消所有超链接。

兰科分类中英对照

英文名称	中文名称
Acampe	脆兰属 ❷
Acanthephippium	钟馗兰属
Agrostophyllum	禾叶兰属
Amitostigma	无柱兰属
Androcorys	兜蕊兰属

测验试题 16/30

●题目

1. 更新“Park”样式以匹配第一段文字样式后，再将“Park”样式套用至所有红色文字段落。
2. 使用大纲视图，显示级别“1级”，按段落首字笔画数，以升序方式重新排序文件内容。（注意：完成文件须以页面视图检视）

●解题步骤

第1小题

❶ 选取第一段文字。

❷ 在“开始”选项卡“样式”组中的“Park”样式上右击。

❸ 在弹出的快捷菜单中选择“更新Park以匹配所选内容”命令。

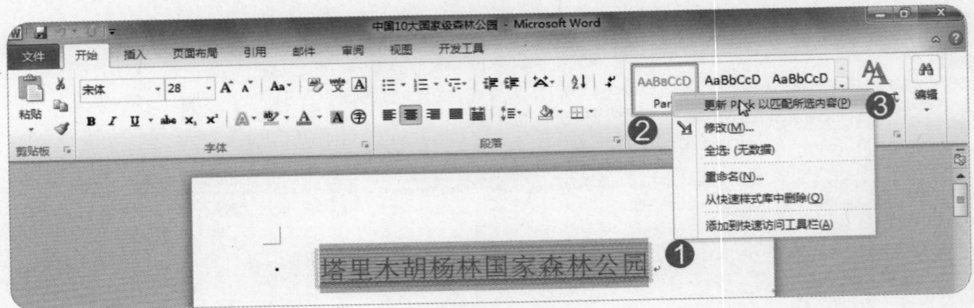

❹ 全选文件中红色文字段落。

❺ 选择“开始”选项卡“编辑”组中的“选择”命令。

❻ 选择“选定所有格式类似的文本（无数据）”命令。

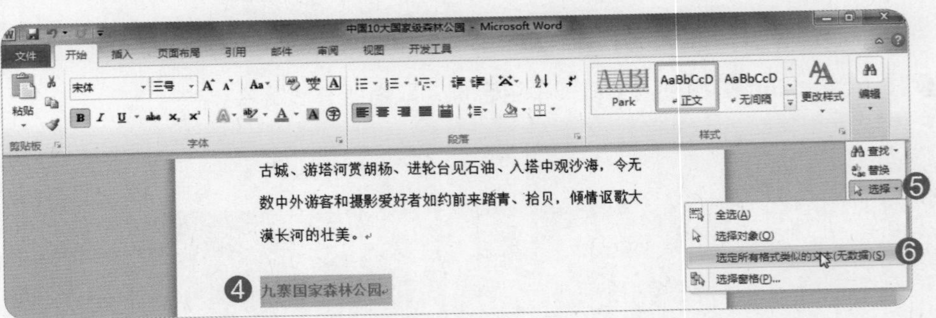

❼ 双击“样式”组中的“Park”样式，将所有红色文字段落套用“Park”样式。

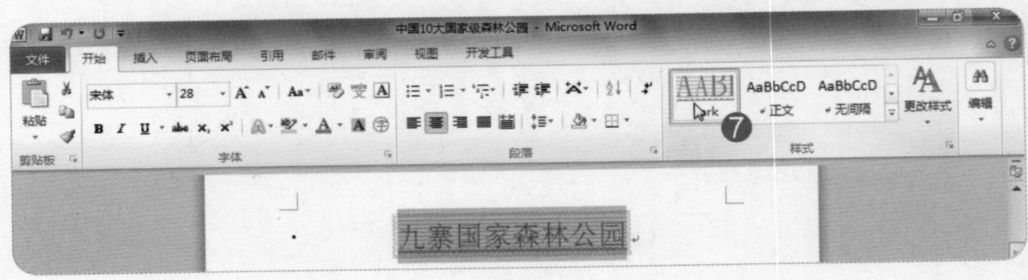

第2小题

❶ 单击“视图”选项卡。

❷ 选择“文档视图”组中的“大纲视图”按钮。

❸ 在“大纲”选项卡“大纲工具”组中，选择“显示级别”为“1级”。

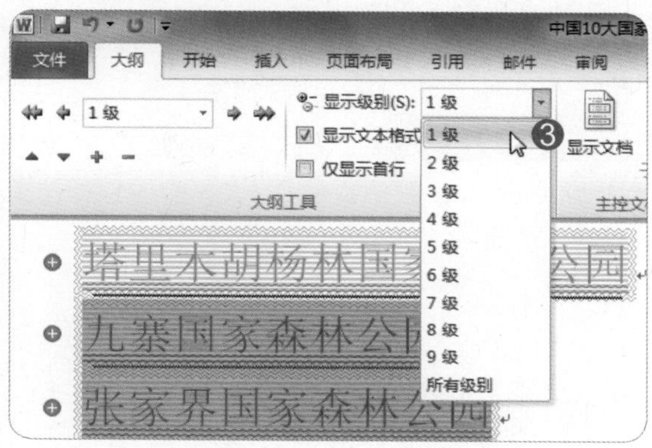

❹ 单击“开始”选项卡。

❺ 单击“段落”组中“排序”按钮，弹出“排序文字”对话框。

❻ 设定主要关键字为“段落数”，类型为“笔画”，单击“升序”单选按钮。

❼ 单击“确定”按钮关闭对话框。

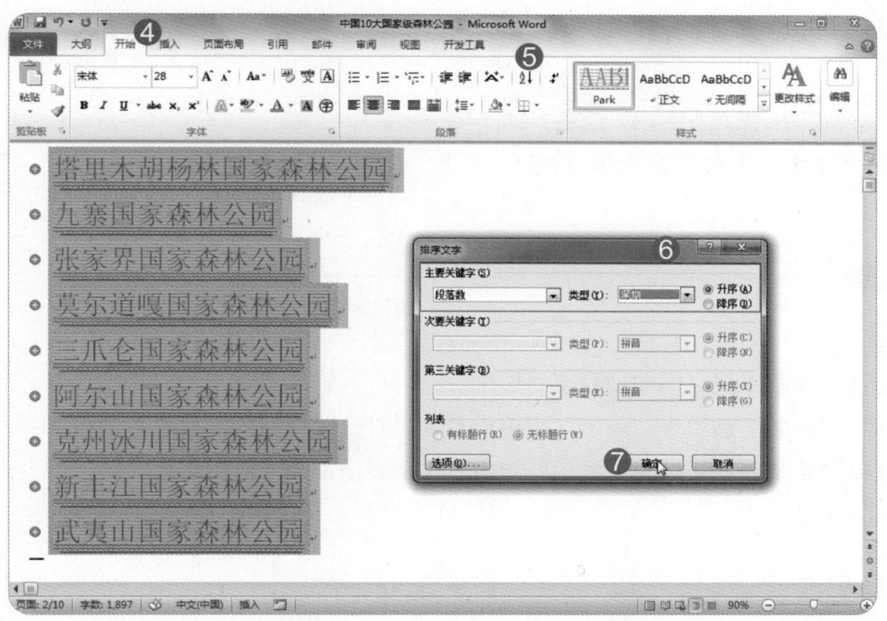

❽ 单击“视图”选项卡。

❾ 单击“文档视图”组中的“页面视图”按钮。关闭大纲视图模式，并将文件改为页面视图模式。

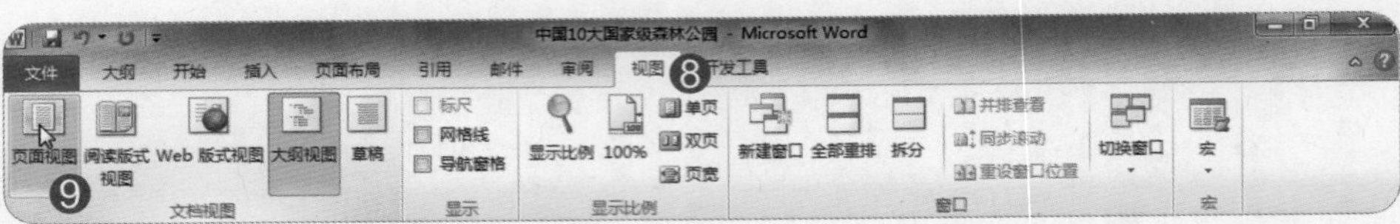

❿页面视图文件结果。

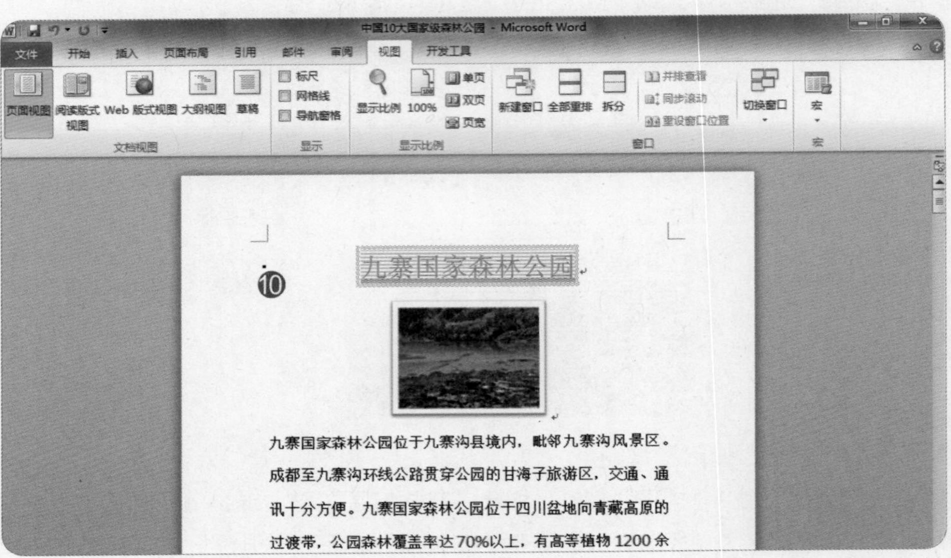

测验试题 17/30

●题目

1. 将两条横线之间的项目符号更改为“文档”文件夹的“astrolog.jpg”图片，大小为20磅、文本对齐方式为居中对齐 。
2. 更改页码格式，使页码由第1页开始。

●解题步骤

第1小题

❶ 全选两条水平线之间的项目符号段落。

❷ 单击“开始”选项卡“段落”组中的“项目符号”按钮的下拉菜单按钮。

❸ 选择“定义新项目符号”命令，弹出“定义新项目符号”对话框。

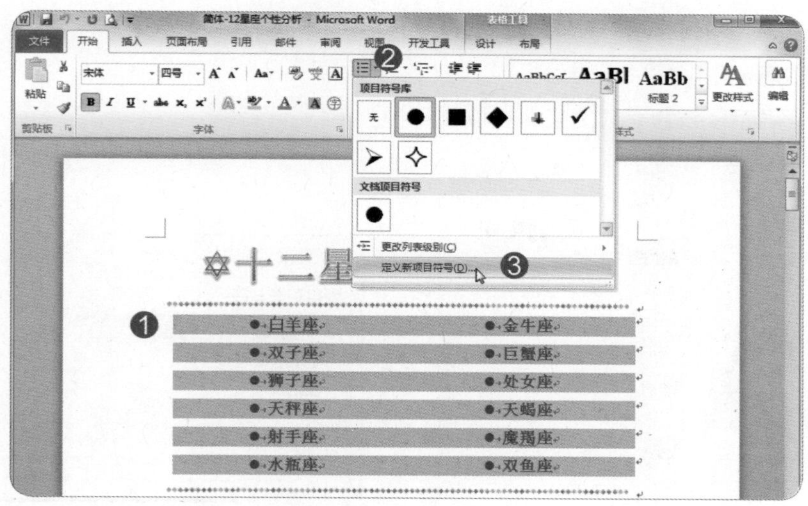

❹ 单击“图片”按钮，弹出“图片项目符号”对话框。

❺ 单击“导入”按钮。

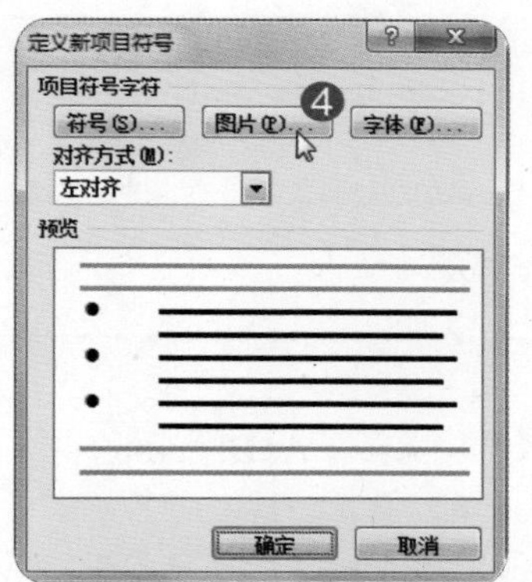

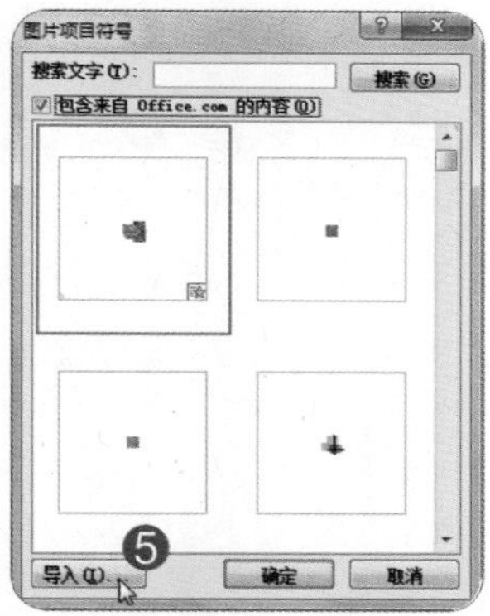

❻ 在“将剪辑添加到管理器”对话框中单击“图片”文件夹的“astrolog.jpg”文件。

❼ 单击“添加”按钮。

⑧ 返回“图片项目符号”对话框，选择导入图片。

⑨ 单击“确定”按钮关闭对话框。

⑩ 单击“确定”按钮完成定义新的项目符号。

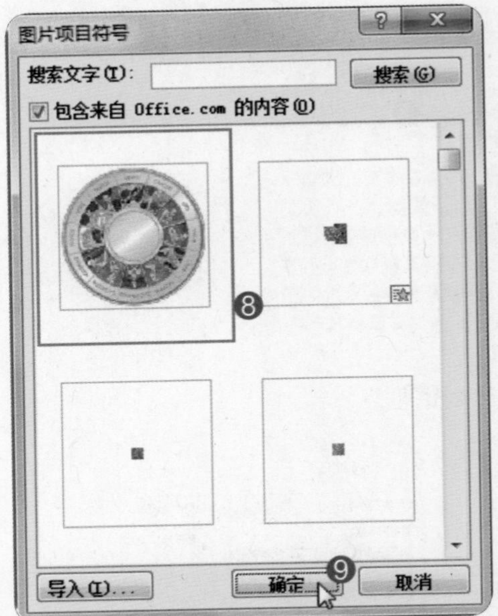

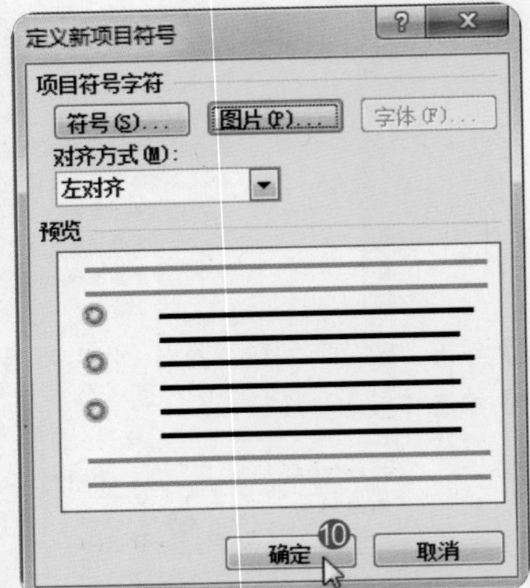

⑪ 单击任一项目符号图片，设定字体大小为“20磅”。

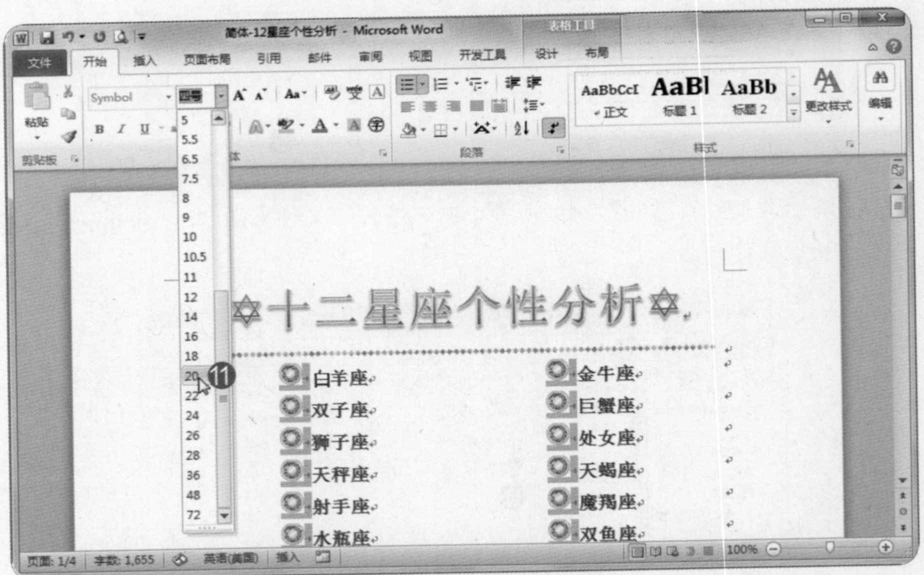

⑫ 再次全选两条水平线之间的项目符号段落。

⑬ 单击“段落”组中右下方的扩展按钮，弹出“段落”对话框。

⑭ 在“中文版式”选项卡中选择“文本对齐方式”为“居中”。

⑮ 单击“确定”按钮。

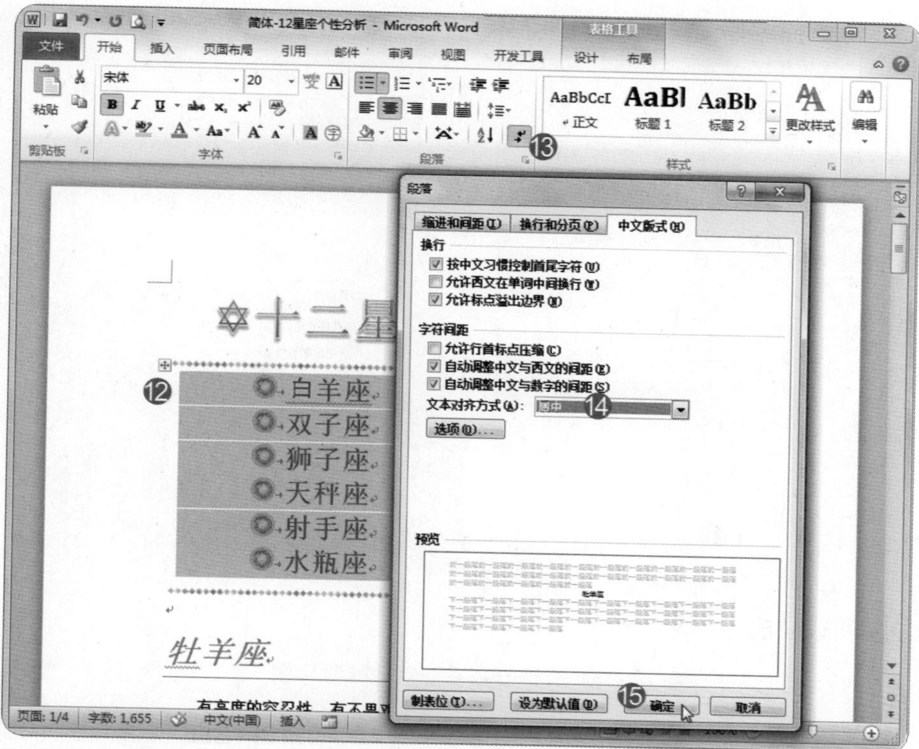

⑯ 完成项目符号设定。

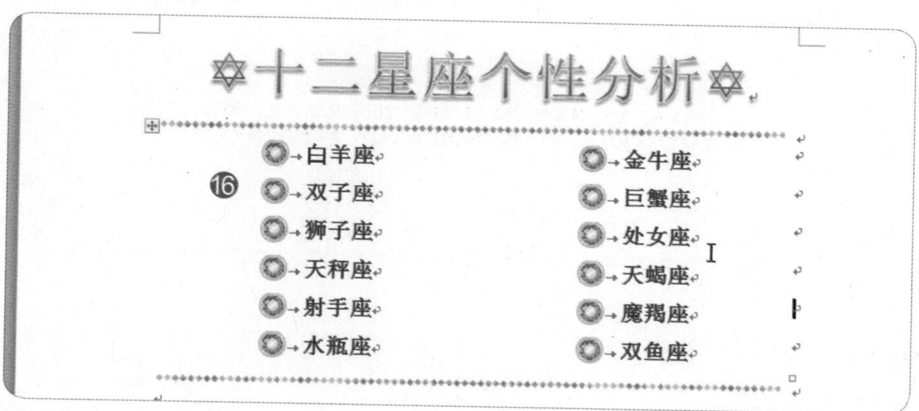

第2小题

❶ 将光标定位在页尾双击，进入页尾编辑状态。

❷ 单击“设计”选项卡“页眉和页脚”组中的“页码”按钮。

❸ 选择“设置页码格式”命令，弹出“页码格式”对话框。

❹ 设置页码编号的“起始页码”为“1”。

❺ 单击“确定”按钮关闭对话框。

❻ 单击“关闭页眉和页脚”按钮，返回文件。

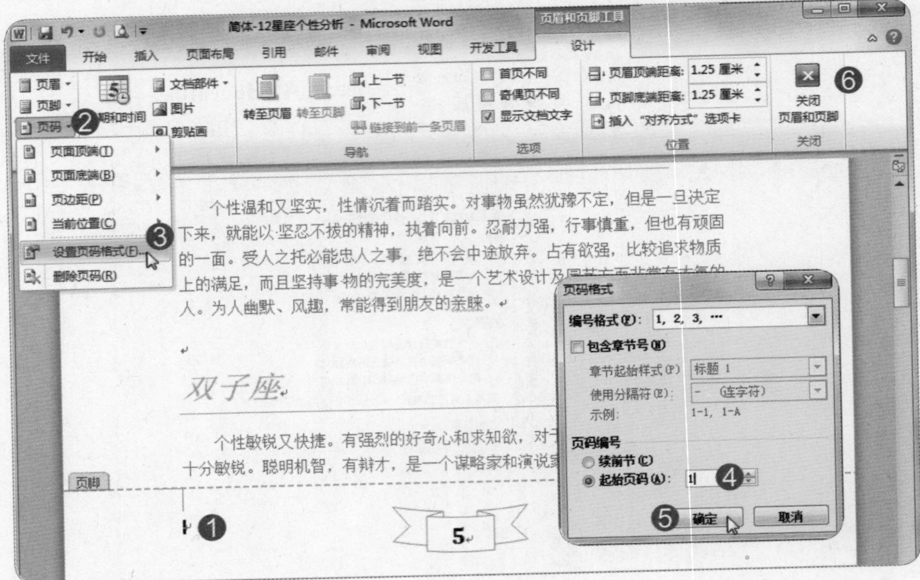

❼ 完成页码设定。

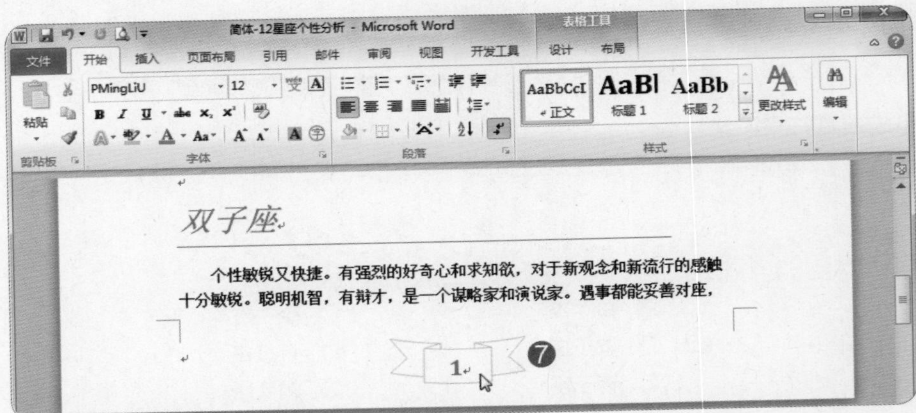

测验试题 18/30

●题目

1. 自第二页起，插入“细条纹”样式的页脚，并使用文件摘要信息的“标题”属性替换“键入文字”内容。
2. 使用“Microsoft XPS Document Writer”打印机打印目前的文件，每版打印两页，并在“文件”文件夹将文件另存为“打印结果.xps”。

●解题步骤

第1小题

❶ 将光标定位于第二页任意位置。

❷ 单击“插入”选项卡。

❸ 单击“页眉和页脚”组中的“页脚”按钮。

❹ 选择“细条纹”页脚样式。

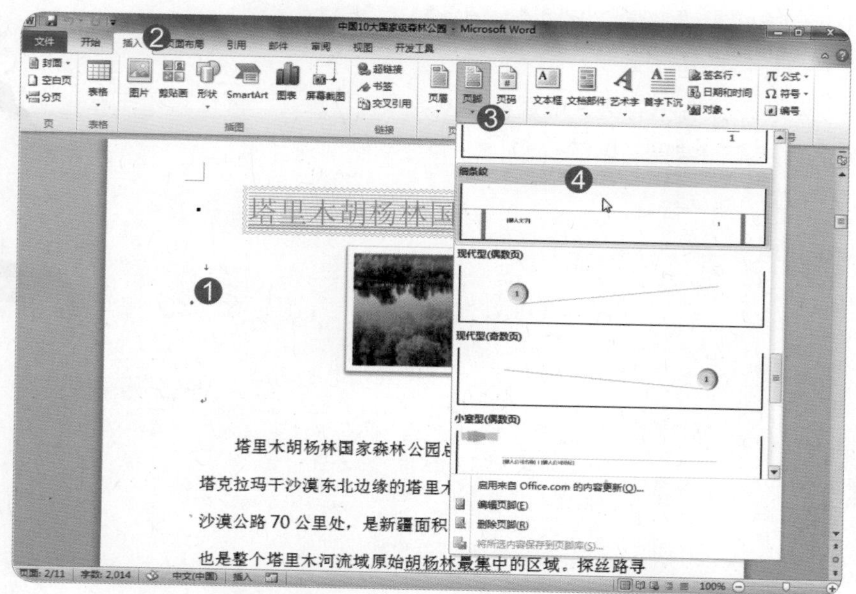

❺ 单击页脚区域中标示“键入文字”文本控件。

❻ 选择“设计”选项卡“插入”组中“文档属性”命令。

❼ 选择“文档属性”子菜单中的“标题”命令。

❽ 单击“关闭页眉和页脚”按钮，返回文件。

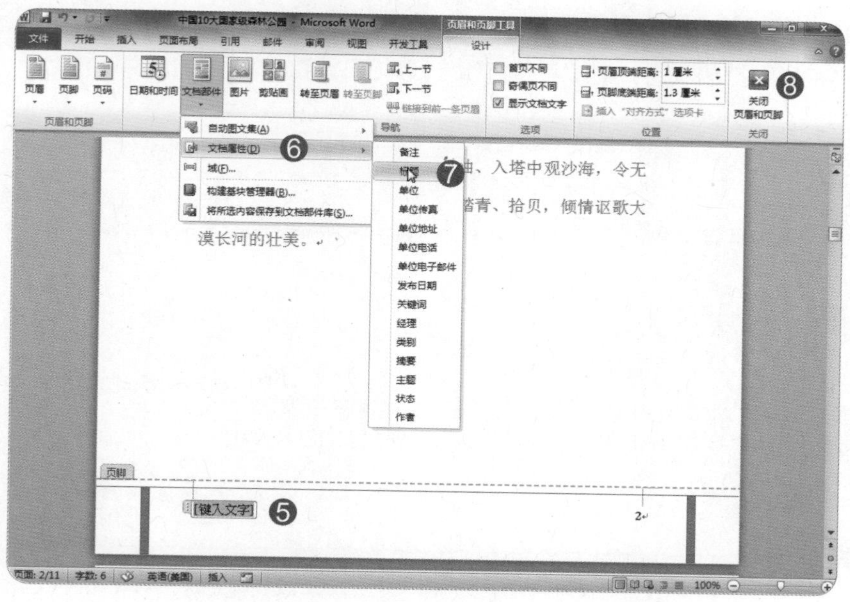

第2小题

❶ 单击“文件”选项卡。

❷ 单击“打印”页面进行设定。

❸ 选择打印机为“Microsoft XPS Document Writer”。

❹ 单击打印方式为“每版打印2页”。

❺ 单击“打印”按钮。

❻ 此时会弹出“文件另存为”对话框。设定保存位置为“文档”文件夹。

❼ 文件名为“打印结果”。

❽ 单击“保存”按钮。

❾ 状态栏出现打印状态，必须等待打印完成才可以完成本题打印结果。

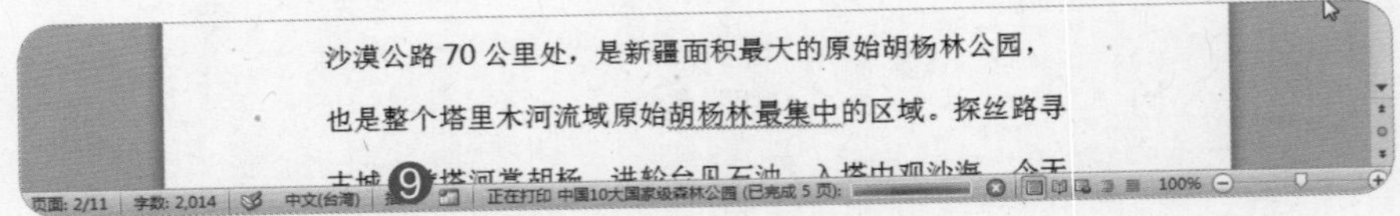

测验试题 19/30

● **题目**

1. 自动更正拼写和语法检查，并将文件转换为简体中文。
2. 将图片右方数字加上带圈字符字体效果，保持原文字大小。

● **解题步骤**

第1小题

❶ 单击“审阅”选项卡。

❷ 单击“校对”组中“拼写和语法”按钮，弹出“拼写和语法”对话框。

❸ 确认选中“检查语法”复选框。

❹ 单击“全部更改”按钮。

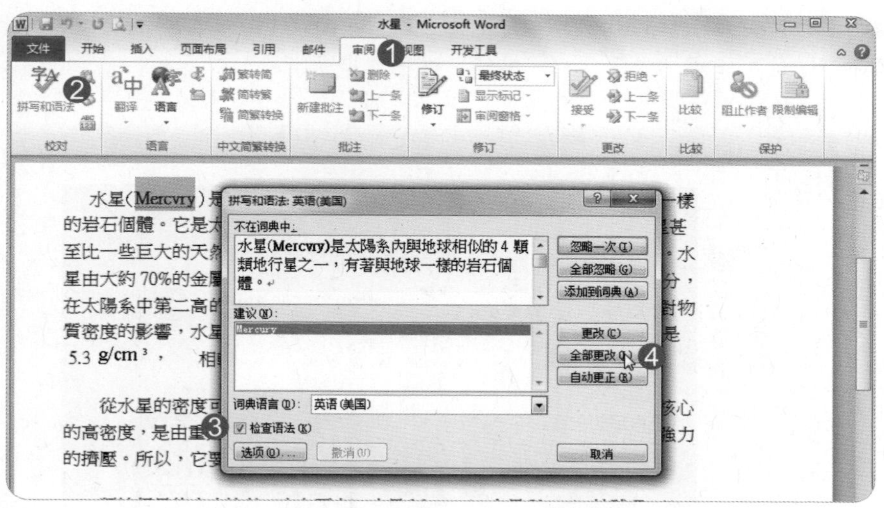

❺ 单击“确定”按钮完成自动校正。

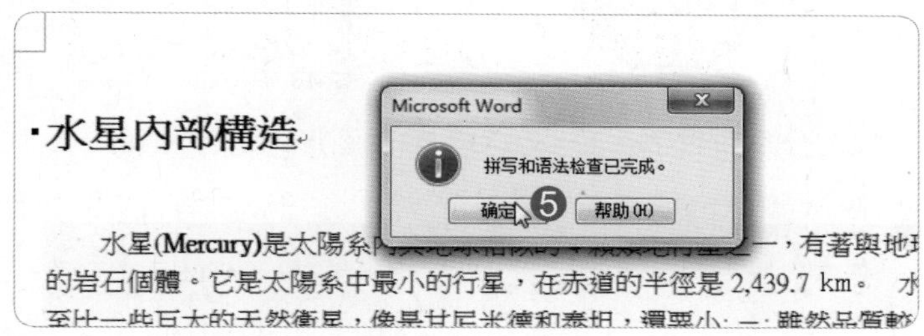

❻ 单击“中文简繁转换”组中的“繁转简”按钮。

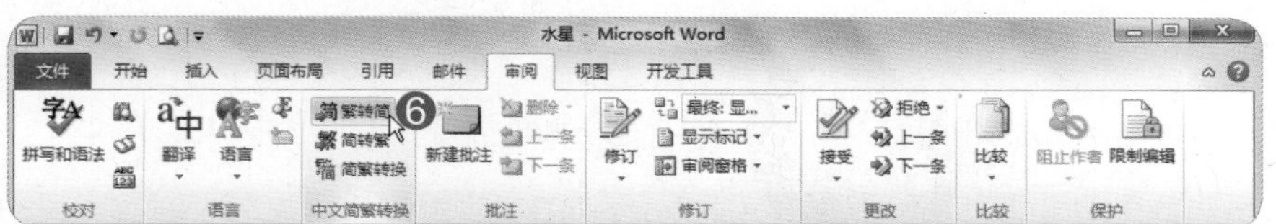

❼ 完成文件转换。

水星内部构造

❼

水星(Mercvry)是太阳系内与地球相似的 4 颗类地行星之一，有着与地球一样的岩石个体。它是太阳系中最小的行星，在赤道的半径是 2,439.7 公里。水星甚至比一些巨大的天然卫星，像是甘尼米德和泰坦，还要小 — 虽然质量较大。水星由大约 70%的金属和 30%的硅酸盐材料组成，水星的密度是 5.427 克/厘米，在太阳系中第二高的，仅次于地球的 5.515 克/厘米。如果不考虑重力压缩对物质密度的影响，水星物质的密度将是最高的。未经重力压缩的水星物质密度是 5.3 克/厘米³，相较之下的地球物质只有 4.4 克/厘米。

第2小题

❶ 选中文件图片右方数字“1”。

❷ 单击“开始”选项卡。

❸ 单击“字体”组中“带圈字符”按钮，弹出“带圈字符”对话框。

❹ 确认圈号为“○”。

❺ 选择样式为“增大圈号”。

❻ 单击“确定”按钮关闭对话框。

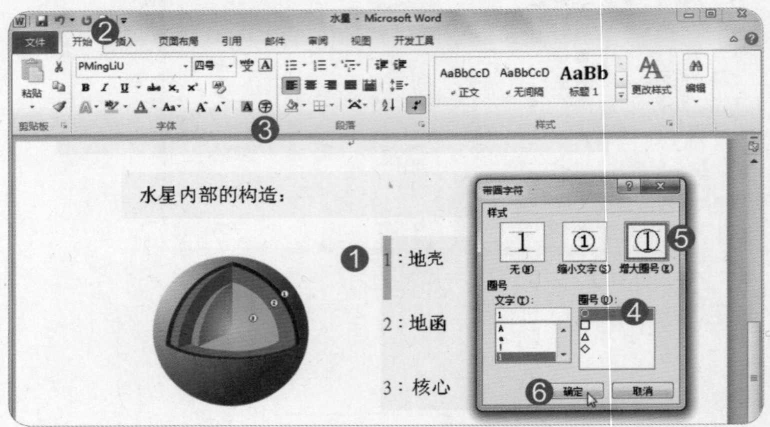

❼ 重复上述步骤，分别在数字“2”及“3”加上圆形围绕符号。

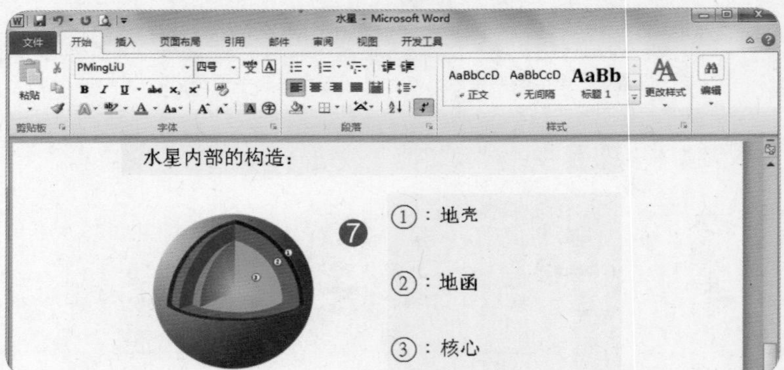

测验试题 20/30

●**题目**

1. 将“现代科学之父”作为第一段文字“牛顿”的脚注。
2. 本文以“标题1”样式的标题创建3个子文档后，保存文档。

●**解题步骤**

第1小题

❶ 选中第一段的文字“牛顿”。

❷ 单击“引用”选项卡。

❸ 单击“脚注”组中的“插入脚注”按钮。

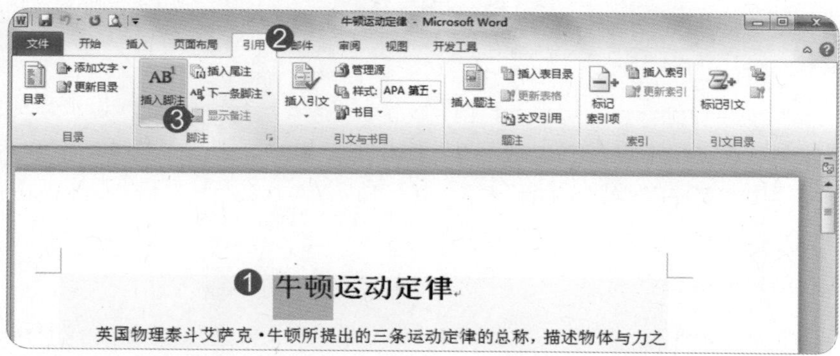

❹ 输入脚注文字“现代科学之父”。

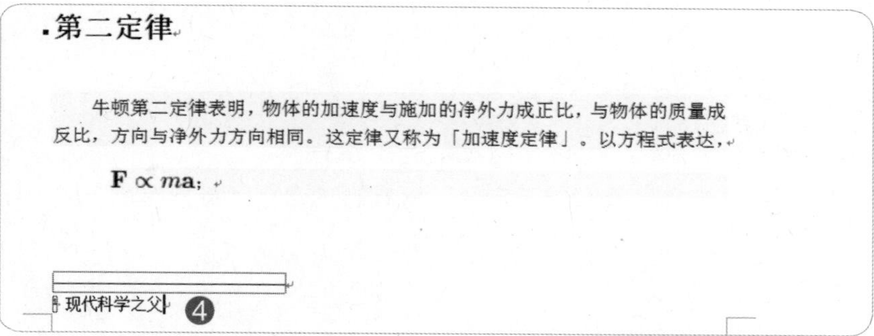

第2小题

❶ 单击“开始”选项卡。

❷ 将光标定位至正文，在“样式”组中的“标题1”样式上右击。

❸ 单击“全选：（无数据）”命令，确认文件中“第一定律”套用“标题1”样式。

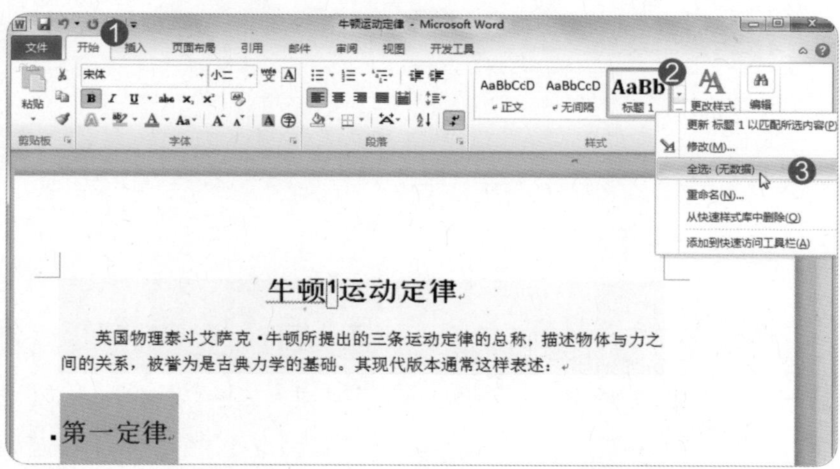

❹ 单击“视图”选项卡。

❺ 单击“文档视图”组中的“大纲视图”按钮，使得文件为大纲视图模式。

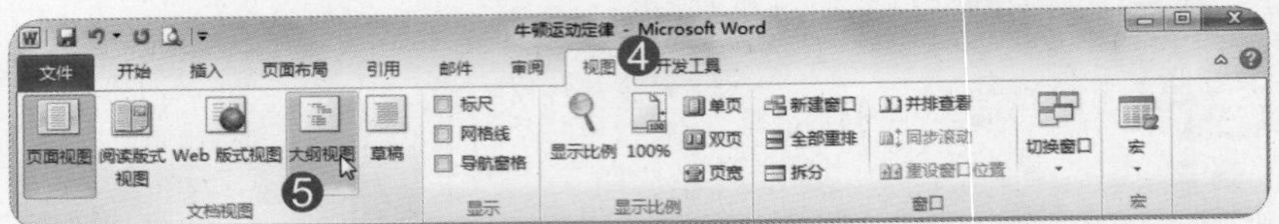

❻ 在“大纲”选项卡中设定“大纲工具”组中的“显示级别”为“1级”。

❼ 单击文件中“第一定律”前的“⊕”字符。

❽ 单击“主控文档”组中的“显示文档”按钮。

❾ 单击“创建”按钮。

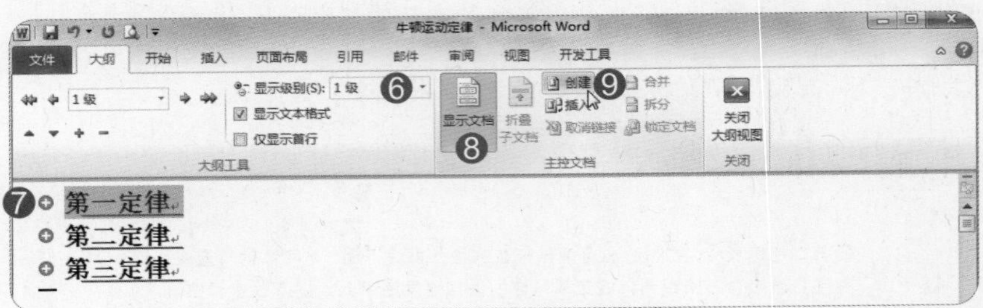

❿ 分别单击“第二定律”及“第三定律”前方的“⊕”字符，再单击“创建”按钮，建立三个子文件。

⓫ 单击“保存”按钮。

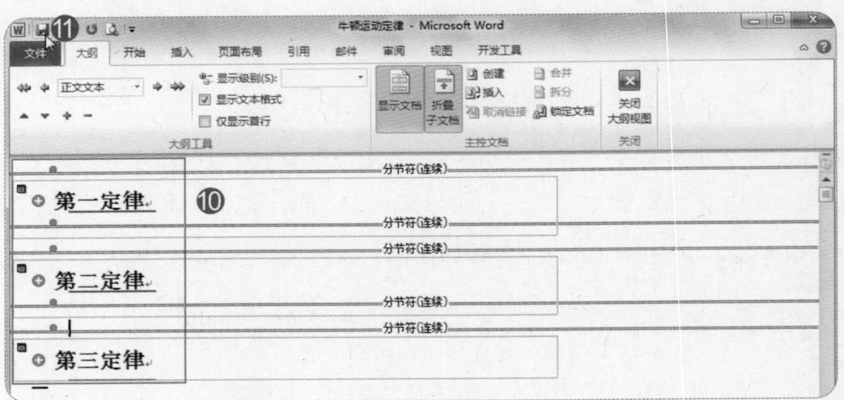

测验试题 21/30

●**题目**

1. 将第一段红色文字“玉”设为首字下沉，位置为下沉、下沉3行高度、字体为“幼圆”。（注意：接受其他默认设置）
2. 在最后一个段落以流行的格式、依据拼音排序，插入三栏的索引目录。（注意：接受其他默认设置）

●解题步骤

第1小题

❶ 将光标定位在第一段落中。

❷ 单击“插入”选项卡。

❸ 单击“文本”组中“首字下沉”按钮。

❹ 单击“首字下沉选项”命令，弹出“首字下沉”对话框。

❺ 位置设置为“下沉”。

❻ “选项”选择字体为“幼圆”，下沉行数为“3”。

❼ 单击“确定”按钮。

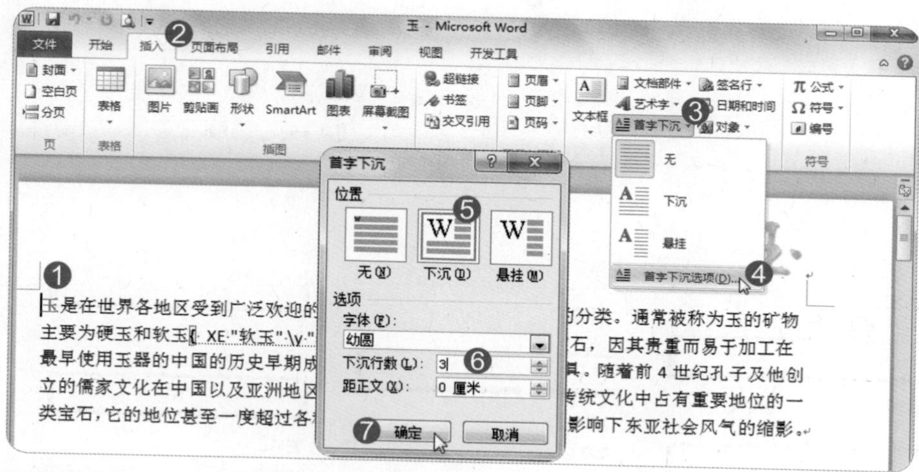

❽ 完成将红色文字“玉”设为首字下沉效果。

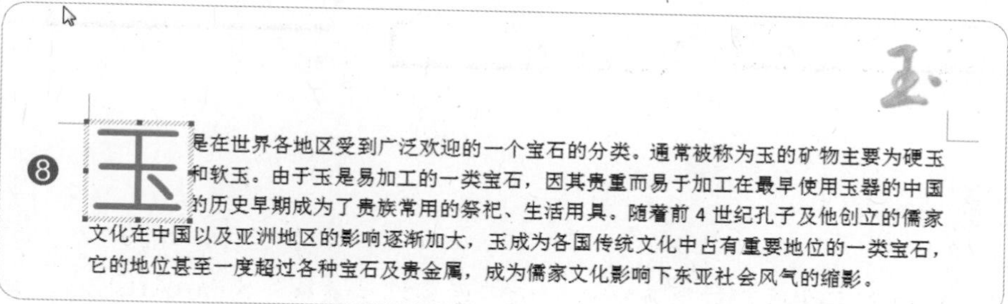

第2小题

❶ 将光标定位在最后一个段落。

❷ 单击“引用”选项卡。

❸ 单击“索引”组中的“插入索引”按钮，弹出“索引”对话框。

❹ “格式”选择“流行”。

❺ “栏数”设为“3”。

❻ “排序依据”设为“拼音”。

❼ 单击“确定”按钮关闭对话框。

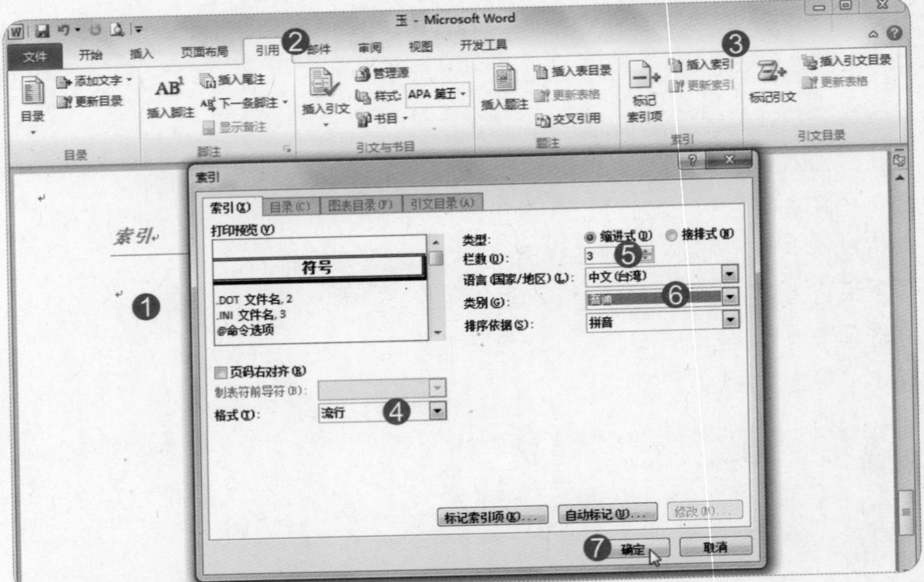

❽ 完成在文件最后一段插入索引结果。

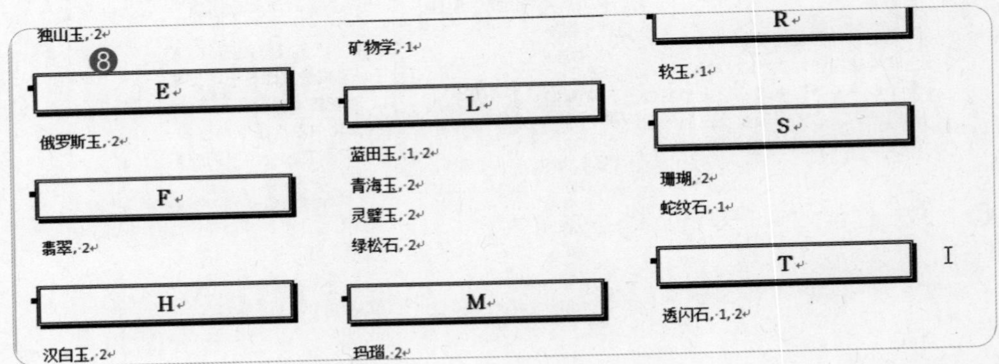

测验试题 22/30

●题目

1. 使用红色文字在第二段落中插入一个“连续块状流程”SmartArt图形，编辑文字，使得每个文字成为独立的段落，并更改颜色为“彩色–强调文字颜色”，“优雅”SmartArt样式。
2. 将左下方的文本框，链接至右下方文本框。

●解题步骤

第1小题

❶ 选中红色文字。

❷ 单击“开始”选项卡“剪贴板”组中的“剪切”按钮，剪切选取的文字。

❸ 单击“插入”选项卡。

❹ 单击“插图”组中的“SmartArt”按钮，弹出“选择SmartArt图形”对话框。

❺ 单击“流程”列表中的“连续块状流程”。

❻ 单击“确定”按钮插入SmartArt图形。

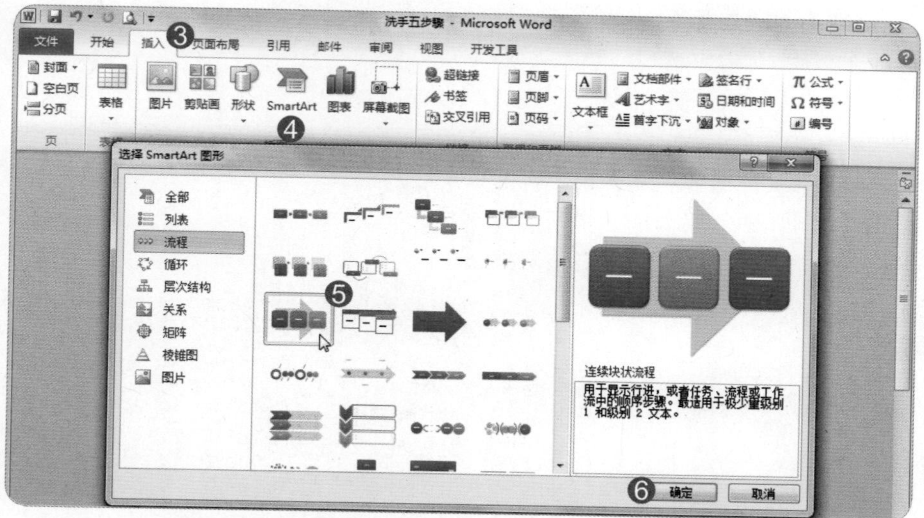

❼ 单击“设计”选项卡“创建图形”组中的“文本窗格”按钮。

❽ 在“在此键入文字”窗格中按【Ctrl+V】组合键粘贴剪切的文字，并将文字使用【Enter】键设定每个文字为独立的段落。

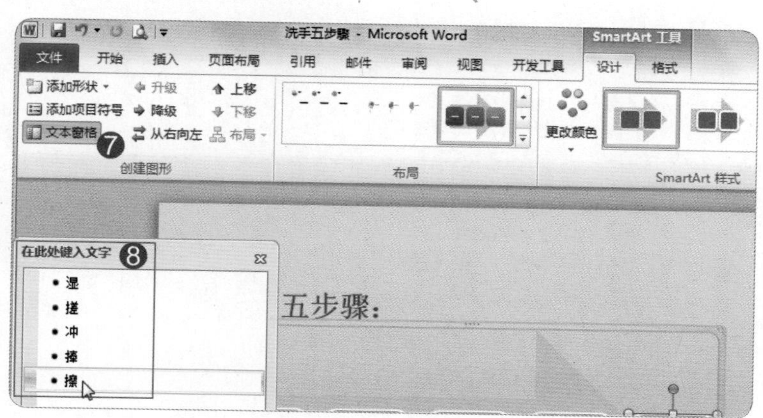

⑨ 单击“SmartArt样式”组中的“更改颜色”按钮。

⑩ 单击“彩色-强调文字颜色”更改SmartArt色彩。

⑪ 单击套用“SmartArt样式”组中的“优雅”样式。

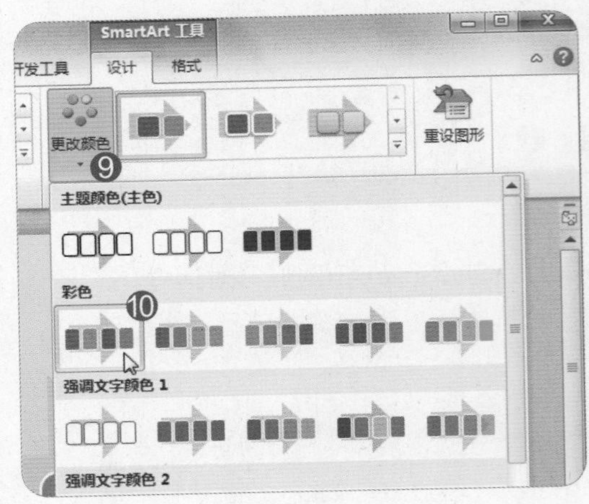

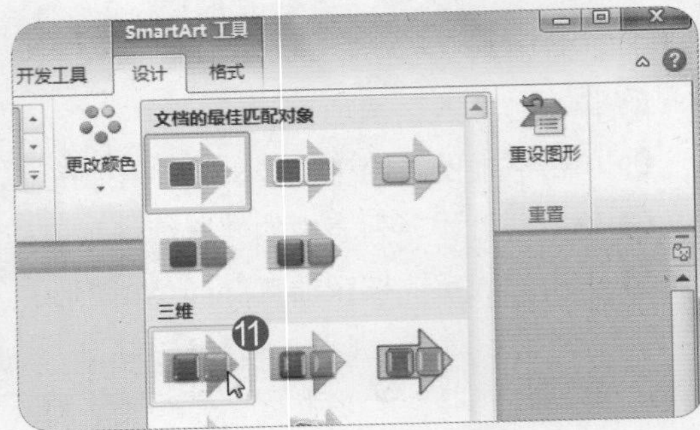

第2小题

❶ 将光标定位于左下方的文本框中。

❷ 单击“绘图工具”下方的“格式”选项卡。

❸ 单击“文本”组中的“创建链接”按钮。

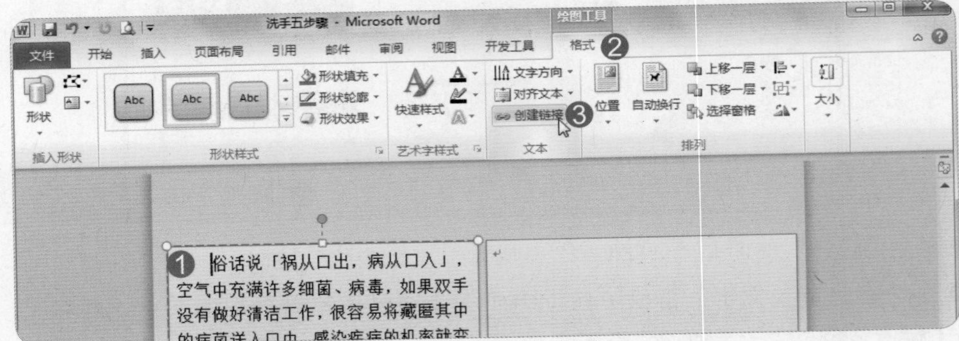

❹ 在右下方文本框中单击一下。

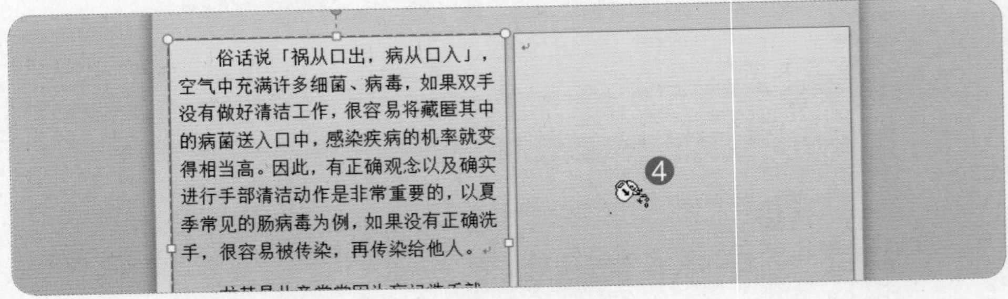

❺ 完成两个文本框的链接。

俗话说「祸从口出，病从口入」，空气中充满许多细菌、病毒，如果双手没有做好清洁工作，很容易将藏匿其中的病菌送入口中，感染疾病的机率就变得相当高。因此，有正确观念以及确实进行手部清洁动作是非常重要的，以夏季常见的肠病毒为例，如果没有正确洗手，很容易被传染，再传染给他人。

尤其是儿童常常因为忘记洗手就

1.接触眼睛、鼻子和嘴巴前

2.处理食物前

3.吃东西前

4.上完厕所

5.外出到家后

6.看病前后

❺

测验试题　23/30

●题目

1. 在文章第三页的图片下方插入题注，使用标签“图”，内容为“：自然迷宫”，并更新整个图表目录。
2. 将文件以“1234”密码加密，再标记为最终状态。

●解题步骤

第1小题

❶ 在文件目录页中，按住【Ctrl】键，单击“张家界国家森林公园…3”，使得文件链接至页码3的页面。

中国 10 大国家级森林公园简介

file:///c:\users\jy\desktop\word\23\中国10大国家级森林公园简介.docx
按住 Ctrl 并单击可访问链接

❶

❷ 单击标题“张家界国家森林公园”下方的图片。

❸ 单击“引用”选项卡“题注”组中的“插入题注”按钮，弹出“题注”对话框。

❹ 选择“标签”为“图”。（如没有名为“图”的标签，则需新建标签）

❺ 设置“题注”文字内容为“图3：自然迷宫”。

❻ 单击“确定”按钮关闭对话框。

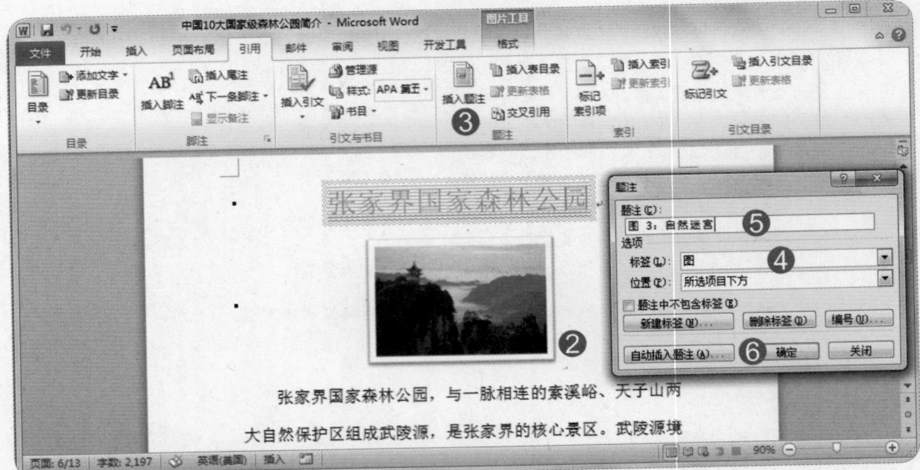

❼ 将光标定位于“图表目录”页中。

❽ 单击“更新表格”按钮。

❾ 在“更新图表目录”对话框中，单击“更新整个目录”单选按钮。

❿ 单击“确定”按钮。

⓫ 完成更新图表目录。

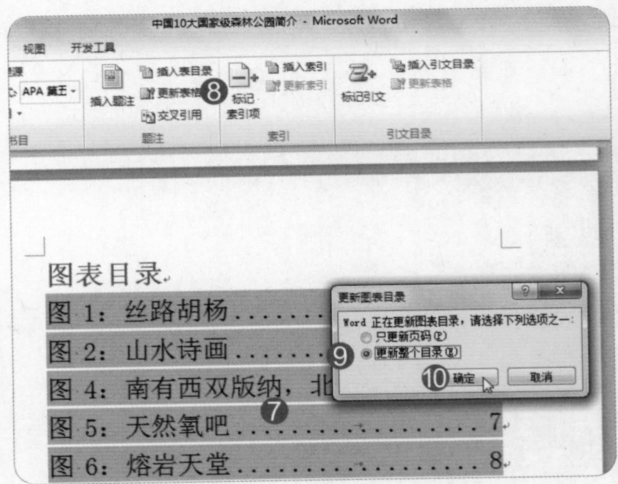

图表目录

第2小题

❶ 单击“文件”选项卡。

❷ 选择“信息”页中的“保护文档”命令。

❸ 选择“用密码进行加密”命令，弹出“加密文档”对话框。

❹ 输入密码“1234”。

❺ 单击“确定”按钮。

❻ 再次输入密码“1234”确认。

❼ 单击“确定”按钮。

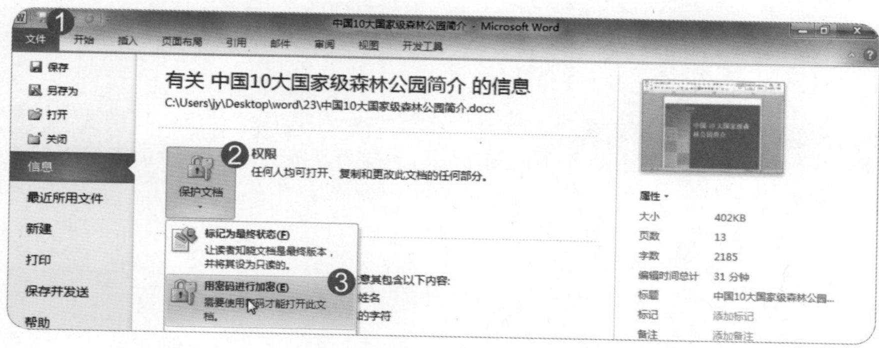

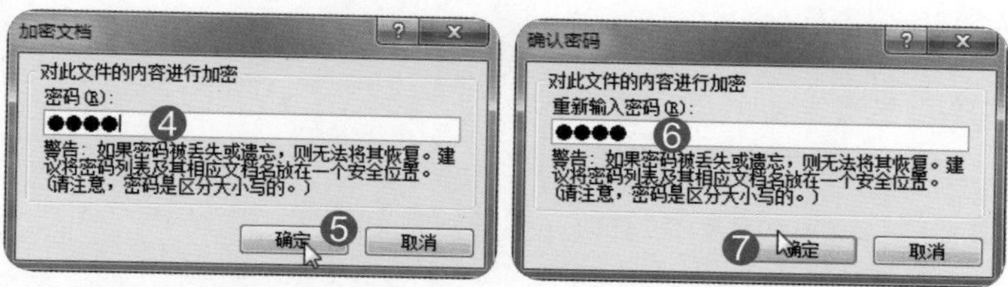

❽ 单击“文件”选项卡“信息”页中的“保护文档”按钮。

❾ 单击“标记为最终状态”按钮。

❿ 单击“确定”进行文件保存。

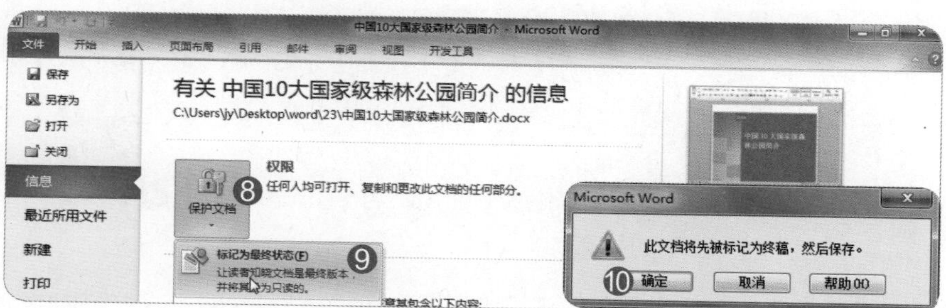

⓫ 单击“确定”按钮将文件标示为最终状态。

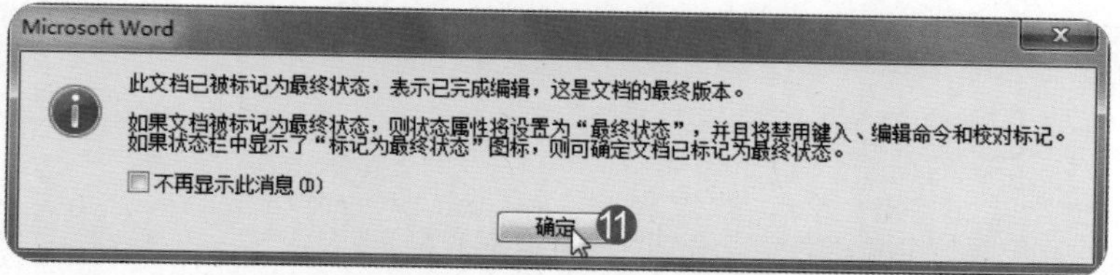

⓬ 完成文件加密及标示最终状态。

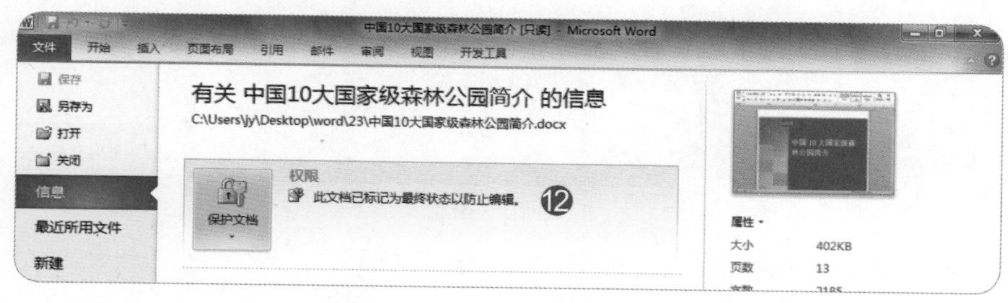

测验试题 24/30

●题目

1. 将第一段文字“乔迁开幕店庆”更改为艺术字，格式“填充–红色，强调文字颜色2，粗糙棱台”，水平对齐方式相对于页面居中对齐；垂直对齐方式相对于页面顶端对齐。
2. 将黄色底图透明化。

●解题步骤

第1小题

❶ 全选“乔迁开幕店庆”文字。

❷ 单击“插入”选项卡。

❸ 单击“文本”组中“艺术字”按钮。

❹ 选择“填充–红色，强调文字颜色2，粗糙棱台”样式。

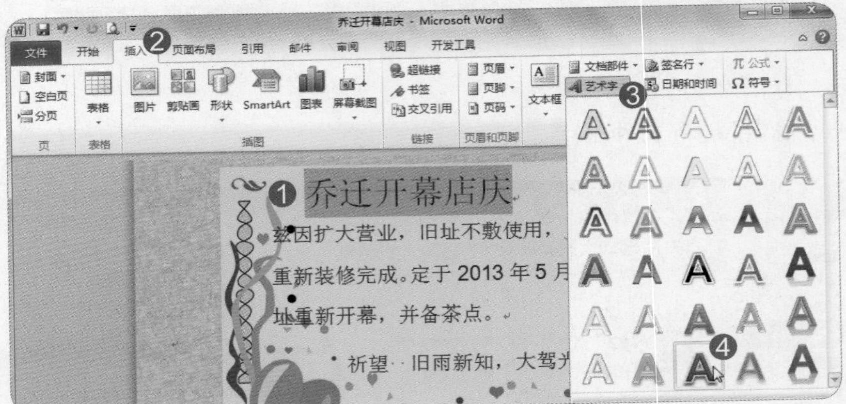

❺ 单击“格式”选项卡“排列”组中“位置”按钮。

❻ 选择“其他布局选项”命令，弹出“布局”对话框。

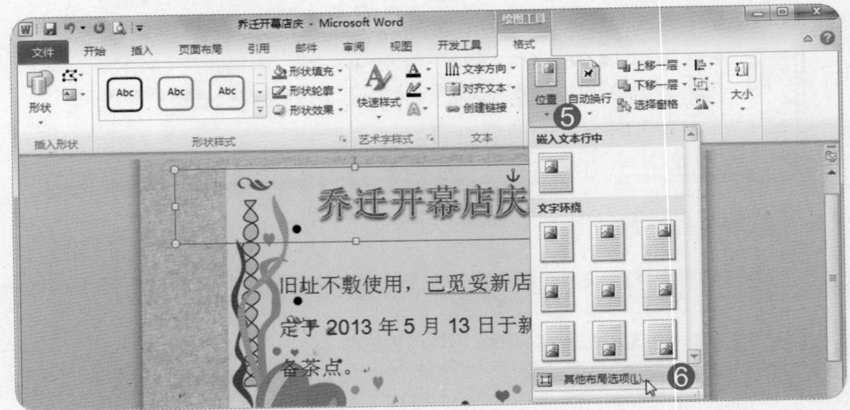

❼ 设置水平对齐方式为“居中”，相对于“页面”。

❽ 设置垂直对齐方式为“顶端对齐”，相对于“页面”。

❾ 单击“确定”按钮关闭对话框。

❿ 完成艺术字设定。

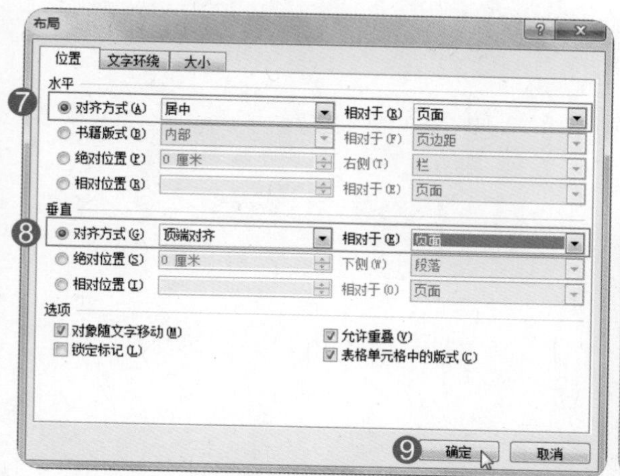

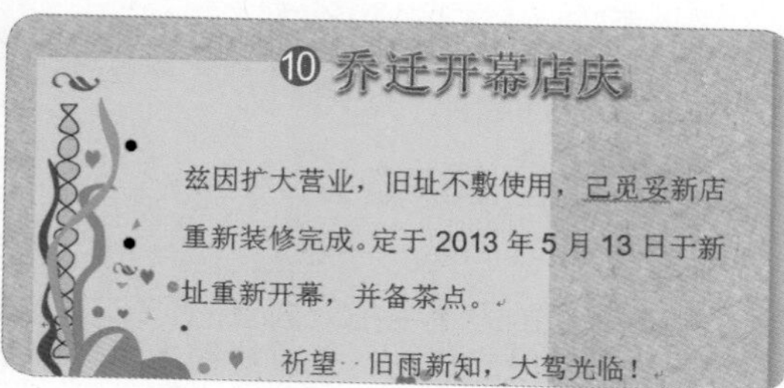

第2小题

❶ 选中图片。

❷ 单击“图片工具”下方的“格式”选项卡。

❸ 单击“调整”组中的“颜色”按钮。

❹ 选择“设置透明色”命令。

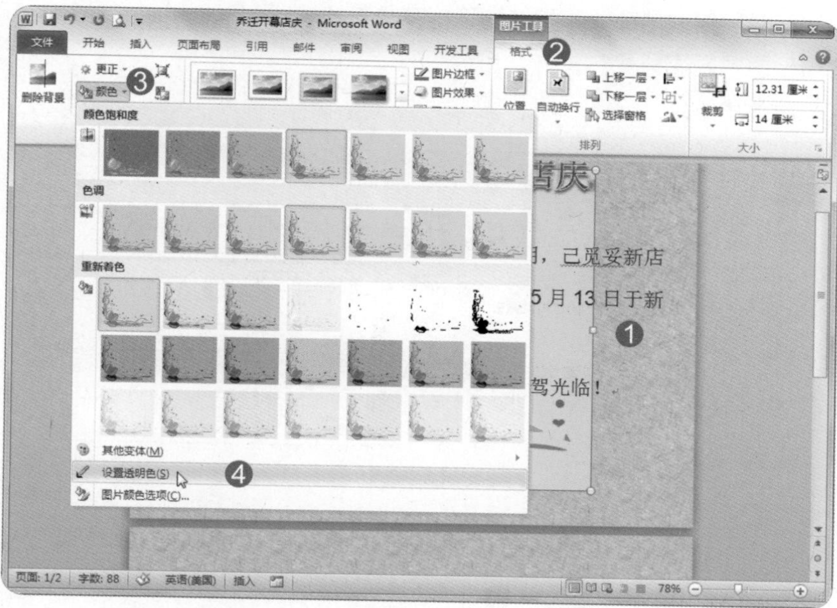

❺ 单击图片中黄色部分。

❻ 将黄色底图透明化。

测验试题 25/30

●题目

1. 在最后的段落中插入内置的“二次公式”公式。
2. 自第二段起加入行号、接续本页连续编号。

●解题步骤

第1小题

❶ 将光标定位于最后段落。

❷ 单击“插入”选项卡。

❸ 单击“符号”组中“公式”按钮的下拉菜单按钮。

❹ 单击内置的“二次公式”。

❺ 插入二次公式结果。

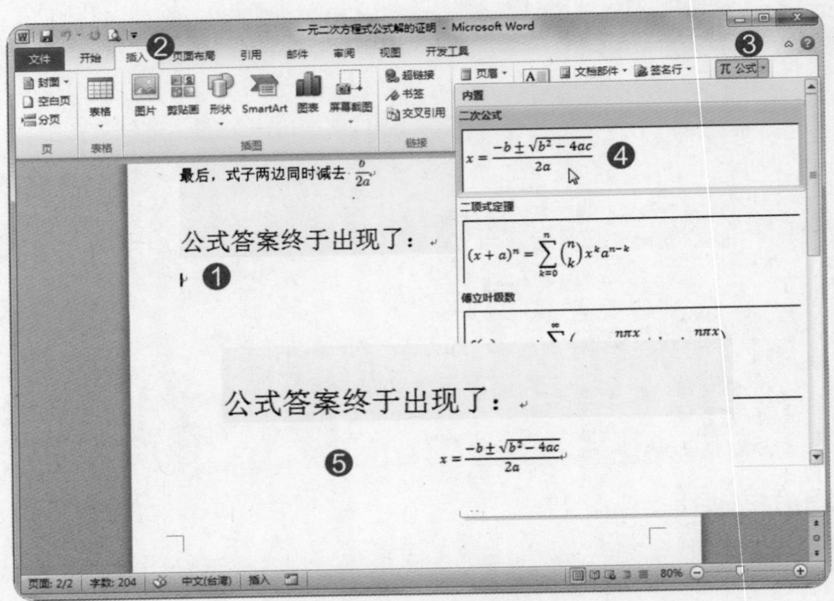

第2小题

❶ 单击“页面布局”选项卡。

❷ 单击“页面设置”组右下方的扩展按钮，弹出“页面设置”对话框。

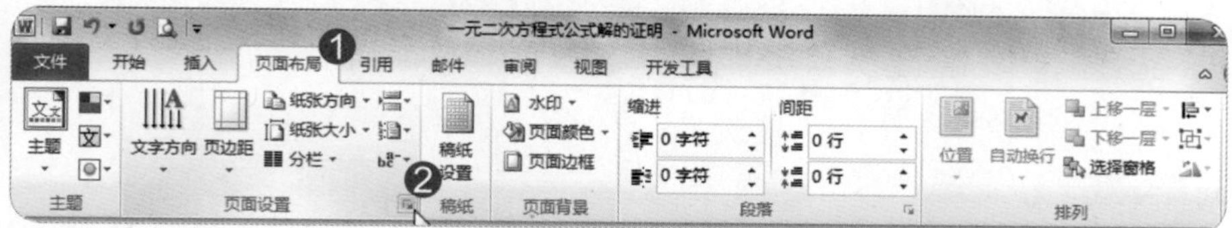

❸ 单击“版式”选项卡。

❹ 单击“行号”按钮，弹出“行号”对话框。

❺ 单击“添加行号”复选框。

❻ 单击“连续编号”单选按钮。

❼ 单击“确定”按钮关闭对话框。

❽ 单击“确定”按钮返回文件。

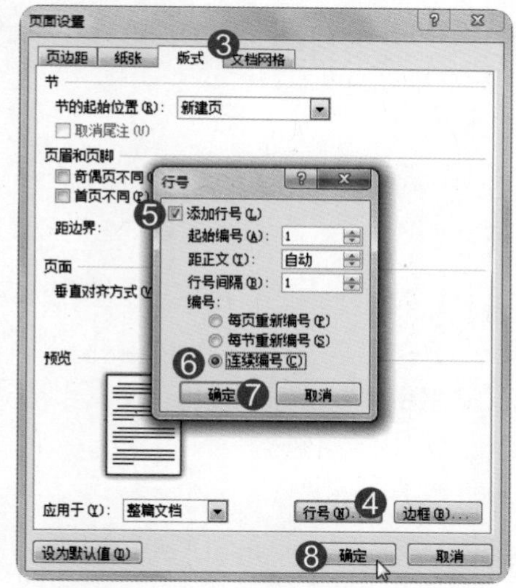

❾ 将光标定位于第一段落。

❿ 单击“页面设置”组中的“行号”按钮。

⓫ 选择“禁止用于当前段落”命令。

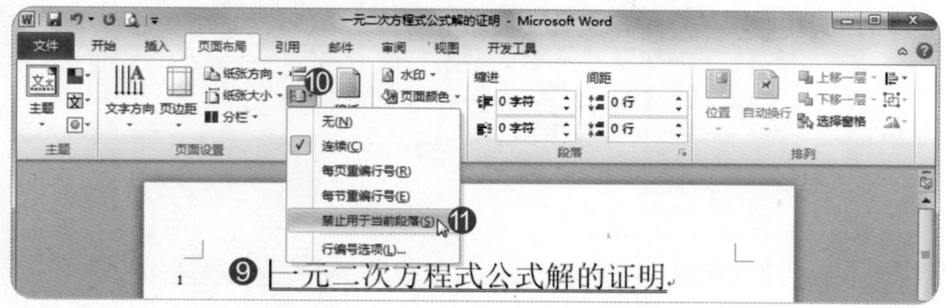

⑫ 完成文件行号设定。

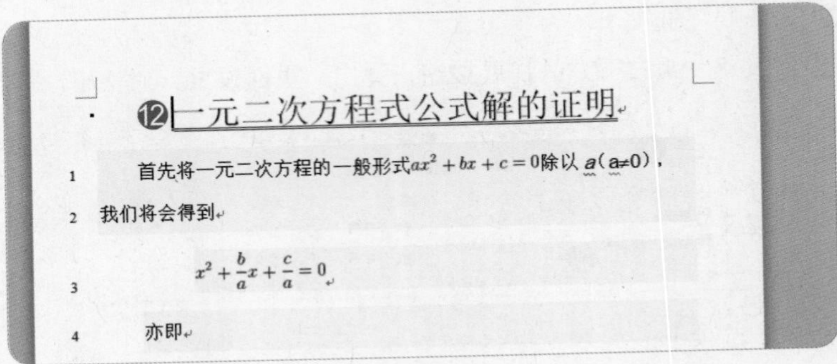

测验试题 26/30

●**题目**

1. 在第二页的标题“特征与行为”下方的黄色标记文字“参照捕食”，插入链接标题“捕食”的交叉引用。
2. 更改第五页多级列表，使用 1 / 1.1 / 1.1.1 / 1.1.1.1 / 1.1.1.1.1 样式。

●解题步骤

第1小题

❶ 选中第二页标题“特征与行为”下方的黄色标记文字“参照捕食”。

❷ 单击“引用”选项卡。

❸ 单击“题注”组中的“交叉引用”按钮，弹出“交叉引用”对话框。

❹ 选择“引用类型”为“标题”。

❺ 设置“引用哪一个标题”为“捕食”。

❻ 单击“插入”按钮，插入交叉引用，单击“关闭”按钮。

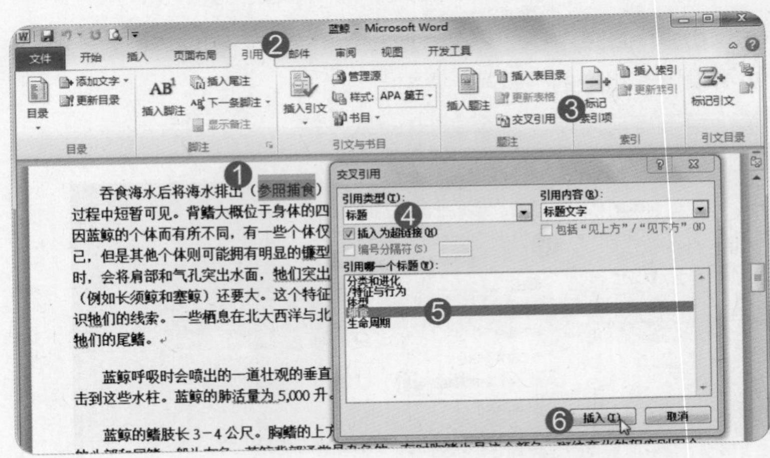

❼ 关闭“交叉引用”对话框完成插入参照标题。

❼
吞食海水后将海水排出（捕食）。蓝鲸背鳍小，只有在下潜的过程中短暂可见。背鳍大概位于身体的四分之三的地方，它们的形状则因蓝鲸的个体而有所不同，有一些个体仅有一个刚好可以辨识的隆起而已，但是其他个体则可能拥有明显的镰型背鳍。当蓝鲸要浮出水面呼吸时，会将肩部和气孔突出水面，牠们突出水面的范围比其他的大型鲸鱼（例如长须鲸和塞鲸）还要大。这个特征经常被观察者从海洋生物来辨识牠们的线索。一些栖息在北大西洋与北太平洋的蓝鲸会在潜水时升起牠们的尾鳍。

第2小题

❶ 将光标定位于第5页多级列表中，按【Ctrl+A】组合键选取多级列表。

❷ 单击“开始”选项卡。

❸ 单击“段落”组中的“多级列表”下拉菜单。

❹ 选择列表库第一排第二个多级列表样式。

❺ 完成多级列表变更。

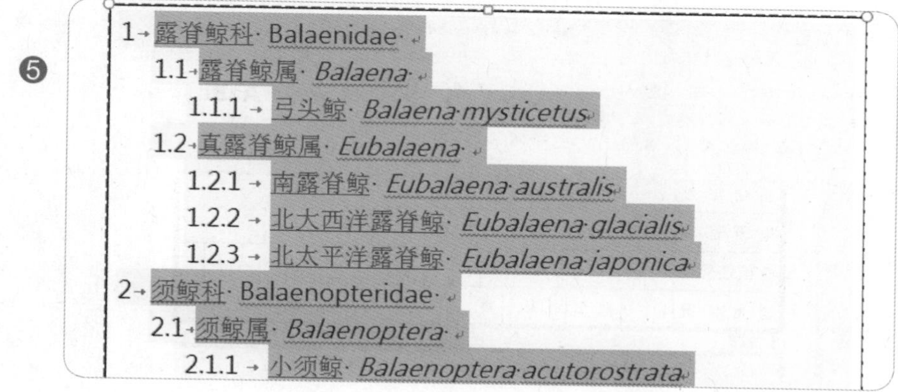
❺
1 露脊鲸科 Balaenidae
1.1 露脊鲸属 Balaena
1.1.1 弓头鲸 Balaena mysticetus
1.2 真露脊鲸属 Eubalaena
1.2.1 南露脊鲸 Eubalaena australis
1.2.2 北大西洋露脊鲸 Eubalaena glacialis
1.2.3 北太平洋露脊鲸 Eubalaena japonica
2 须鲸科 Balaenopteridae
2.1 须鲸属 Balaenoptera
2.1.1 小须鲸 Balaenoptera acutorostrata

测验试题 27/30

●**题目**

1. 将“身份证号码”右方单元格拆分为18列，并合并上下表格。
2. 使用“图片内容控件”替换表格中单元格文字“贴相片处”，然后插入“文件”文件夹中的“smile.jpg”图片。

●**解题步骤**

第1小题

❶ 将光标定位于“身份证号码”后的单元格。

❷ 单击“表格工具”下方的“布局”选项卡。

❸ 单击“合并”组中的“拆分单元格”按钮，弹出“拆分单元格”对话框。

❹ 列数设置为“18”。

❺ 单击“确定”按钮关闭对话框。

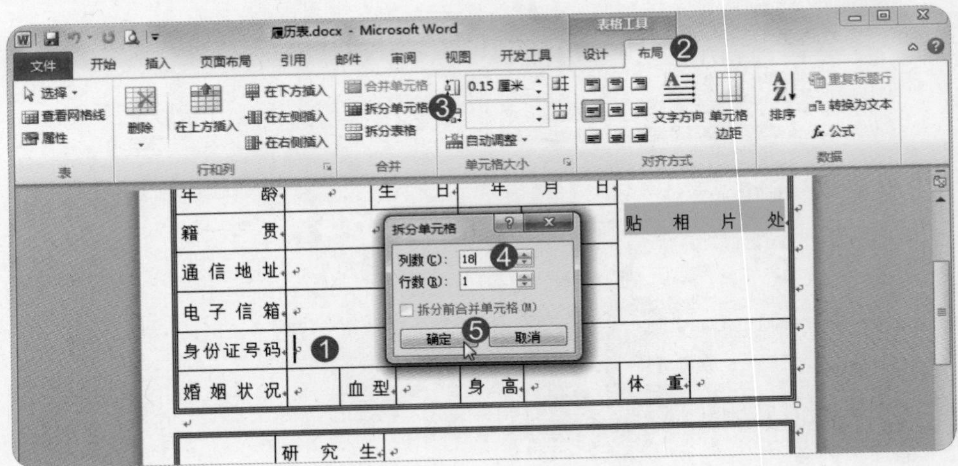

❻ 将光标定位于两个表格之间的段落，按【Delete】键。

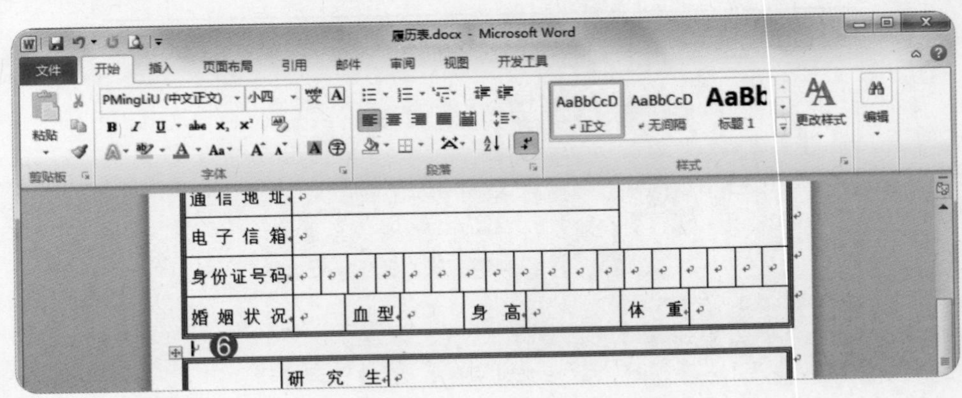

❼ 完成上下表格合并。

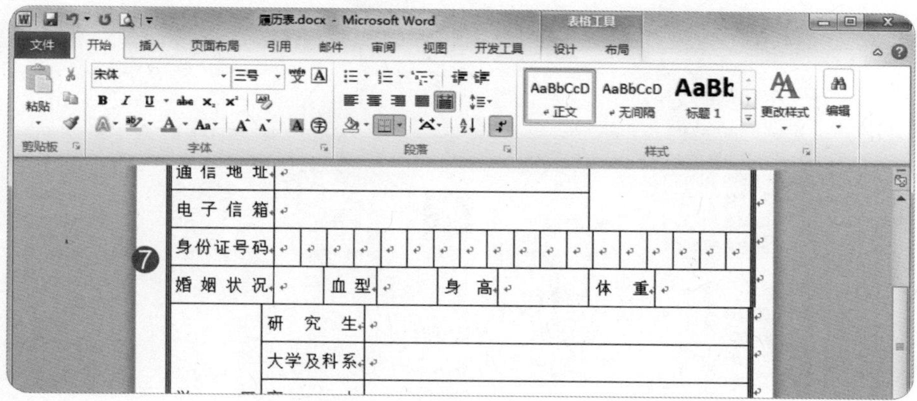

第2小题

❶ 选中单元格中文字“贴相片处”，按【Delete】键。

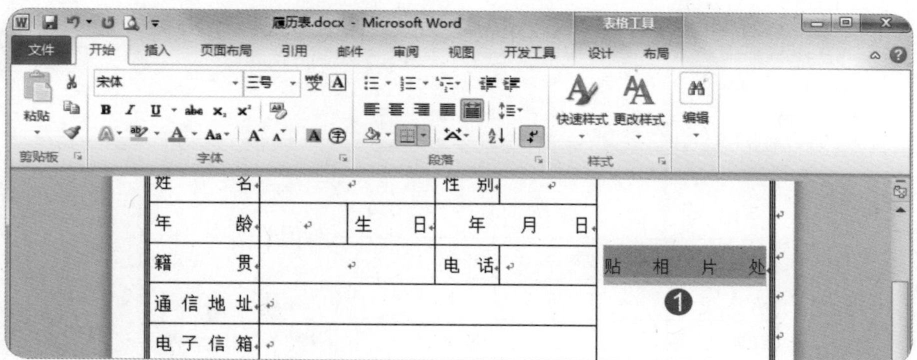

❷ 单击“开发工具”选项卡。

❸ 单击“控件”组中的“图片内容控件”按钮，插入“图片内容控件”。

❹ 单击“图片内容控件”，弹出“插入图片”对话框。

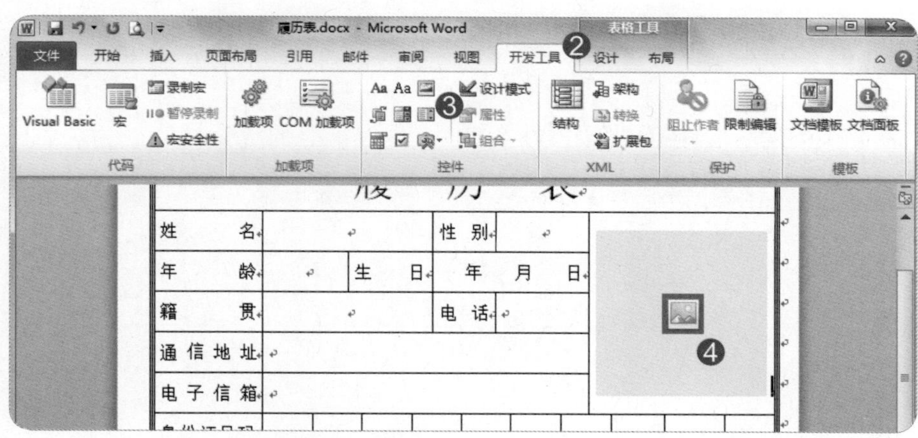

❺ 单击“文件”文件夹中的“smile.jpg”图片。

❻ 单击“插入”按钮。

⑦ 完成设定。

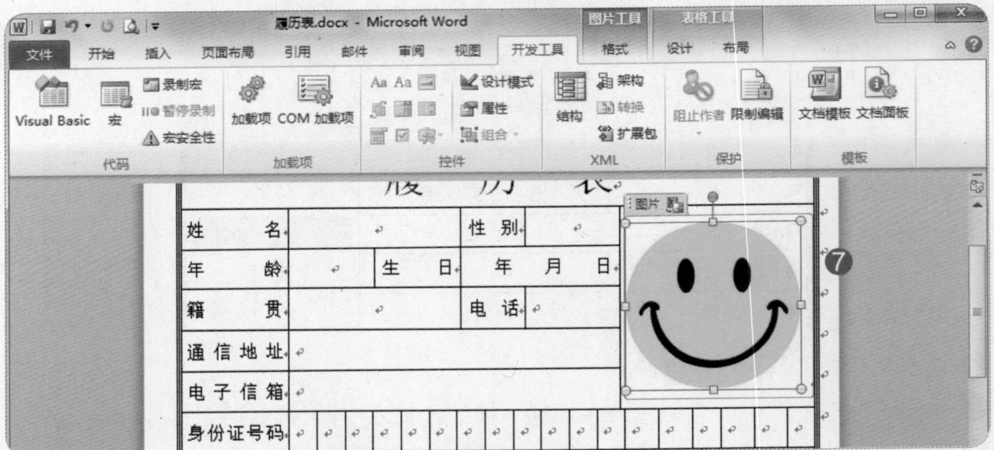

测验试题 28/30

●题目

1. 图表绘图区填充“蓝色面巾纸”纹理。
2. 在“详细资料：”右方插入一个图标，以开启位于“文件”文件夹中名为“详细资料.xlsx”的工作簿，然后将图标的题注更改为“详细数据”。（注意：接受其他默认设置）

●解题步骤

第1小题

① 选中文件中图表。

② 单击“工具”下方的“格式”选项卡。

③ 选择“当前所选内容”组“图表区”下拉列表框中的“绘图区”选项。

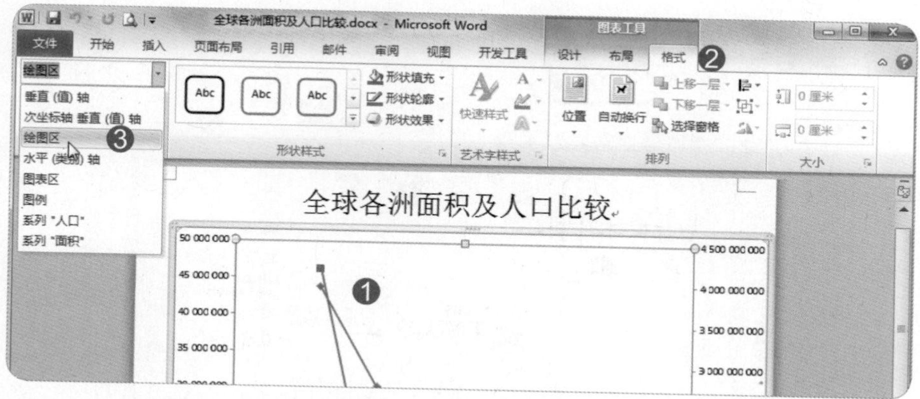

❹ 单击“形状样式”组中的“形状填充”按钮的下三角按钮。

❺ 选择填充“纹理”命令中的“蓝色面巾纸”图案。

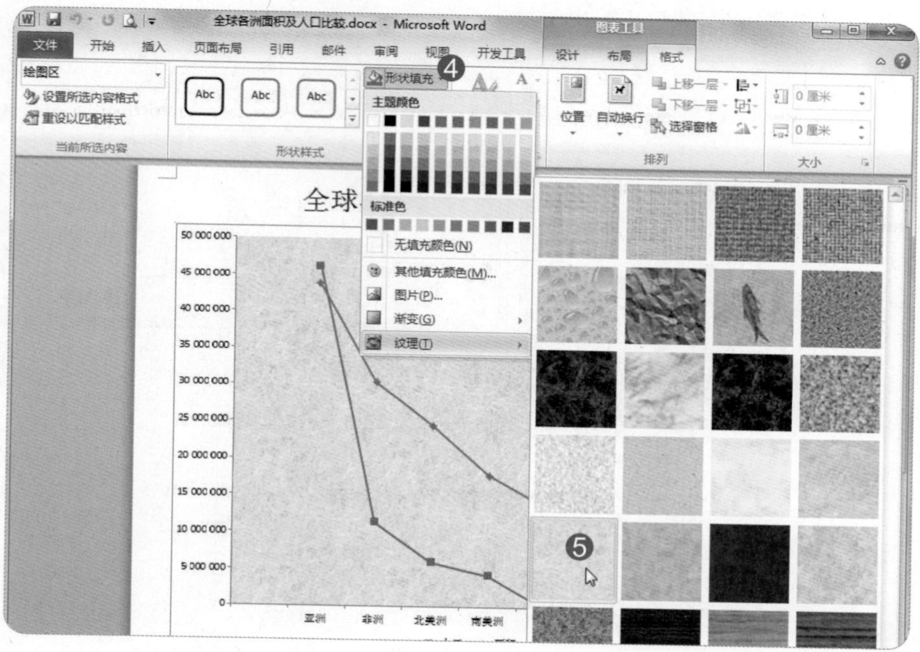

第2小题

❶ 将光标定位于“详细资料：”右方。

❷ 单击“插入”选项卡。

❸ 选择“文本”组中“对象”按钮，弹出“对象”对话框。

❹ 在“对象”对话框中，切换到“由文件创建”选项卡。

❺ 单击“浏览”按钮，选择“文件”文件夹中名为“详细资料.xlsx”。

❻ 选中“显示为图标”复选框。

❼ 单击“更改图标”按钮。

❽ 在“更改图标”对话框中，变更“题注”为“详细资料”。

❾ 单击“确定”按钮。

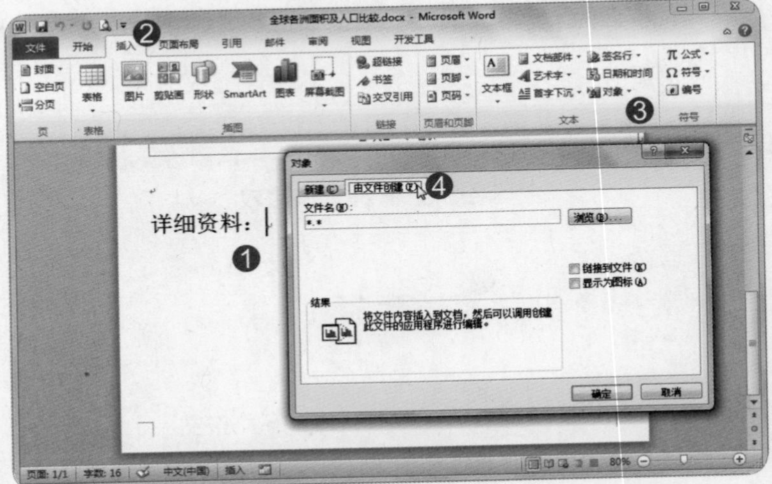

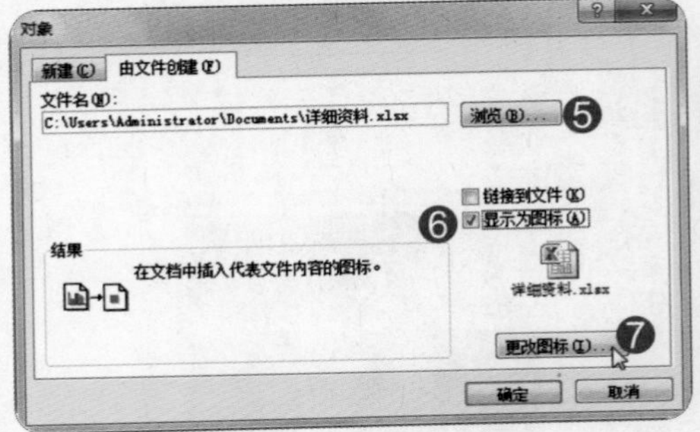

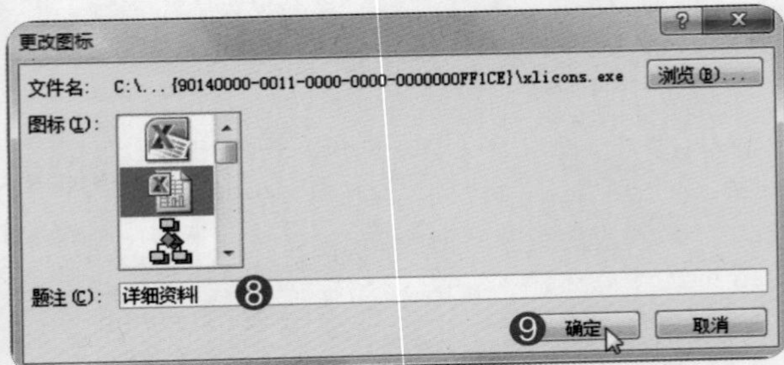

⑩ 单击“确定”按钮关闭“对象”对话框。

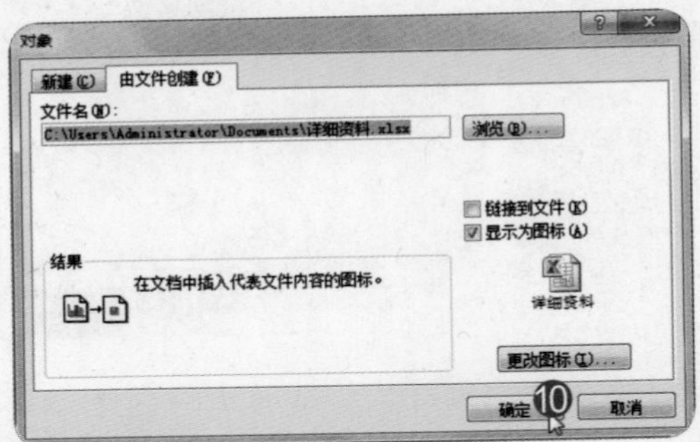

⑪ 完成以图示显示物件档案。

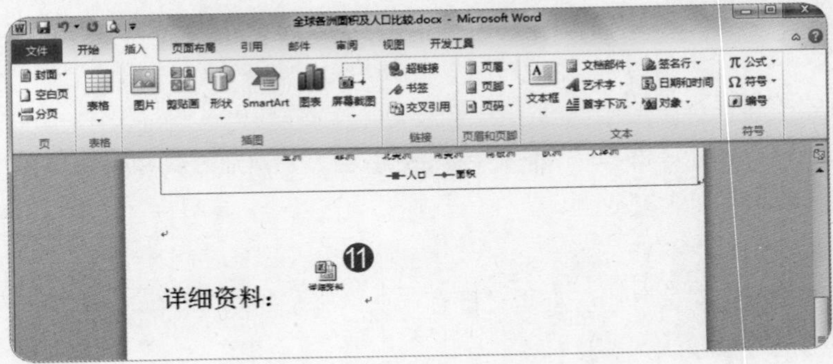

测验试题 29/30

●题目

1. 根据现有文件建立目录合并，使用“文件”文件夹的“清单.docx”填入收件人列表，在表格中新增合并域，让该字段替代正确且标明的占位符。
2. 编辑收件人列表，使其依名次升序，然后编辑单个文件，合并记录1到5，将合并后的文件命名为“前五名成绩.docx”存储于“文件”文件夹。

●解题步骤

第1小题

❶ 单击“邮件”选项卡。

❷ 单击“开始邮件合并”组中“开始邮件合并”按钮。

❸ 选择“目录”命令。

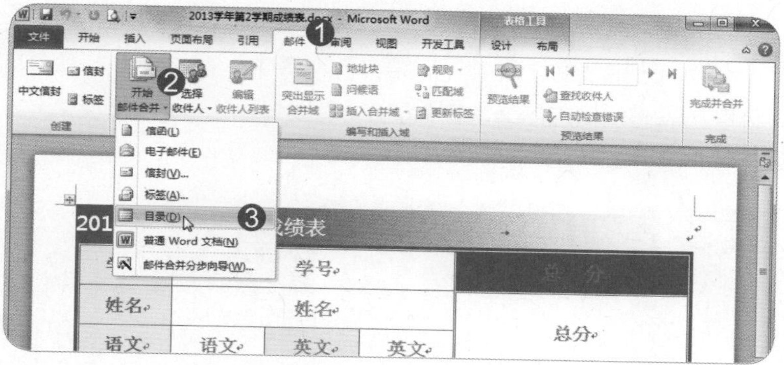

❹ 单击“选择收件人”按钮。

❺ 选择“使用现有列表”命令，弹出“选取数据源”对话框。

❻ 选择“文档”文件夹的“清单.docx”。

❼ 单击“打开”按钮。

❽ 单击表格中表示“学号”的单元格。

❾ 单击“编写和插入域”组中的“插入合并域”按钮。

❿ 选择“学号”项目取代文本控件。

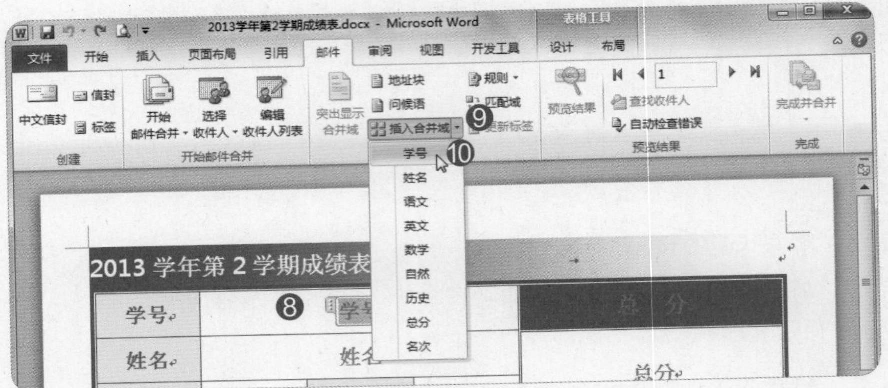

⓫ 重复上述步骤，分别使用“姓名”“语文”“英文”“数学”“自然”“历史”“总分”“名次”项目取代表格中对应的文本控件。

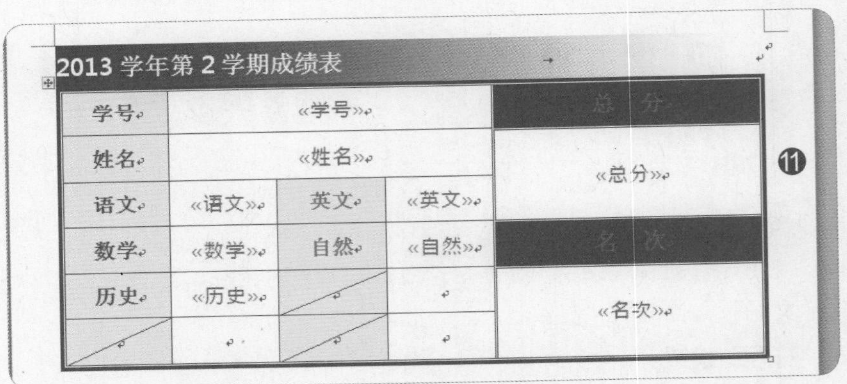

第2小题

❶ 单击“开始邮件合并”组中“编辑收件人列表”按钮，弹出“邮件合并收件人”对话框。

❷ 在“邮件合并收件人”对话框，单击“排序”按钮，弹出“查询选项”对话框。

❸ 在“排序记录”选项卡设定主要关键字为“名次”。

❹ 选择“升序”选项。

❺ 选择“确定”按钮关闭对话框。

❻ 完成名次升序排序，单击“确定”按钮关闭“邮件合并收件人”对话框。

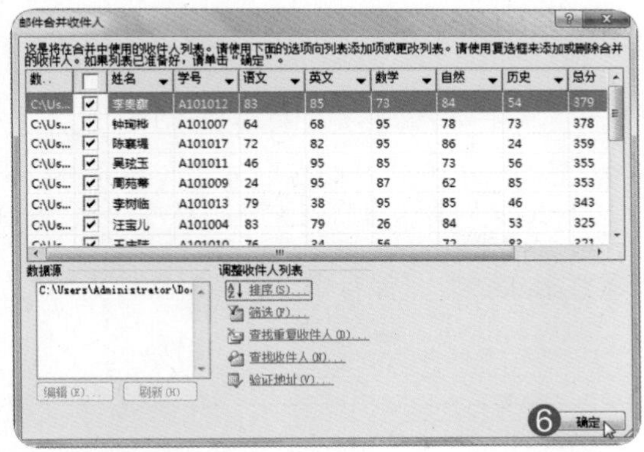

❼ 单击“完成”组中“完成并合并”按钮。

❽ 选择“编辑单个文档”命令，弹出“合并到新文档”对话框。

❾ 设定“合并记录”为从“1”到“5”。

❿ 单击“确定”按钮。

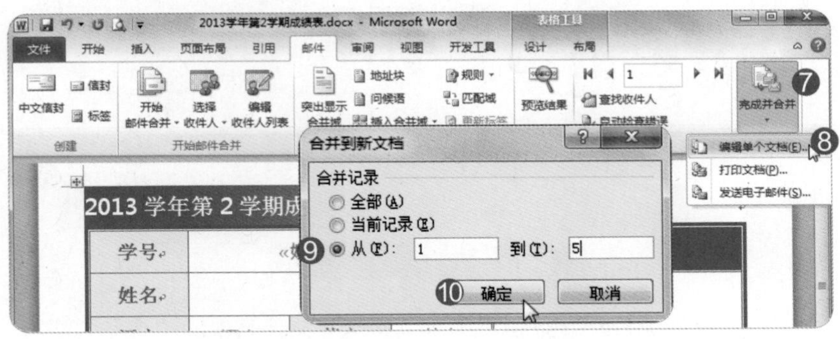

⑪ 等待产生新文件后，单击“保存”按钮，弹出“另存为”对话框。

⑫ 保存位置为“文档”文件夹，文件命名为“前五名成绩.docx”。

⑬ 单击“保存”按钮。

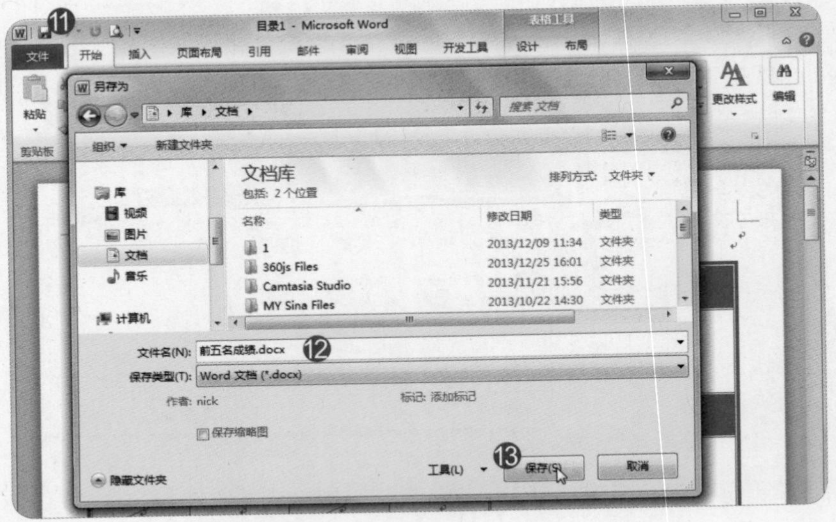

测验试题 30/30

●题目

1. 将“文件”文件夹中的“产品列表-a.docx”与“产品列表-b.docx”文件合并至新文件。将“产品列表-b.docx”设置为原始文件，然后仅显示并接受“TIKED”所有的更改。（注意：接受其他默认设置）
2. 将文件命名为“优惠方案.docx”，保存于“文件”文件夹内。

●解题步骤

第1小题

❶ 单击“审阅”选项卡。

❷ 单击“比较”组中“比较”按钮。

❸ 选择“合并”命令，弹出“合并文档”对话框。

❹ 设定原文档：单击“打开”按钮，选取“文档”文件夹中的“产品列表-b.docx”。

❺ 设定修订文档：单击“打开”按钮，选取“文档”文件夹中的“产品列表-a.docx”。

❻ 单击“确定”按钮。

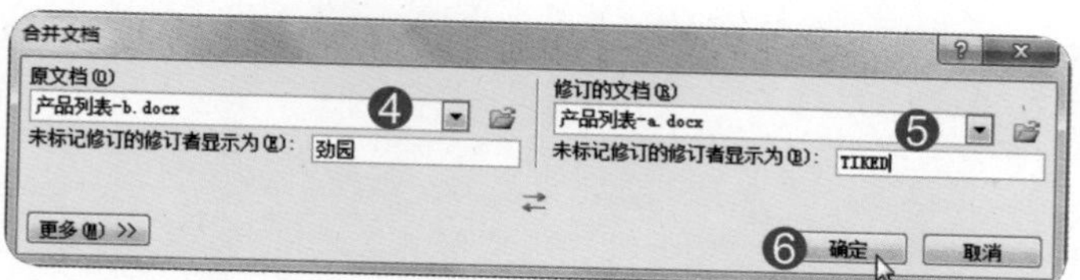

❼ 单击“修订”组中“显示标记”按钮。

❽ 选择“审阅者”子选项的“所有阅览者”命令，先取消所有阅览者的变更。

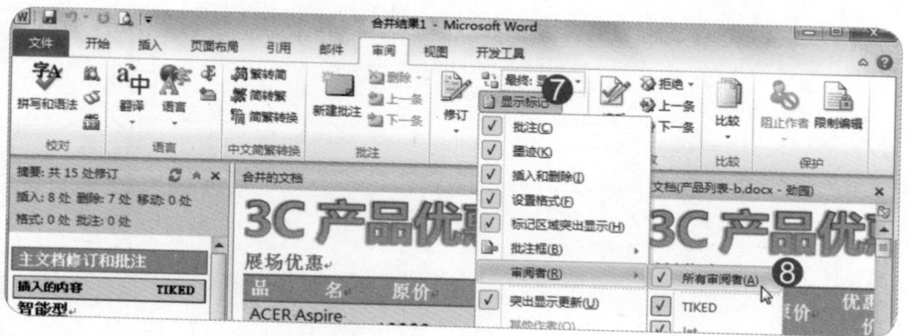

❾ 再单击“修订”组中“显示标记”按钮。

❿ 选择“审阅者”子选项的“TIKED”命令，便仅显示“TIKED”的变更。

⓫ 单击“更改”组中“接受”下三角按钮。

⓬ 选择“接受所有显示的修订”命令。

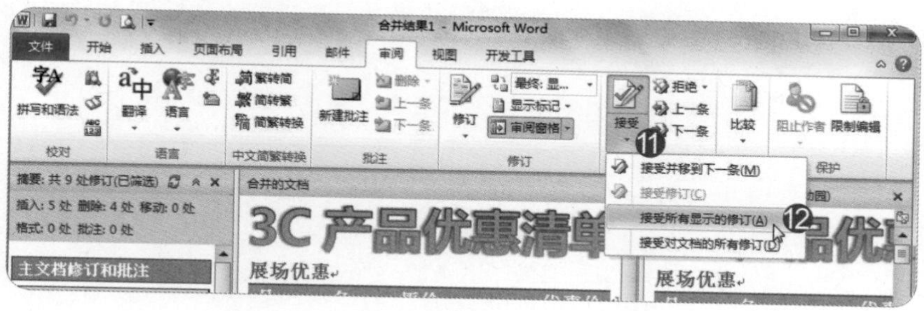

第2小题

❶ 单击“保存”按钮，弹出“另存为”对话框。

❷ 保存于“文档”文件夹，文件名为“优惠方案.docx”。

❸ 单击“保存”按钮。

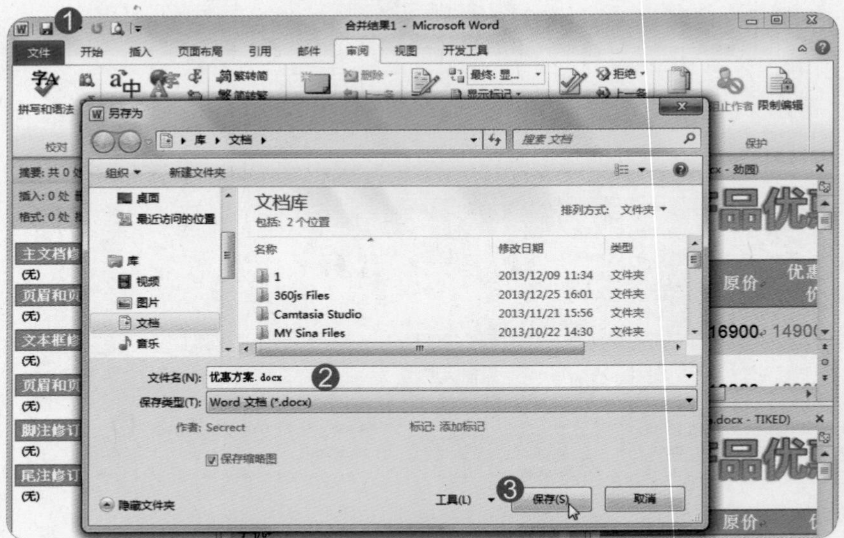

第三篇

Spreadsheets 2010 核心能力认证

题号	题目要求	页码
1/30		
①	在“各科成绩标准”工作表中，将第一行标题文字“2013学年度指定科目考试各科成绩标准一览表”设置从A1至F1单元格合并后居中。	S-5
②	将A3:F13单元格范围套用“表样式中等深浅9”表格样式，然后将表格转换为普通区域。	S-6
2/30		
①	修改“标题1”样式，字体使用幼圆，大小为28磅。	S-7
②	在“年度收支表”工作表C10:G10单元格区域中，用一个操作完成C10:G10单元格区域的求和计算，并套用无小数位数的“会计专用”单元格格式。	S-8
3/30		
①	更改“成绩计算方式”工作表中的SmartArt形状，使用“分段循环”布局，更改颜色为“彩色-强调文字颜色”，SmartArt样式为“优雅”。	S-9
②	设置“成绩总表”工作表的“学期成绩”列的条件格式：三向箭头（彩色）图标集，分数<50显示⬇，>=50显示⇨，>=60显示⬆。	S-10
4/30		
①	使用“高级筛选”将“订单明细”工作表的“分区经理”复制到“分区报表”工作表的A1单元格。（注意：不选择重复的记录）	S-12
②	在“分区报表”工作表中的B2单元格使用SUMIF函数计算每位分区经理的订单金额总计。（注意：接受所有默认设置）	S-13
5/30		
①	使用“成绩”工作表B4:F12单元格的数据，在G4:G12单元格中插入“折线图”迷你图，显示高低点。	S-14
②	根据“成绩”工作表的A3:A12及H3:H12数据，插入“簇状柱形图”于新工作表。新工作表名称为“比较图”。（注意：接受所有默认设置）	S-15
6/30		
①	清除“月考成绩”工作表中C2:I21单元格格式。	S-16
②	使用现有数据有效性规则，圈释无效数据。	S-16
7/30		
①	添加并显示名称为“两百万”的模拟分析方案，使得贷款金额更改为2 000 000。	S-17
②	使用“模拟运算表”功能，设置引用行的单元格为“年利率”、引用列的单元格为“贷款年限”，计算B8:G14单元格区域的值。	S-18
8/30		
①	设置滚动“资产负债表”工作表时，前4行数据始终可见。	S-19
②	设置“损益表”工作表标签颜色为“水绿色，强调文字颜色5，深色50%”。最后将工作簿以密码“1234”加密。	S-20

题　号	题 目 要 求	页　码
9/30		
❶	对“产品销售”工作表A1:E11单元格区域，仅使用首行创建名称。	S-21
❷	在E2单元格使用名称计算每项产品的销售金额，然后显示汇总行。	S-22
10/30		
❶	在目前工作表的A1单元格，依据“,”逗号作为分隔符，导入“文件”文件夹的“成绩表.txt”文本文件内容，但不导入第3列及第4列。（注意：接受其他所有默认设置）	S-23
❷	将工作表另存为“PDF”格式于“文档”文件夹中，命名为“成绩参考表.pdf”。（注意：接受所有默认设置）	S-25
11/30		
❶	删除“产品订单”工作表中重复的产品名称。（注意：接受所有默认设置）	S-26
❷	在不使用密码的情况下保护工作表，使用者仅能选定工作表中“数量”字段里的单元格，无法选定其他单元格。	S-27
12/30		
❶	设置数据有效性，仅允许在“成绩”工作表C2:E11单元格范围输入0～100的整数数据，输入错误时出现“请重新输入”的信息内容。	S-28
❷	隐藏单元格F2:G11的公式，使用密码“1234”进行工作表保护。（注意：接受所有默认设置）	S-29
13/30		
❶	将“书籍”工作表的H列移至首列。	S-31
❷	使用VLOOKUP函数，在“结果”工作表B2:B6单元格填入左侧ISBN码的书名，数据表来源指定为“书籍总表”名称。	S-32
14/30		
❶	在“销售订单”工作表B1单元格插入名称为“打印”的“按钮（窗体控件）”，并将按钮指定到“PrintForm”宏。	S-34
❷	隐藏编辑栏及标题。	S-34
15/30		
❶	取消隐藏“成绩分布图”工作表。	S-35
❷	将“成绩分布图”工作表中“级距”进行字段分组，其中起始于为60，步长为5，终止于为100。	S-36
16/30		
❶	对“订单明细”工作表单元格范围B3:H19中的数据加以分类汇总，对每个产品类别的“进价”及“净利”进行求和，在每个“类别”间插入分页。（注意：接受所有默认设置）	S-37
❷	设置打印标题的范围为第1行。	S-38
17/30		
❶	在“年度收支”工作表D12单元格插入函数，如果B12大于C12，则显示文字“盈余”，否则显示文字“亏损”。	S-39

题号	题目要求	页码
❷	设置单元格范围A3:G9为打印区域，然后使用“Microsoft XPS Document Writer”打印机打印2份，存储在“文档”文件夹，文件名为“收支表”。	S-40
18/30		
❶	在“成绩表”工作表L5单元格中插入函数，计算单元格范围H4:H24中“总分”值大于380的人数。	S-41
❷	将4个工作表设置除首页外，页眉中央为数据表名称、页脚中央选择“第1页，共?页”样式，以“输出报表.PDF”为文件名，另存为“文档”文件夹中。	S-42
19/30		
❶	合并计算“2010年”“2011年”及“2012年”工作表范围平均值，将工作表中的数据合并到一个新工作表，从单元格A1开始。数据标签来自首行与最左列，并创建数据链接，完成后将新工作表命名为“三年平均”。	S-46
❷	在新的工作表中，删除B、C、D、E、F列，调整A列宽度为最合适列宽，F列宽度为10磅，单元格F1为自动换行。	S-48
20/30		
❶	在“基本数据”工作表中使用表格筛选功能，仅列出工作地点在“北京”或“上海”的“工程师”。	S-51
❷	在“性别分析”工作表插入“切片器”，让数据透视表可显示“工作地点”及“职务”。（注意：接受其它默认设置）	S-51
21/30		
❶	将“依据产品-客户筛选”工作表套用“数据透视表样式深色7”数据透视表样式，并选择“产品”字段为活动字段，折叠整个字段。	S-52
❷	将“依据产品-客户筛选”工作表中，使用“求和项:第四季”筛选前10项畅销产品。	S-53
22/30		
❶	在I2单元格使用AVERAGE函数计算学生C2:H2单元格区域成绩的平均值。	S-54
❷	对C2:H21单元格区域，使用“突出显示单元格规则”设置，单元格值为“事假”，则显示为“浅红填充色深红色文本”并且在J2:J21单元格使用函数由平均成绩显示结果：大于或等于60分则显示“及格”文字。否则不显示。	S-55
23/30		
❶	仅允许使用者编辑C2:C4单元格区域，然后保护工作表，密码设置为1688。（注意：接受所有默认设置）	S-57
❷	更改C3单元格值，使得期限为10年，并立即开始计算。	S-58
24/30		
❶	在“2013”工作表建立名称为“格式化”的宏，新增设置格式化的条件规则，使得考核分数低于60的单元格内容为红色、粗体，然后指定快捷键为【Ctrl+B】，将宏套用至C3:F12单元格区域。	S-59
❷	使用快捷键【Ctrl+B】，分别将“格式化”宏套用至“2014”及“2015”工作表C3:F12单元格中。	S-61
25/30		
❶	仅清除“黄金交易牌价”工作表中“日期”列下方单元格的超链接。	S-62

题号	题目要求	页码
❷	在“卖出价格”图表中使用多项式“顺序”“3”的趋势预测，并预测未来“2”个交易日的价格，在图表上显示R平方值。	S-62
26/30		
❶	自动调整“渠道”工作表的列宽与行高。	S-64
❷	在“渠道”工作表的单元格H2中插入SUMIFS函数，计算在中区由供货商“正一”，销售产品编号以“C”开头的总量。	S-64
27/30		
❶	在H4:H28单元格区域使用“第一季”至“第四季”销售订单笔数插入盈亏迷你图，并设置“低点”标记颜色为“红色，强调文字颜色2”。（注意：接受所有默认设置值）	S-65
❷	从第13行起分割窗口。然后以全屏幕显示工作表。	S-66
28/30		
❶	在“成绩总表”工作表的单元格H2:H31，使用RANK.EQ函数，依据“学期成绩”字段排列名次。	S-67
❷	在单元格G32新增单元格监视窗口。（注意：将窗口保持在开启状态）	S-68
29/30		
❶	将“考试成绩标准”工作表存储为以制表符分隔的文本文件，文件名为“考试成绩标准.txt”，保存于“文档”文件夹。	S-69
❷	依据现有XML对应，来对应现有工作表的XML元素，然后将现有工作表导出成XML数据文件，保存在“文档”文件夹，文件名为“考试成绩标准.xml”。	S-70
30/30		
❶	在“性能比较”工作表中，编辑数据表来源，使雷达图能纳入“D厂商”列的值。然后移动图表至新的工作表中，名称为“性能雷达图”。	S-71
❷	新建窗口，并以“平铺”排列方式显示。窗口1显示“性能雷达图”工作表，窗口2显示“性能比较”工作表。（注意：保持窗口开启状态）	S-71

测验试题 1/30

●题目

1. 将第一行标题文字“2013学年度指定科目考试各科成绩标准一览表”设置从A1至F1单元格合并后居中。
2. 将A3:F13单元格范围套用“表样式中等深浅9”表格样式，然后将表格转换为普通区域。

●解题步骤

第1小题

❶ 选中“各科成绩标准”工作表的A1：F1单元格区域。

❷ 单击“开始”选项卡，单击“对齐方式”组的“合并后居中”按钮。

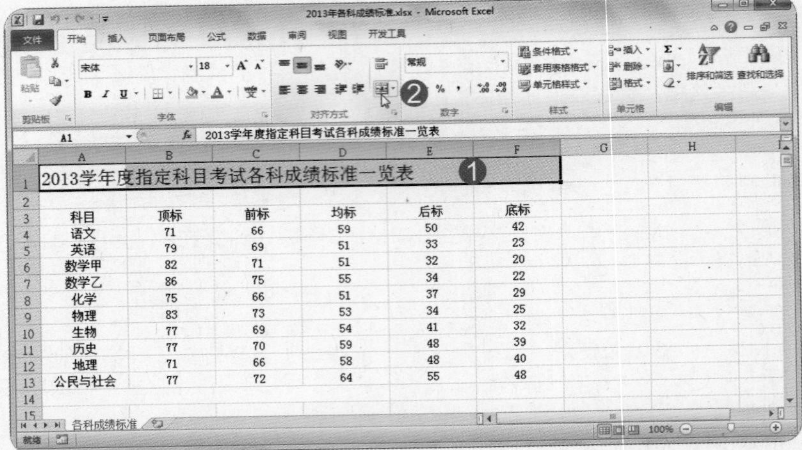

第2小题

❶ 选中A3：F13单元格区域。

❷ 单击“样式”组“套用表格格式”下拉菜单按钮。

❸ 选择“表样式中等深浅 9”表格样式。

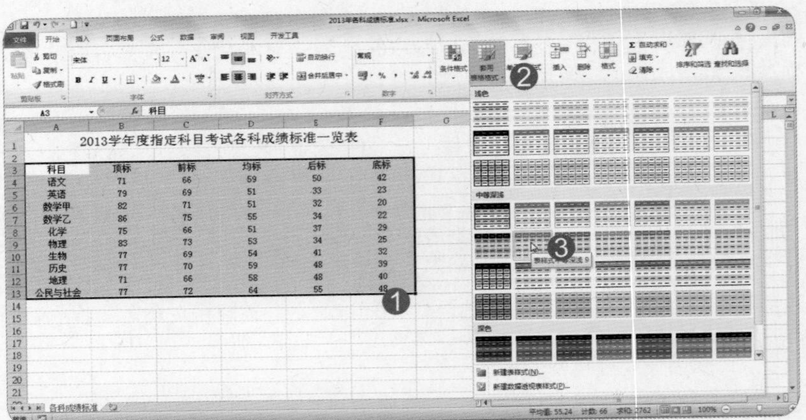

❹ 在“套用表格式”对话框中单击“确定”按钮。

❺ 单击“设计”选项卡中“工具”组的“转换为区域”按钮。

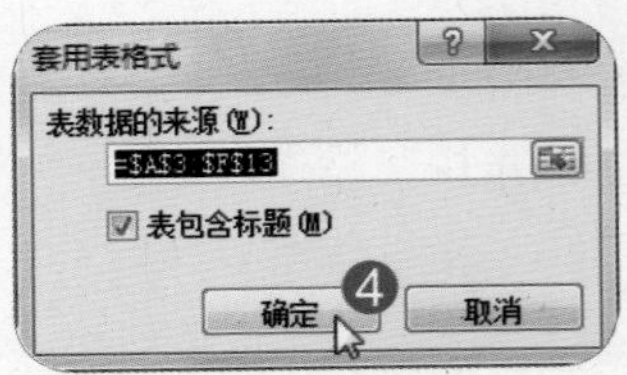

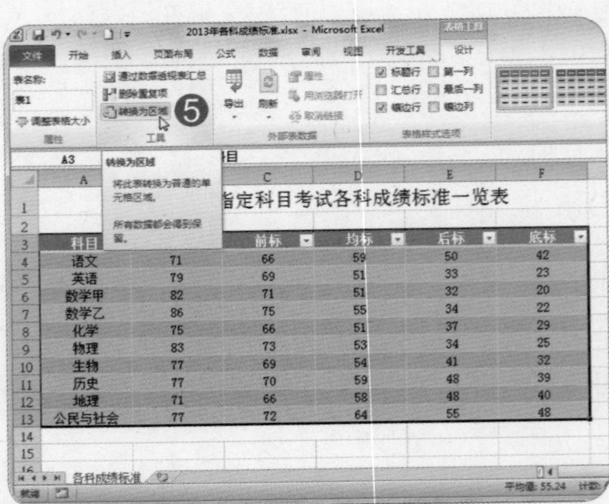

❻ 在弹出的“Microsoft Excel”对话框中单击“是”按钮，将表转换为普通区域。完成后效果。

2013学年度指定科目考试各科成绩标准一览表

科目	顶标	前标	均标	后标	底标
语文	71	66	59	50	42
英语	79	69	51	33	23
数学甲	82	71	51	32	20
数学乙	86	75	55	34	22
化学	75	66	51	37	29
物理	83	73	53	34	25
生物	77	69	54	41	32
历史	77	70	59	48	39
地理	71	66	58	48	40
公民与社会	77	72	64	55	48

测验试题 2/30

●题目

1. 修改“标题1”样式，字体使用幼圆，大小为28磅。
2. 在“年度收支表”工作表C10:G10单元格区域中，用一个操作完成C10:G10单元格区域的求和计算，并套用无小数位数的“会计专用”单元格格式。

●解题步骤

第1小题

❶ 单击“开始”选项卡中“样式”组“单元格样式”下三角按钮。

❷ 在“标题1”样式上右击。

❸ 在弹出的快捷菜单中选择“修改”命令。

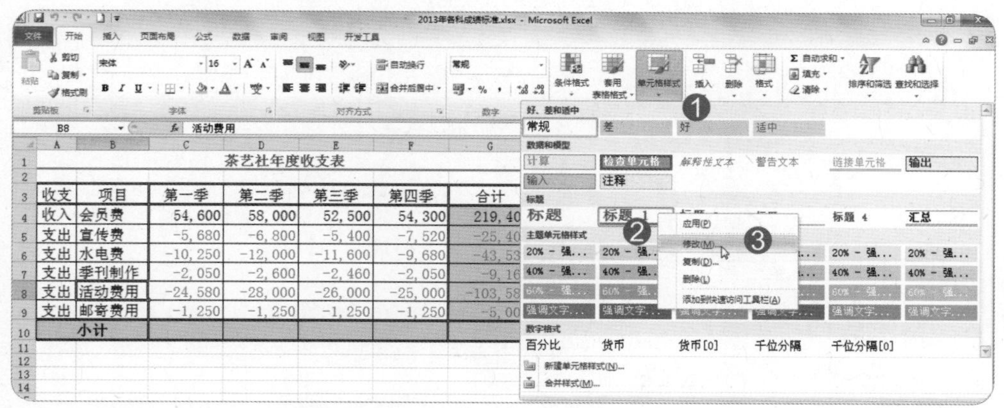

❹ 在弹出的“样式”对话框中单击“格式”按钮。

❺ 在弹出的“设置单元格格式”对话框中单击“字体”选项卡。

❻ 在“字体”处选择“幼圆”字体。

❼ 在“字号”处选择“28”磅字号。

❽ 单击“确定”按钮。关闭“设置单元格格式”对话框。

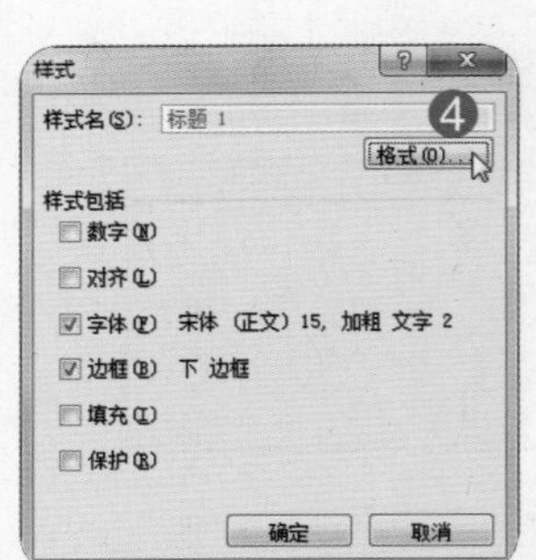

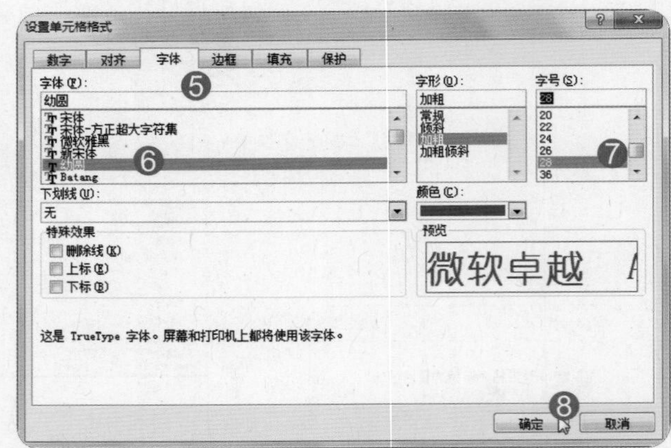

❾ 再次单击“确定”按钮。关闭“样式”对话框。

❿ 完成修改“标题1”样式。

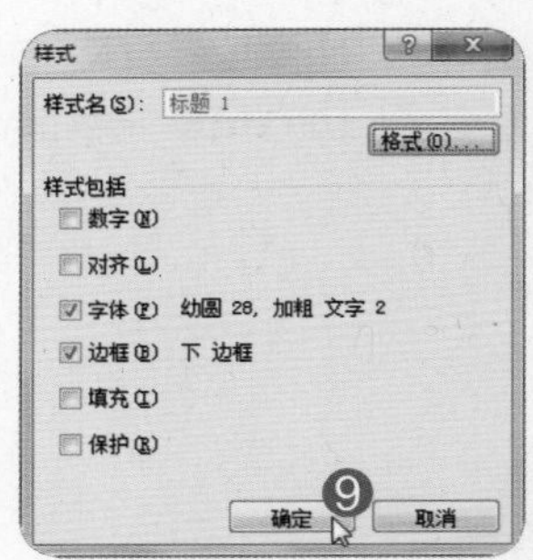

茶艺社年度收支表						
收支	项目	第一季	第二季	第三季	第四季	合计
收入	会员费	54,600	58,000	52,500	54,300	219,400
支出	宣传费	-5,680	-6,800	-5,400	-7,520	-25,400
支出	水电费	-10,250	-12,000	-11,600	-9,680	-43,530
支出	季刊制作	-2,050	-2,600	-2,460	-2,050	-9,160
支出	活动费用	-24,580	-28,000	-26,000	-25,000	-103,580
支出	邮寄费用	-1,250	-1,250	-1,250	-1,250	-5,000
小计						

第2小题

❶ 选中“年度收支表”工作表C10:G10单元格范围。

❷ 单击“开始”选项卡中“编辑”组“自动求和”按钮。

❸ 单击“开始”选项卡中“数字”组右下方的扩展按钮。

❹ 在“设置单元格格式”对话框中“数字”选项卡“分类”处选择“会计专用”选项。

❺ 将“小数位数”设置为“0”。

❻ 单击“确定”按钮。

完成后效果如图所示。

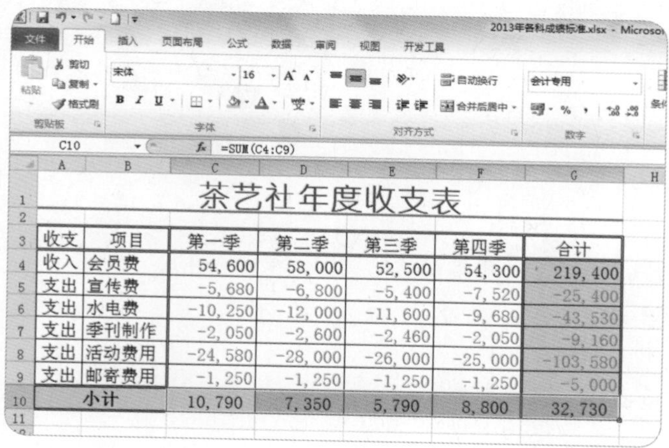

茶艺社年度收支表

收支	项目	第一季	第二季	第三季	第四季	合计
收入	会员费	54, 600	58, 000	52, 500	54, 300	219, 400
支出	宣传费	-5, 680	-6, 800	-5, 400	-7, 520	-25, 400
支出	水电费	-10, 250	-12, 000	-11, 600	-9, 680	-43, 530
支出	季刊制作	-2, 050	-2, 600	-2, 460	-2, 050	-9, 160
支出	活动费用	-24, 580	-28, 000	-26, 000	-25, 000	-103, 580
支出	邮寄费用	-1, 250	-1, 250	-1, 250	-1, 250	-5, 000
小计		10, 790	7, 350	5, 790	8, 800	32, 730

测验试题　3/30

●题目

1. 更改“成绩计算方式”工作表中的SmartArt形状，使用“分段循环”布局，更改颜色为“彩色-强调文字颜色”，SmartArt样式为“优雅”。
2. 设置“成绩总表”工作表的“学期成绩”列的条件格式：三向箭头（彩色）图标集，分数＜50显示⬇，>=50显示➡，>=60显示⬆。

●解题步骤

第1小题

❶ 单击选中“成绩计算方式”工作表中的SmartArt形状。

❷ 单击“设计”选项卡中“布局”组的“其他”按钮。

❸ 选择“分段循环”布局。

④ 单击“SmartArt样式”组的“更改颜色”下三角按钮。

⑤ 选择颜色为“彩色-强调文字颜色”。

⑥ 单击“SmartArt样式”组的“其他”按钮。

⑦ 选择“优雅”样式。

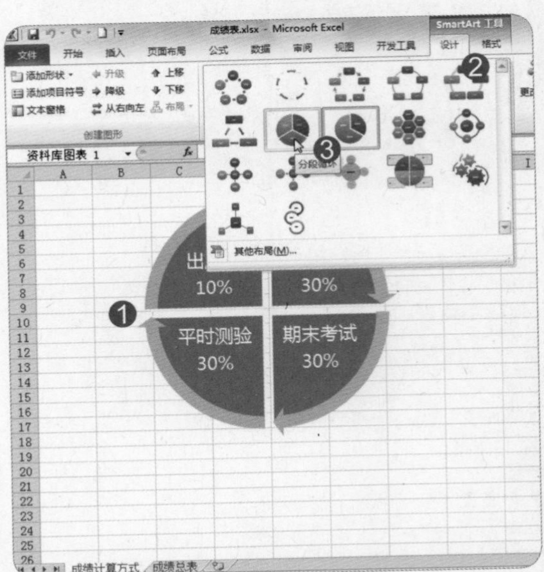

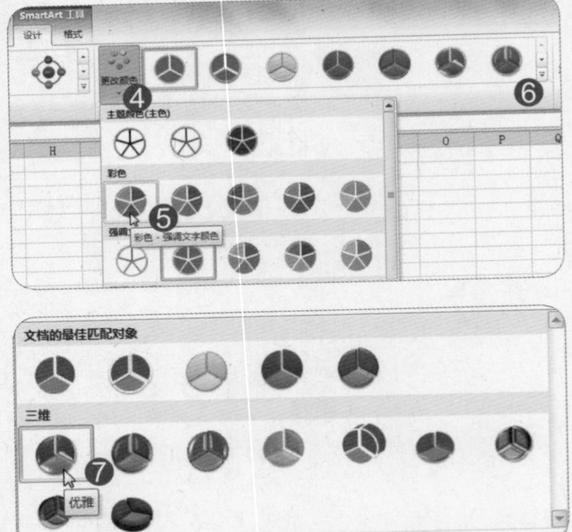

第2小题

❶ 单击工作表标签切换至“成绩总表”。

❷ 选中“成绩总表”工作表中G2：G31单元格范围。

❸ 单击“开始”选项卡。

❹ 单击“样式”组“条件格式”下三角按钮。

❺ 选择“新建规则”命令。

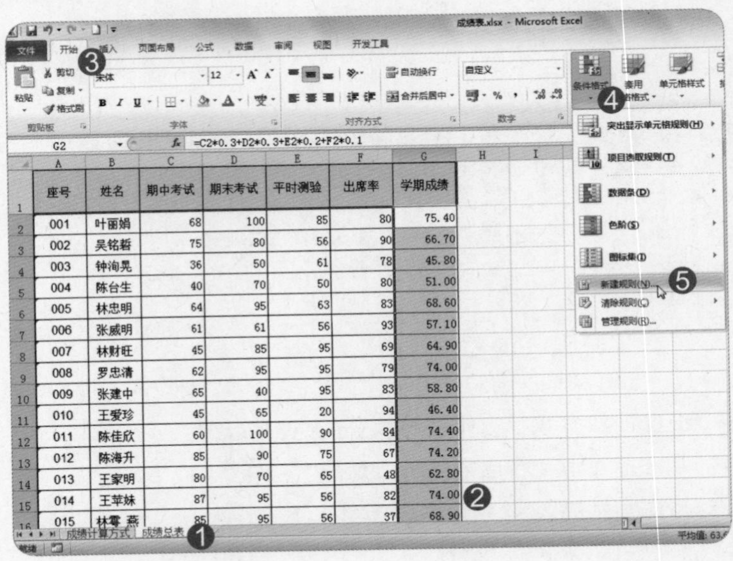

❻ 在弹出的“编辑格式规则”对话框中选择“格式样式”为“图标集”。

❼ 在“图标样式”下拉菜单中选择“三向箭头（彩色）”。

❽ 在“类型”下拉菜单中选择“数字”。

❾ 在图标⇧的右边设置值为>=60。

❿ 在图标⇨的右边设置值为<60且>=50。

⓫ 单击“确定”按钮，关闭“新建格式规则”对话框。

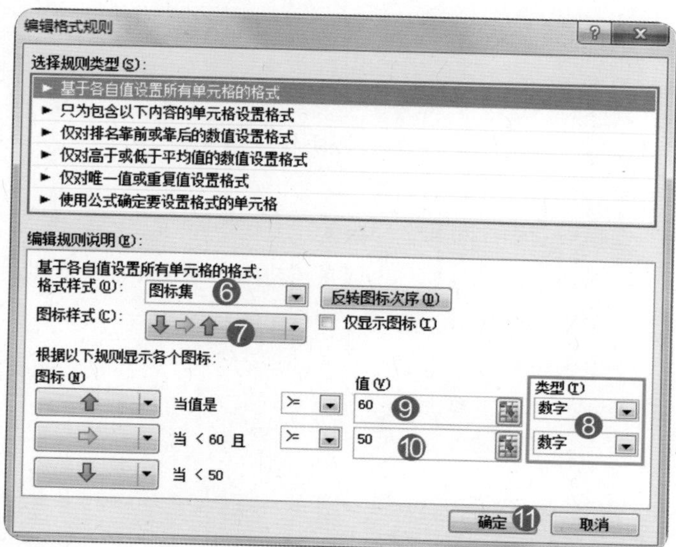

完成后效果如图所示。

座号	姓名	期中考试	期末考试	平时测验	出席率	学期成绩
001	叶丽娟	68	100	85	80	75.40
002	吴铭砉	75	80	56	90	66.70
003	钟洵晃	36	50	61	78	45.80
004	陈台生	40	70	50	80	51.00
005	林忠明	64	95	63	83	68.60
006	张威明	61	61	56	93	57.10
007	林财旺	45	85	95	69	64.90
008	罗忠清	62	95	95	79	74.00
009	张建中	65	40	95	83	58.80
010	王爱珍	45	65	20	94	46.40
011	陈佳欣	60	100	90	84	74.40
012	陈海升	85	90	75	67	74.20
013	王家明	80	70	65	48	62.80
014	王苹妹	87	95	56	82	74.00
015	林雯燕	85	95	56	37	68.90

测验试题 4/30

●题目

1. 使用“高级筛选”将“订单明细”工作表的“分区经理”复制到“分区报表”工作表的A1单元格。（注意：不选择重复的记录）
2. 在“分区报表”工作表中的B2单元格使用SUMIF函数计算每位分区经理的订单金额总计。（注意：接受所有默认设置）

●解题步骤

第1小题

❶ 单击选择“分区报表”工作表第3行及以下任一单元格。（“高级筛选”命令要求源数据至少有两行）

❷ 单击“数据”选项卡“排序和筛选”组的“高级”按钮。

❸ 在“高级筛选”对话框的“方式”中选择“将筛选结果复制到其他位置”单选按钮。

❹ 在“列表区域”文本框选择数据范围：“订单明细!$B:$B”。

❺ 在“复制到”文本框选择数据范围：“分区报表!$A$1”。

❻ 单击“选择不重复的记录”复选框。

❼ 单击“确定”按钮。

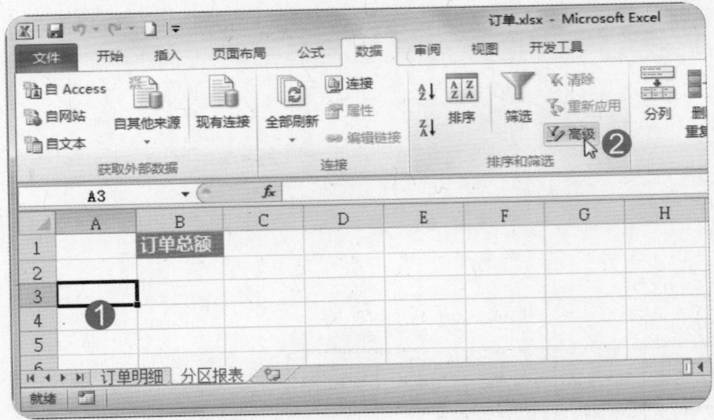
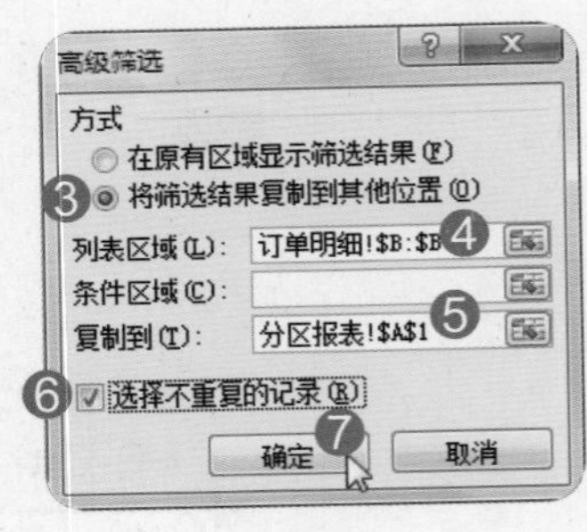

完成效果如图所示。

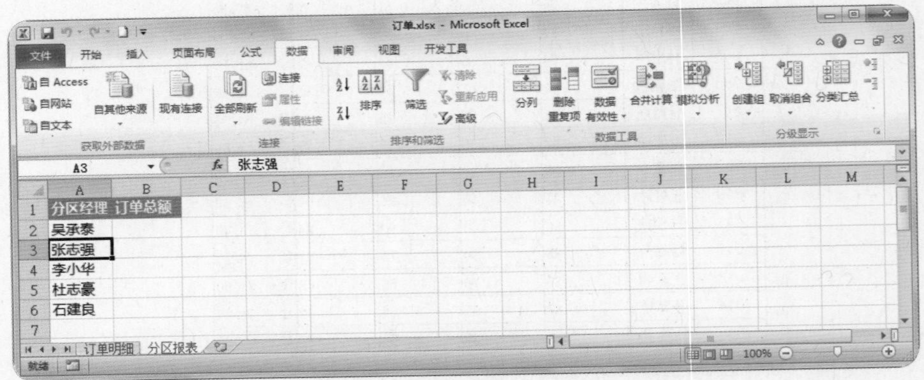

第2小题

❶ 单击选择“分区报表”工作表的B2单元格。

❷ 在编辑栏输入函数：“=SUMIF()”。

❸ 单击编辑栏之前的插入函数按钮fx。

❹ 在“函数参数”对话框的“Range”文本框选择数据范围：“订单明细!B:B”。

❺ 在“函数参数”对话框的“Criteria”文本框选择数据范围：“A2”。

❻ 在“函数参数”对话框的“Sum_range”文本框选择数据范围：“订单明细!E:E”。

❼ 单击“确定”按钮。

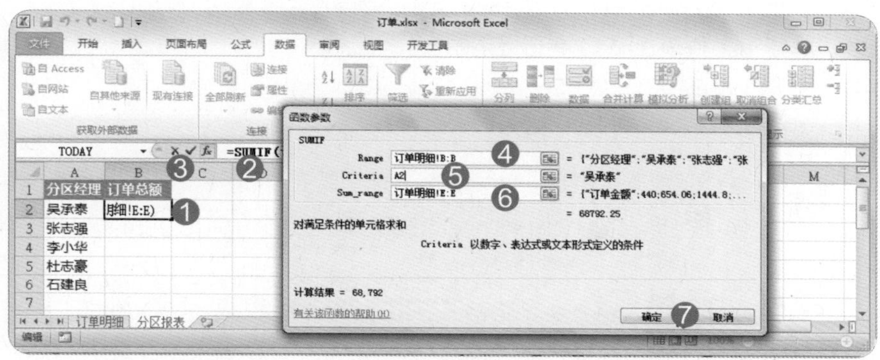

❽ 拖动B2单元格使公式复制至B6单元格。

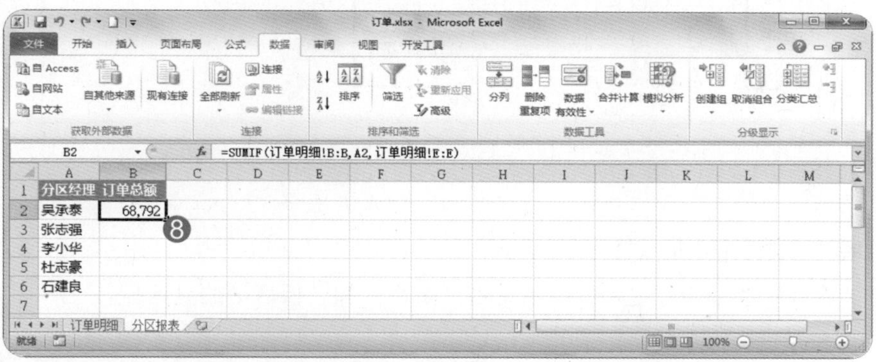

完成后效果如图所示。

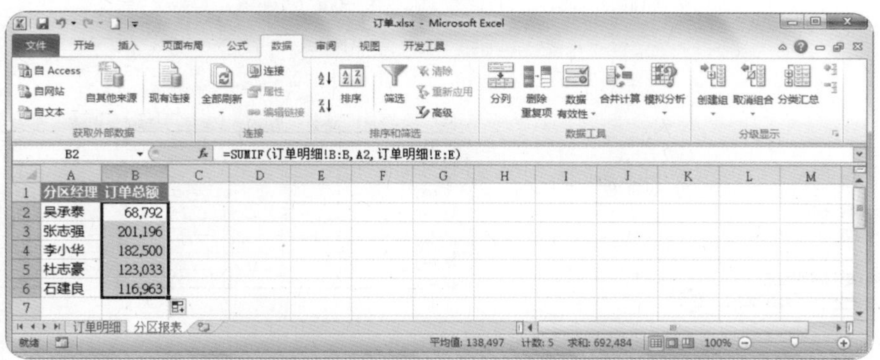

测验试题 5/30

●题目

1. 使用“成绩”工作表B4:F12单元格的数据，在G4:G12单元格中插入“折线图”迷你图，显示高低点。
2. 根据“成绩”工作表的A3:A12及H3:H12数据，插入“簇状柱形图”于新工作表。新工作表名称为“比较图”。（注意：接受所有默认设置）

●解题步骤

第1小题

❶ 选中“成绩”工作表B4:F12单元格范围。

❷ 单击“插入”选项卡。

❸ 单击“迷你图”组“折线图”按钮。

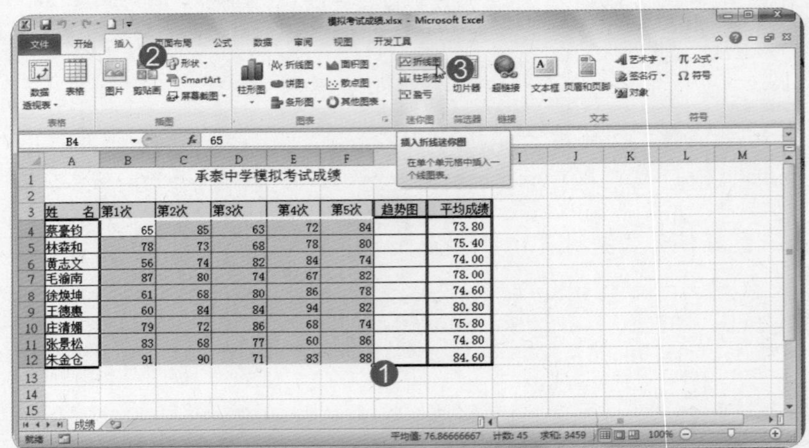

❹ 在“创建迷你图”对话框中“位置范围”文本框选择“$G$4:$G$12”数据。

❺ 单击“确定”按钮。

❻ 在“设计”选项卡“显示”组中单击“高点”和“低点”的复选框。

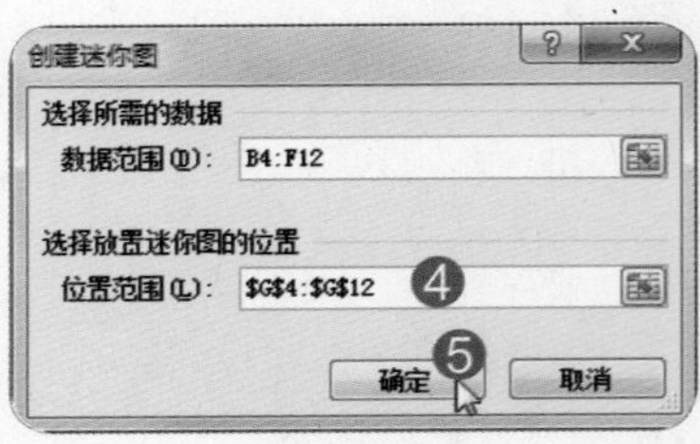

第2小题

❶ 选中“成绩”工作表A3:A12单元格范围。

❷ 按住【Ctrl】键后，选中“成绩”工作表H3:H12单元格范围。

❸ 单击“插入”选项卡。

❹ 单击“图表”组“柱形图”下三角按钮中的“簇状柱形图”。

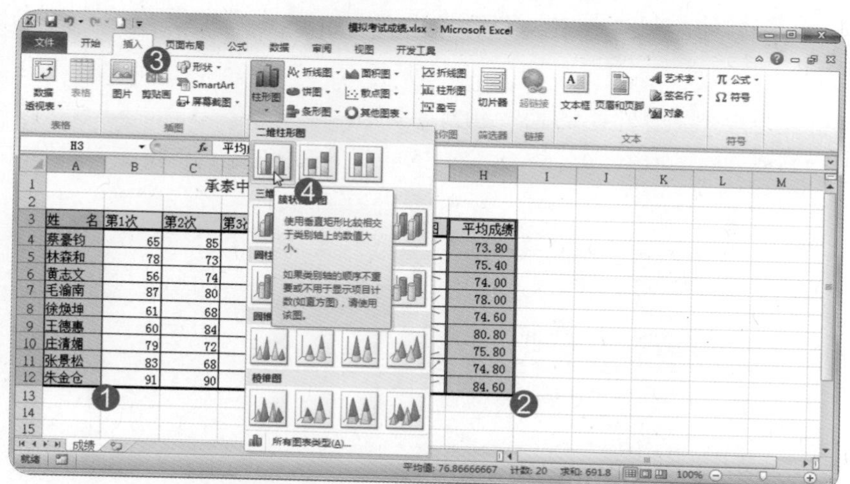

❺ 单击“设计”选项卡“位置”组的“移动图表”按钮。

❻ “移动图表”对话框中单击“新工作表”单选按钮。

❼ 输入工作表名称“比较图”。

❽ 单击“确定”按钮。

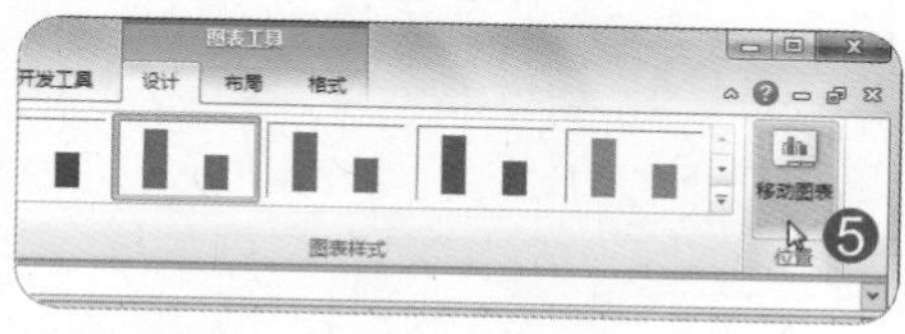

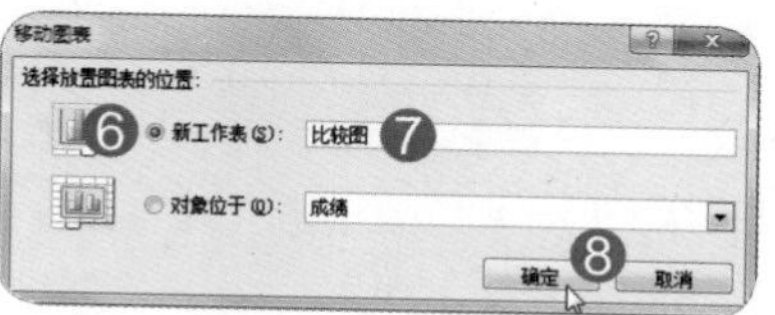

完成后效果如图所示。

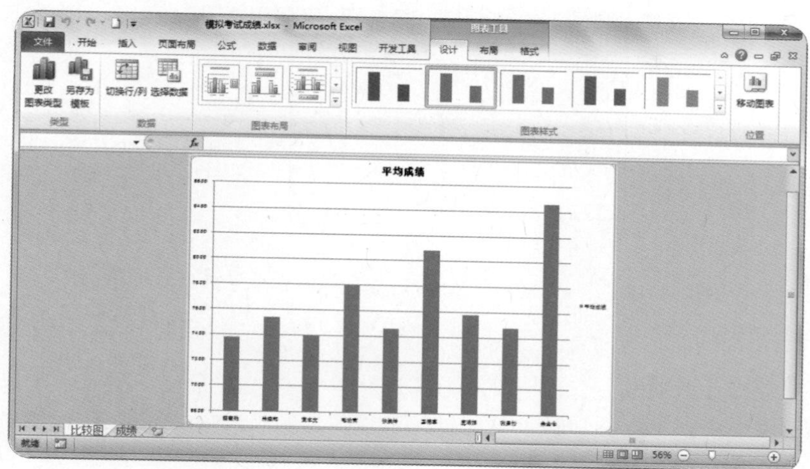

测验试题 6/30

●题目

1. 清除“月考成绩”工作表中C2:I21单元格格式。
2. 使用现有数据有效性规则，圈释无效数据。

●解题步骤

第1小题

❶ 单击选择“月考成绩”工作表的C2:I21单元格区域。

❷ 单击“开始”选项卡中“编辑”组的“清除”下三角按钮，选择“清除格式”命令。

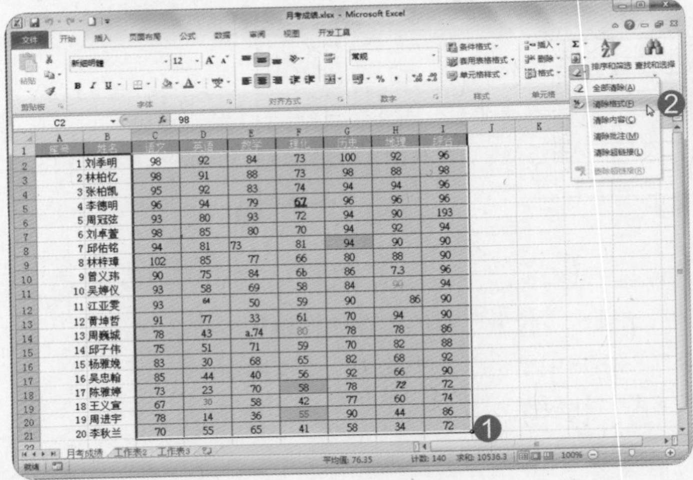

完成后的效果如图所示。

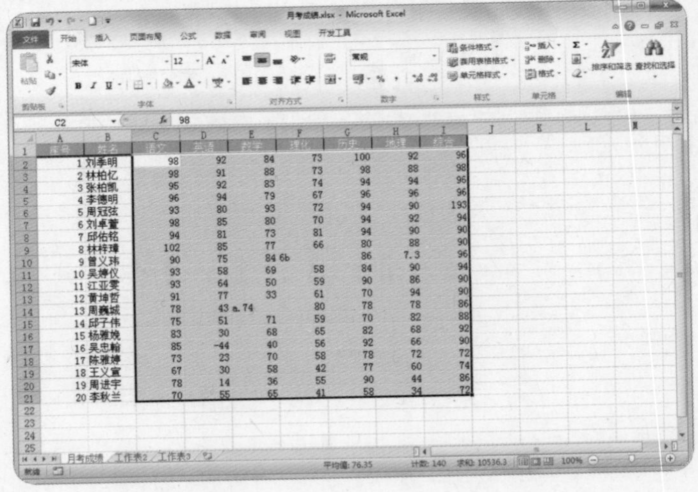

第2小题

❶ 单击“数据”选项卡。

❷ 单击“数据工具”组的“数据有效性”下三角按钮，选择“圈释无效数据”命令。

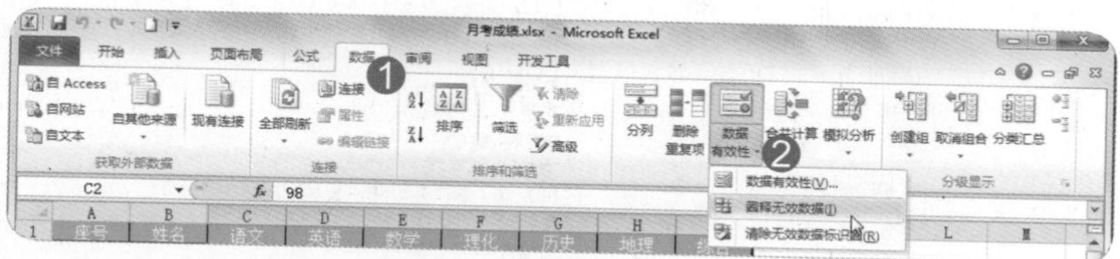

完成后效果如图所示。

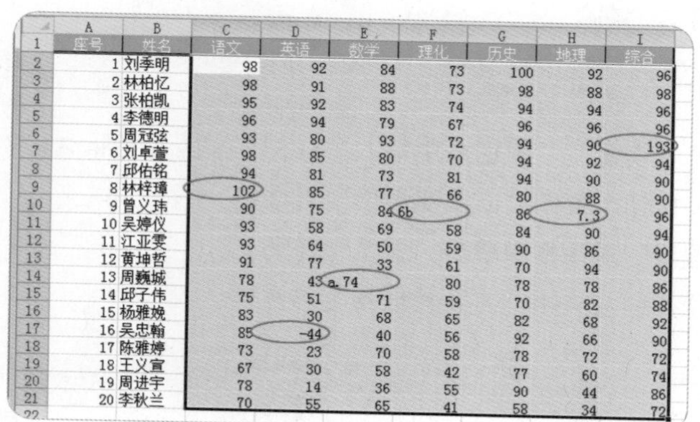

座号	姓名	语文	英语	数学	理化	历史	地理	综合
1	刘季明	98	92	84	73	100	92	96
2	林柏忆	98	91	88	73	98	88	98
3	张柏凯	95	92	83	74	94	94	96
4	李德明	96	94	79	67	96	96	96
5	周冠弦	93	80	93	72	94	94	96
6	刘卓萱	98	85	80	70	94	90	193
7	邱佑铭	94	81	73	81	94	92	94
8	林梓璋	102	85	77	66	94	90	90
9	曾义玮	90	75	84	6b	80	88	90
10	吴婷仪	93	58	69	58	86	7.3	96
11	江亚雯	93	64	50	59	84	90	94
12	黄坤哲	91	77	33	61	90	86	90
13	周巍城	78	43	a.74	80	70	94	90
14	邱子伟	75	51	71	59	78	78	86
15	杨雅婉	83	30	68	65	70	82	88
16	吴忠翰	85	-44	40	56	82	68	92
17	陈雅婷	73	23	70	58	92	66	90
18	王义宣	67	30	58	42	78	72	72
19	周进宇	78	14	36	55	77	60	74
20	李秋兰	70	55	65	41	90	44	86

测验试题 7/30

●题目

1. 添加并显示名称为“两百万”的模拟分析方案，使得贷款金额更改为2 000 000。
2. 使用“模拟运算表”功能，设置引用行的单元格为“年利率”、引用列的单元格为“贷款年限”，计算B8:G14单元格区域的值。

●解题步骤

第1小题

❶ 单击“数据”选项卡。

❷ 单击“数据工具”组的“模拟分析”下三角按钮，选择“方案管理器”命令。

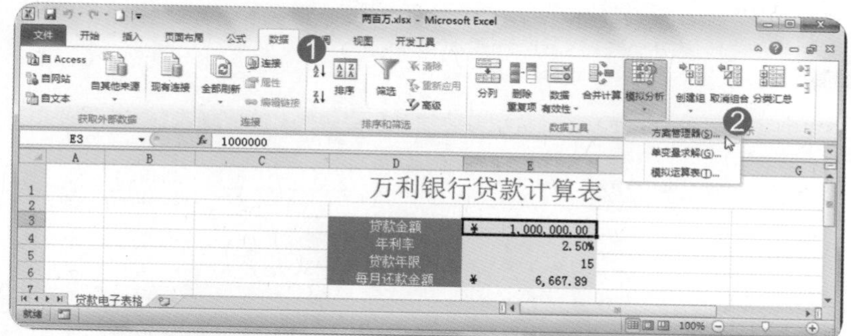

❸ 在弹出的“方案管理器”对话框中单击“添加”按钮。

❹ 在弹出的“编辑方案”对话框中，“方案名”文本框输入“两百万”。

❺ 在“可变单元格”文本框输入“$E$3”。

❻ 单击“确定”按钮，关闭“添加方案”对话框。

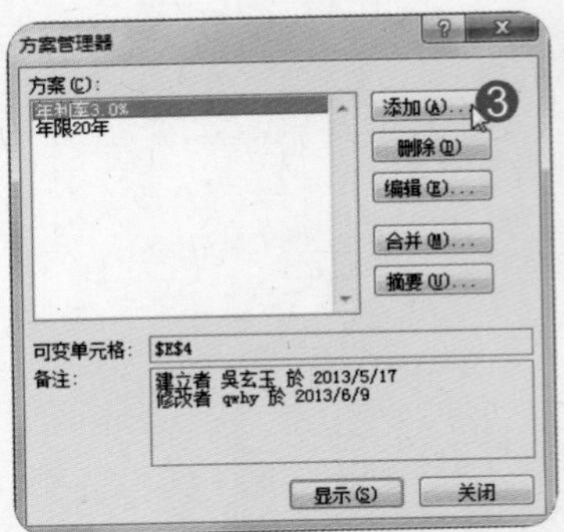

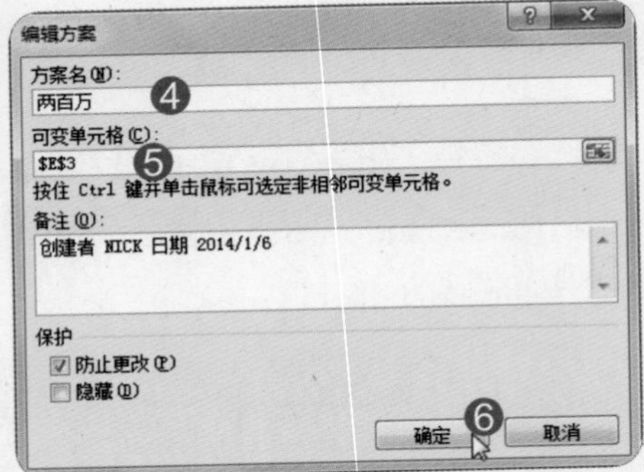

❼ 在弹出的“方案变量值”对话框中输入“$E$3”单元格的值为“2000000”。

❽ 单击“确定”按钮，关闭“方案变量值”对话框。

❾ 在“方案管理器”对话框中单击“显示”按钮。

❿ 单击“关闭”按钮，关闭“方案管理器”对话框。

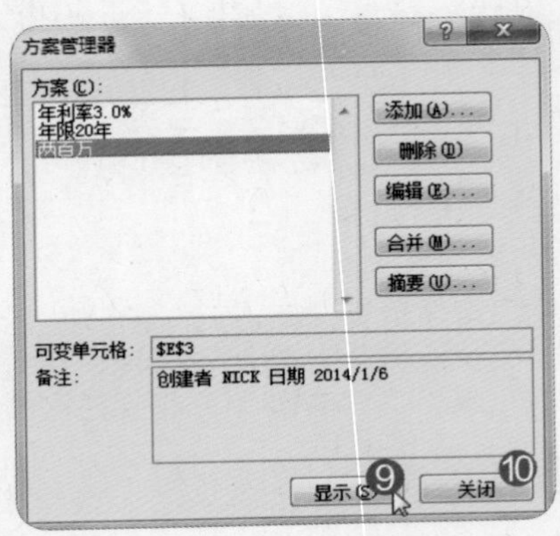

第2小题

❶ 选中B8:G14单元格范围。

❷ 单击“数据”选项卡“数据工具”组的“模拟分析”下三角按钮，选择“模拟运算表”命令。

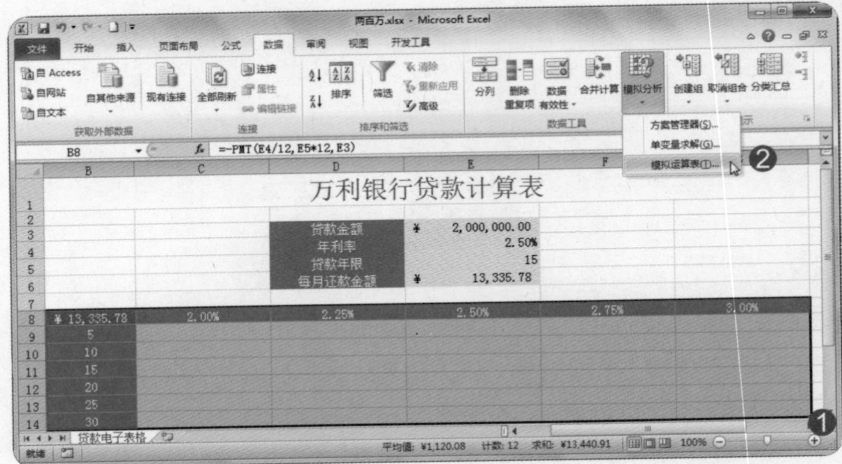

❸ 在弹出的“模拟运算表”对话框中，“输入引用行的单元格”文本框输入“$E$4”。

❹ 在“输入引用列的单元格”文本框输入“$E$5”。

❺ 单击“确定”按钮。

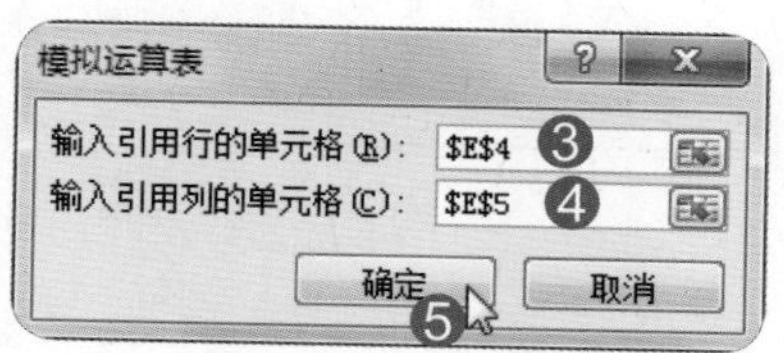

完成后效果如图所示。

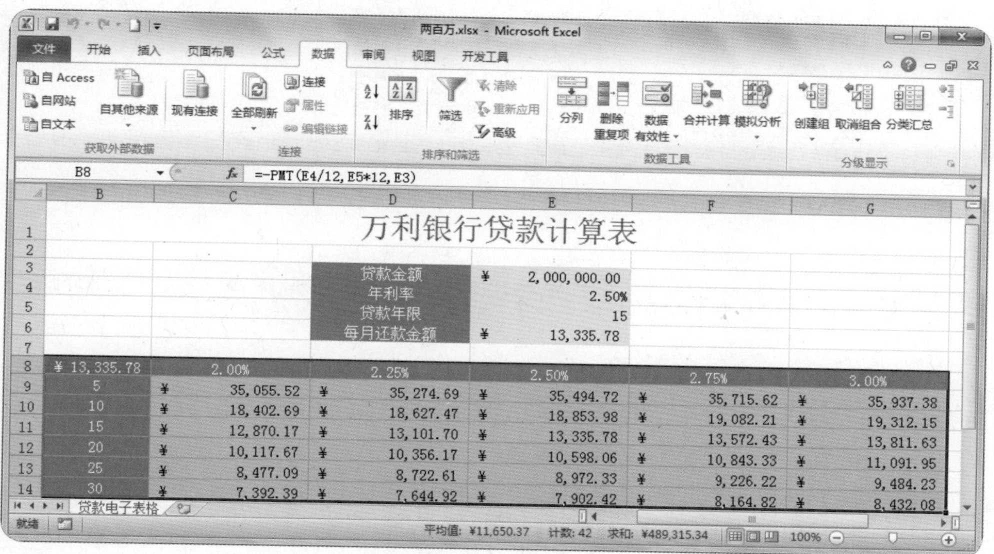

测验试题 8/30

●题目

1. 设置滚动“资产负债表”工作表时，前4行数据始终可见。
2. 设置“损益表”工作表标签颜色为“水绿色，强调文字颜色5，深色50%”。最后将工作簿以密码“1234”加密。

●解题步骤

第1小题

❶ 单击选中“资产负债表”工作表的第5行。

❷ 单击“视图”选项卡。

❸ 单击“窗口”组的“冻结窗口”下三角按钮，选择“冻结拆分窗格”命令，即完成设置。

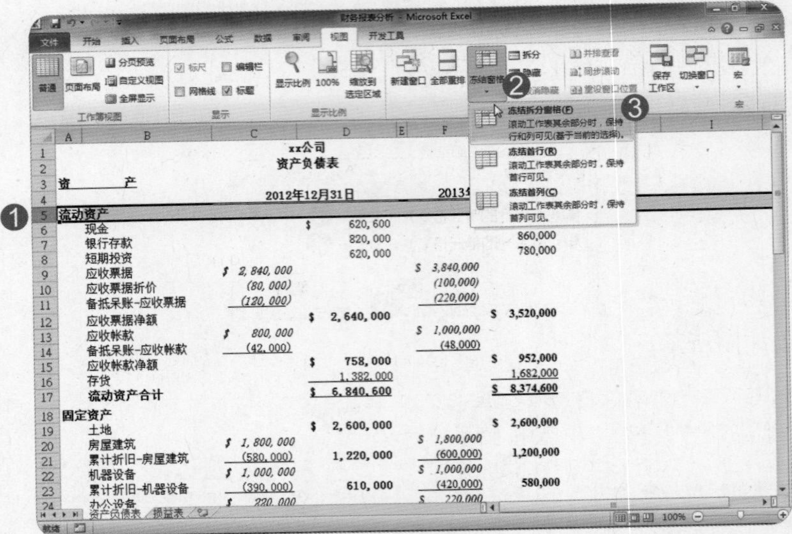

第2小题

❶ 在“损益表”工作表标签上右击。

❷ 在弹出的快捷菜单中选择“工作表标签颜色”为“水绿色，强调文字颜色5，深色50%”。

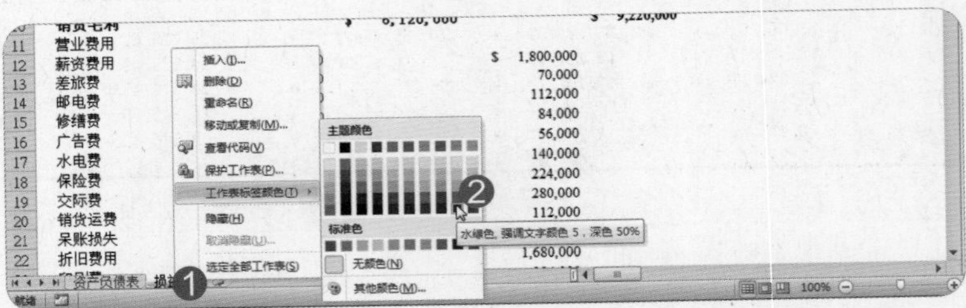

❸ 单击“文件”按钮。

❹ 单击“信息”命令。

❺ 在“保护工作簿”下拉菜单中选择“用密码进行加密”命令。

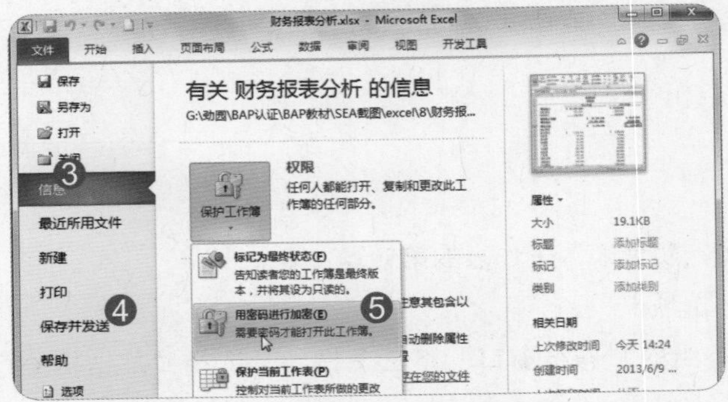

❻ 在弹出的“加密文档”对话框中“密码”文本框输入“1234”。

❼ 然后单击“确定”按钮。

❽ 在弹出的“确认密码”对话框中“重新输入密码”文本框再次输入“1234”。

❾ 然后单击“确定”按钮。

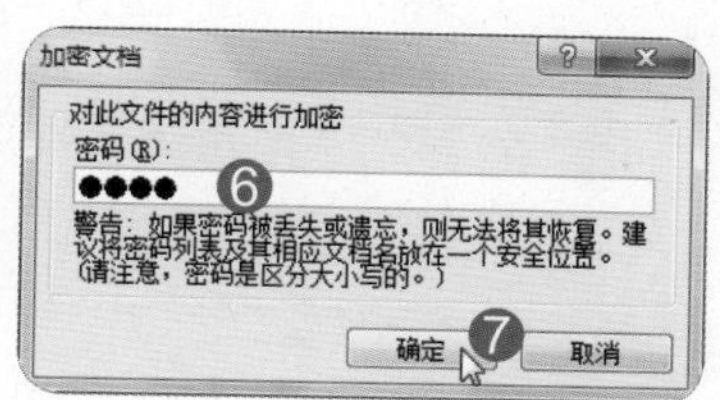

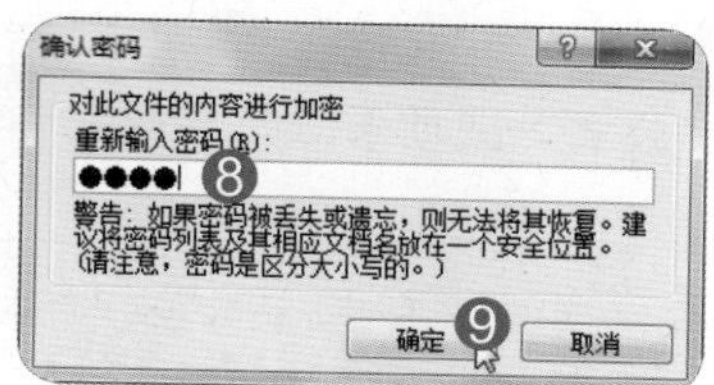

完成后效果如图所示。

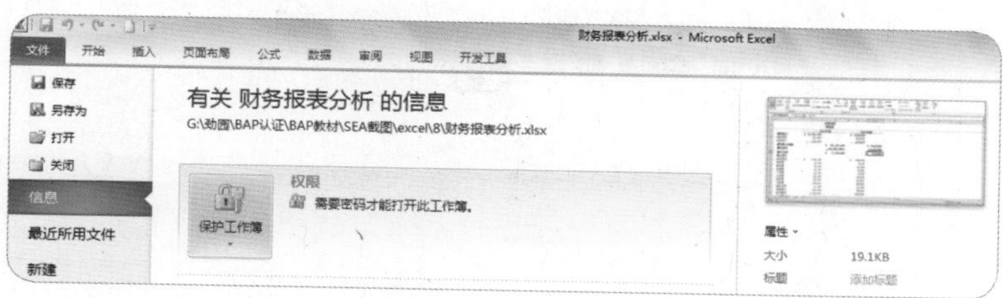

测验试题　9/30

●题目

1. 对“产品销售”工作表A1:E11单元格区域，仅使用首行创建名称。
2. 在E2单元格使用名称计算每项产品的销售金额，然后显示汇总行。

●解题步骤

第1小题

❶ 单击选择“产品销售”工作表的A1:E11单元格区域。

❷ 单击“公式”选项卡。

❸ 单击“定义的名称”组的“根据所选内容创建”按钮。

❹ 弹出“以选定区域创建名称”对话框，取消选择“最左列”的复选框，仅保留选择“首行”的复选框。

❺ 单击“确定”按钮。

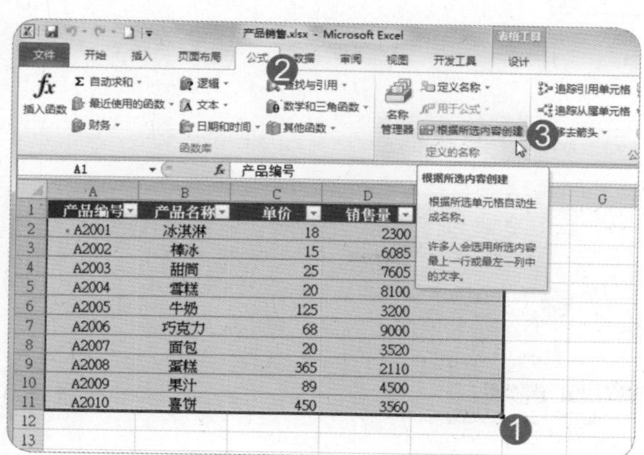

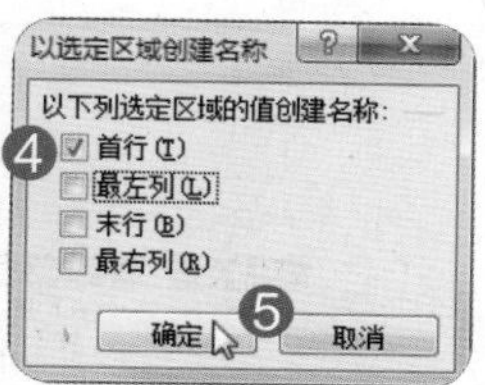

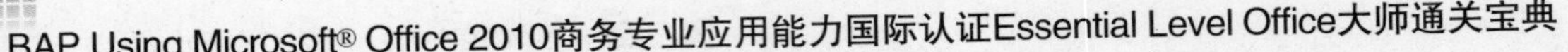

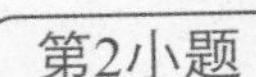
第2小题

❶ 单击选中“产品销售”工作表的E2单元格。

❷ 在编辑栏输入等号“=”。

❸ 单击“公式”选项卡“定义的名称”组的“用于公式”下三角按钮，选择“单价”命令。

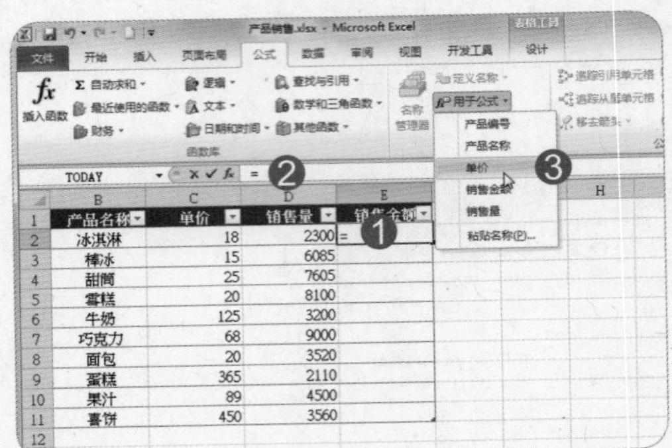

❹ 在编辑栏输入乘号“*”。

❺ 单击“名称的定义”组的“用于公式”下三角按钮，选择“销售量”命令。

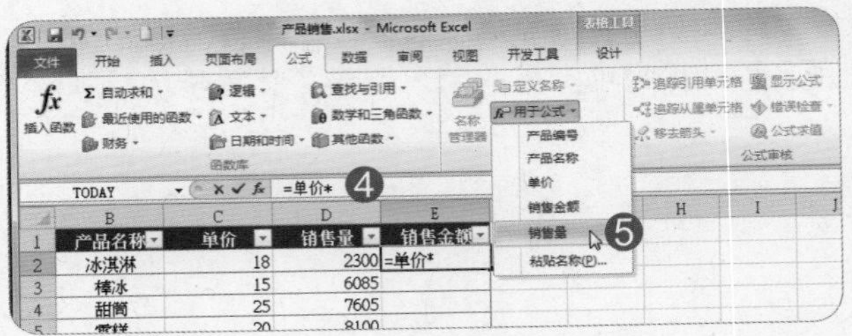

❻ 单击“回车键”或编辑栏的“输入键”确认公式的输入。

❼ 单击“设计”选项卡。

❽ 在“表格样式选项”组中单击“汇总行”复选框。

测验试题 10/30

●题目

1. 在当前工作表的A1单元格，以逗号作为分隔符，导入“文件”文件夹的“成绩表.txt”文本文件内容，但不导入第3列及第4列。（注意：接受其他所有默认设置）
2. 将工作表另存为“PDF”格式于“文档”文件夹中，命名为“成绩参考表.pdf”。（注意：接受所有默认设置）

●解题步骤

第1小题

❶ 单击选择当前工作表的A1单元格。

❷ 单击“数据”选项卡。

❸ 单击“获取外部数据”组的“自文本”按钮。

❹ 在“导入文本文件”对话框中选择题目要求的“文件”文件夹中的“成绩表.txt”文件。

❺ 单击“导入”按钮。

❻ 在“文本导入向导-第1步，共3步”对话框中单击“下一步”按钮。

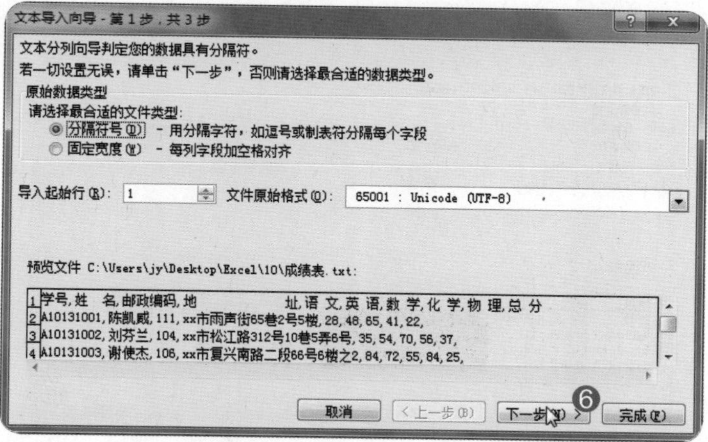

❼ 在“文本导入向导-第2步，共3步”对话框中“分隔符号”组单击“逗号”复选框。

❽ 单击“下一步”按钮。

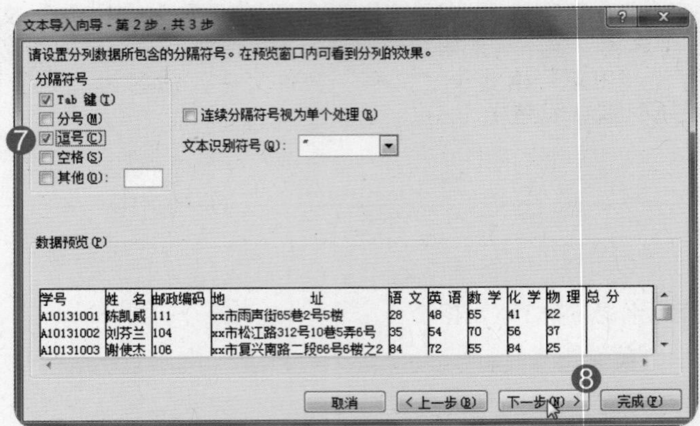

❾ 在“文本导入向导-第3步，共3步”对话框中选中第3列的数据。

❿ 然后在“列数据格式”组中选择“不导入此列（跳过）”单选按钮。

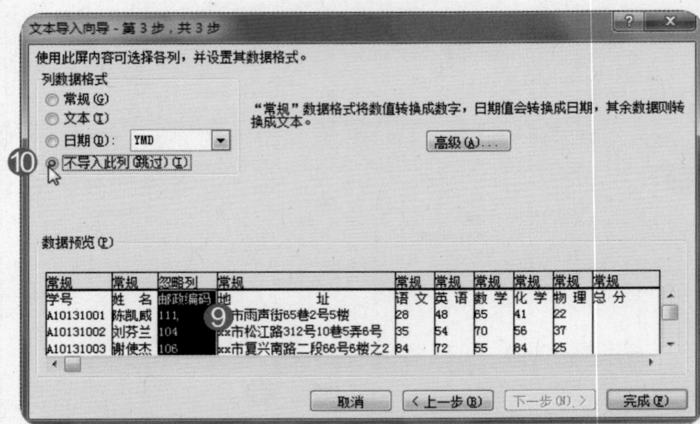

⓫ 同样的方法选中第4列的数据。

⓬ 然后在“列数据格式”组中选择“不导入此列（跳过）”单选按钮。

⓭ 单击“完成”按钮。

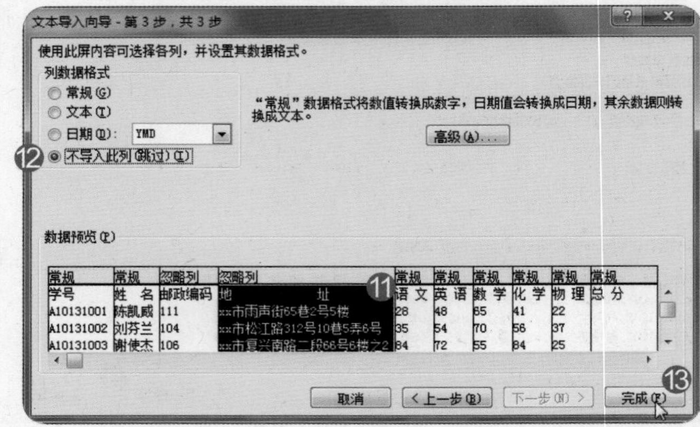

⑭ 在“导入数据”对话框中确认数据的放置位置为“现有工作表”的“$A$1”单元格。

⑮ 然后单击“确定”按钮。

完成效果如图所示。

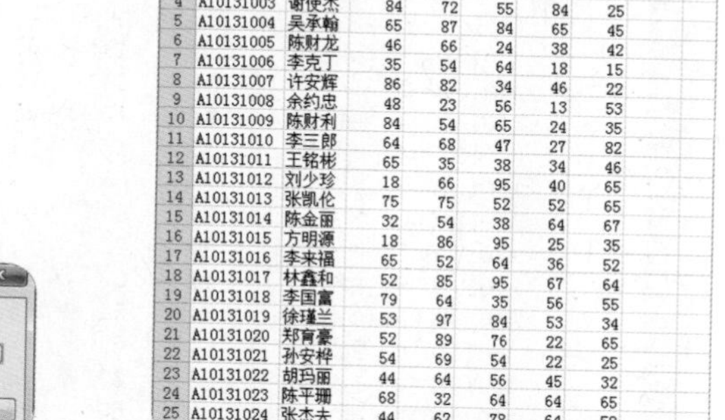

学号	姓 名	语 文	英 语	数 学	化 学	物 理	总 分
A10131001	陈凯威	28	48	65	41	22	
A10131002	刘芬兰	35	54	70	56	37	
A10131003	谢使杰	84	72	55	84	25	
A10131004	吴承翰	65	87	84	65	45	
A10131005	陈财龙	46	66	24	38	42	
A10131006	李克丁	35	54	64	18	15	
A10131007	许安辉	86	82	34	46	22	
A10131008	余约忠	48	23	56	13	53	
A10131009	陈财利	84	54	65	24	35	
A10131010	李三郎	64	68	47	27	82	
A10131011	王铭彬	65	35	38	34	46	
A10131012	刘少珍	18	66	95	40	65	
A10131013	张凯伦	75	75	52	52	65	
A10131014	陈金丽	32	54	38	64	67	
A10131015	方明源	18	86	95	25	35	
A10131016	李来福	65	52	64	36	52	
A10131017	林鑫和	52	85	95	67	64	
A10131018	李国富	79	64	35	56	55	
A10131019	徐瑾兰	53	97	84	53	34	
A10131020	郑育豪	52	89	76	22	65	
A10131021	孙安梓	54	69	54	22	25	
A10131022	胡玛丽	44	64	56	45	32	
A10131023	陈平珊	68	32	64	64	65	
A10131024	张杰夫	44	62	78	64	52	

成绩表

第2小题

❶ 单击“文件”选项卡。

❷ 选择“另存为”命令。

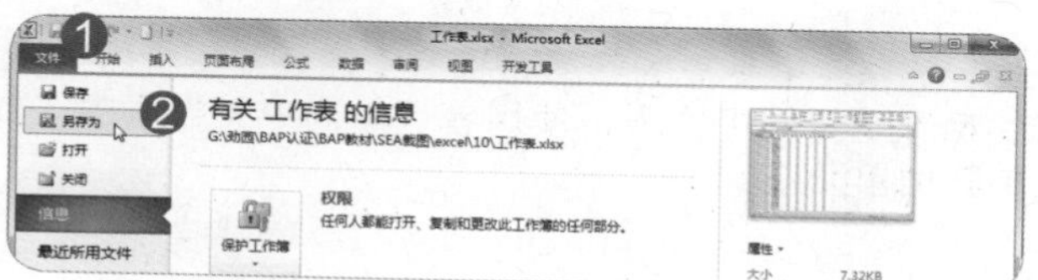

❸ 在“另存为”对话框中“保存类型”设置为“PDF”。

❹ 在“文件名”文本框中输入“成绩参考表”。

❺ 在“保存位置”处选择“文档”文件夹。

❻ 单击“保存”按钮。

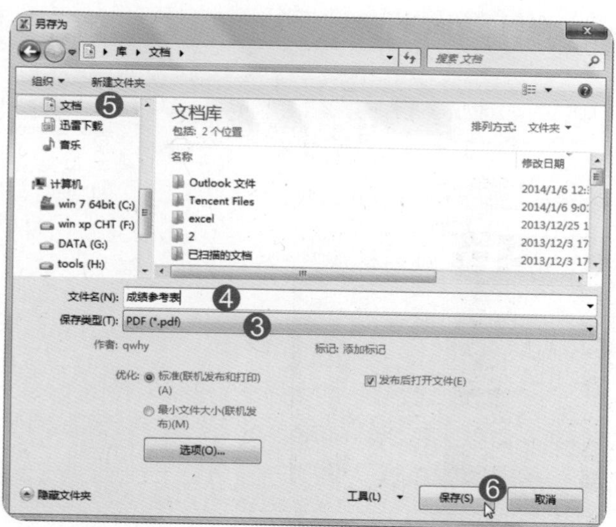

完成后效果如图所示。

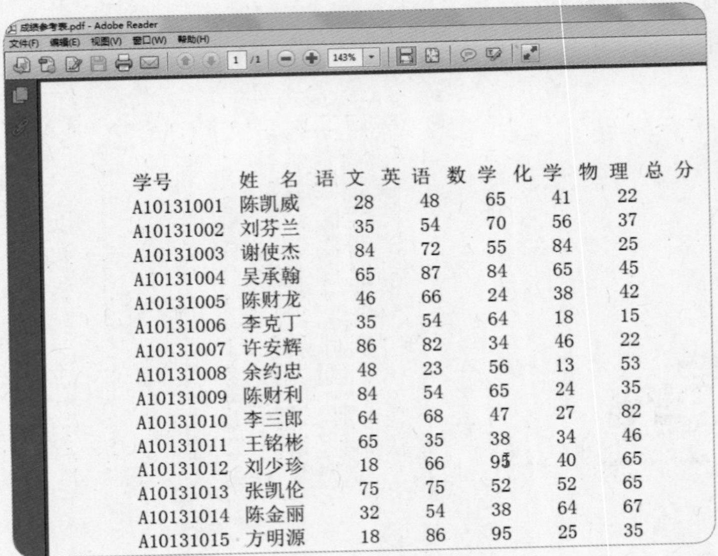

学号	姓 名	语 文	英 语	数 学	化 学	物 理	总 分
A10131001	陈凯威	28	48	65	41	22	
A10131002	刘芬兰	35	54	70	56	37	
A10131003	谢使杰	84	72	55	84	25	
A10131004	吴承翰	65	87	84	65	45	
A10131005	陈财龙	46	66	24	38	42	
A10131006	李克丁	35	54	64	18	15	
A10131007	许安辉	86	82	34	46	22	
A10131008	余约忠	48	23	56	13	53	
A10131009	陈财利	84	54	65	24	35	
A10131010	李三郎	64	68	47	27	82	
A10131011	王铭彬	65	35	38	34	46	
A10131012	刘少珍	18	66	95	40	65	
A10131013	张凯伦	75	75	52	52	65	
A10131014	陈金丽	32	54	38	64	67	
A10131015	方明源	18	86	95	25	35	

测验试题 11/30

●题目

1. 删除“产品订单”工作表中重复的产品名称。（注意：接受所有默认设置）
2. 在不使用密码的情况下保护工作表，使用者仅能选中工作表中“数量”字段里的单元格，无法选中其他单元格。

●解题步骤

第1小题

❶ 选中“产品订单”工作表中A2:E29单元格区域。

❷ 单击“数据”选项卡。

❸ 单击“数据工具”组的“删除重复项”按钮。

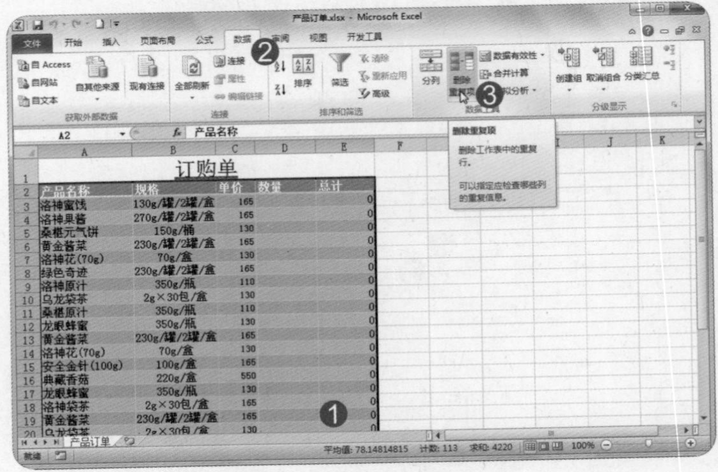

❹ 在“删除重复项”对话框中单击“取消全选”按钮。

❺ 单击“产品名称”列的复选框。

❻ 单击“确定”按钮。

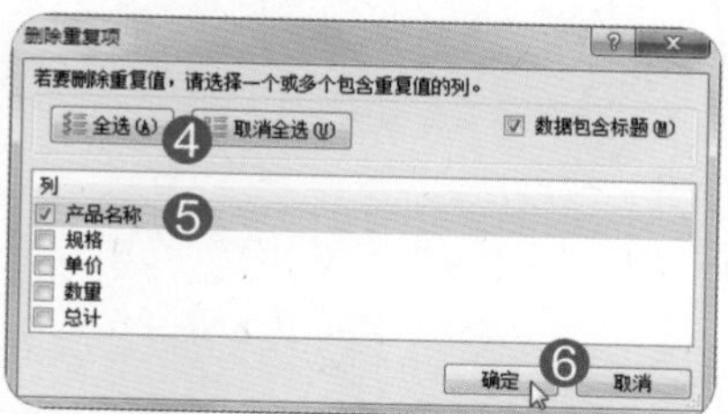

❼ 单击“确定”按钮完成删除重复值。

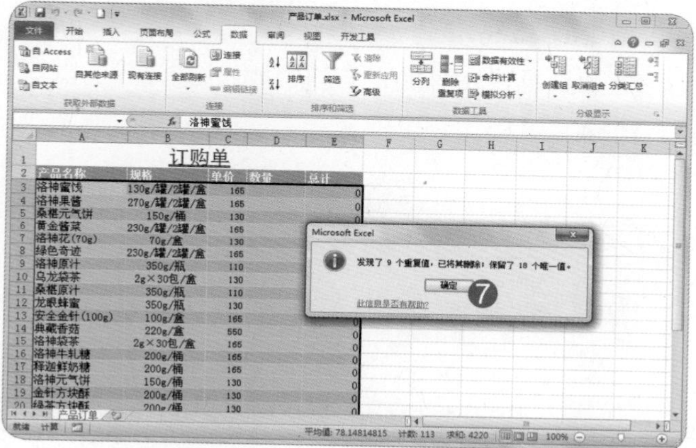

第2小题

❶ 选中“产品订单”工作表的D3:D20单元格区域。

❷ 单击“开始”选项卡“单元格”组中的“设置单元格格式”按钮。

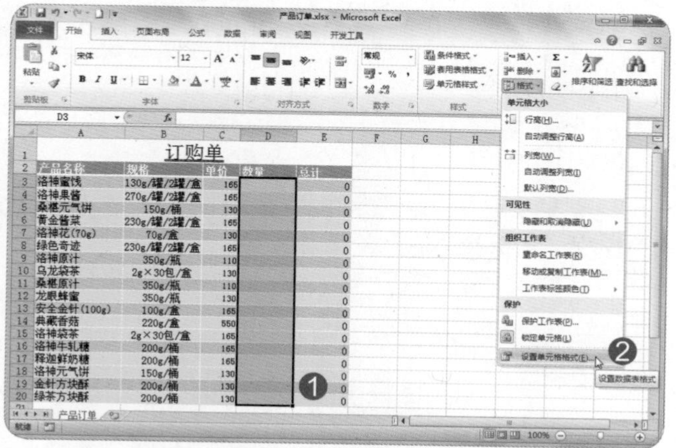

❸ 在“设置单元格格式”对话框中切换至“保护”选项卡。

❹ 取消选择“锁定”的复选框。

❺ 单击“确定”按钮。

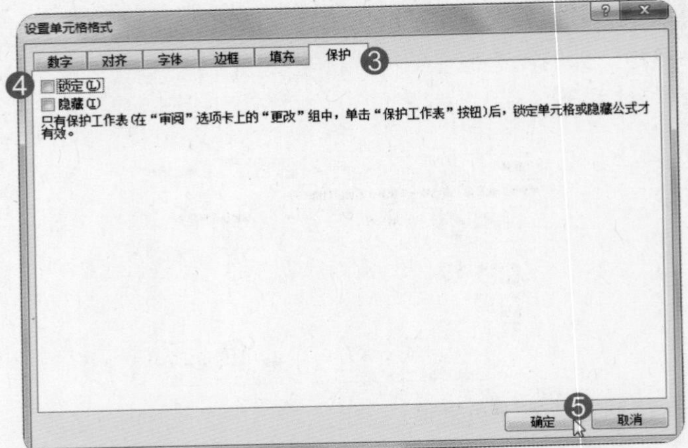

⑥ 单击“单元格”组中的“保护工作表”按钮。

⑦ 在“保护工作表”对话框“允许此工作表的所有用户进行”组中取消选择“选定锁定单元格”的复选框。

⑧ 单击“确定”按钮。

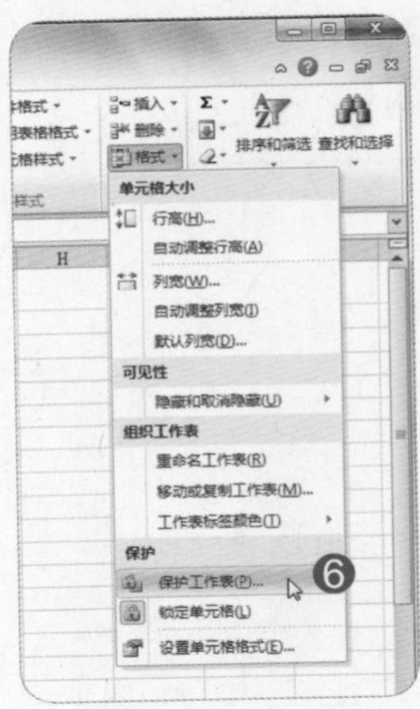

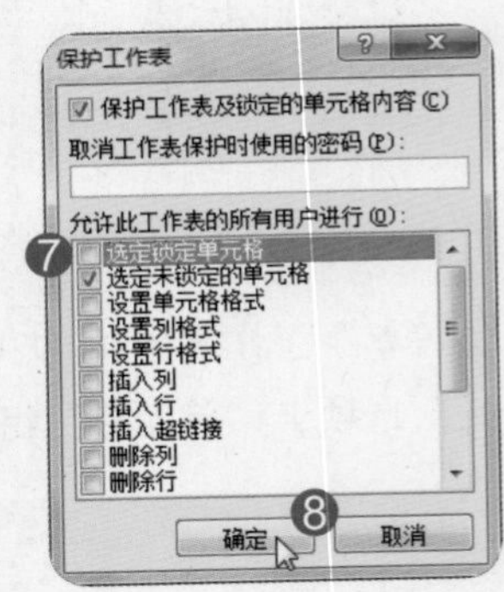

测验试题 12/30

●题目

1. 设置数据有效性，仅允许在“成绩”工作表C2:E11单元格范围输入0～100的整数数据，输入错误时出现“请重新输入”的信息内容。
2. 隐藏F2:G11单元格区域的公式，使用密码“1234”进行工作表保护。(注意：接受所有默认设置)

●解题步骤

第1小题

① 选择“成绩”工作表的C2:E11单元格区域。

② 单击“数据”选项卡。

❸ 单击“数据工具”组中“数据有效性”下三角按钮，选择的“数据有效性”命令。

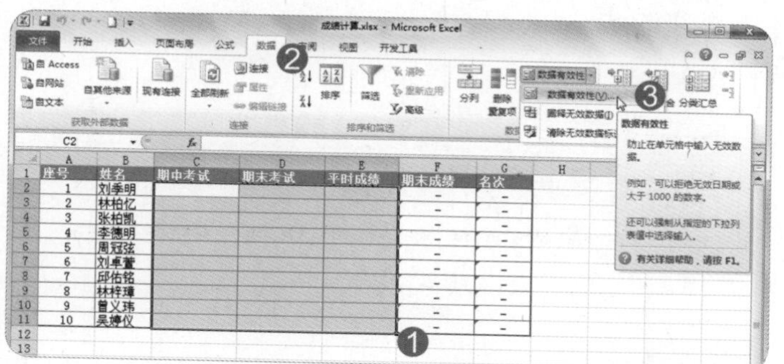

❹ 在“数据有效性”对话框的“设置”选项卡“有效性条件”组“允许”设置为“整数”。

❺ “最小值”文本框输入“0”。

❻ “最大值”文本框输入“100”。

❼ 单击“出错警告”选项卡。

❽ 在“错误信息”文本框中输入“请重新输入”。

❾ 单击“确定”按钮。

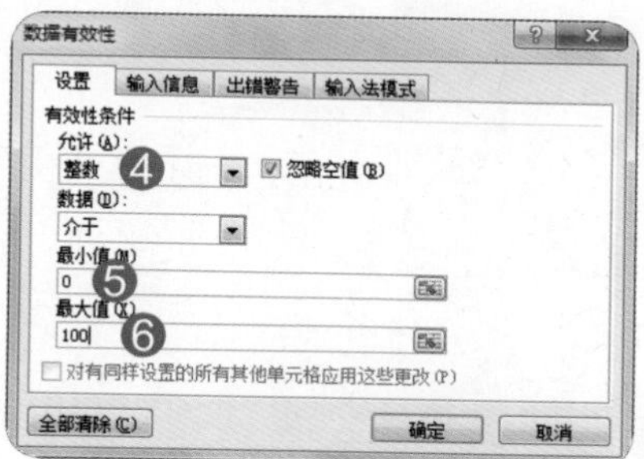

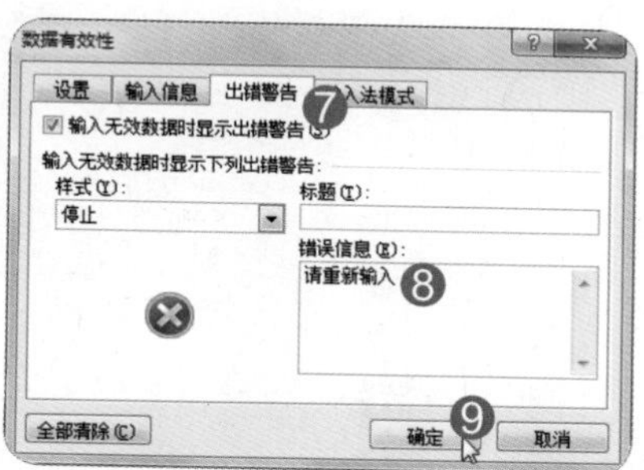

第2小题

❶ 选择“成绩”工作表的F2:G11单元格区域并右击。

❷ 在弹出的快捷菜单中选择“设置单元格格式”命令。

❸ 在“设置单元格格式”对话框中切换至“保护”选项卡。

❹ 单击“隐藏”的复选框。

❺ 单击“确定”按钮。

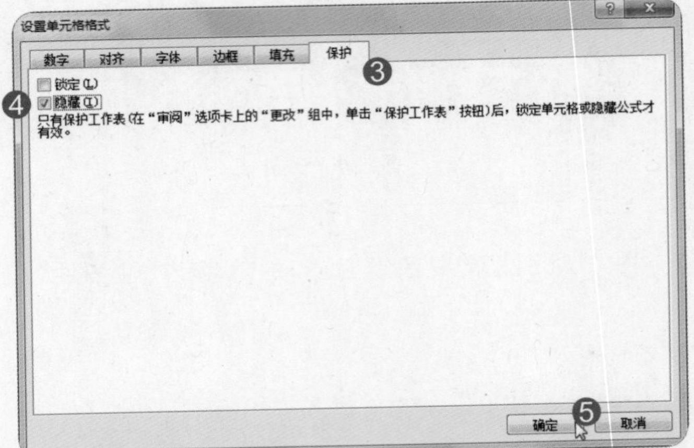

❻ 单击“审阅”选项卡。

❼ 单击“更改”组中的“保护工作表”按钮。

❽ 在“保护工作表”对话框“取消工作表保护时使用的密码”文本框中输入“1234”。

❾ 单击“确定”按钮。

❿ 在“确认密码”对话框“重新输入密码”文本框中输入“1234”。

⓫ 单击“确定”按钮。

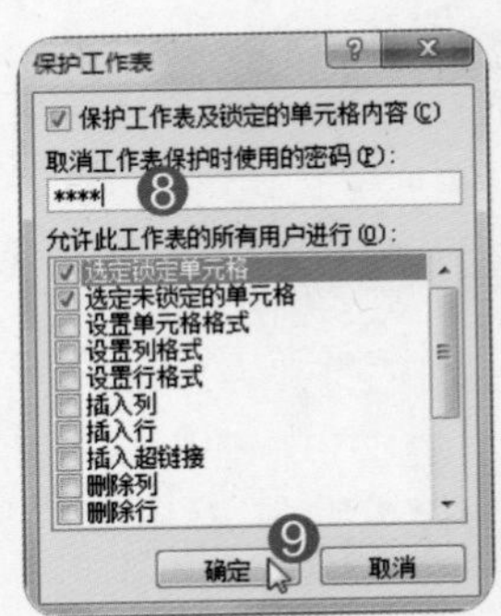

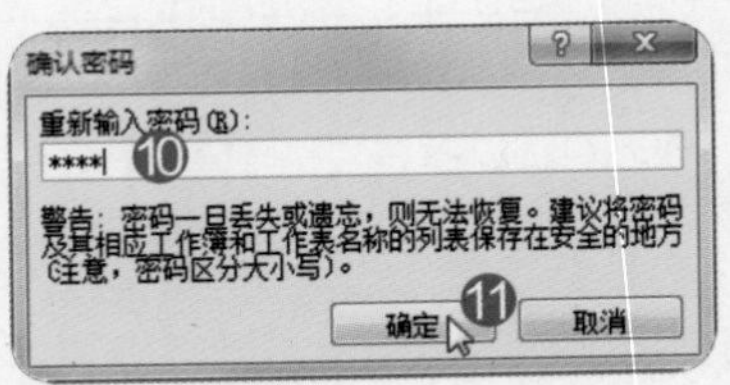

完成后效果如图所示。（单元格中的公式就被隐藏不显示了）

测验试题 13/30

●题目

1. 将“书籍”工作表的H列移至首列。
2. 使用VLOOKUP函数，在“结果”工作表B2:B6单元格区域填入左侧ISBN码的书名，数据表来源指定为“书籍总表”名称。

●解题步骤

第1小题

❶ 单击选中“书籍”工作表的H列。

❷ 右击并在弹出的快捷菜单中选择“剪切”命令。

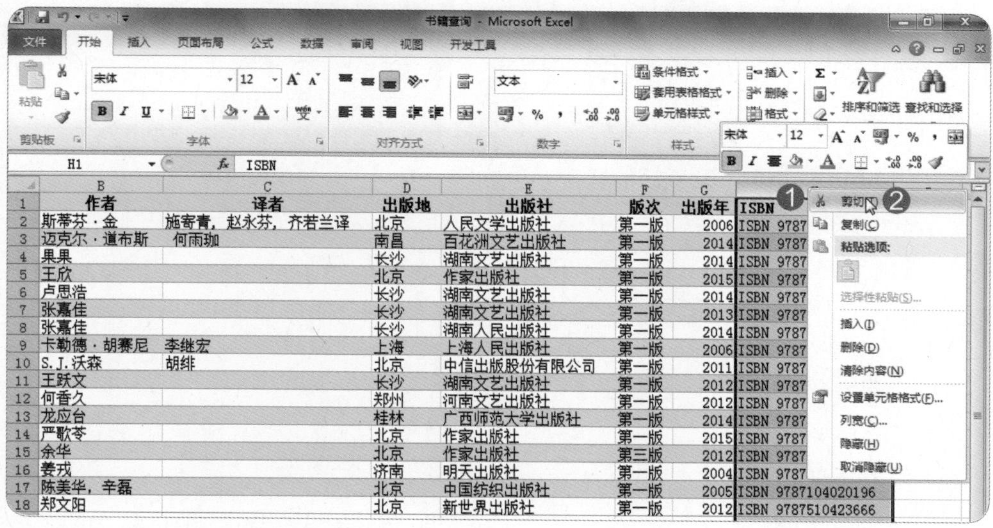

❸ 单击选中“书籍”工作表的A列。

❹ 右击并在弹出的快捷菜单中选择“插入剪切的单元格”命令。

完成后效果如图所示。

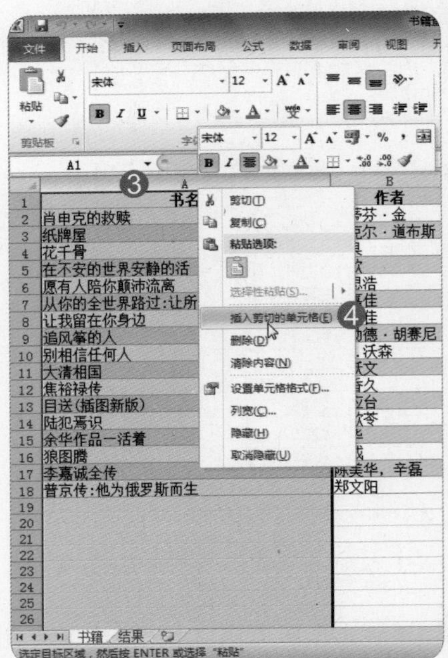

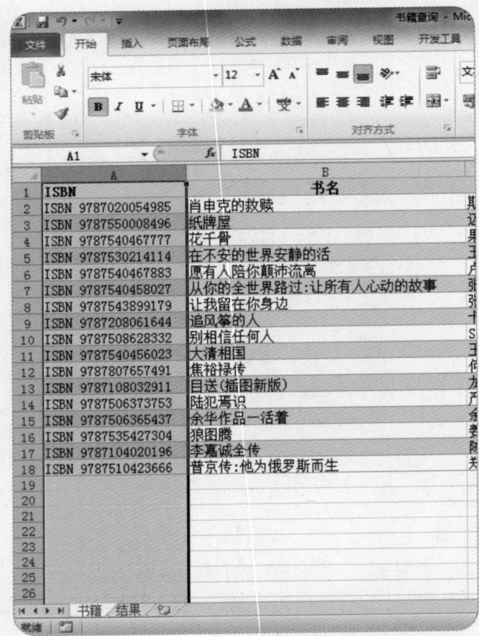

第2小题

❶ 单击工作表标签，切换至“结果”工作表。

❷ 单击选中B2单元格。

❸ 在编辑栏输入函数：“=VLOOKUP()”。

❹ 单击编辑栏之前的“插入函数”按钮f_x。

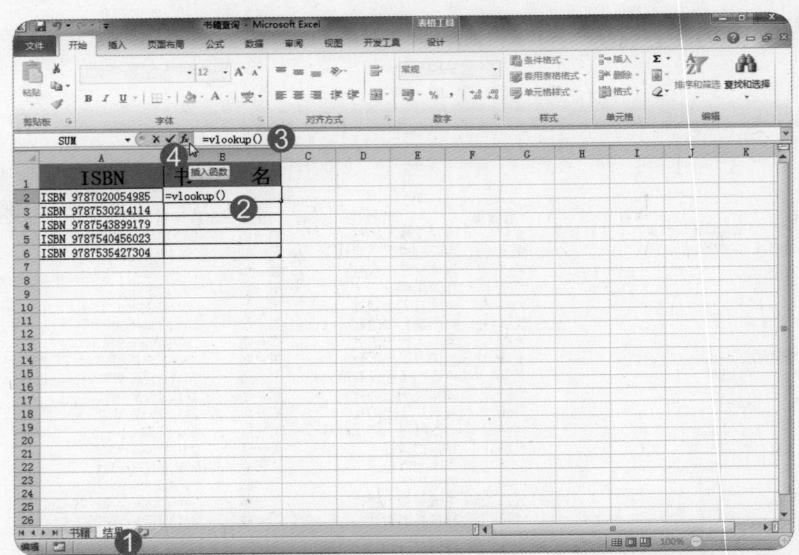

❺ 在“函数参数”对话框中的“Lookup_value”文本框中，单击“结果”工作表的“A2”单元格。（代表需要在数据表首行进行搜索的值为ISBN号）。

❻ 在“Table_array”文本框中，单击“公式”选项卡“名称的定义”组“用于公式”下拉菜单中的“书籍总表”命令。（代表查找的数据表范围是名称定义“书籍总表”所对应的数据范围）。

❼ 在“Col_index_num”处输入：“2”（代表返回第2列的值，即书名）。

❽ 在“Range_lookup”处输入：“0”或者“FALSE”（代表查找时精确匹配）。

❾ 单击“确定”按钮。

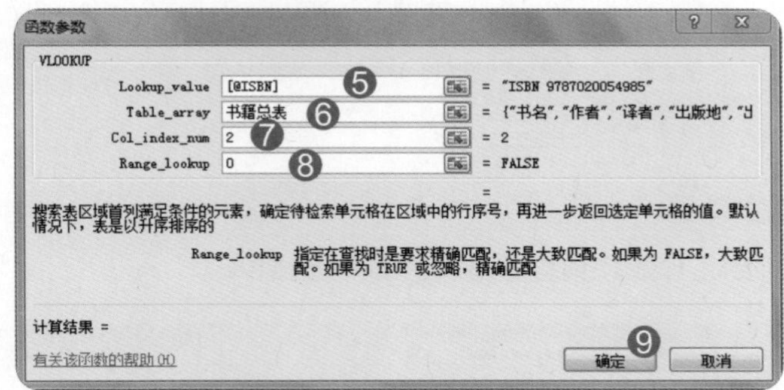

❿ 拖动B2单元格右下方的填充柄将公式复制到B6单元格。

Note

如果Excel已经设置为“自动完成”，“将公式填充到表以创建计算列”则无须第10步。相关设置为：“文件”选项卡 → “选项”命令 → “校对”选项 → “自动更正选项”按钮 → “键入时自动套用格式”选项卡 → “自动完成”选项 → “将公式填充到表以创建计算列”单选按钮。

完成后效果如图所示。

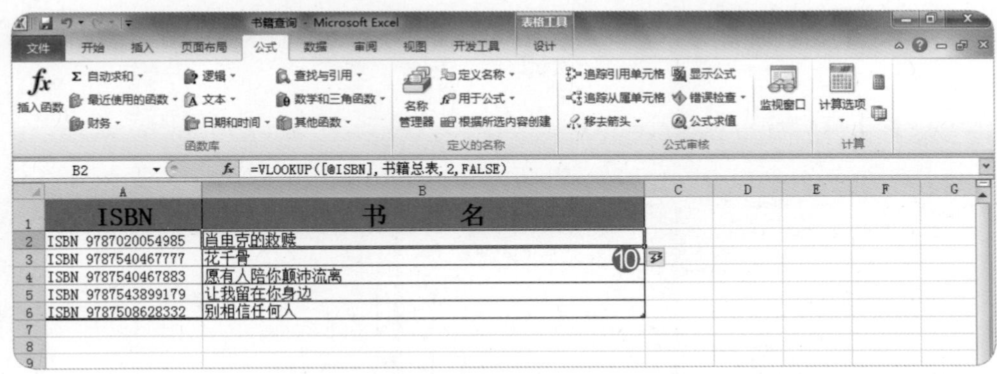

ISBN	书　　名
ISBN 9787020054985	肖申克的救赎
ISBN 9787540467777	花千骨
ISBN 9787540467883	愿有人陪你颠沛流离
ISBN 9787543899179	让我留在你身边
ISBN 9787508628332	别相信任何人

测验试题　14/30

●**题目**

1. 在“销售订单”工作表B1单元格插入名称为“打印”的“按钮(窗体控件)”，并将按钮指定到“PrintForm”宏。
2. 隐藏编辑栏及标题。

●解题步骤

第1小题

❶ 单击“开发工具”选项卡。

❷ 单击“控件”组中“插入”下拉菜单下的“按钮（窗体控件）”命令。

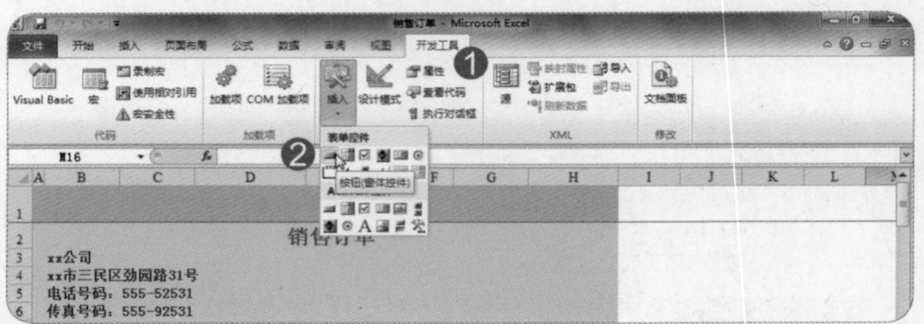

❸ 拖动窗体控件到工作表“销售订单”的B1单元格中。

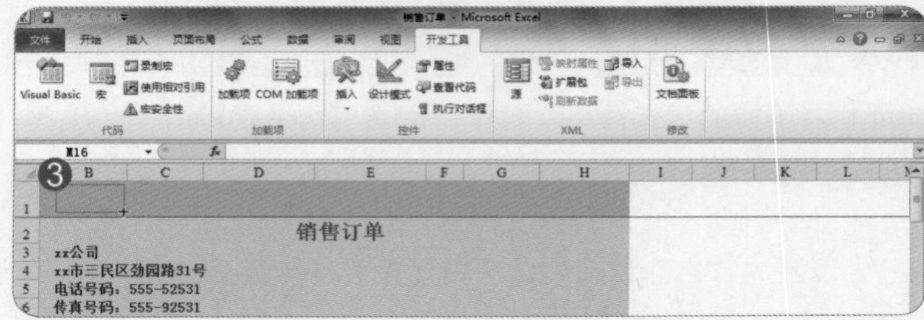

❹ 在“指定宏”对话框中“宏名”处选择“PrintForm”宏。

❺ 单击“确定”按钮。

❻ 修改鼠标选择按钮上的文字为“打印”。

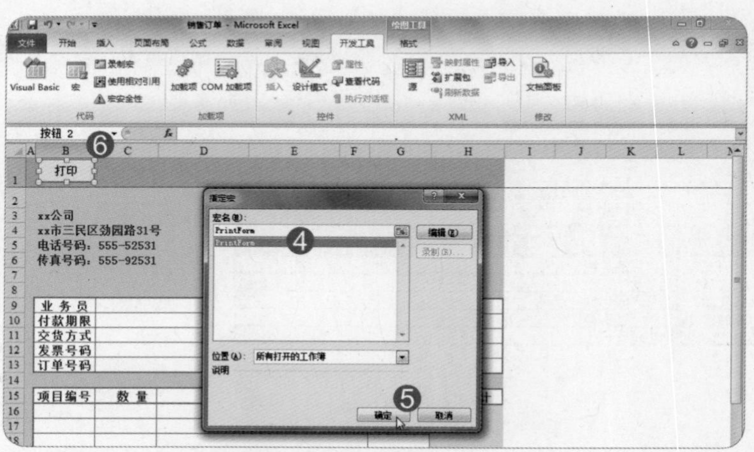

第2小题

❶ 单击“视图”选项卡。

❷ 在“显示”组中取消选择“编辑栏”和“标题”的复选框。

完成后效果如图所示。

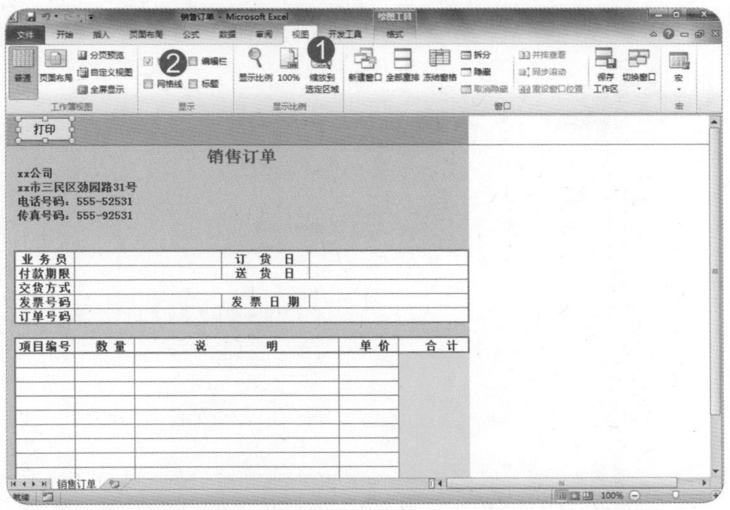

测验试题 15/30

●题目

1. 取消隐藏“成绩分布图”工作表。
2. 将“成绩分布图”工作表中“级距”进行字段分组，其中起始于为60，步长为5，终止于为100。

●解题步骤

第1小题

❶ 在工作表标签上右击，弹出快捷菜单。

❷ 在菜单中选择“取消隐藏”命令。

❸ 在“取消隐藏”对话框中选择“成绩分布图”工作表。

❹ 单击“确定”按钮。

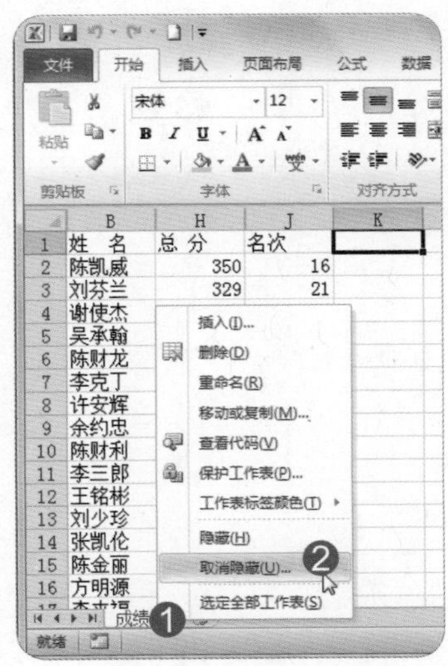

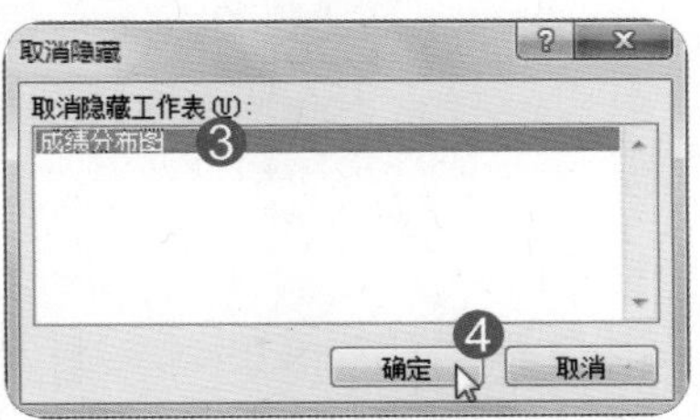

取消“成绩分布图”工作表隐藏之后的效果如图所示。

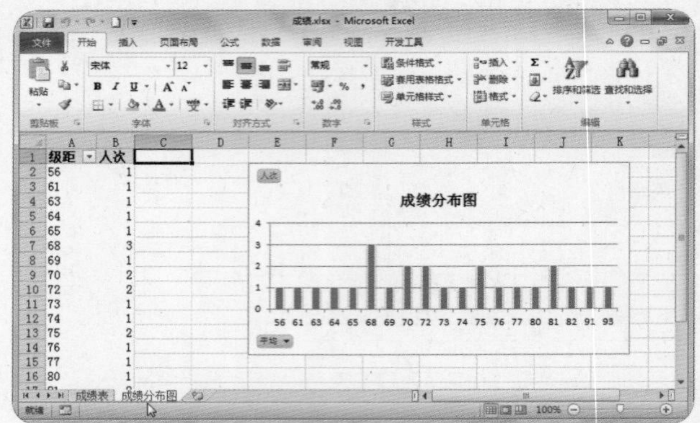

第2小题

❶ 单击选择“成绩分布图”工作表的数据透视表中“级距”字段。

❷ 单击“选项”选项卡。

❸ 单击“分组”组中“将所选内容分组”按钮。

❹ 在“组合”对话框“起始于”文本框中修改值为“60”。

❺ 在“终止于”文本框中修改值为“100”。

❻ 在“步长”文本框中修改值为“5”。

❼ 单击“确定”按钮。

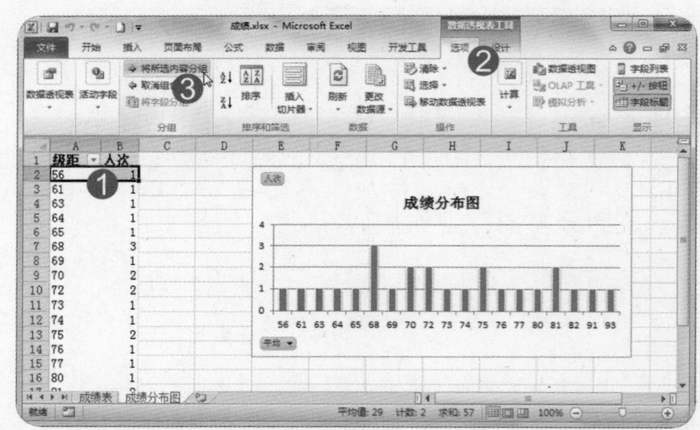

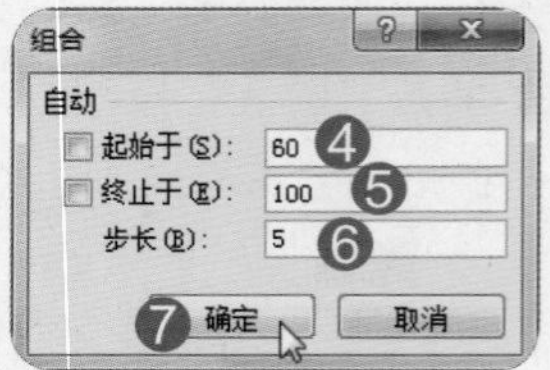

完成后效果如图所示。

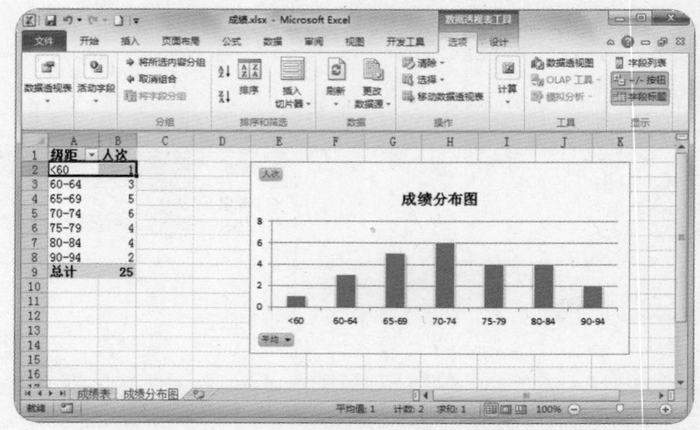

测验试题 16/30

●**题目**

1. 对“订单明细”工作表B3:H19单元格区域中的数据加以分类汇总，对每个产品类别的“进价”及“净利”进行求和，在每个“类别”间插入分页。（注意：接受所有默认设置）
2. 设置打印标题的范围为第1行。

●解题步骤

第1小题

❶ 选中“订单明细”工作表B3:H19单元格区域。

❷ 单击“数据”选项卡。

❸ 单击“分级显示”组中“分类汇总”按钮。

❹ 在“分类汇总”对话框“分类字段”的文本框中选择“类别”。

❺ 在“汇总方式”的文本框中选择“求和”。

❻ 在“选定汇总项”中选择“进价”和“净利”的复选框。

❼ 选择“每组数据分页”的复选框。

❽ 单击“确定”按钮。

完成分类汇总之后的效果如图所示。

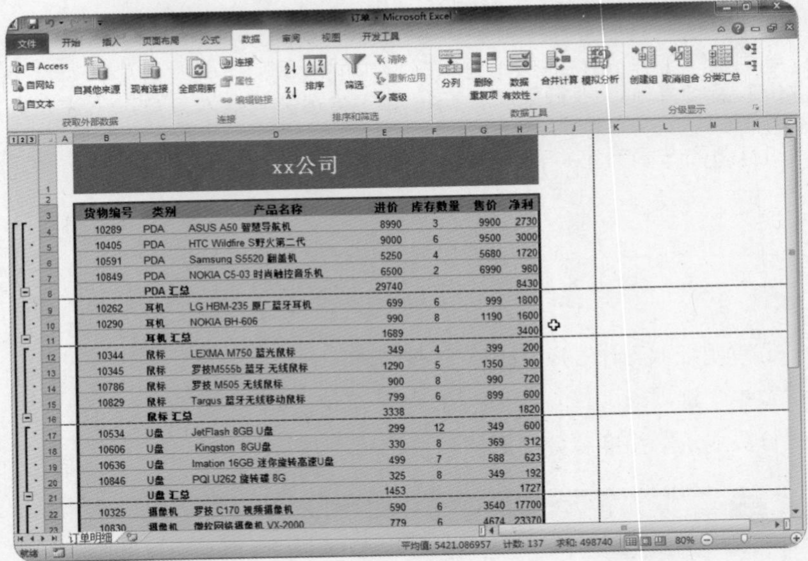

第2小题

❶ 单击“页面布局”选项卡。

❷ 单击“页面设置”组中“打印标题”按钮。

❸ 在“页面设置”对话框中“工作表”选项卡“顶端标题行”文本框输入“$1:$1”。（$1:$1代表第一行）

❹ 单击“确定”按钮。

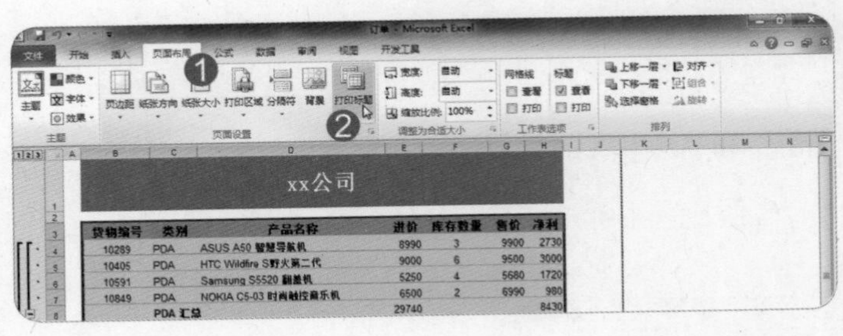

测验试题 17/30

●题目

1. 在“年度收支”工作表D12单元格插入函数，如果B12大于C12，则显示文字“盈余”，否则显示文字“亏损”。
2. 设置单元格范围A3:G9为打印区域，然后使用“Microsoft XPS Document Writer”打印机打印2份，存储在“文档”文件夹，文件名为“收支表”。

●解题步骤

第1小题

❶ 单击选中“年度收支”工作表D12单元格。

❷ 在编辑栏中输入“=IF()”。

❸ 单击编辑栏之前的“插入函数”按钮f_x。

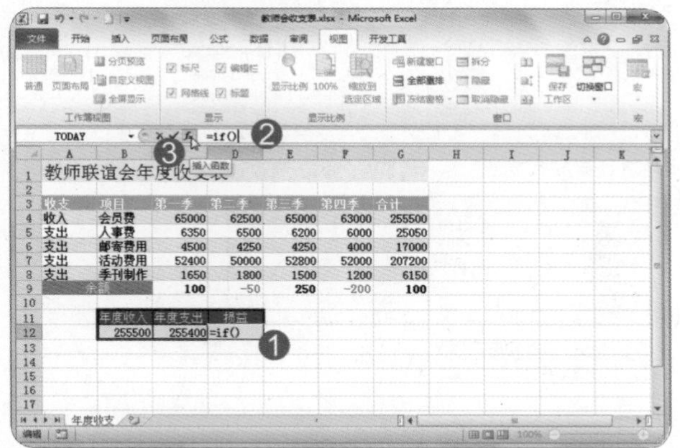

❹ 在“函数参数”对话框中“Logical_test”文本框中输入“B12>C12”。（代表判断的条件）

❺ 在“Value_if_true”文本框中输入“盈余”。

❻ 在“Value_if_false”文本框中输入“亏损”。

❼ 单击“确定”按钮。

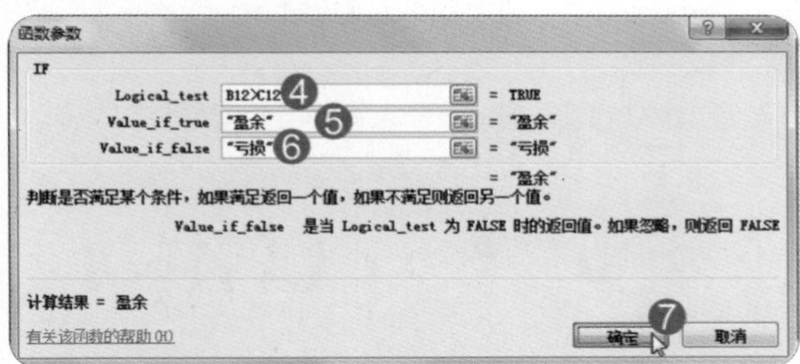

完成插入函数之后的效果如图所示。

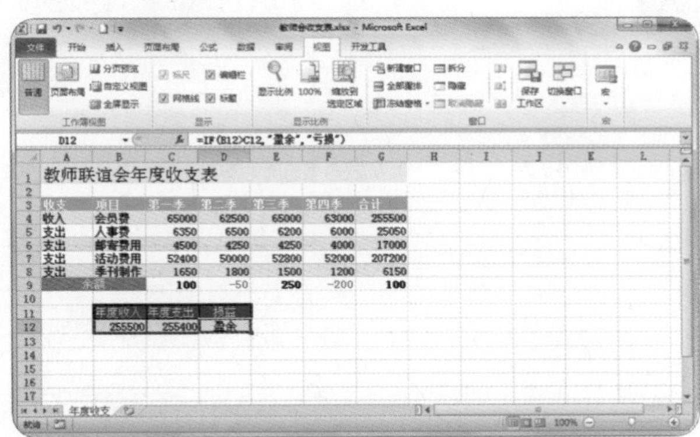

第2小题

❶ 选中“年度收支”工作表A3:G9单元格区域。

❷ 单击“页面布局”选项卡“页面设置”组“打印区域”下三角按钮，选择“设置打印区域”命令。

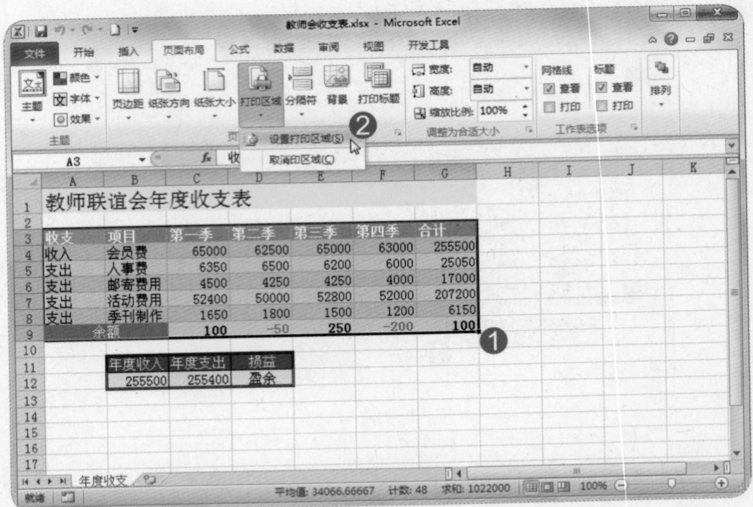

❸ 单击“文件”选项卡。

❹ 单击“打印”命令。

❺ 在“打印机”处选择为“Microsoft XPS Document Writer”打印机。

❻ “份数”设置为“2”。

❼ 单击“打印”按钮。

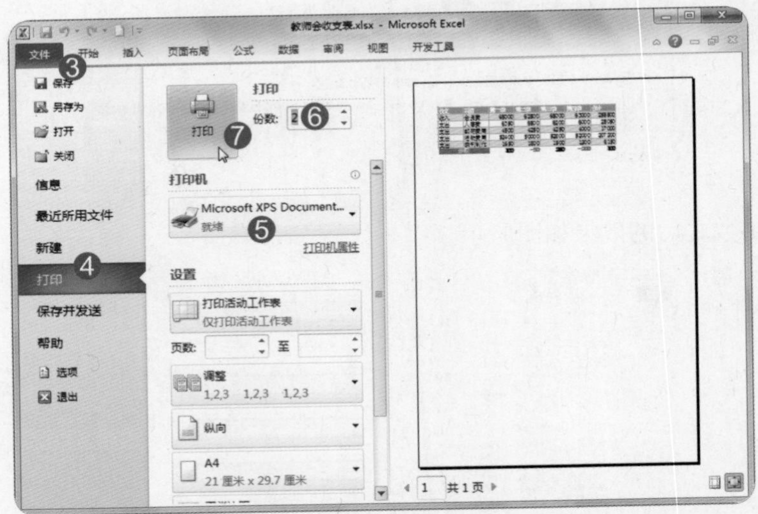

❽ 在“文件另存为”对话框的“文件名”文本框中输入“收支表”。

❾ 保存位置设置为“文档”文件夹。

❿ 单击“保存”按钮。

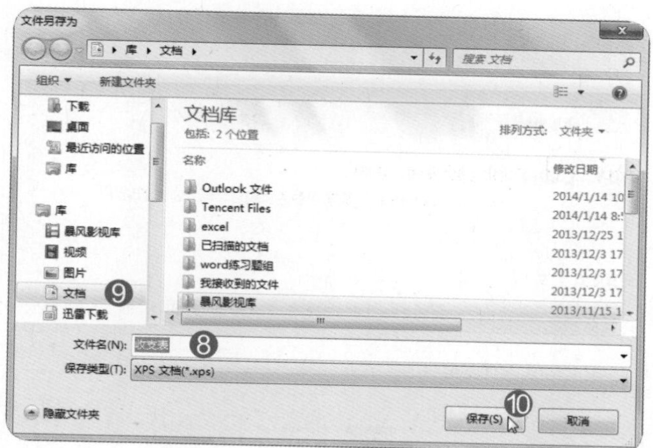

测验试题 18/30

●题目

1. 在“成绩表”工作表L5单元格中插入函数，计算H4:H24单元格区域中“总分”值大于380的人数。
2. 将4个工作表设置除首页外，页眉中央为数据表名称、页脚中央选择“第1页，共?页”样式，以“输出报表.PDF”为文件名，另存为“文档”文件夹中。

●解题步骤

第1小题

❶ 单击选中“成绩表”工作表L5单元格。

❷ 在编辑栏中输入“=COUNTIF()”。

❸ 单击编辑栏之前的“插入函数”按钮 *fx*。

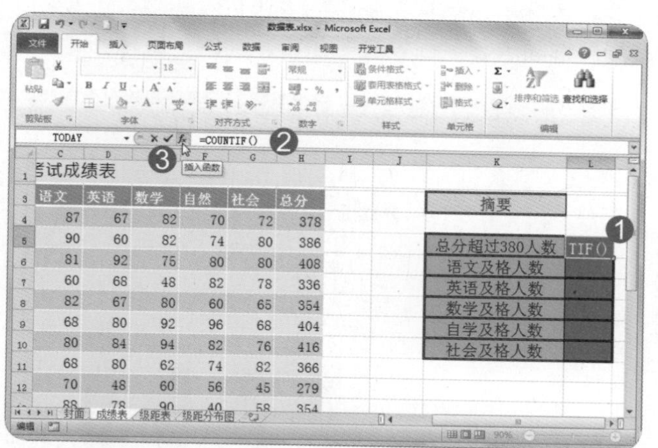

❹ 在“函数参数”对话框“Range”文本框中输入“H4:H24”。（代表计数的范围）

❺ 在“函数参数”对话框“Criteria”文本框中处输入““>380””。（代表计数的条件）

❻ 单击“确定”按钮。

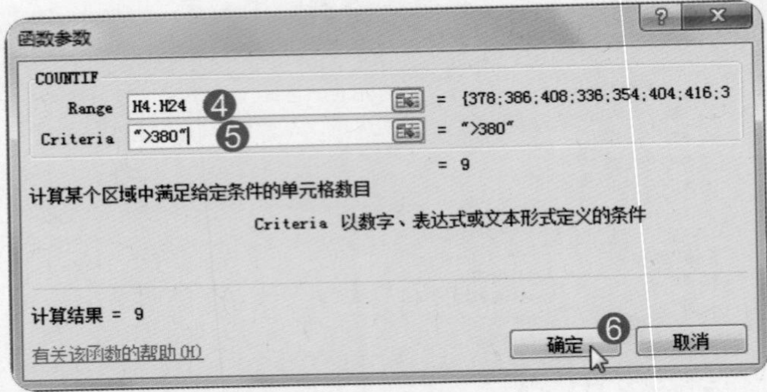

完成插入函数之后的效果如图所示。

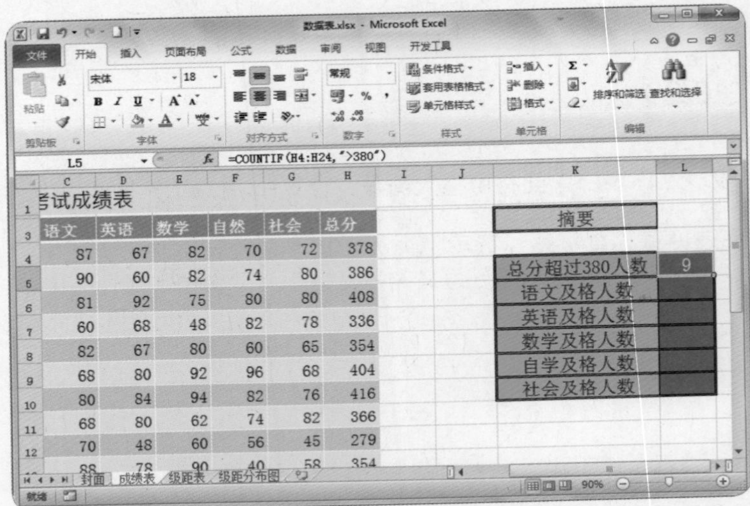

第2小题

❶ 单击工作表标签，切换到“级距分布图”工作表。

❷ 单击“页面布局”选项卡“页面设置”组右下角的扩展按钮。

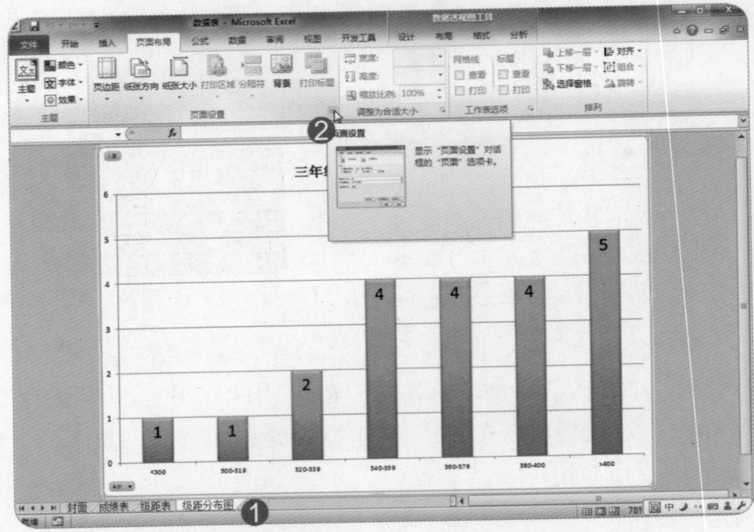

❸ 单击“页面设置”对话框“页眉/页脚”选项卡。

❹ 单击“自定义页眉”按钮。

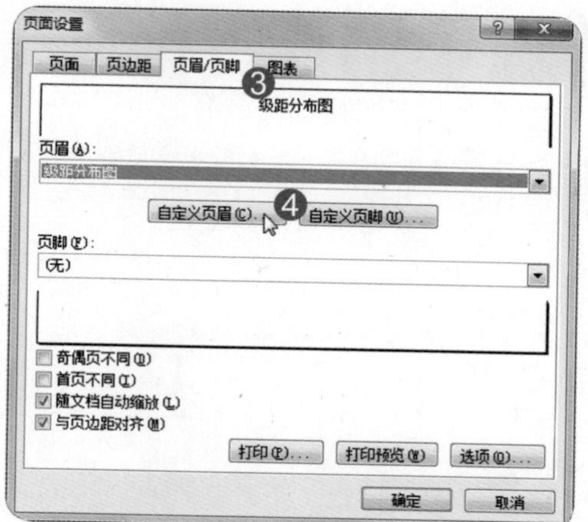

❺ 在“页眉”对话框单击“插入数据表名称”按钮。

❻ 单击“确定”按钮。

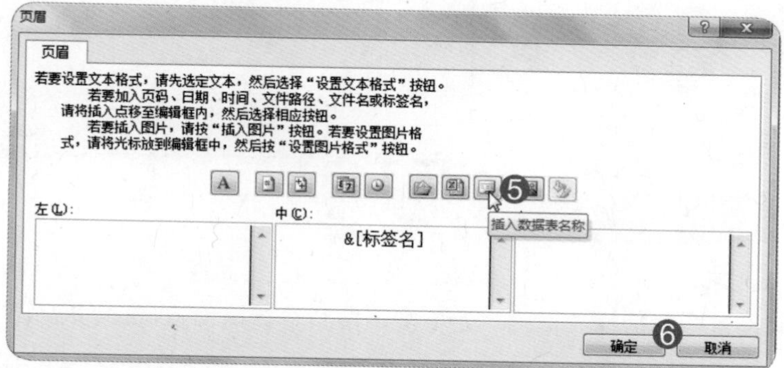

❼ 在“页面设置”对话框“页脚”处单击下拉菜单选择“第1页，共?页”。

❽ 单击“首页不同”复选框。

❾ 单击“确定”按钮。

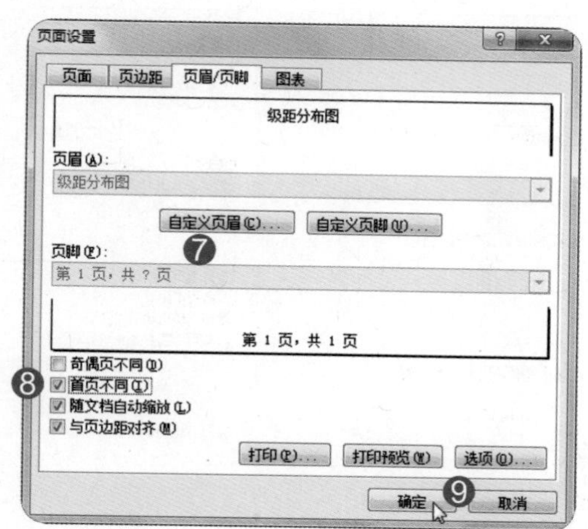

⑩ 单击工作表标签选择第一张工作表“封面”。

⑪ 按住【Shift】键，单击工作表标签选择第四张工作表“级距分布图”，使得这四张工作表为一组。

⑫ 单击“页面布局”选项卡“页面设置”组右下角的“显示页面设置对话框”按钮。

⑬ 单击“页面设置”对话框“页眉/页脚”选项卡。

⑭ 单击“自定义页眉”按钮。

⑮ 在“页眉”对话框单击“插入数据表名称”按钮。

⑯ 单击“确定”按钮。

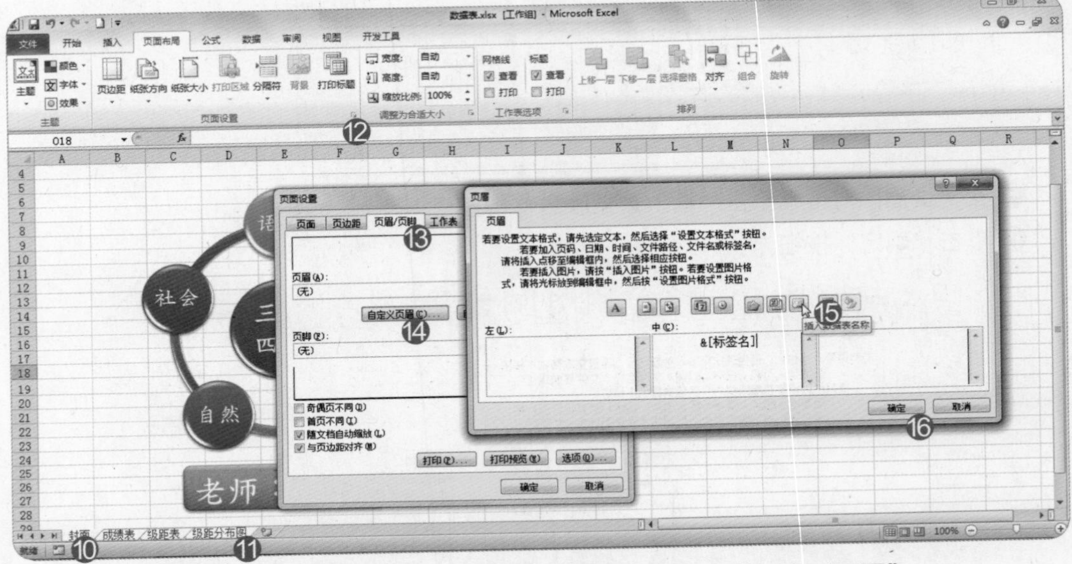

⑰ 在“页面设置”对话框“页脚”处单击下拉菜单选择“第1页，共?页”。

⑱ 单击“首页不同”复选框。

⑲ 单击“确定”按钮。

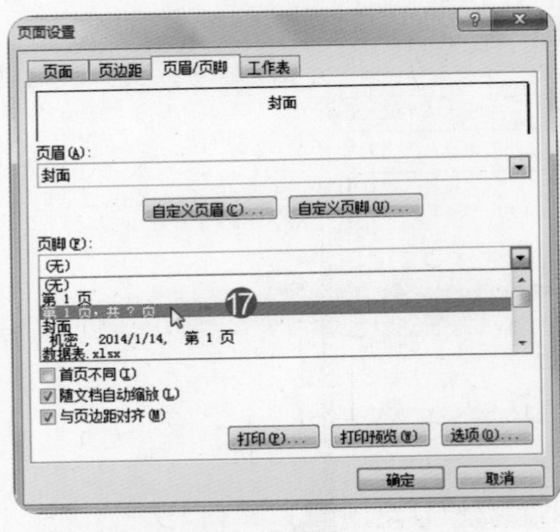

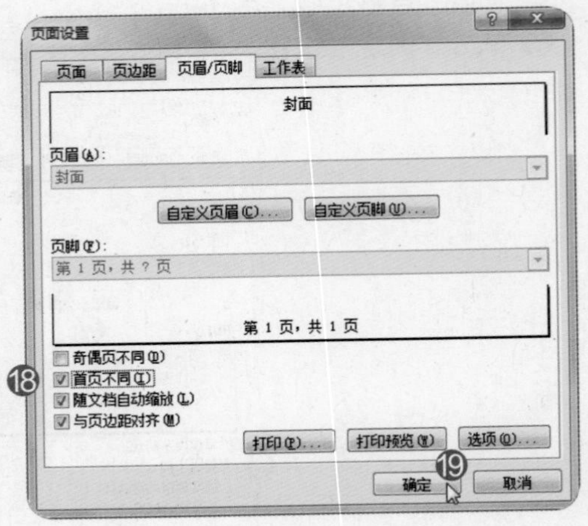

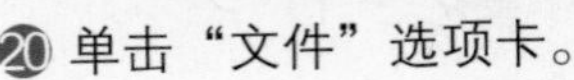

⑳ 单击“文件”选项卡。

㉑ 单击“另存为”命令，打开“另存为”对话框。

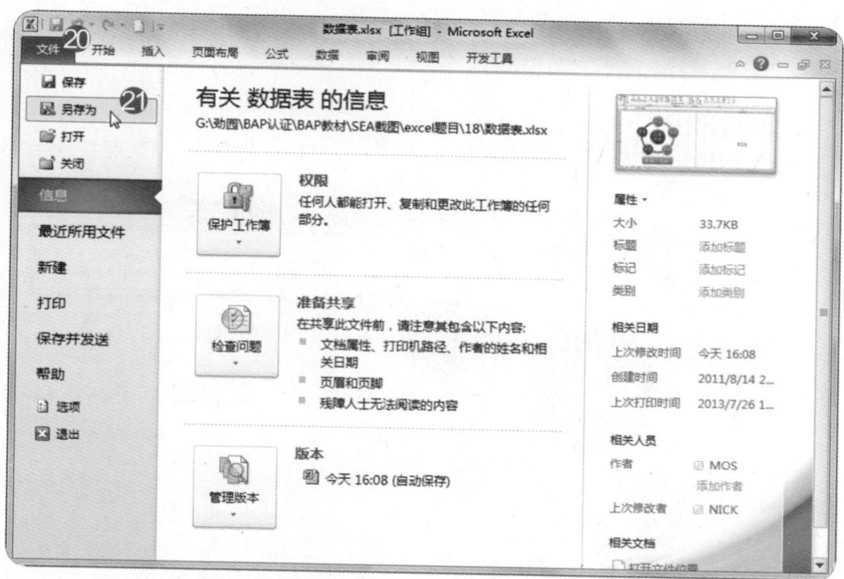

㉒ 在“保存位置”处选择“文档”文件夹。

㉓ “文件名”文本框中输入“输出报表”。

㉔ “保存类型”文本框中选择“XPS文档”类型。

㉕ 单击“保存”按钮。

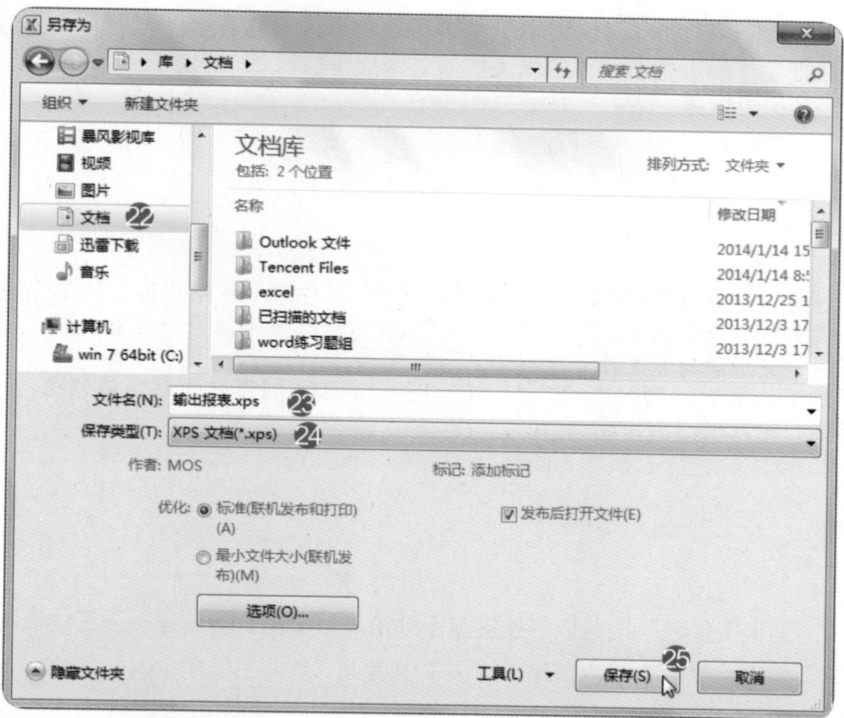

㉖ 等待发布完成即可完成保存。

Note

由于Excel默认情况下在多张工作表为一组时设置的页面页脚样式，不会对图表生效（第四张工作表），所以第四张工作表必须先单独设置一次，然后再四张工作表设为一组之后再设置一次。

测验试题 19/30

●题目

1. 合并计算“2010年”“2011年”及“2012年”工作表范围平均值，将工作表中的数据合并到一个新工作表，从单元格A1开始。数据标签来自首行与最左列，并创建数据链接，完成后将新工作表命名为“三年平均”。
2. 在新的工作表中，删除B、C、D、E、F列，调整A列宽度为最合适列宽，F列宽度为10磅，单元格F1为自动换行。

●解题步骤

第1小题

❶ 单击“插入工作表”按钮或者按键盘【Shift+F11】组合键新建一张工作表。

❷ 在新工作表标签上右击，在弹出的菜单中选择“重命名”命令。

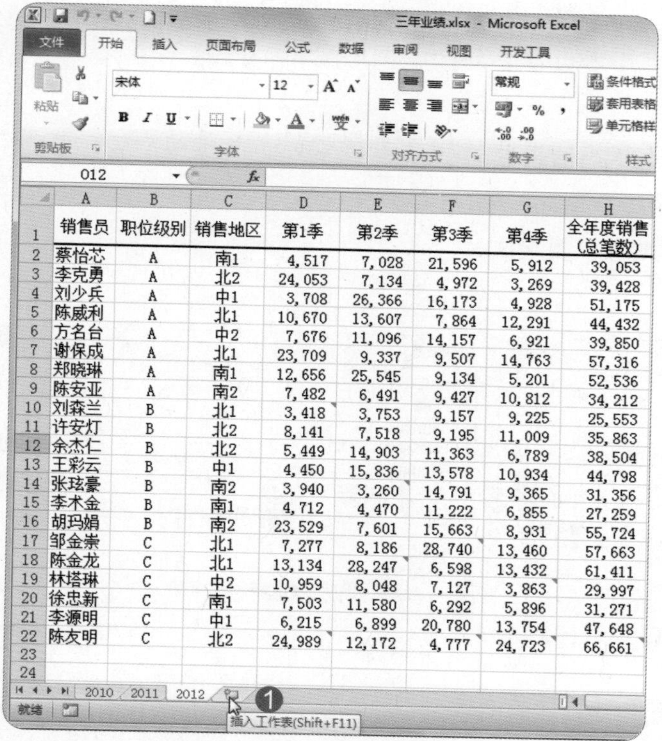

销售员	职位级别	销售地区	第1季	第2季	第3季	第4季	全年度销售（总笔数）
蔡怡芯	A	南1	4, 517	7, 028	21, 596	5, 912	39, 053
李克勇	A	北2	24, 053	7, 134	4, 972	3, 269	39, 428
刘少兵	A	中1	3, 708	26, 366	16, 173	4, 928	51, 175
陈威利	A	北1	10, 670	13, 607	7, 864	12, 291	44, 432
方名台	A	中2	7, 676	11, 096	14, 157	6, 921	39, 850
谢保成	A	北1	23, 709	9, 337	9, 507	14, 763	57, 316
郑晓琳	A	南1	12, 656	25, 545	9, 134	5, 201	52, 536
陈安亚	A	南2	7, 482	6, 491	9, 427	10, 812	34, 212
刘森兰	B	北1	3, 418	3, 753	9, 157	9, 225	25, 553
许安灯	B	北2	8, 141	7, 518	9, 195	11, 009	35, 863
余杰仁	B	北2	5, 449	14, 903	11, 363	6, 789	38, 504
王彩云	B	中1	4, 450	15, 836	13, 578	10, 934	44, 798
张玹豪	B	南2	3, 940	3, 260	14, 791	9, 365	31, 356
李术金	B	南1	4, 712	4, 470	11, 222	6, 855	27, 259
胡玛娟	B	南2	23, 529	7, 601	15, 663	8, 931	55, 724
邹金崇	C	北1	7, 277	8, 186	28, 740	13, 460	57, 663
陈金龙	C	北1	13, 134	28, 247	6, 598	13, 432	61, 411
林塔琳	C	中2	10, 959	8, 048	7, 127	3, 863	29, 997
徐忠新	C	南1	7, 503	11, 580	6, 292	5, 896	31, 271
李源明	C	中1	6, 215	6, 899	20, 780	13, 754	47, 648
陈友明	C	北2	24, 989	12, 172	4, 777	24, 723	66, 661

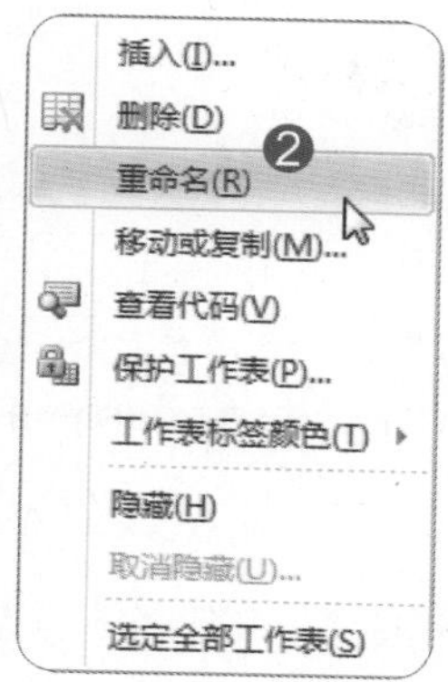

❸ 在新工作表标签中输入工作表名“三年平均”。

❹ 单击选中“三年平均”工作表的A1单元格。

❺ 单击“数据”选项卡“数据工具”组“合并计算”按钮。

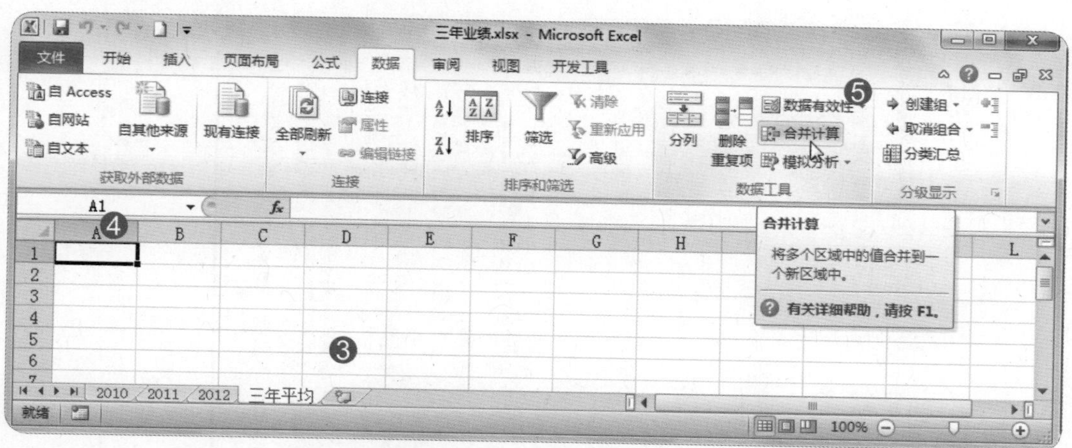

❻ 在“合并计算”对话框中“函数”处单击下拉菜单选择“平均值”选项。

❼ 在“引用位置”处拖动鼠标选择“2010”工作表的全部数据$A$1:$H$23单元格区域。

❽ 单击“添加”按钮。

❾ 同样方法再次在“引用位置”处拖动鼠标选择“2011”工作表的全部数据$A$1:$H$24单元格区域。

❿ 单击“添加”按钮。

⑪ 同样方法再次在“引用位置”处拖动鼠标选择“2012”工作表的全部数据$A$1:$H$22单元格区域。

⑫ 单击“添加”按钮。

⑬ 在“标签位置”组单击“首行”复选框。

⑭ 单击“最左列”复选框。

⑮ 单击“创建指向源数据的链接”复选框。

⑯ 单击“确定”按钮。

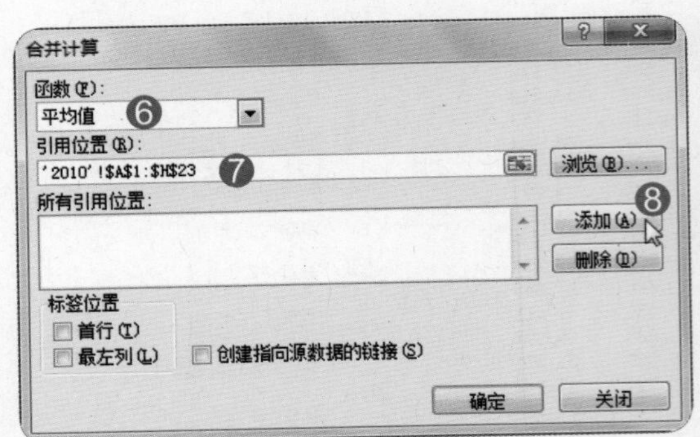

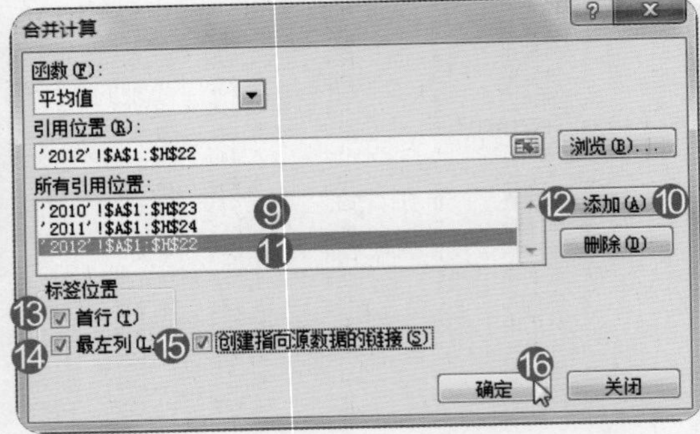

完成“三年平均”工作表合并计算之后的效果：

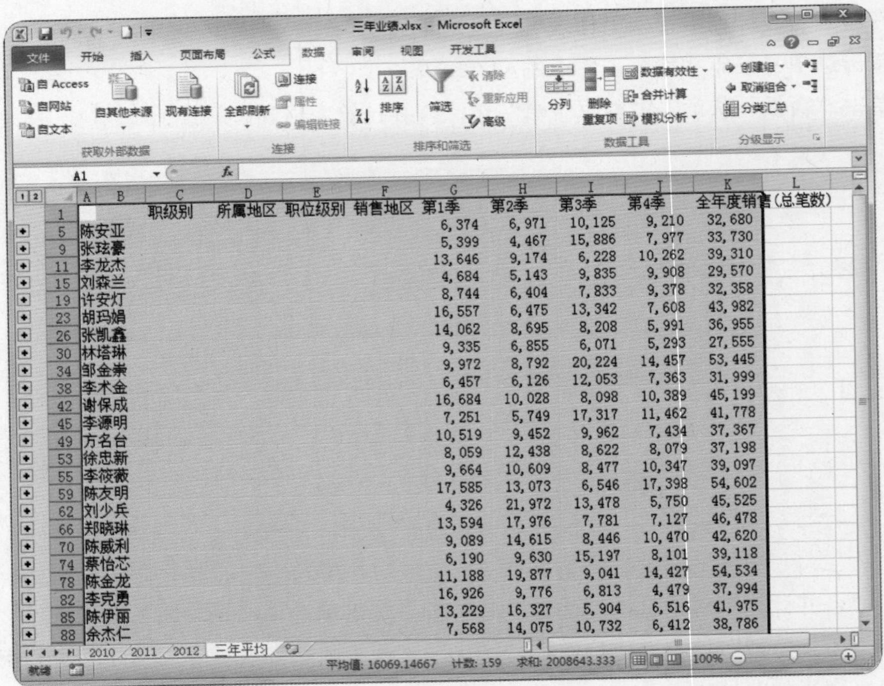

行	B	C 职级别	D 所属地区	E 职位级别	F 销售地区	G 第1季	H 第2季	I 第3季	J 第4季	K 全年度销售(总笔数)
5	陈安亚					6,374	6,971	10,125	9,210	32,680
9	张玹豪					5,399	4,467	15,886	7,977	33,730
11	李龙杰					13,646	9,174	6,228	10,262	39,310
15	刘森兰					4,684	5,143	9,835	9,908	29,570
19	许安灯					8,744	6,404	7,833	9,378	32,358
23	胡玛娟					16,557	6,475	13,342	7,608	43,982
26	张凯鑫					14,062	8,695	8,208	5,991	36,955
30	林塔琳					9,335	6,855	6,071	5,293	27,555
34	邹金秉					9,972	8,792	20,224	14,457	53,445
38	李木金					6,457	6,126	12,053	7,363	31,999
42	谢保成					16,684	10,028	8,098	10,389	45,199
45	李源明					7,251	5,749	17,317	11,462	41,778
49	方名台					10,519	9,452	9,962	7,434	37,367
53	徐忠新					8,059	12,438	8,622	8,079	37,198
55	李筱薇					9,664	10,609	8,477	10,347	39,097
59	陈友明					17,585	13,073	6,546	17,398	54,602
62	刘少兵					4,326	21,972	13,478	5,750	45,525
66	郑晓琳					13,594	17,976	7,781	7,127	46,478
70	陈威利					9,089	14,615	8,446	10,470	42,620
74	蔡怡芯					6,190	9,630	15,197	8,101	39,118
78	陈金龙					11,188	19,877	9,041	14,427	54,534
82	李克勇					16,926	9,776	6,813	4,479	37,994
85	陈伊丽					13,229	16,327	5,904	6,516	41,975
88	余杰仁					7,568	14,075	10,732	6,412	38,786

第2小题

❶ 在“三年平均”工作表中选中B、C、D、E、F列单元格范围。

❷ 右击并在弹出的快捷菜单中选择“删除”命令。

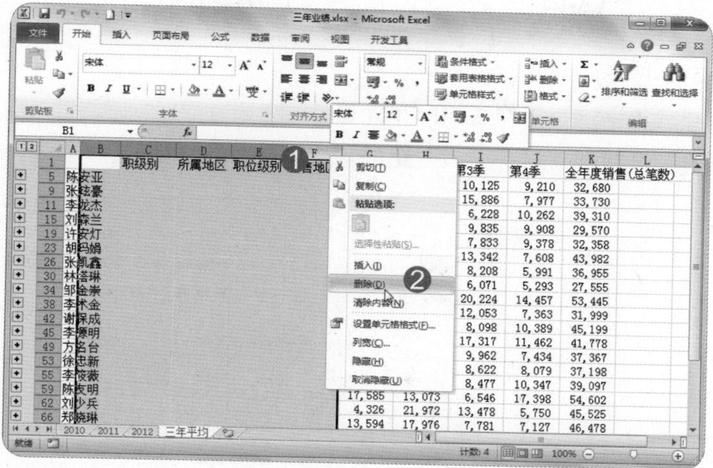

❸ 单击选中A列。

❹ 单击“开始”选项卡“单元格”组“格式”下拉菜单中的“自动调整列宽”命令。

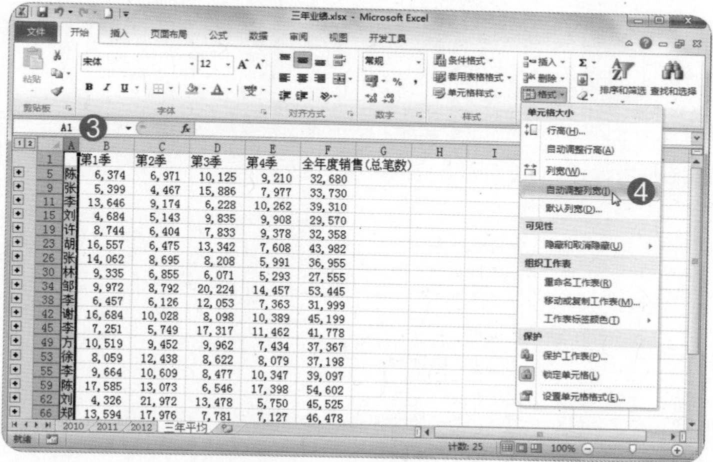

❺ 单击选中第F列。

❻ 右击并在弹出的快捷菜单中选择“列宽”命令。

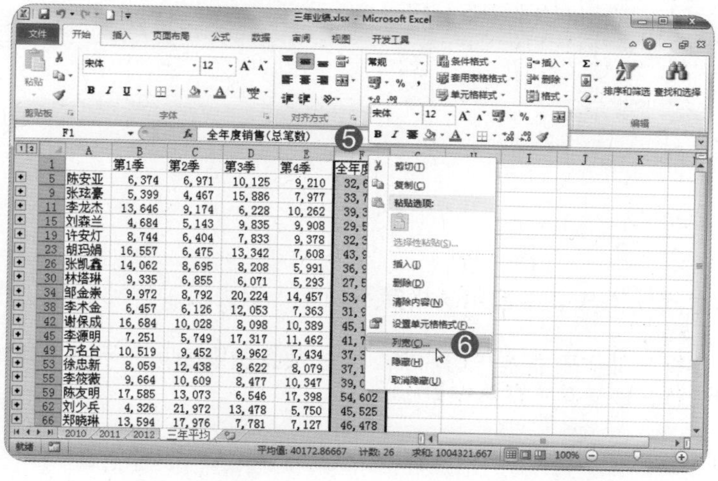

❼ 在“列宽”对话框中设置“列宽”为“10”。

❽ 单击“确定”按钮。

❾ 单击选中“三年平均”工作表的F1单元格。

❿ 单击“开始”选项卡“对齐方式”组的“自动换行”按钮。

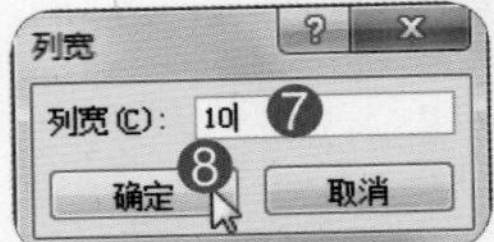

完成后效果如图所示。

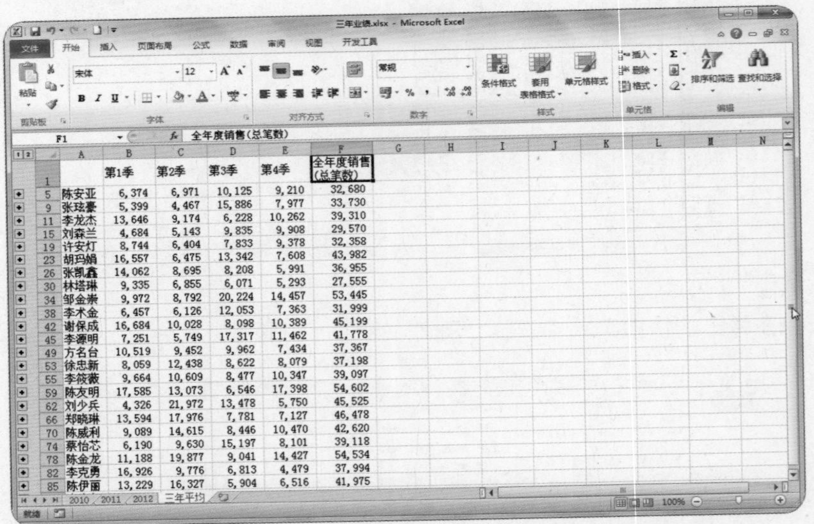

测验试题 20/30

●**题目**

1. 在“基本数据”工作表中使用表格筛选功能，仅列出工作地点在“北京”或“上海”的“工程师”。
2. 在“性别分析”工作表插入“切片器”，让数据透视表可显示“工作地点”及“职务”。（注意：接受其它默认设置）

●解题步骤

第1小题

❶ 在“基本数据”工作表中单击“工作地点”列筛选下拉按钮。

❷ 在筛选框中取消选择“全选”的复选框。

❸ 单击“北京”复选框。

❹ 单击“上海”复选框。

❺ 单击“确定”按钮。

❻ 单击“职务”列筛选下拉按钮。

❼ 在筛选框中取消选择“全选”的复选框。

❽ 单击“工程师”复选框。

❾ 单击“确定”按钮。

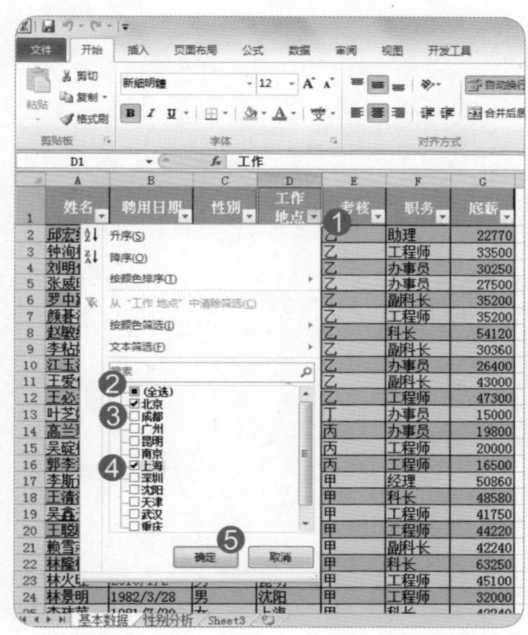

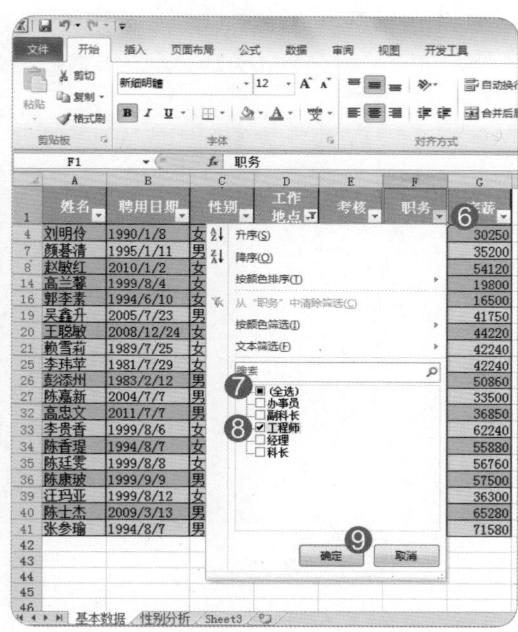

第2小题

❶ 单击工作表标签，切换到“性别分析”工作表。

❷ 单击选中数据透视表中任意单元格。

❸ 单击“选项”选项卡“排序和筛选”组“插入切片器”下三角按钮，选择“插入切片器”命令。

❹ 在“插入切片器”对话框中单击“工作地点”复选框。

❺ 单击“职务”复选框。

❻ 单击“确定”按钮。

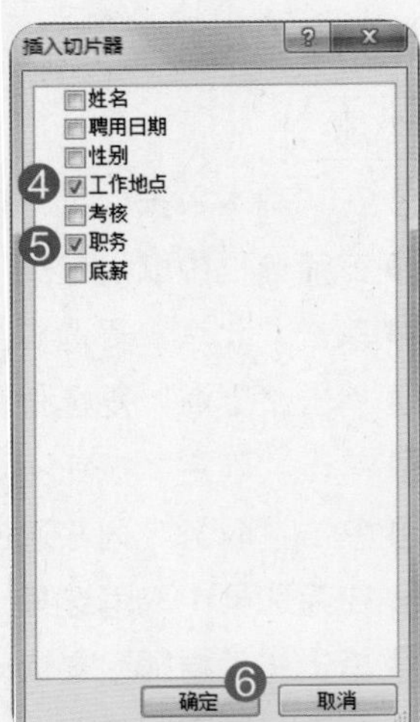

完成后效果如图所示。

测验试题 21/30

●题目

1. 将“依据产品-客户筛选”工作表套用“数据透视表样式深色7”数据透视表样式，并选择“产品”字段为活动字段，折叠整个字段。
2. 将“依据产品-客户筛选”工作表中，使用“求和项:第四季”筛选前10项畅销产品。

●解题步骤

第1小题

❶ 单击“依据产品-客户筛选”工作表中数据透视表的任意单元格。

❷ 单击“设计”选项卡“数据透视表样式”组中“其他”按钮。

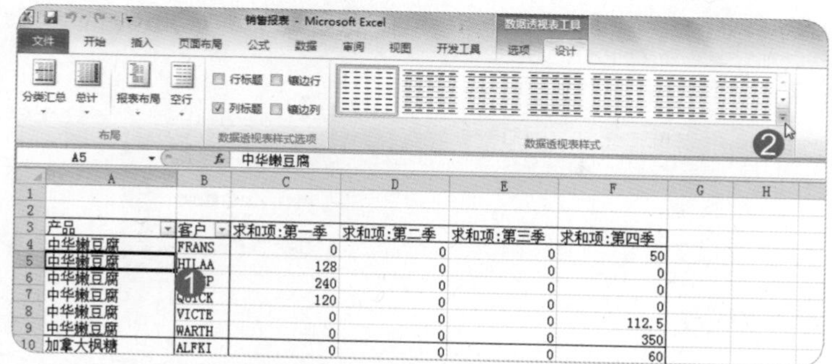

❸ 在“深色”区域中选择“数据透视表样式深色7”。

❹ 单击“选项”选项卡“活动字段”组“活动字段”处。

❺ 单击“依据产品-客户筛选”工作表中“产品”列任意单元格。

❻ 单击“选项”选项卡“活动字段”组“折叠整个字段”按钮。

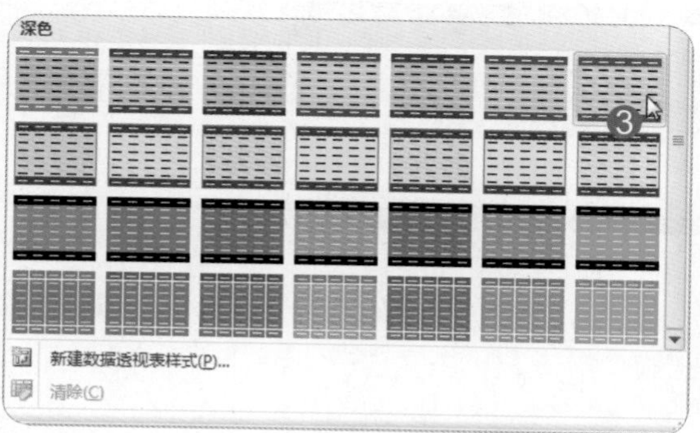

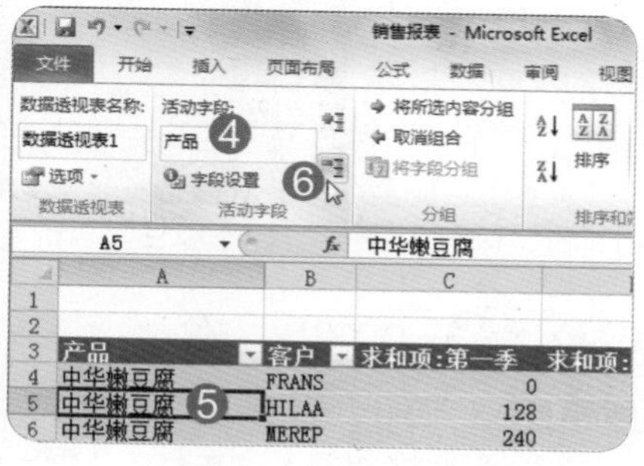

第2小题

❶ 单击数据透视表“产品”列筛选下三角按钮。

❷ 选择“值筛选”命令中“10个最大的值”命令。

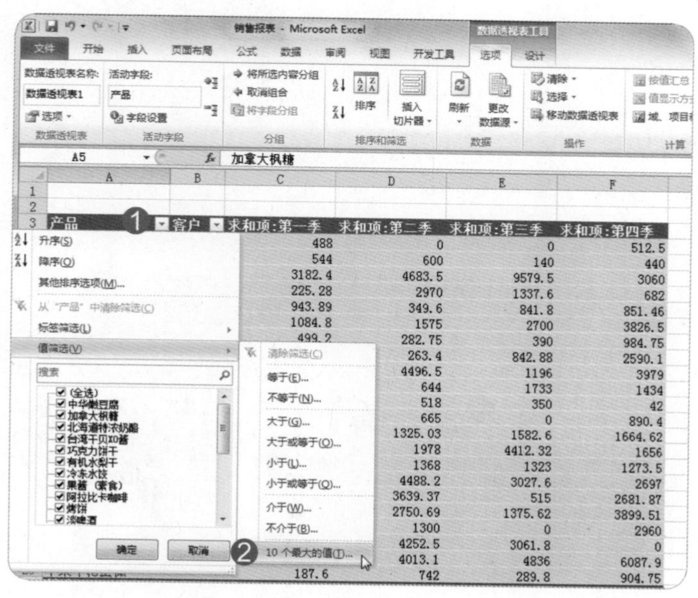

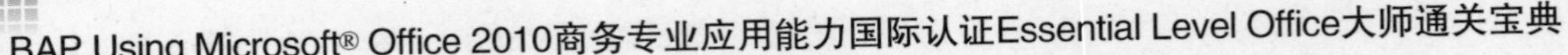

❸ 在“前10个筛选（产品）”对话框中选择“依据”为“求和项：第四季”。

❹ 单击“确定”按钮。

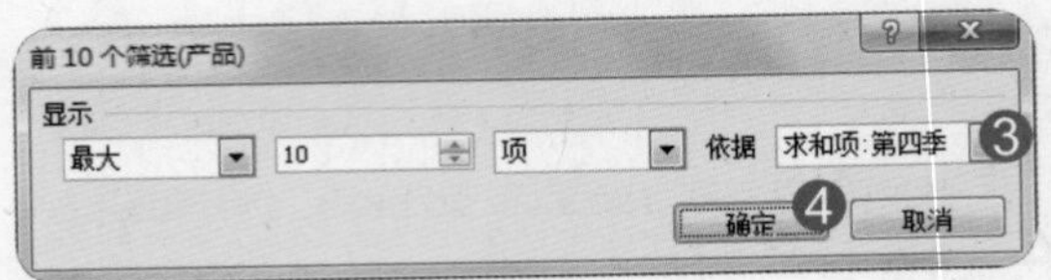

完成后效果如图所示。

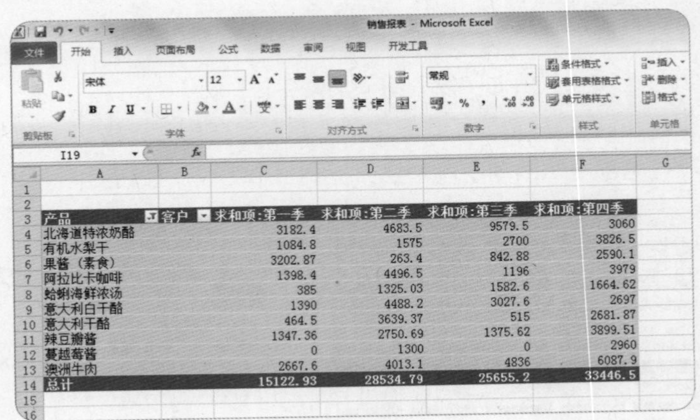

产品	客户	求和项:第一季	求和项:第二季	求和项:第三季	求和项:第四季
北海道特浓奶酪		3182.4	4683.5	9579.5	3060
有机水梨干		1084.8	1575	2700	3826.5
果酱（素食）		3202.87	263.4	842.88	2590.1
阿拉比卡咖啡		1398.4	4496.5	1196	3979
蛤蜊海鲜浓汤		385	1325.03	1582.6	1664.62
意大利白干酪		1390	4488.2	3027.6	2697
意大利干酪		464.5	3639.37	515	2681.87
辣豆瓣酱		1347.36	2750.69	1375.62	3899.51
蔓越莓酱		0	1300	0	2960
澳洲牛肉		2667.6	4013.1	4836	6087.9
总计		15122.93	28534.79	25655.2	33446.5

测验试题 22/30

●题目

1. 在I2单元格使用AVERAGE函数计算学生C2:H2单元格区域成绩的平均值。
2. 对C2:H21单元格区域，使用“突出显示单元格规则”设置，单元格值为“事假”，则显示为“浅红填充色深红色文本”并且在J2:J21单元格使用函数由平均成绩显示结果：大于或等于60分则显示“及格”文字。否则不显示。

●解题步骤

第1小题

❶ 单击选择I2单元格。

❷ 在编辑栏输入函数：“=AVERAGE()”。

❸ 单击编辑栏之前的“插入函数”按钮 f_x。

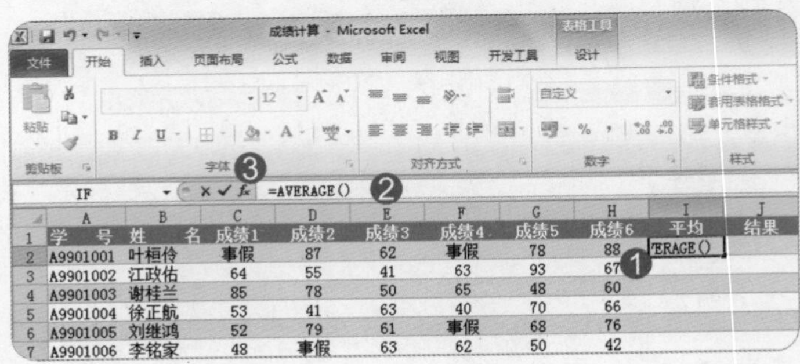

学号	姓名	成绩1	成绩2	成绩3	成绩4	成绩5	成绩6	平均	结果
A9901001	叶桓伶	事假	87	62	事假	78	88	ERAGE()	
A9901002	江政佑	64	55	41	63	93	67		
A9901003	谢桂兰	85	78	50	65	48	60		
A9901004	徐正航	53	41	63	40	70	66		
A9901005	刘继鸿	52	79	61	事假	68	76		
A9901006	李铭家	48	事假	63	62	50	42		

❹ 在“函数参数”对话框的“Number1”文本框中输入“C2:H2”。
❺ 单击“确定”按钮。

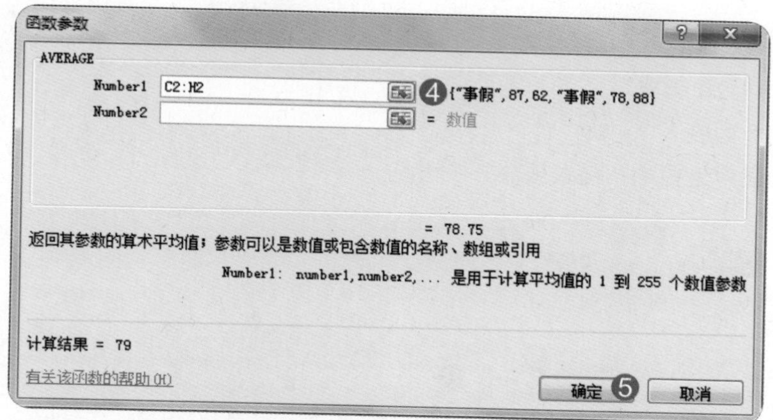

❻ 拖动I2单元格右下方的填充柄将公式复制到I21单元格。

Note

如果Excel已经设置为“自动完成”，“将公式填充到表以创建计算列”则无须第6步。相关详细设置请参看本章第13题第二小题NOTE。

第2小题

❶ 选择C2:H21单元格区域。
❷ 单击“开始”选项卡“样式”组中“条件格式”下三角按钮。
❸ 单击“突出显示单元格规则”级联菜单中“等于”按钮。

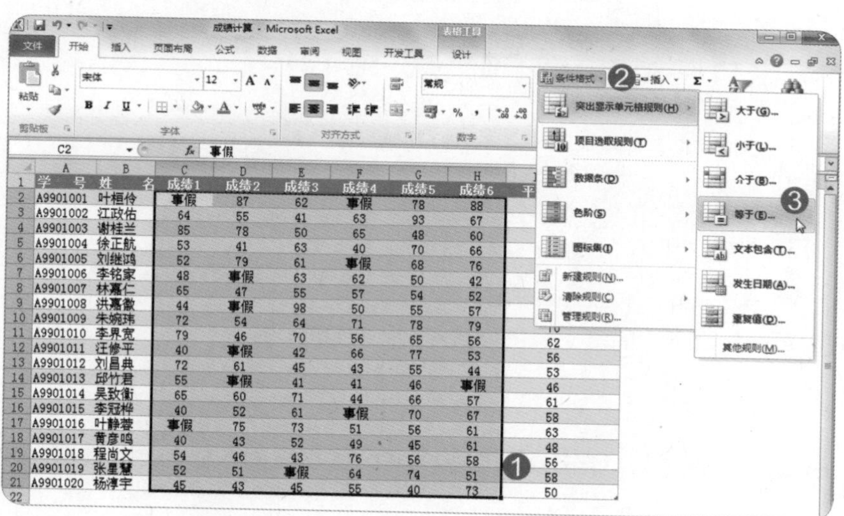

❹ 在“等于”对话框“为等于以下值的单元格设置格式”文本框中输入“事假”。
❺ 在“设置为”下拉列表框选择“浅红填充色深红色文本”选项。
❻ 单击“确定”按钮。

❼ 单击选中J2单元格。

❽ 在编辑栏中输入“=IF()”。

❾ 单击编辑栏之前的“插入函数”按钮。

❿ 在“函数参数”对话框中“Logical_test”文本框中输入“I2>=60”。（代表判断的条件）

⓫ 在“Value_if_true”文本框中输入““及格””。（代表条件为“真”时输出“及格”）

⓬ 在“Value_if_false”文本框中输入“""”。（代表条件为“假”时输出“空白”）

⓭ 单击“确定”按钮。

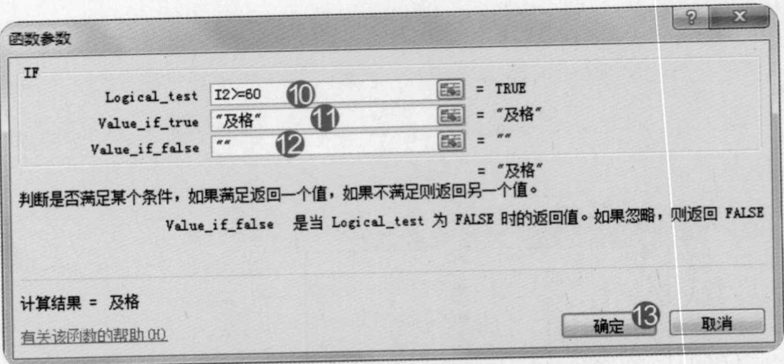

⓮ 拖动J2单元格右下方的填充柄将公式复制到J21单元格。

Note

如果Excel已经设置为“自动完成”，“将公式填充到表以创建计算列”则无须第13步。

完成后效果如图所示。

学　号	姓　名	成绩1	成绩2	成绩3	成绩4	成绩5	成绩6	平均	结果
A9901001	叶桓伶	事假	87	62	事假	78	88	79	及格
A9901002	江政佑	64	55	41	63	93	67	64	及格
A9901003	谢桂兰	85	78	50	65	48	60	64	及格
A9901004	徐正航	53	41	63	40	70	66	56	
A9901005	刘继鸿	52	79	61	事假	68	76	67	及格
A9901006	李铭家	48	事假	63	62	50	42	53	
A9901007	林嘉仁	65	47	55	57	54	52	55	
A9901008	洪嘉徽	44	事假	98	50	55	57	61	及格
A9901009	朱婉玮	72	54	64	71	78	79	70	及格
A9901010	李界宽	79	46	70	56	65	56	62	及格
A9901011	汪修平	40	事假	42	66	77	53	56	
A9901012	刘昌典	72	61	45	43	55	44	53	
A9901013	邱竹君	55	事假	41	41	46	事假	46	
A9901014	吴致衡	65	60	71	44	66	57	61	及格
A9901015	李冠桦	40	52	61	事假	70	67	58	
A9901016	叶静蓉	事假	75	73	51	56	61	63	及格
A9901017	黄彦鸣	40	43	52	49	45	61	48	
A9901018	程尚文	54	46	43	76	56	58	56	
A9901019	张星慧	52	51	事假	64	74	51	58	
A9901020	杨淳宇	45	43	45	55	40	73	50	

测验试题 23/30

●题目

1. 仅允许使用者编辑C2:C4单元格区域，然后保护工作表，密码设置为1688。（注意：接受所有默认设置）
2. 更改C3单元格值，使得期限为10年，并立即开始计算。

●解题步骤

第1小题

❶ 选择C2:C4单元格区域。

❷ 单击“开始”选项卡“单元格”组“格式”下三角按钮。

❸ 选择“设置单元格格式”命令。

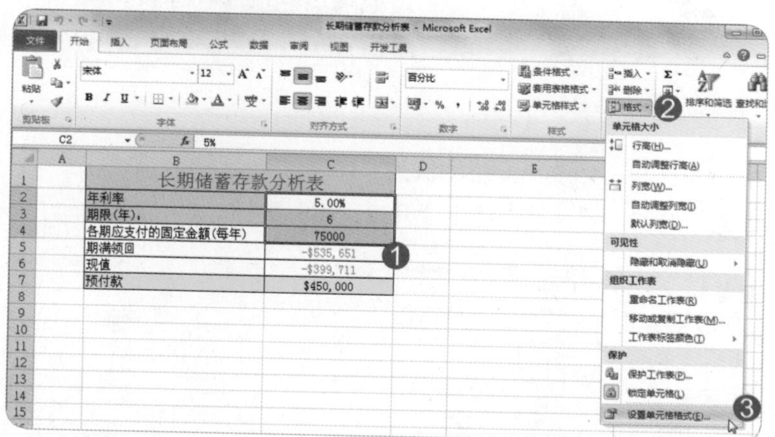

❹ 在“设置单元格格式”对话框“保护”选项卡中取消选择“锁定”复选框。

❺ 单击“确定”按钮。

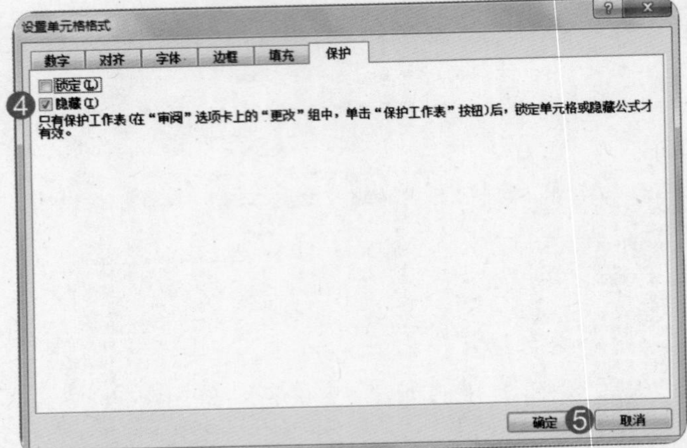

❻ 单击“审阅”选项卡“更改”组中“保护工作表”按钮。

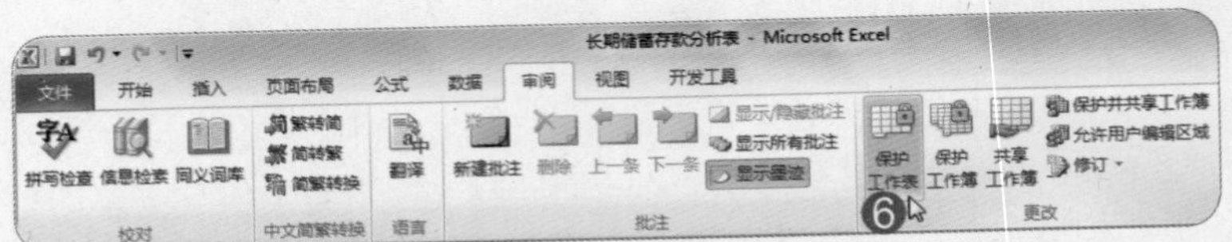

❼ 在“保护工作表”对话框“取消工作表保护时使用的密码”文本框中输入“1688”。

❽ 单击“确定”按钮。

❾ 在“确认密码”对话框“重新输入密码”文本框中输入“1688”。

❿ 单击“确定”按钮。

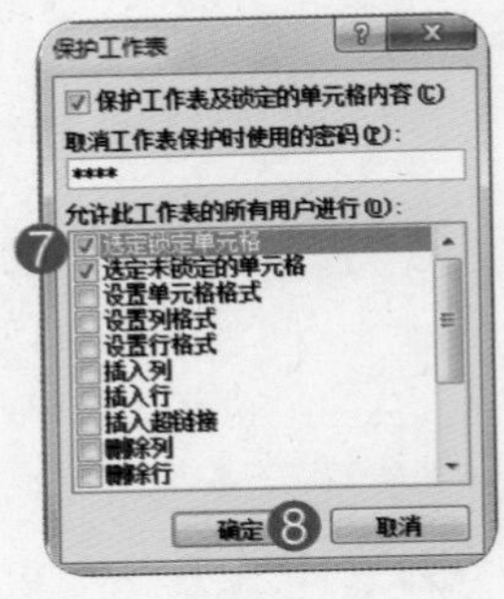

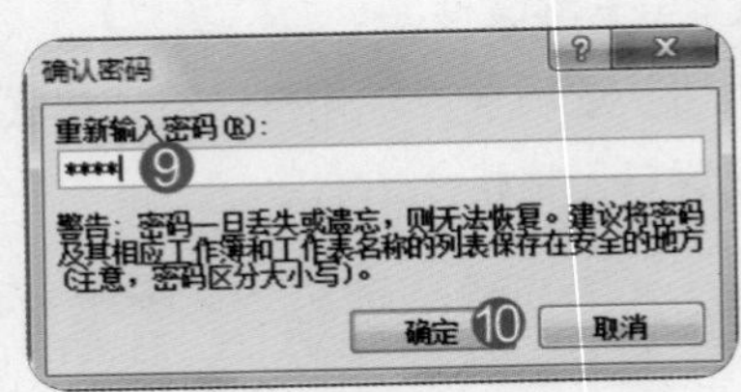

第2小题

❶ 单击选中C3单元格，修改单元格的值为“10”。

❷ 单击“公式”选项卡“计算”组中“开始计算”按钮。

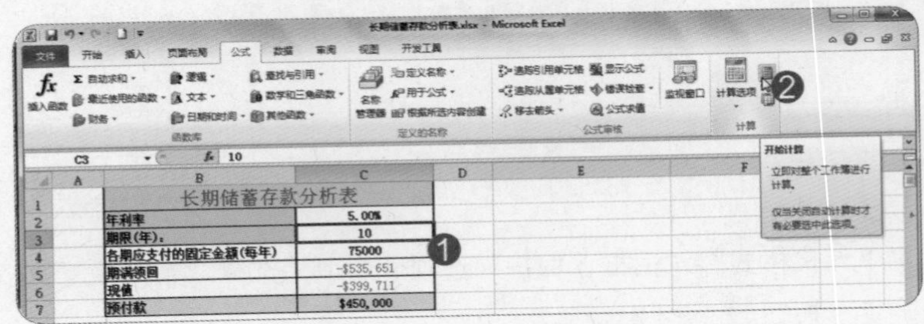

完成后效果如图所示。

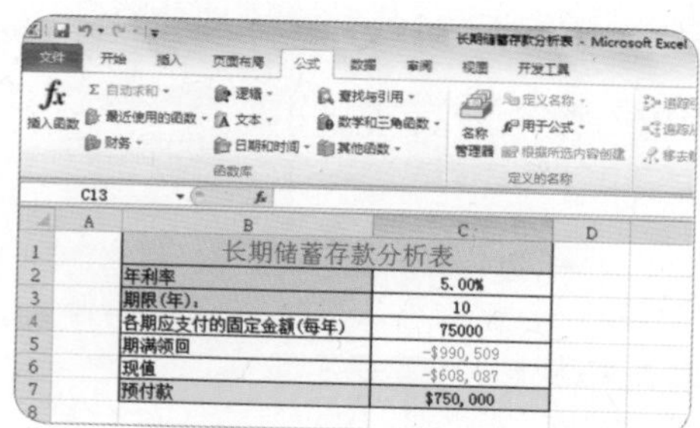

测验试题 24/30

●题目

1. 在“2013”工作表建立名称为“格式化”的宏，新增设置格式化的条件规则，使得考核分数低于60的单元格内容为红色、粗体，然后指定快捷键为【Ctrl+B】，将宏套用至C3:F12单元格区域。
2. 使用快捷键【Ctrl+B】，分别将“格式化”宏套用至“2014”及“2015”工作表C3:F12单元格中。

●解题步骤

第1小题

❶ 选中“2013”工作表C3:F12单元格区域。

❷ 单击“开发工具”选项卡“代码”组中的“录制宏”按钮。

Note

也可以在Excel工作表下方工具栏中单击“宏录制”按钮。如果Excel工作表下方工具栏中没有“宏录制”按钮，则可以在Excel工作表下方工具栏中右击，在弹出的“自定义状态栏”快捷菜单中单击“宏录制”命令即可。

❸ 在“录制新宏”对话框中“宏名”文本框中修改宏名为“格式化”。

❹ 在“快捷键”文本框中输入字母“b”，将快捷键设置为Ctrl+b。

❺ 单击“确定”按钮。

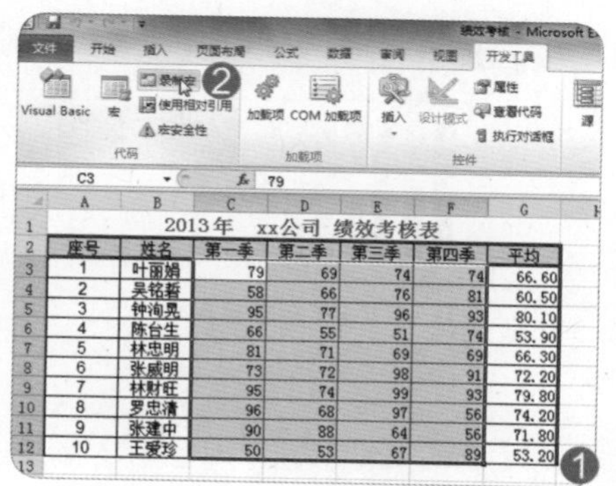

❻ 单击“开始”选项卡“样式”组“条件格式”下三角按钮，选择“突出显示单元格规则”级联菜单中的“小于”命令。

❼ 在“小于”对话框“为小于以下值的单元格设置格式”文本框中输入“60”。

❽ 在“设置为”下拉列表框选择“自定义格式”选项。

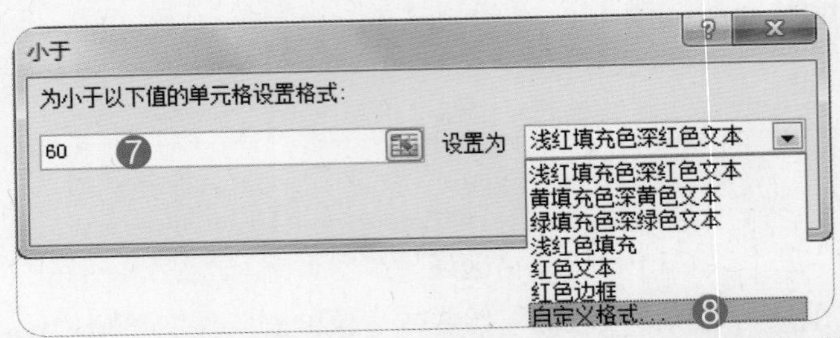

❾ 在“设置单元格格式”对话框“字体”选项卡中“颜色”设置为“红色”。

❿ “字形”设置为“加粗”。

⓫ 单击“确定”按钮，关闭“设置单元格格式”对话框。

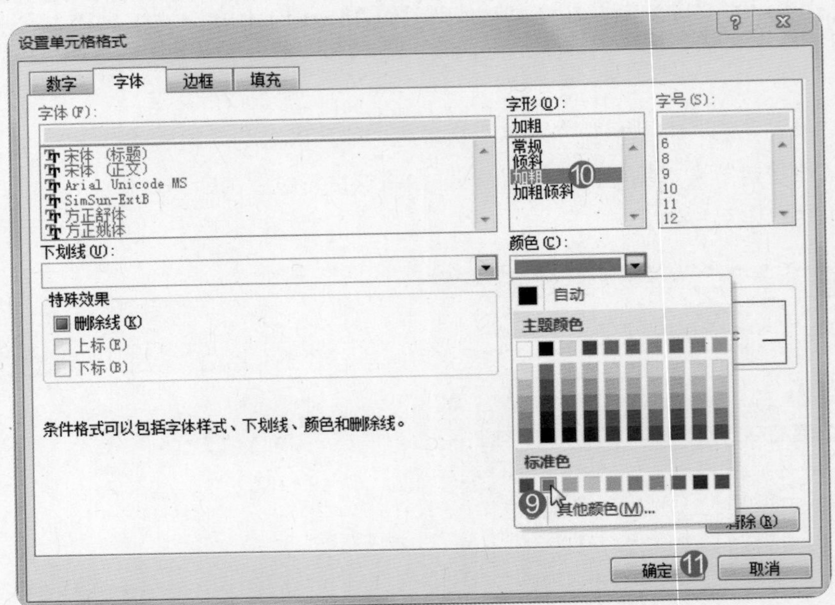

⑫ 再次单击“确定”按钮，关闭“小于”对话框。

⑬ 单击Excel工作表下方状态栏中“停止录制宏”按钮。

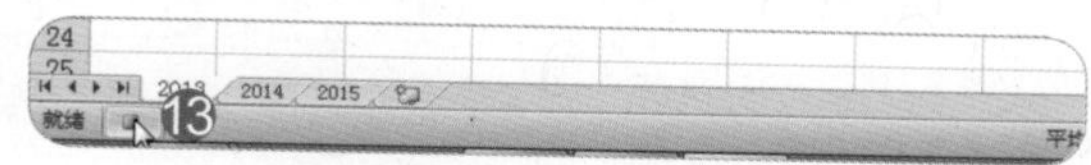

第2小题

❶ 单击工作表标签，切换到“2010”工作表。

❷ 选中“2010”工作表C3:F12单元格区域。

❸ 按下【Ctrl+B】组合键，套用“格式化”宏。

❹ 单击工作表标签，切换到“2011”工作表。

❺ 选中“2011”工作表C3:F12单元格区域。

❻ 按下【Ctrl+B】组合键，套用“格式化”宏。

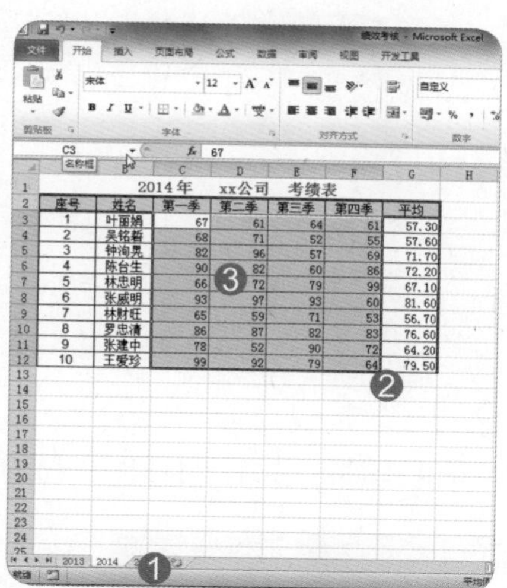

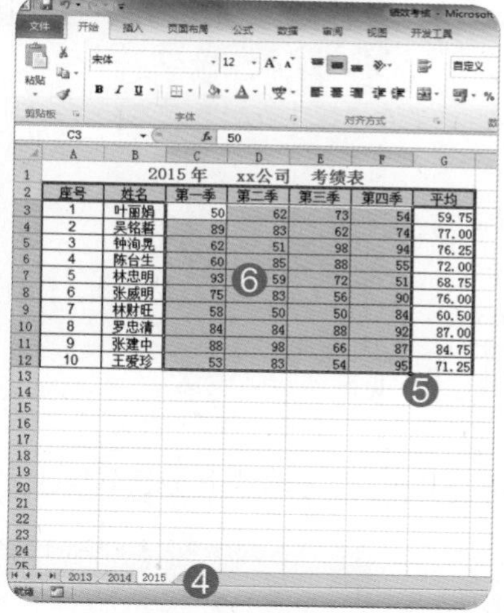

完成后效果如图所示。

测验试题 25/30

●题目

1. 仅清除“黄金交易牌价”工作表中“日期”列下方单元格的超链接。
2. 在“卖出价格”图表中使用多项式“顺序”“3”的趋势预测，并预测未来“2”个交易日的价格，在图表上显示R平方值。

●解题步骤

第1小题

❶ 选择“黄金交易牌价”工作表A3:A24单元格区域。

❷ 单击“开始”选项卡“编辑”组“清除”下三角按钮，选择“清除超链接”命令。

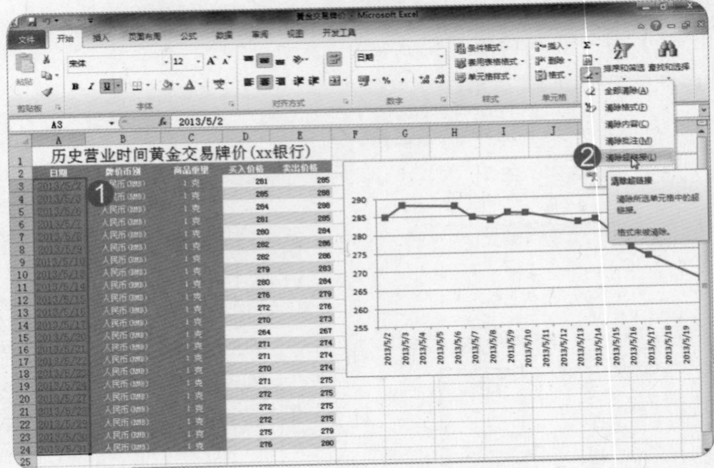

第2小题

❶ 单击选中“卖出价格”图表。

❷ 单击“布局”选项卡“分析”组中“趋势线”下三角按钮，选择“其他趋势线选项”命令。

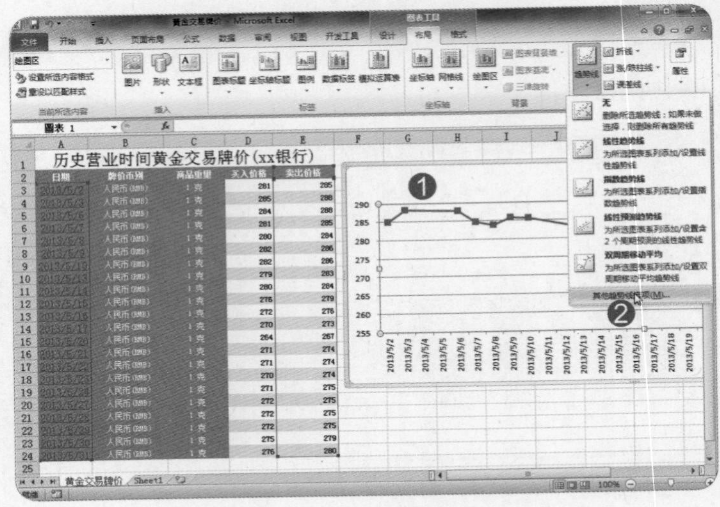

❸ 在“设置趋势线格式”对话框的“趋势线选项”中选择趋势预测类型为“多项式”。
❹ 设置“顺序”为“3”。
❺ 在“趋势预测”组中“前推”文本框中输入“2”。
❻ 单击“显示R平方值”复选框。
❼ 单击“关闭”按钮。

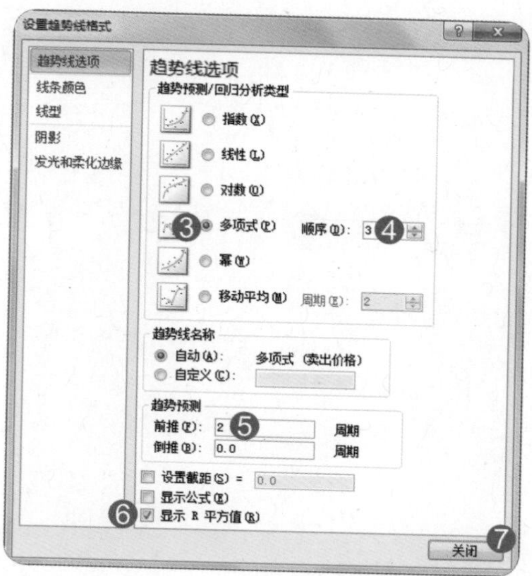

完成后效果如图所示。

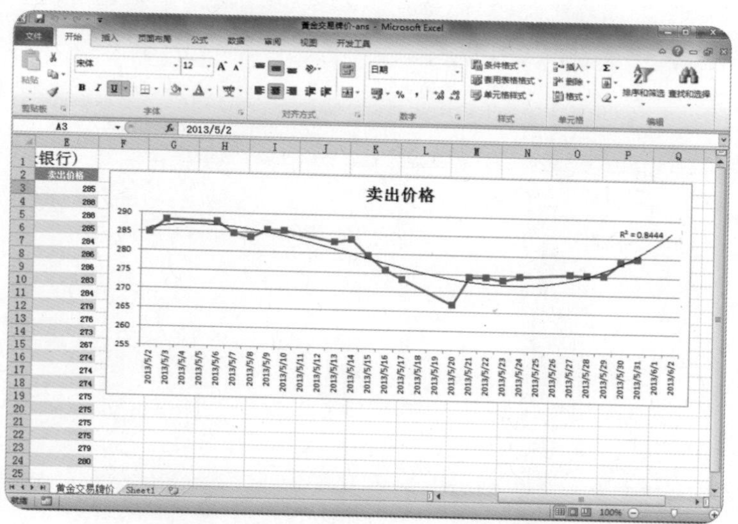

测验试题 26/30

●题目

1. 自动调整“渠道”工作表的列宽与行高。
2. 在“渠道”工作表的单元格H2中插入SUMIFS函数，计算在中区由供货商“正一”，销售产品编号以“C”开头的总量。

●解题步骤

第1小题

❶ 单击工作表区域最左上角的全选按钮，全选工作表的全部数据，或者按【Ctrl+A】组合键。

❷ 单击“开始”选项卡“单元格”组“格式”下三角按钮，选择“自动调整行高”命令。

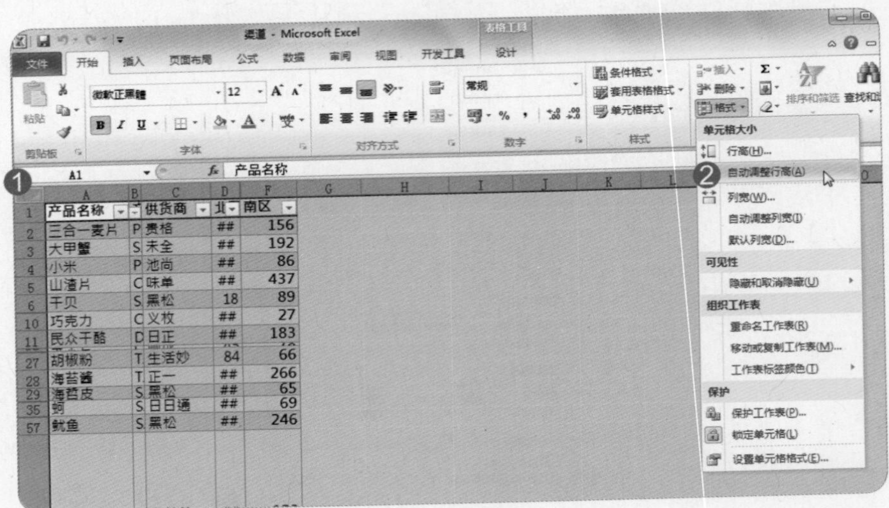

❸ 接着选择“自动调整列宽”命令。

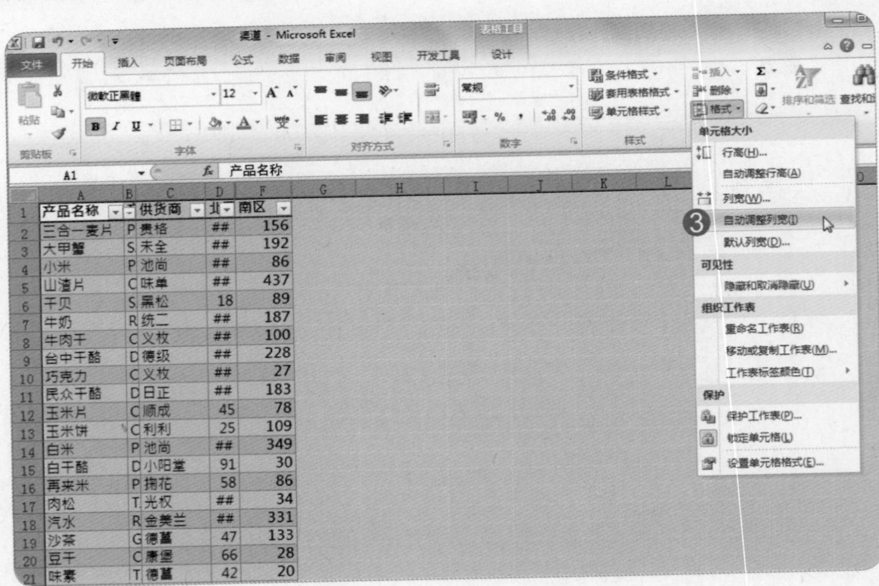

第2小题

❶ 单击选中“渠道”工作表的H2单元格。

❷ 在编辑栏输入函数：“=SUMIFS()”。

❸ 单击编辑栏之前的“插入函数”按钮 f_x。

❹ 在“函数参数”对话框的“Sum_range”文本框中输入“E2:E62”。（代表求和的范围是中区的销售量）

❺ 在“Criteria_range1”文本框中输入“C2:C62”。（代表条件1的范围是供货商数据范围）

❻ 在“Criteria1”文本框中输入“正一”。（代表条件1的供货商名称为“正一”）

❼ 在“Criteria_range2”文本框中输入“B2:B62”。（代表条件1的范围是产品编号数据范围）

❽ 在“Criteria2”文本框中输入“C*”。（代表条件2的产品编号是以C开头的）

❾ 单击“确定”按钮。

完成后效果如图所示。

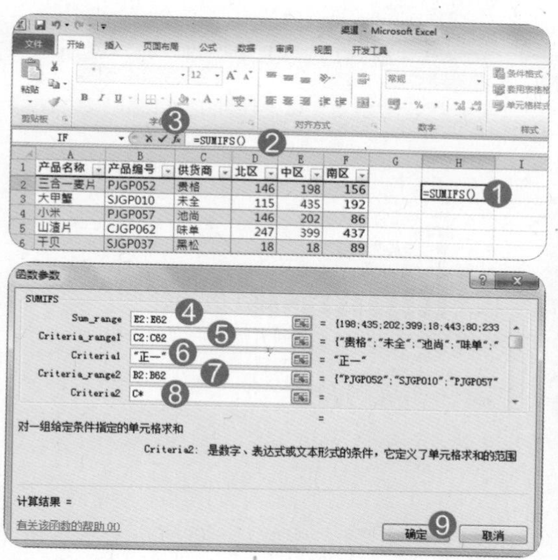

测验试题 27/30

●**题目**

1. 在H4:H28单元格区域使用“第一季”至“第四季”销售订单笔数插入盈亏迷你图，并设置“低点”标记颜色为“红色，强调文字颜色2”。（注意：接受所有默认设置值）
2. 从第13行起分割窗口，然后以全屏幕显示工作表。

●**解题步骤**

第1小题

❶ 选择H4:H28单元格区域。

❷ 单击“插入”选项卡“迷你图”组中“盈亏”按钮。

❸ 在“创建迷你图”对话框中“数据范围”文本框中输入“D4:G28”。

❹ 单击“确定”按钮。

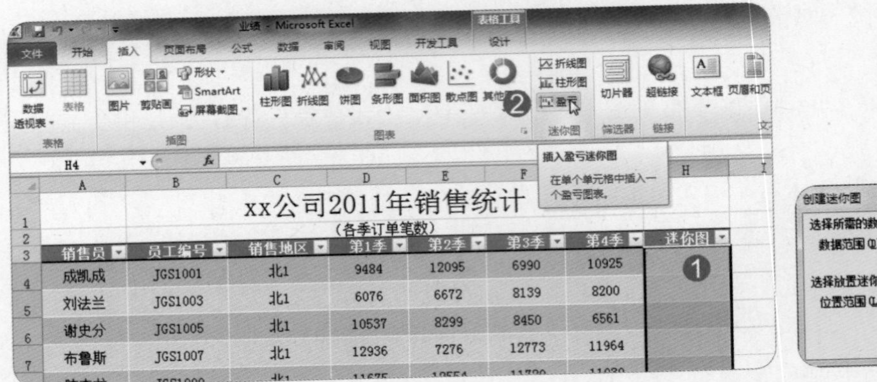

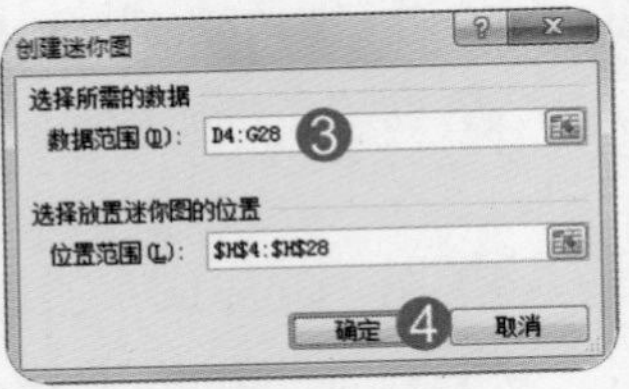

⑤ 单击“迷你图工具”的“设计”选项卡“样式”组“标记颜色”下拉菜单。

⑥ 将“低点”的颜色设置为“红色，强调文字颜色2”。

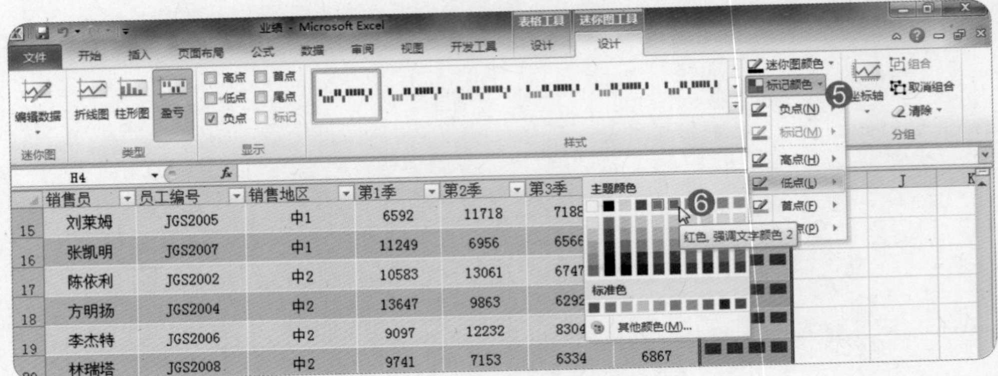

第2小题

① 单击行号选中第13行数据。

② 单击“视图”选项卡“窗口”组中“拆分”按钮。

③ 单击“视图”选项卡“工作簿视图”组中“全屏显示”按钮。

完成后效果如图所示。

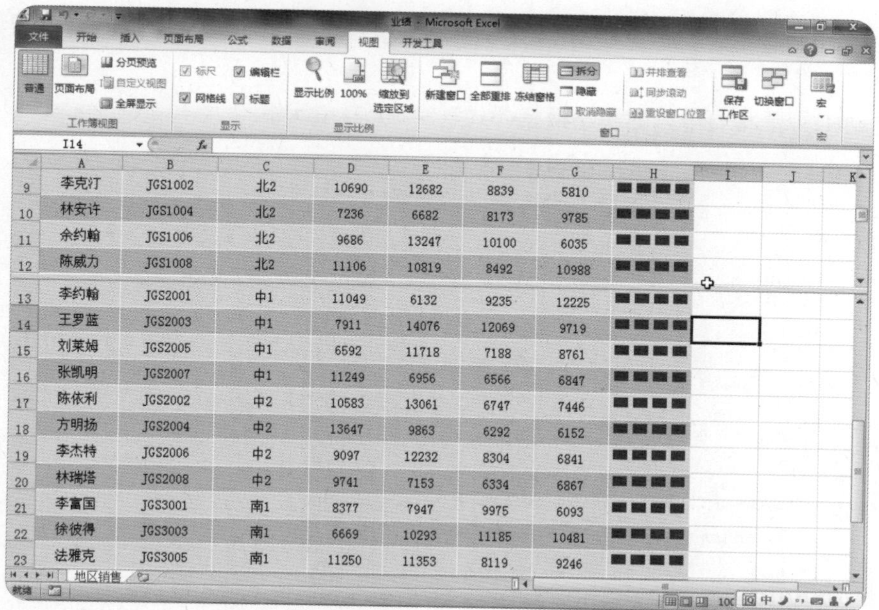

	A	B	C	D	E	F	G	H
9	李克汀	JGS1002	北2	10690	12682	8839	5810	■■■■
10	林安许	JGS1004	北2	7236	6682	8173	9785	■■■■
11	余约翰	JGS1006	北2	9686	13247	10100	6035	■■■■
12	陈威力	JGS1008	北2	11106	10819	8492	10988	■■■■
13	李约翰	JGS2001	中1	11049	6132	9235	12225	■■■■
14	王罗蓝	JGS2003	中1	7911	14076	12069	9719	■■■■
15	刘莱姆	JGS2005	中1	6592	11718	7188	8761	■■■■
16	张凯明	JGS2007	中1	11249	6956	6566	6847	■■■■
17	陈依利	JGS2002	中2	10583	13061	6747	7446	■■■■
18	方明扬	JGS2004	中2	13647	9863	6292	6152	■■■■
19	李杰特	JGS2006	中2	9097	12232	8304	6841	■■■■
20	林瑞塔	JGS2008	中2	9741	7153	6334	6867	■■■■
21	李富国	JGS3001	南1	8377	7947	9975	6093	■■■■
22	徐彼得	JGS3003	南1	6669	10293	11185	10481	■■■■
23	法雅克	JGS3005	南1	11250	11353	8119	9246	■■■■

测验试题 28/30

●题目

1. 在“成绩总表”工作表的H2:H31单元格区域，使用RANK.EQ函数，依据“学期成绩”字段排列名次。
2. 在单元格G32新增单元格监视窗口。(注意：将窗口保持在开启状态)

●解题步骤

第1小题

❶ 单击选中“成绩总表”工作表H2单元格。

❷ 在编辑栏输入函数：“=RANK.EQ()”。

❸ 单击编辑栏之前的“插入函数”按钮 *fx*。

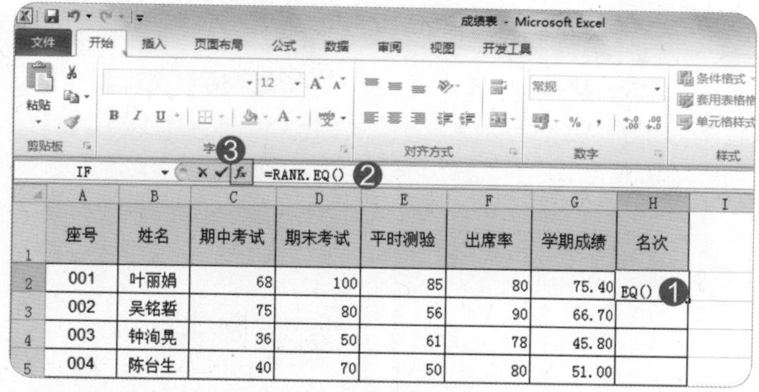

	A	B	C	D	E	F	G	H
1	座号	姓名	期中考试	期末考试	平时测验	出席率	学期成绩	名次
2	001	叶丽娟	68	100	85	80	75.40	EQ()
3	002	吴铭碁	75	80	56	90	66.70	
4	003	钟洵晃	36	50	61	78	45.80	
5	004	陈台生	40	70	50	80	51.00	

❹ 在“函数参数”对话框的“Number”文本框中输入“G2”。（代表要参加排名的数字）

❺ 在“Ref”文本框中输入“$G$2:$G$31”。（代表相对于其他数据的范围）

❻ 在“Order”文本框中输入“0”或者直接忽略，不填写。（代表排序的顺序为降序）

❼ 单击“确定”按钮。

❽ 拖动H2单元格右下方的填充柄将公式复制到H31单元格。

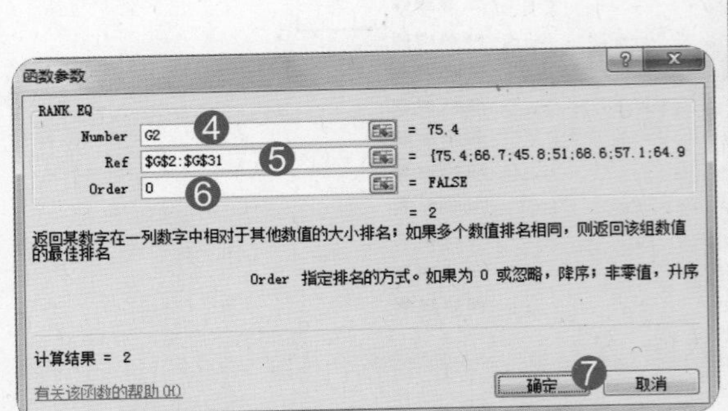

第2小题

❶ 单击选中“成绩总表”工作表G32单元格。

❷ 单击“公式”选项卡“公式审核”组中“监视窗口”按钮。

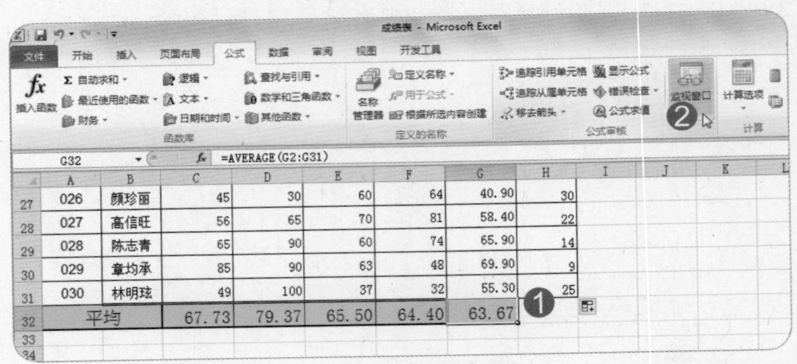

❸ 在“监视窗口”对话框中单击“添加监视”按钮。

❹ 在“添加监视点”对话框“选择您监视其值的单元格”文本框中确认选中的单元格为“=成绩总表!$G$32”。

❺ 单击“添加”按钮。

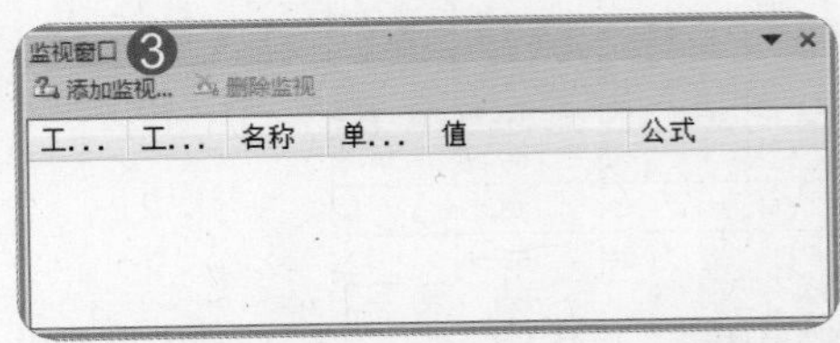

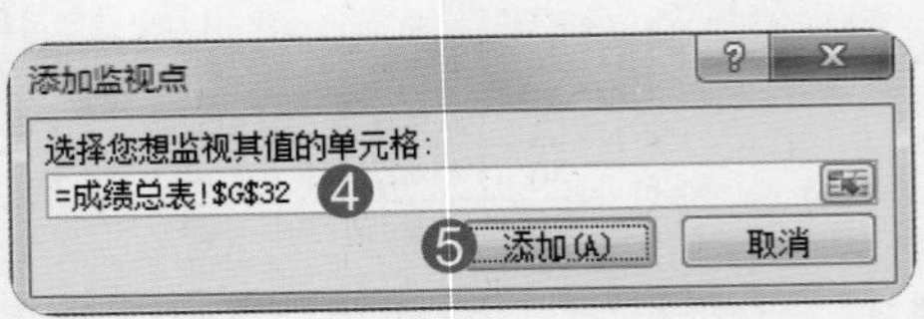

完成后效果如图所示。（保持“监视窗口”开启状态）

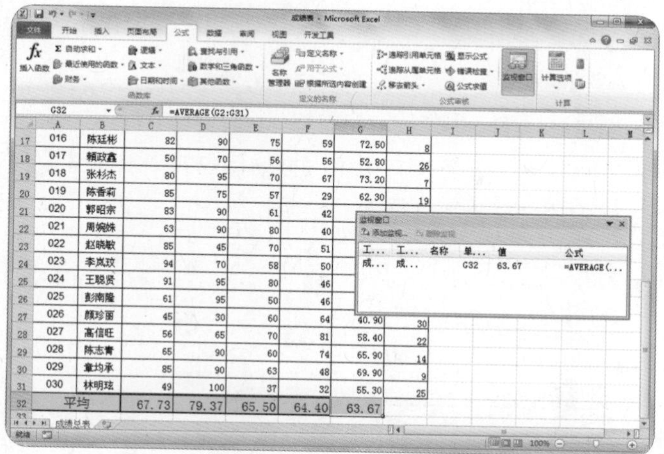

测验试题 29/30

●题目

1. 将“考试成绩标准”工作表存储为以制表符分隔的文本文件，文件名为“考试成绩标准.txt”，保存于“文档”文件夹。
2. 依据现有XML对应，来对应现有工作表的XML元素，然后将现有工作表导出成XML数据文件，保存在“文档”文件夹，文件名为“考试成绩标准.xml”。

●解题步骤

第1小题

❶ 单击“文件”选项卡。

❷ 选择“另存为”命令，打开“另存为”对话框。

❸ “保存类型”选择为“文本文件(制表符分隔)”。

❹ 保存位置选择为“文档”文件夹。

❺ “文件名”为“考试成绩标准.txt”。

❻ 单击“保存”按钮。

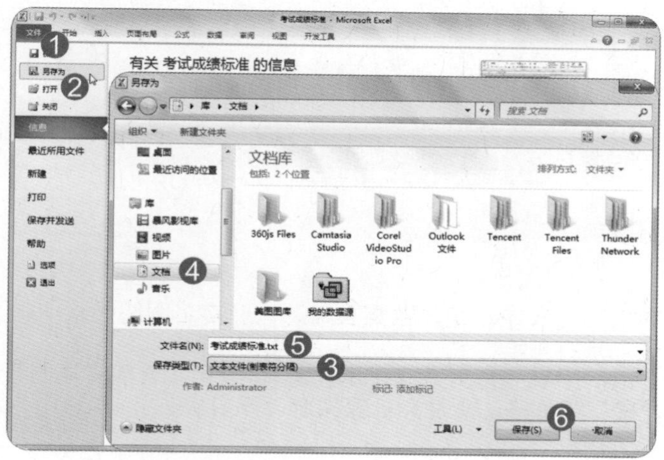

第2小题

❶ 单击“开发工具”选项卡。

❷ 单击“XML”组中的“源”按钮。

❸ 在右侧打开的“XML源”任务窗口中依次拖动相应的XML元素到工作表相对应的列。

❹ 单击“XML”组中的“导出”按钮。

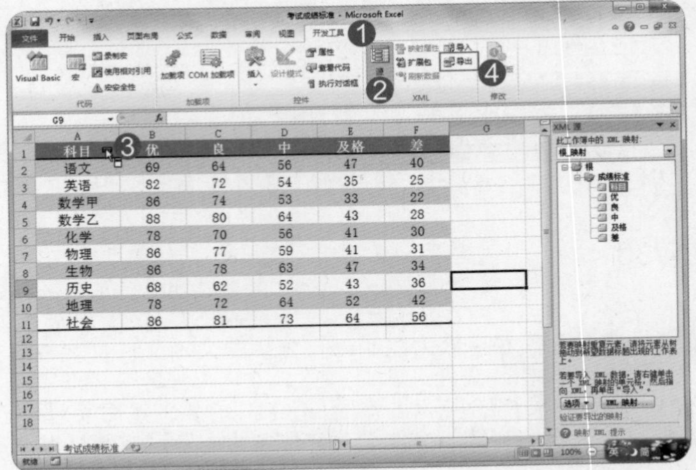

❺ 在“导出XML”对话框中“文件名”文本框中输入“考试成绩标准.xml”。

❻ 保存位置确认为“文档”文件夹。

❼ 单击“导出”按钮。

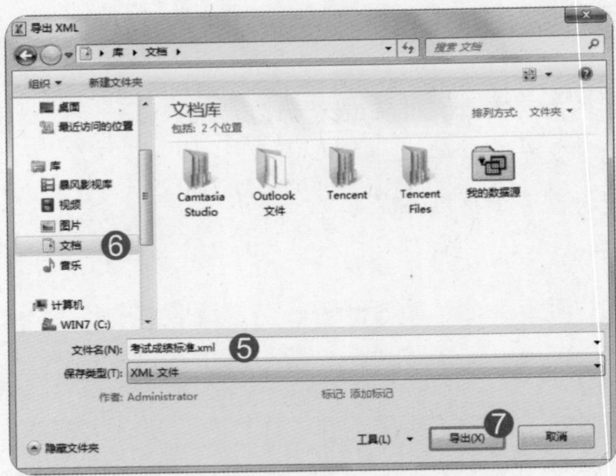

测验试题 30/30

● **题目**

1. 在“性能比较”工作表中，编辑数据表来源，使雷达图能纳入“D厂商”列的值。然后移动图表至新的工作表中，名称为“性能雷达图”。
2. 新建窗口，并以“平铺”排列方式显示。窗口1显示“性能雷达图”工作表，窗口2显示“性能比较”工作表。（注意：保持窗口开启状态）

●解题步骤

第1小题

❶ 单击选中“性能比较”工作表中的图表。

❷ 向右拖动D14单元格右下方控制点至E14单元格，使图表资料范围包括“D厂商”列的值。

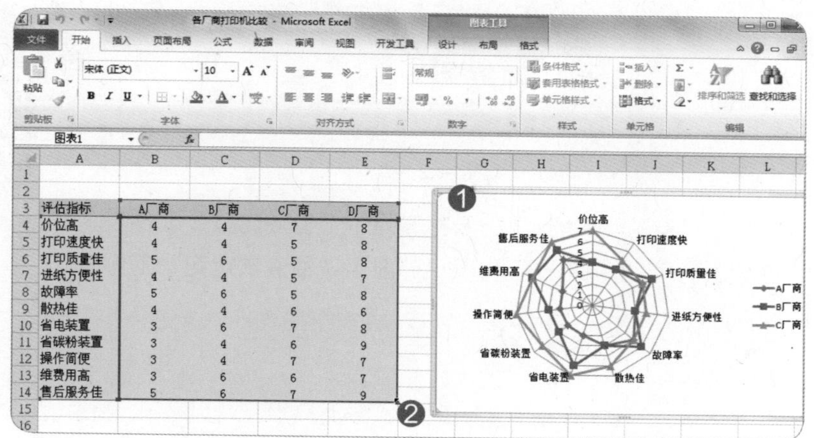

评估指标	A厂商	B厂商	C厂商	D厂商
价位高	4	4	7	8
打印速度快	4	4	5	8
打印质量佳	5	6	5	8
进纸方便性	4	4	5	7
故障率	5	6	5	8
散热佳	4	4	6	6
省电装置	3	6	7	8
省碳粉装置	3	4	6	9
操作简便	3	4	7	7
维费用高	3	6	6	7
售后服务佳	5	6	7	9

❸ 单击“图表工具”下方的“设计”选项卡。

❹ 单击“位置”组中“移动图表”按钮。

❺ 在“移动图表”对话框中单击选择放置图表的位置为“新工作表”，并输入工作表名称为“性能雷达图”。

❻ 单击“确定”按钮。

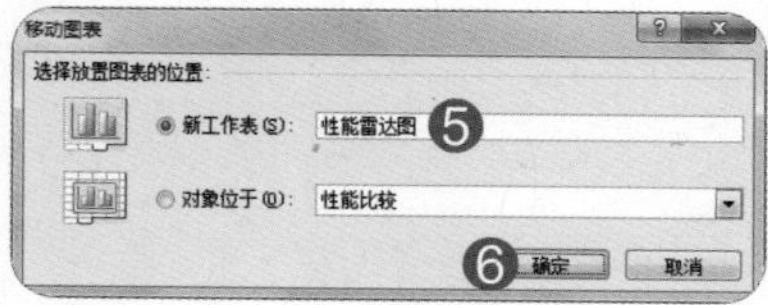

第2小题

❶ 单击“视图”选项卡。

❷ 单击“窗口”组中“新建窗口”按钮。

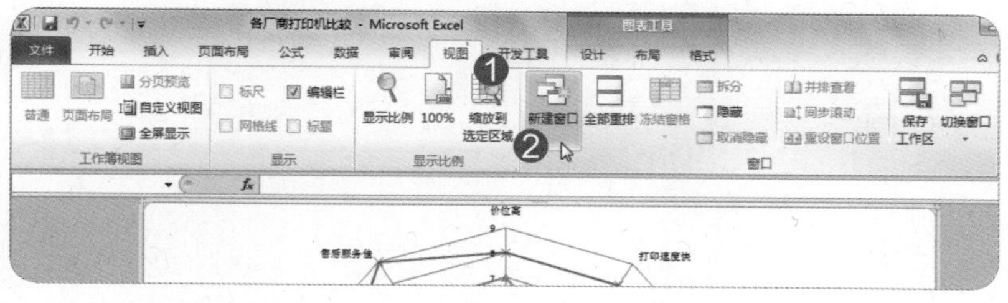

❸ 再单击“全部重排”按钮。

❹ 在“重排窗口”对话框中选择“排列方式”为“平铺”。

❺ 单击“确定”按钮。

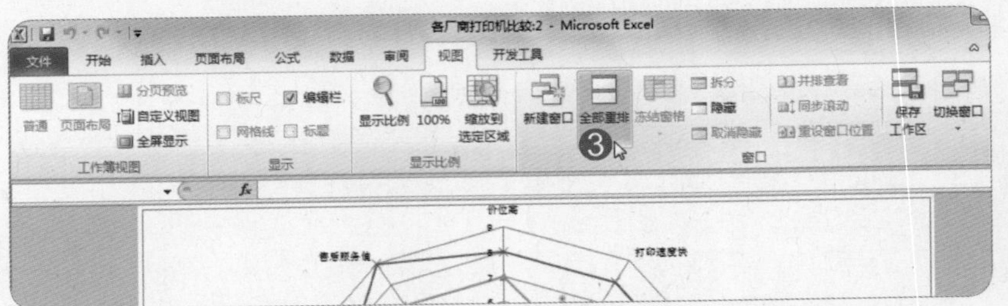

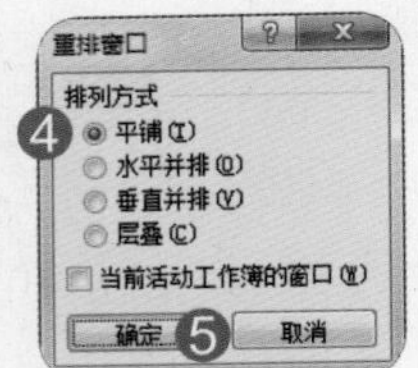

❻ 在左边窗口（窗口2）中单击工作表标签显示“性能比较”工作表。

❼ 在右边窗口（窗口1）中单击工作表标签显示“性能雷达图”工作表。

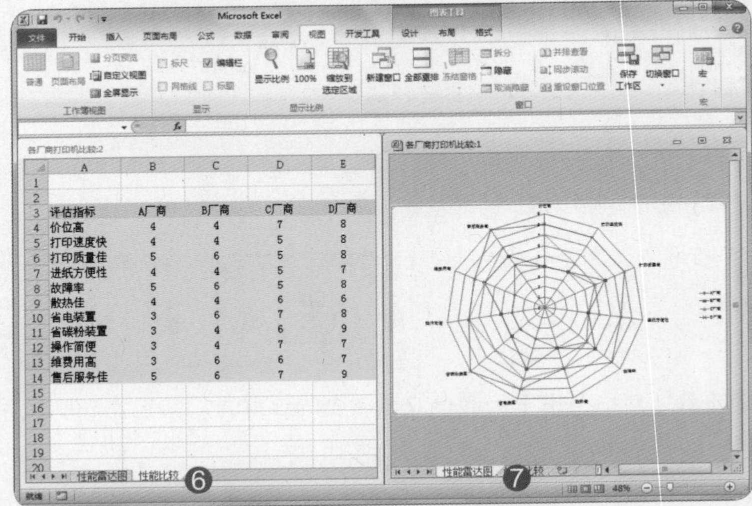

	A	B	C	D	E
1					
2					
3	评估指标	A厂商	B厂商	C厂商	D厂商
4	价位高	4	4	7	8
5	打印速度快	4	4	5	8
6	打印质量佳	5	6	5	8
7	进纸方便性	4	4	5	7
8	故障率	5	6	5	8
9	散热佳	4	4	6	6
10	省电装置	3	6	7	8
11	省碳粉装置	3	4	6	9
12	操作简便	3	4	7	7
13	维费用高	3	6	6	7
14	售后服务佳	5	6	7	9

完成后效果如图所示。

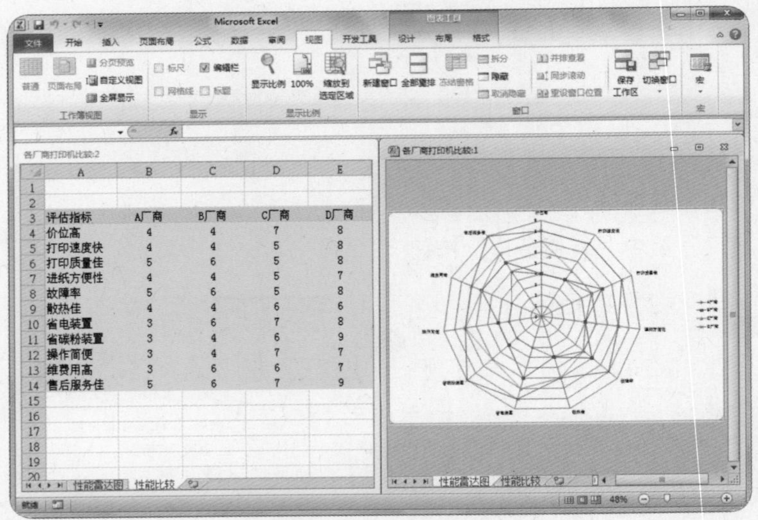

	A	B	C	D	E
1					
2					
3	评估指标	A厂商	B厂商	C厂商	D厂商
4	价位高	4	4	7	8
5	打印速度快	4	4	5	8
6	打印质量佳	5	6	5	8
7	进纸方便性	4	4	5	7
8	故障率	5	6	5	8
9	散热佳	4	4	6	6
10	省电装置	3	6	7	8
11	省碳粉装置	3	4	6	9
12	操作简便	3	4	7	7
13	维费用高	3	6	6	7
14	售后服务佳	5	6	7	9

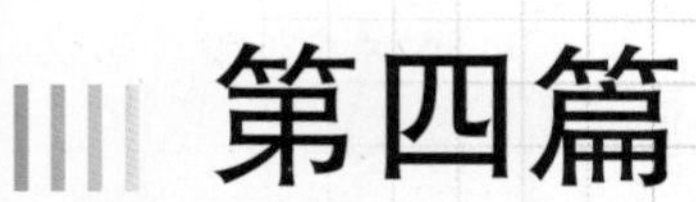

第四篇

Presentations 2010 核心能力认证

题号	题目要求	页码
1/30		
❶	将第1张幻灯片的标题“潮汐的起因？”字体颜色更改为“深蓝，文字2，淡色40%”，并对齐文字于文本框的中部对齐位置。 将第1张幻灯片的副标题“地球科学探索”的文本框，更改形状为“云形”并设定“蓝色”的形状轮廓。	P-6
❷	将每张幻灯片都套用“涟漪”的幻灯片切换效果，持续时间为1秒。	P-9
2/30		
❶	将第2张幻灯片的照片套用“标记”的艺术效果，接着在幻灯片4中将3张照片设置为“顶端对齐”并“横向分布”其间距。	P-10
❷	并将幻灯片5重设左上方的照片再将其裁剪成“波形”的形状，更正右下方的照片设置为“亮度:+20% 对比度:0%（正常）”。	P-13
3/30		
❶	将演示文稿的幻灯片母版“母版标题样式”套用“填充 – 靛蓝，强调文字颜色6，暖色粗糙棱台”的艺术字样式，“母版文字样式”套用“微软雅黑”字体、“1.5”倍行距、并将第一层的项目符号更改为自定义“字体：Webdings”“字符代码：133”“颜色：紫色”。	P-15
❷	除了标题幻灯片之外，在每一张幻灯片均插入自动更新的“日期和时间”，并于页脚输入文字“科学”。	P-19
4/30		
❶	请使用“赏花”文件夹中的所有照片建立相册，移动名称为“赏花1.jpg”的照片于“高塔.jpg”之下，使其成为第2张照片。图片版式为“4张图片”、相框形状为“柔化边缘矩形”，接着创建相册。	P-20
❷	使用主题“跋涉”、主题颜色“元素”，压缩所有图片为电子邮件(96ppi)的格式，将相册另存为新文件，文件名为“赏花相册.pptx”。保存路径为默认路径。	P-22
5/30		
❶	重新编辑目前的相册，使得每张照片都以彩色的方式呈现，并让照片名称显示在照片下方，图片版式为“2张图片”、相框形状为“简单框架，白色”，接着更新相册。	P-25
❷	将所有演示文稿中的“宋体”更改为“微软雅黑”字体，在第5张幻灯片中将右方的图片套用“旋转，白色”的图片样式，并将图片边框更改为“红色，强调文字颜色1，淡色80%”。	P-26
6/30		
❶	将幻灯片大小设定为“A4纸张”，除了标题幻灯片之外，在每一张幻灯片均插入“幻灯片编号”，但标题为“交流内容”的幻灯片从1开始编号。（注意：请接受其他默认设置）	P-28
❷	将演示文稿的文件“状态”输入文字“邀请规划中”。	P-30
7/30		
❶	将演示文稿的讲义母版套用“图案填充：大网格”的背景样式，前景色为“粉红，强调文字颜色4，淡色80%”，背景色不更改。	P-31
❷	插入图片“五线谱.jpg”并删除背景（保留默认设置），图片大小的缩放比例为高度50%、宽度50%，并放在自左上角水平15厘米、垂直0厘米的位置。	P-32

题号	题目要求	页码
❸	使用“Microsoft XPS Document Writer”打印机，打印目前演示文稿，使用“讲义：3张幻灯片”的模式将演示文稿保存到“文档”，文件名为“音乐讲义.xps”。	P-33
8/30		
❶	在第1张幻灯片插入位于“文档”里的音乐文件“music.wav”，并设置音乐“跨幻灯片播放”、“放映时隐藏”。	P-34
❷	设置每一张幻灯片“每隔3秒”自动换片，并“循环放映，按ESC键终止”。	P-36
9/30		
	使用视图功能将目前的演示文稿“新建窗口”，再使用“全部重排”命令，使左边窗口视图为幻灯片5，右边窗口视图为幻灯片6，并将幻灯片5的文本框“但不止是如此。”删除。	P-36
10/30		
❶	使用“幻灯片浏览”视图及“100%”的显示比例，将幻灯片2移至幻灯片9之后。	P-38
❷	将幻灯片3至幻灯片6新增一个节，名称为“团队资源”，将幻灯片7至幻灯片9新增一个节，名称为“目标分析”。	P-38
11/30		
❶	在幻灯片2插入一个“连续块状流程”SmartArt，并于三个区块中输入文字从左到右分别为“检讨”“改善”“实施”，更改颜色为“彩色 – 强调文字颜色”并套用“强烈效果”SmartArt样式。	P-41
❷	将整个SmartArt图形设置为高度“10厘米”、宽度“16厘米”，并对齐于幻灯片的正中央位置。	P-43
12/30		
❶	在幻灯片7中将项目符号文字转换为“分离射线”SmartArt，套用“三维：优雅”SmartArt样式，再将正中央的“资源假设”形状增大2次及设置“强烈效果 – 蓝色, 强调颜色6”形状样式。	P-45
❷	将幻灯片6的SmartArt图形转换为文本，最后将幻灯片8的SmartArt图形更改为“流程箭头”布局配置并将箭头方向改为“从右向左”。	P-47
13/30		
❶	在幻灯片1之后新增一张“标题和内容”版面布局的幻灯片，于幻灯片标题输入文字“运动消耗热量表”，于下方内容区插入一个“3列2行”的表格，并在第一行由左至右输入文字“游泳”“跑步”“跳绳”，接着在第二行由左至右输入数字“581”“352”“224”，表格样式为“中度样式2 – 强调3”。	P-49
❷	插入一个文本框并输入文字“单位：30分钟”，文本框的高度为“1厘米”、宽度“5厘米”，并放在自左上角水平25厘米、垂直9厘米的位置。	P-51
14/30		
	将第6张幻灯片中右方的图片“更改图片”为文件夹中的“水中摄影.jpg”。“创建视频”为“便携式设备”类型，放映每一张幻灯片的秒数设置为“1秒”，保存在“文档”文件夹，文件名为“月历影片.wmv”。（注意：接受其他默认设置）	P-53
15/30		
❶	将演示文稿中的所有繁体中文转换为简体中文。	P-55

题号	题目要求	页码
❷	对幻灯片2中的图片新增“阶梯状”进入动画、开始：“上一动画之后”、持续时间：“1秒”、效果选项“方向：左上”。	P-56
❸	对幻灯片5中的图表新增“切入”进入动画、开始：“上一动画之后”、持续时间：“1秒”、效果选项“序列：按系列”。（注意：接受其他默认设置）	P-57
16/30		
	比较目前演示文稿和“文档”文件夹中“企业规划演示文稿_更新.pptx”两份演示文稿的不同，接受前3个更改后结束审阅，并将文件另存为新文档“PowerPoint97-2003演示文稿”，保存到“文档”文件夹，文件名为“企业规划”。（注意：接受其他默认设置）	P-59
17/30		
❶	在幻灯片3新增图表，图表类型为“簇状圆柱图”，数据源为幻灯片2中表格的所有内容。	P-63
❷	使用图表样式“样式34”，并将背景墙更改颜色为“蓝色，强调文字颜色3，淡色80%”、基底更改颜色为“蓝色，强调文字颜色3，淡色40%”，关闭“图例”、开启“显示模拟运算表和图例项标示”。	P-65
18/30		
❶	请先依窗口调整目前幻灯片的大小。	P-68
❷	接着删除演示文稿中的所有批注，再将演示文稿标记为最终状态。	P-69
19/30		
❶	在幻灯片6中使用“链接到文件”的方式，插入文件夹中“media1.wmv”视频文件，并将视频套用“border1.png”标牌框架。	P-70
❷	只将幻灯片6的背景改为渐变填充中的“预设颜色：羊皮纸”。	P-72
20/30		
❶	建立新的主题颜色，名称为“新颜色”。仅更改超链接的文字颜色，“超链接”颜色为“蓝色”、“已访问过的超链接”颜色为“红色”。	P-74
❷	在幻灯片7将“参考网站”文字建立超链接，链接网址为“http://www.jyic.net.cn”，输入屏幕提示文字“劲园信息”。	P-75
21/30		
❶	使用“幻灯片（从大纲）”的方式，将“科学类项目.docx”导入至目前的演示文稿中，并将第1张幻灯片更改为“标题幻灯片”版式。	P-77
❷	将每张幻灯片都套用“随机线条”的幻灯片切换效果，效果选项为“水平”，并加上“照相机”的声音。	P-79
22/30		
❶	在幻灯片8中对“目前进度”形状插入“动作”，使其“单击鼠标”时可开启“目前进度.xlsx”工作簿，并“单击时突出显示”。	P-81
❷	将演示文稿打包成CD，且“复制到文件夹”，文件夹名称为“企业规划演示文稿”，位置为“文档”文件夹，最后关闭窗口。	P-83
23/30		
❶	在幻灯片6插入剪贴画，搜索“背包”并将第一个结果图片放入演示文稿，相对于幻灯片的右下角。（注意：请包含Office.com内容）	P-84

题号	题目要求	页码
❷	在幻灯片6对图表新增“轮子”的进入动画、持续时间“1秒”，单击右下方的背包图片才能触发动画的播放。	P-85
24/30		
❶	进入“灰度”视图，在幻灯片3将左方的图片设定为“浅灰度”，完成后“返回颜色视图”。	P-86
❷	在快速访问工具栏上新增“打印预览和打印”的按钮，单击“打印预览和打印”按钮，并选择“灰度”的打印预览效果。	P-87
25/30		
❶	新增一个名称为“快速演示文稿”的“自定义幻灯片放映”，只播放幻灯片“1、2、3、5、7”，最后关闭窗口。	P-88
❷	在幻灯片2新增批注，输入文字“增加图片”，再将演示文稿“用密码进行加密”，需要输入“7713”时才能开启演示文稿。	P-89
26/30		
❶	隐藏幻灯片2至幻灯片7，接着从第一张幻灯片开始放映演示文稿，放映至“月球已经移动一点点…”开头的两行文字时，以“黄色荧光笔”圈选起来，最后结束放映并保留墨迹注释。	P-91
❷	在幻灯片14修改原有的批注，在文字“确认到此结束？”之后再加上新文字“已确认”。	P-93
27/30		
❶	设置PowerPoint选项，取消“Internet和网络路径替换为超链接”功能。	P-94
❷	在幻灯片3，删除第2个项目符号中网址“www.music.com”的超链接，并在第4个项目符号之后输入网址“www.ttc.com.tw”，再按下【Enter】键换行。	P-95
28/30		
❶	将幻灯片显示比例调整为“最佳”，并将幻灯片1外侧右方的白鸽图片旋转“45°”，再将图片新增“其他动作路径”中的“向左”、开始：“单击时”、持续时间：“1秒”。	P-97
❷	对文本框“心花朵朵开”新增“波浪形”强调动画效果，开始：“与上一动画同时”、持续时间：“0.5秒”、延迟：“0.5秒”。	P-99
29/30		
❶	添加“淡出”进入动画在幻灯片4的项目文字，开始：“上一动画之后”、持续时间：“0.5秒”。	P-100
❷	将幻灯片4项目文字的动画“动画刷”至幻灯片8的项目文字，调整“热气球”的动画播放顺序为最后。	P-101
30/30		
❶	检查文档，删除“文档属性和个人信息”。使用“排练计时”功能录制每张幻灯片的时间约为2秒。	P-103
❷	设置幻灯片放映，放映类型“在展台浏览”。	P-106

测验试题 1/30

● **题目**

1. 将第1张幻灯片的标题“潮汐的起因？”字体颜色更改为“深蓝，文字2，淡色40%”，并对齐文字于文本框的垂直中部。
2. 将第1张幻灯片的副标题“地球科学探索”的文本框，更改形状为“云形”并设定“蓝色”的形状轮廓。
3. 将每张幻灯片都套用“涟漪”的幻灯片切换效果，持续时间为1秒。

●解题步骤

第1小题

❶ 在幻灯片索引标签中选中第1张幻灯片。

❷ 单击选中“潮汐的起因？”标题文本框。

❸ 单击“开始”选项卡→“字体”组→“字体颜色”下三角按钮。

❹ 在“字体颜色”下拉菜单中单击“深蓝，文字2，淡色40%”。

❺ 单击“开始”选项卡→“段落”组→“对齐文本”按钮。

❻ 选择“中部对齐”命令。

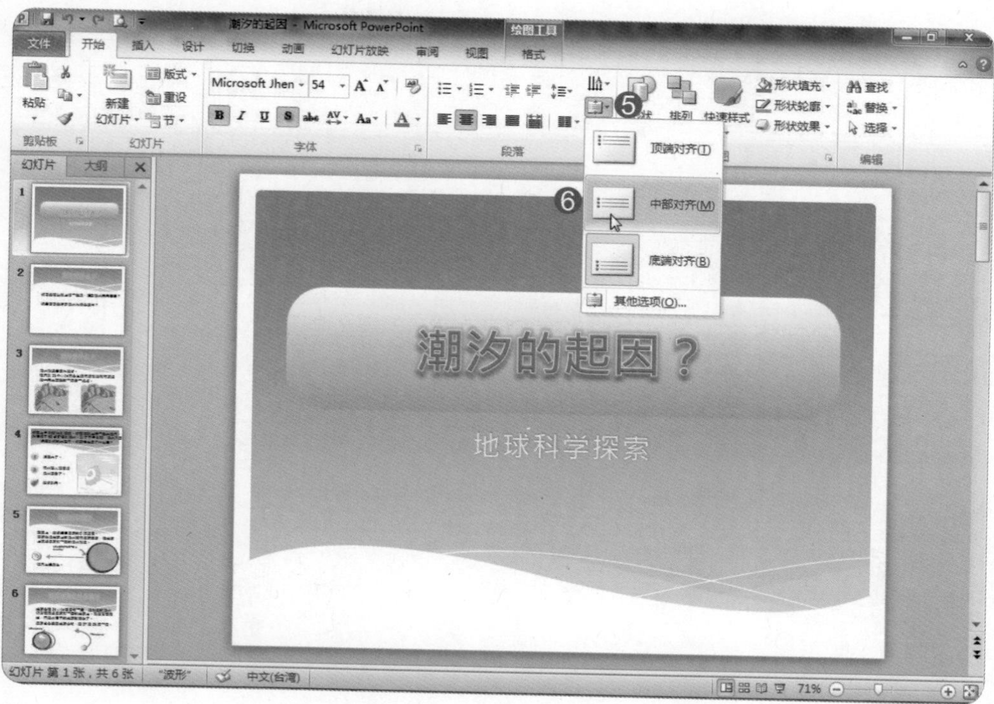

❼ 单击选中“地球科学探索”副标题文本框。

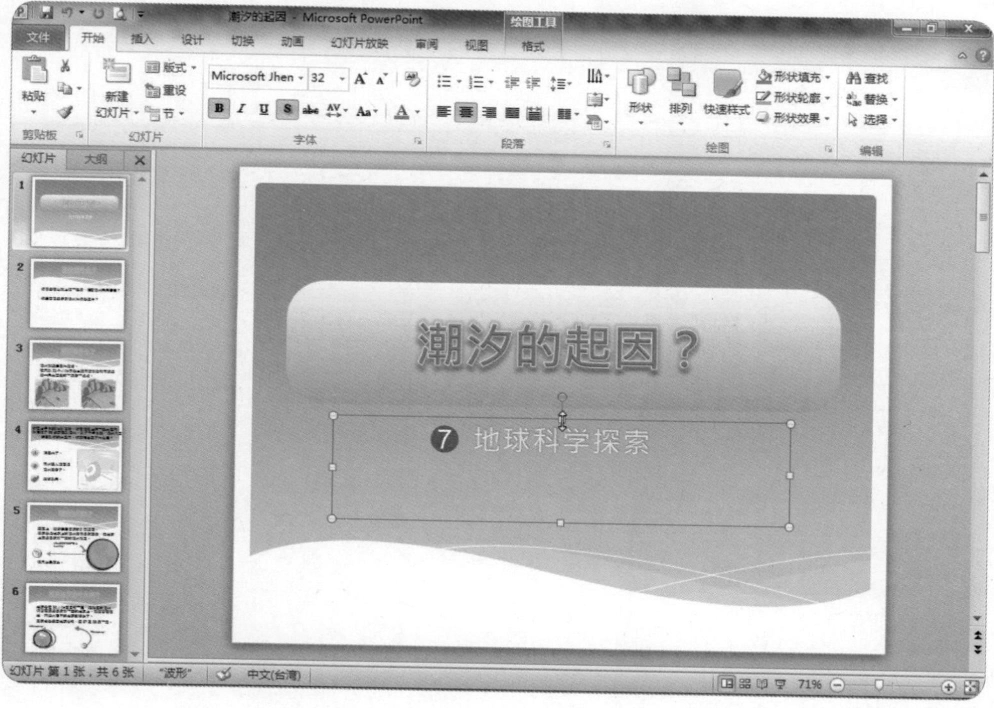

❽ 单击“绘图工具：格式”选项卡→“插入形状”组→“编辑形状”按钮。

❾ 在“编辑形状”下拉菜单中，选择“更改形状”的“基本形状：云型”命令。

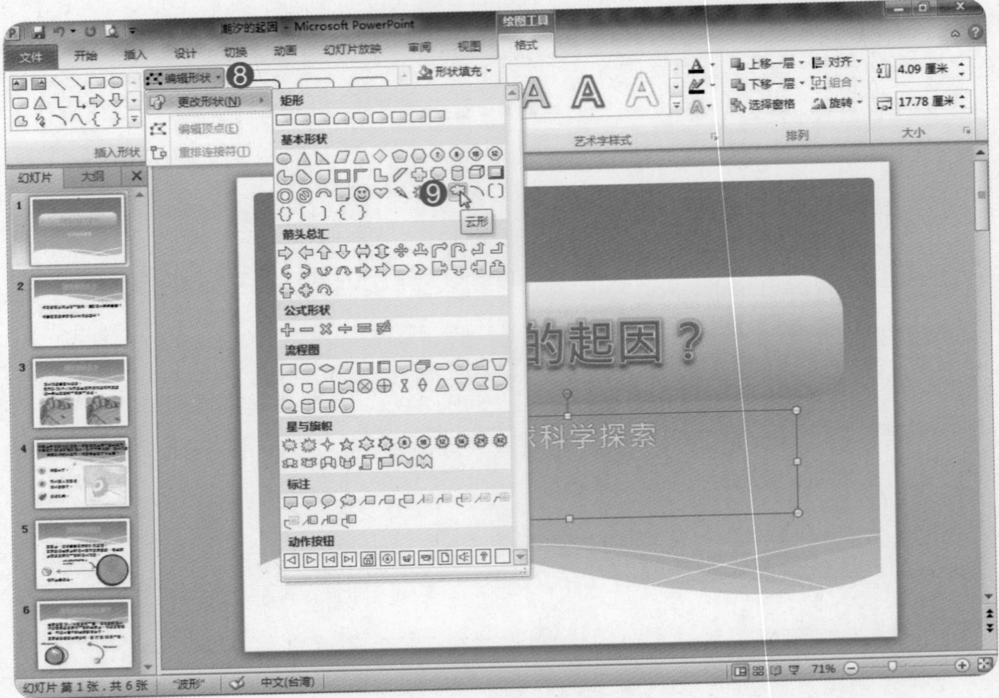

❿ 单击“绘图工具：格式”选项卡→“形状样式”组→“形状轮廓”按钮。

⓫ 在“形状轮廓”下拉菜单中单击“蓝色”。

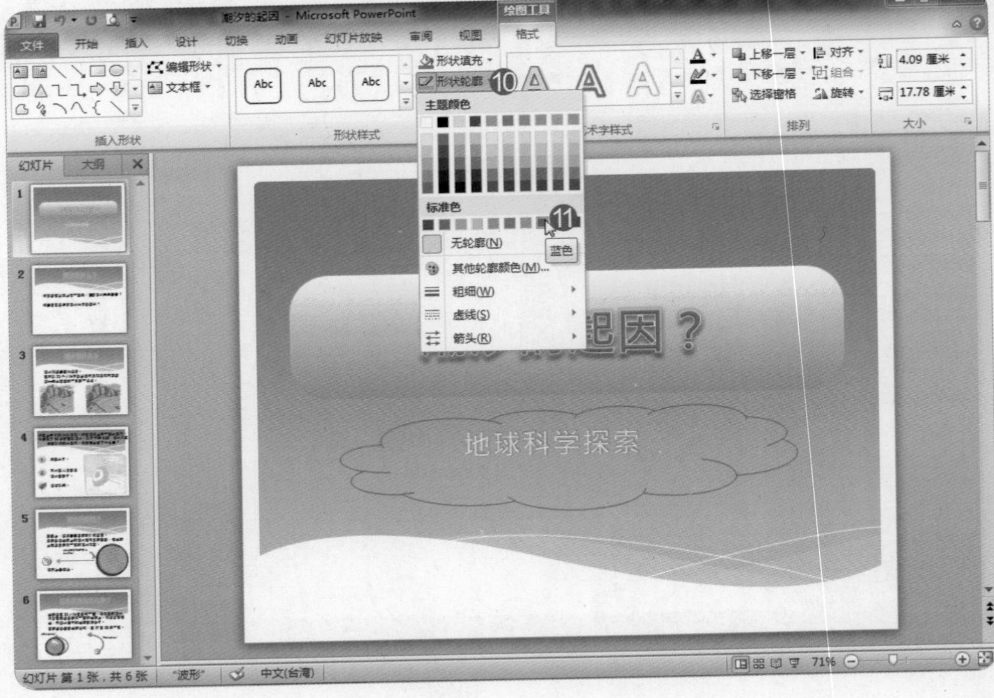

完成后效果如下图所示：

第2小题

❶ 单击“切换”选项卡→“切换到此幻灯片”组→“其他”按钮。

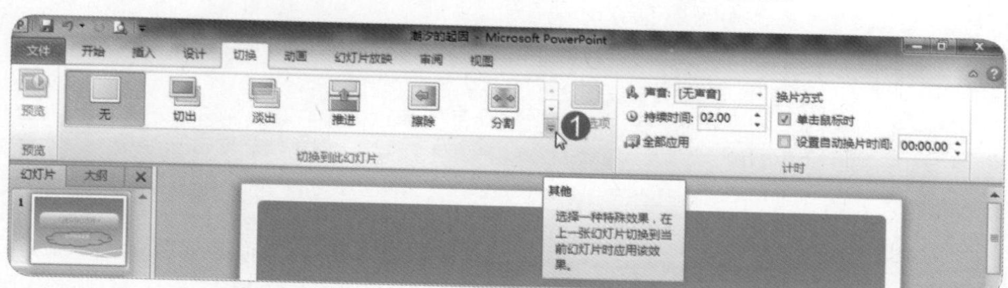

❷ 在下拉菜单中单击“涟漪”。

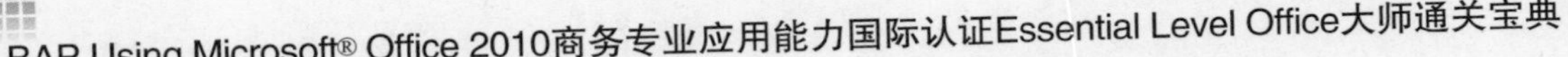

❸在“计时”组中，将“持续时间”设置为“01.00”。

❹单击“全部应用”按钮。

完成后效果如图所示。

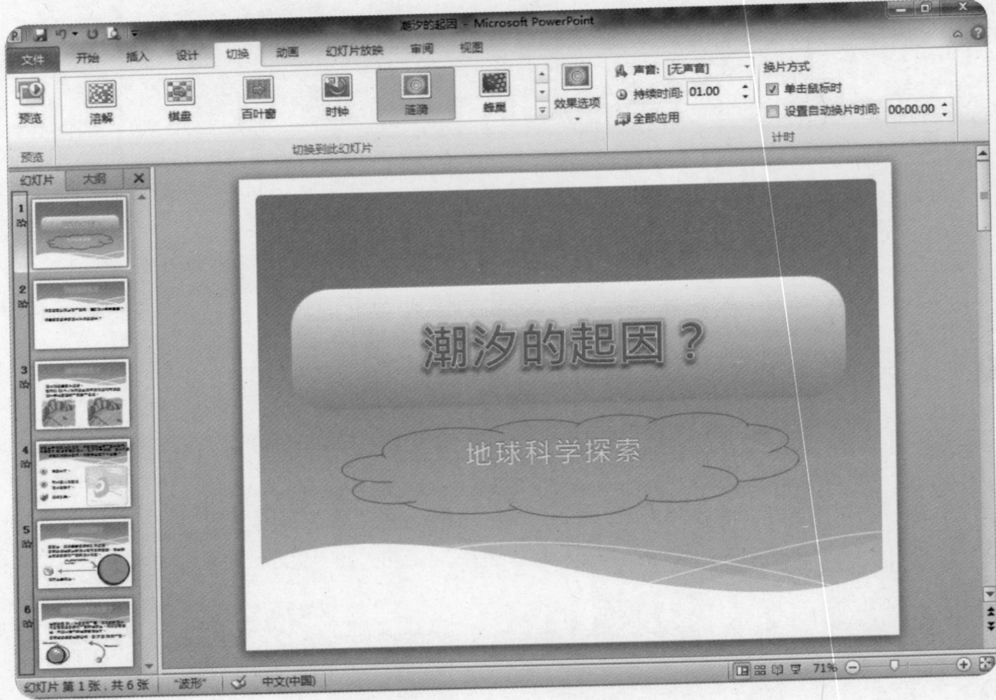

测验试题 2/30

●**题目**

1. 将第2张幻灯片的照片套用“标记”的艺术效果，接着在幻灯片4中将3张照片设置为“顶端对齐”并“横向分布”其间距。
2. 并将幻灯片5重设左上方的照片再将其裁剪成“波形”的形状，更正右下方的照片设置为“亮度:+20% 对比度:0%（正常）”。

●**解题步骤**

第1小题

❶在幻灯片索引标签中选中第2张幻灯片。

❷ 单击选中幻灯片中的照片。

❸ 单击“图片工具：格式”选项卡→“调整”组→“艺术效果”按钮。

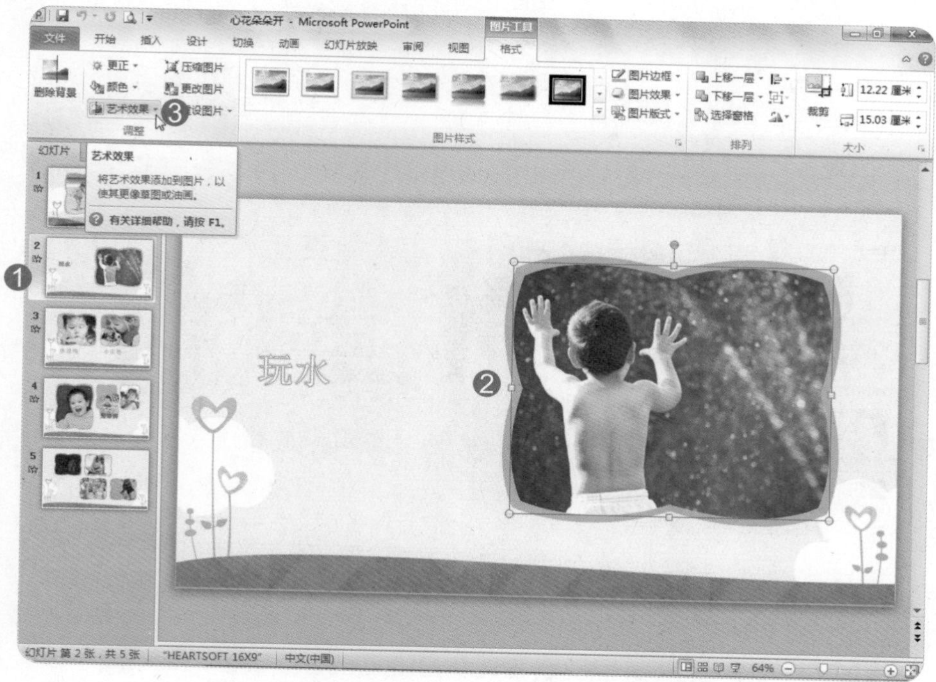

❹ 在“艺术效果”下拉菜单中单击“标记”选项。

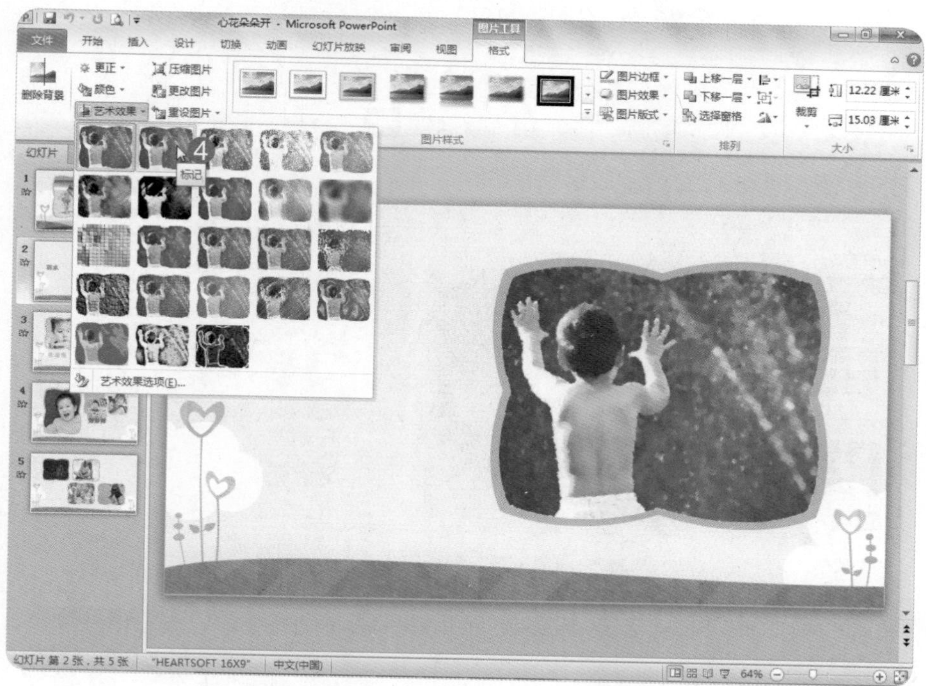

❺ 在幻灯片索引标签中选中第4张幻灯片。

❻ 按住【Ctrl】键依次单击3张照片，同时选中3照片。

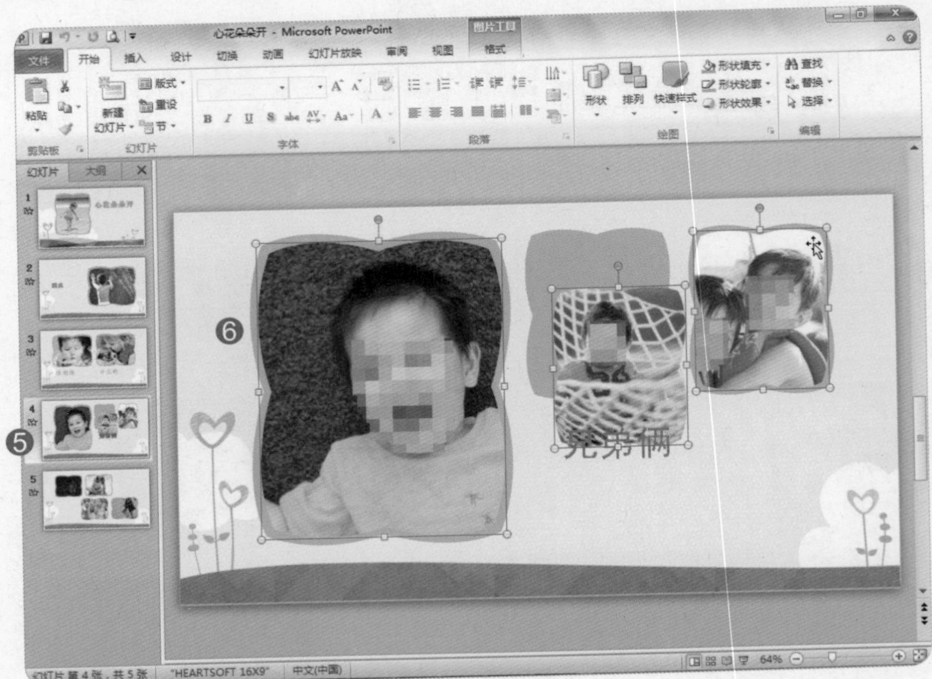

❼ 单击“图片工具：格式”选项卡→“排列”组→“对齐”按钮。

❽ 在“对齐”下拉菜单中选择“顶端对齐”命令。

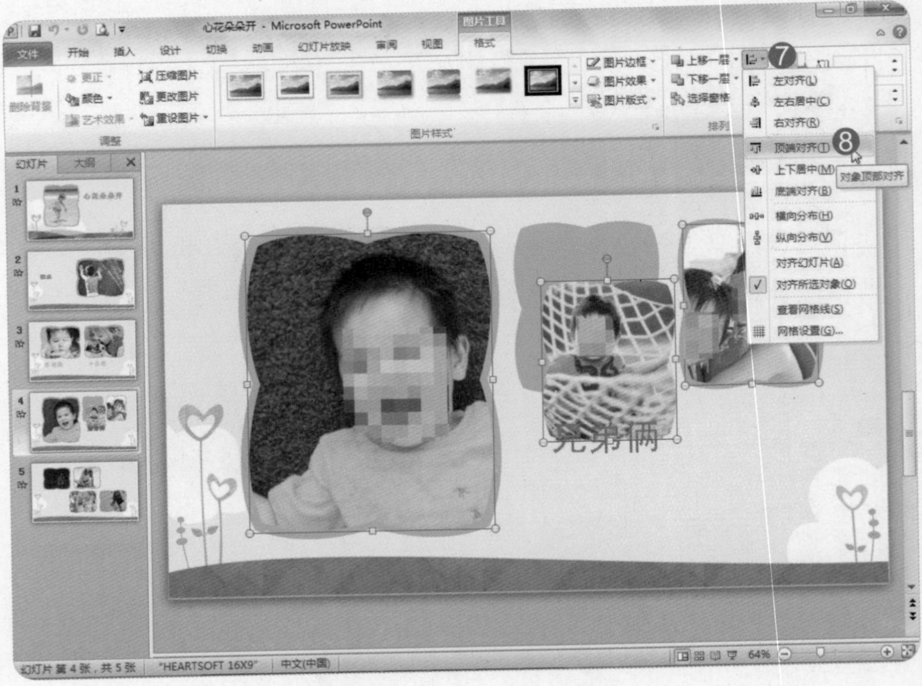

⑨ 单击“排列”组中的“对齐”按钮。

⑩ 在“对齐”下拉菜单中选择“横向分布”命令。

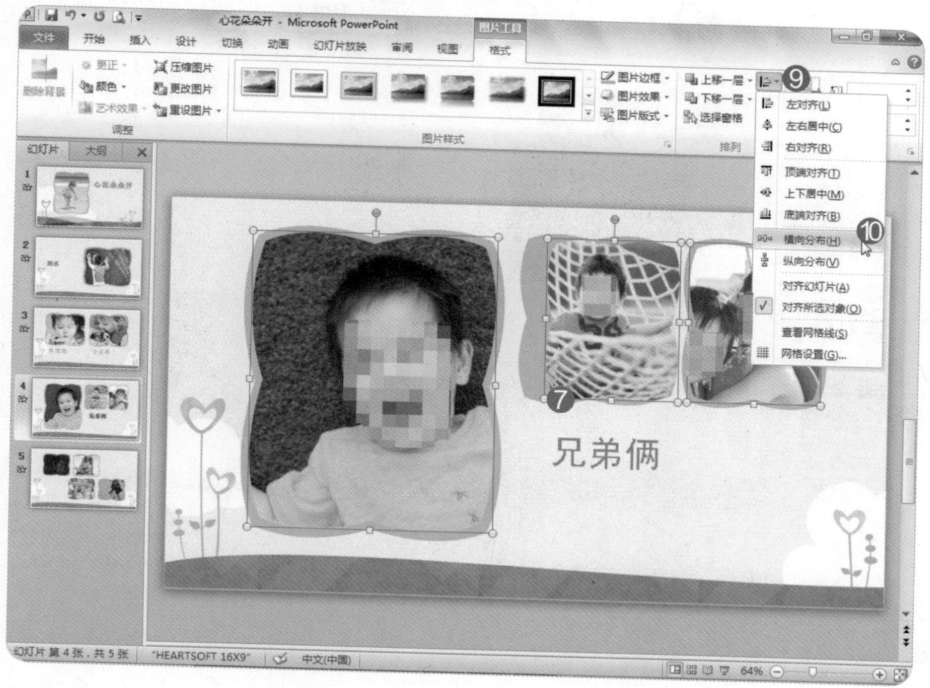

完成后效果如图所示。

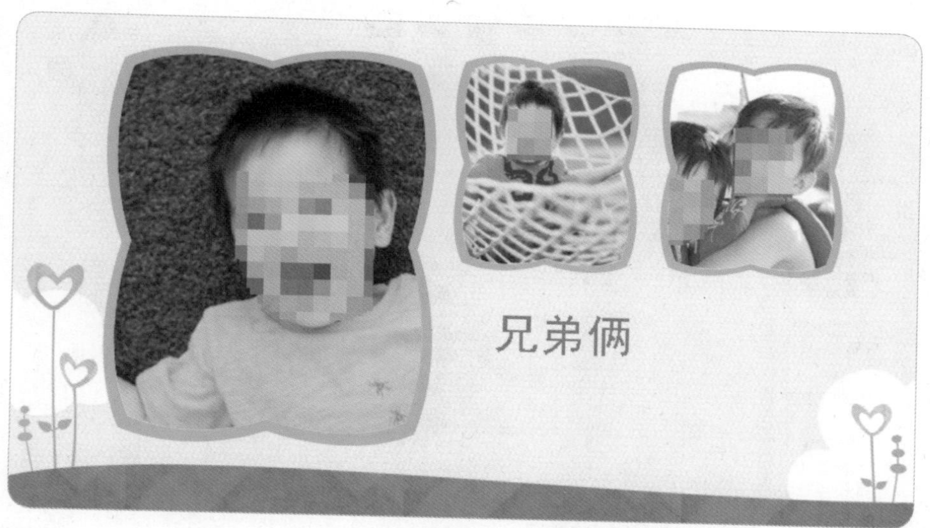

第2小题

① 在幻灯片索引标签中选中第5张幻灯片。

② 单击选中幻灯片5左上方的照片。

③ 单击“图片工具：格式”选项卡→“调整”组→“重设图片”按钮。

❹ 单击“图片工具：格式”选项卡→“大小”组→“裁剪”下拉菜单按钮。

❺ 在“裁剪”下拉菜单中选择“裁剪为形状”命令中的“星与旗帜：波形”样式。

❻ 单击选中幻灯片5右下方的照片。

❼ 单击“图片工具：格式”选项卡→“调整”组→“更正”按钮。

❽ 在“更正”下拉菜单中选择“亮度:+20% 对比度:0%（正常）”选项。

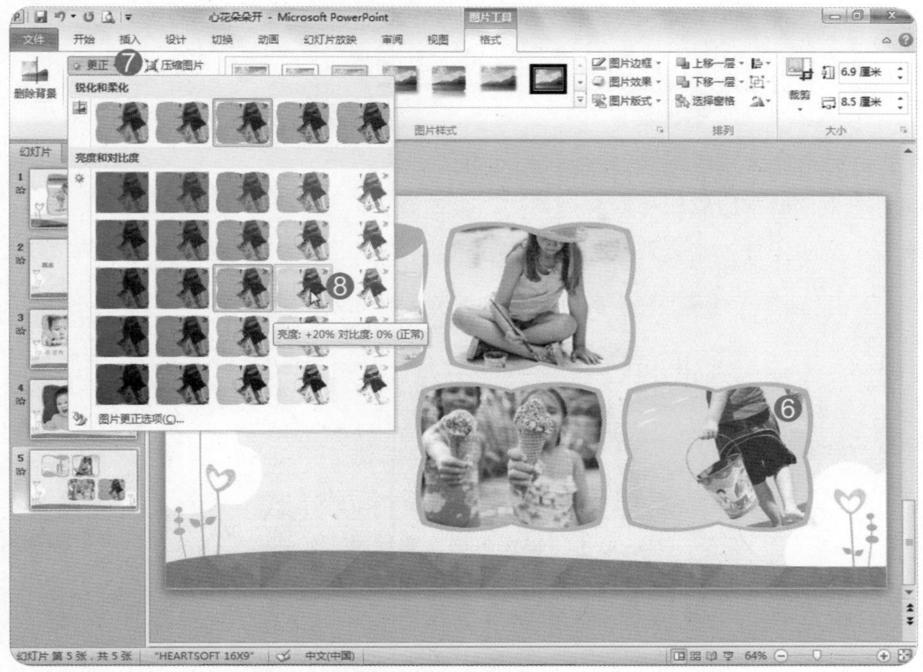

完成后效果如图所示。

测验试题 3/30

●题目

1. 将演示文稿的幻灯片母版“母版标题样式”套用“填充－靛蓝，强调文字颜色6，暖色粗糙棱台”的艺术字样式，“母版文字样式”套用“微软雅黑”字体、“1.5”倍行距、并将第一层的项目符号更改为自定义“字体：Webdings”“字符代码：133”“颜色：紫色”。
2. 除了标题幻灯片之外，在每一张幻灯片均插入自动更新的“日期和时间”，并于页脚输入文字“科学”。

●解题步骤

第1小题

❶ 单击“视图”选项卡→“母版视图”组→“幻灯片母版”按钮。

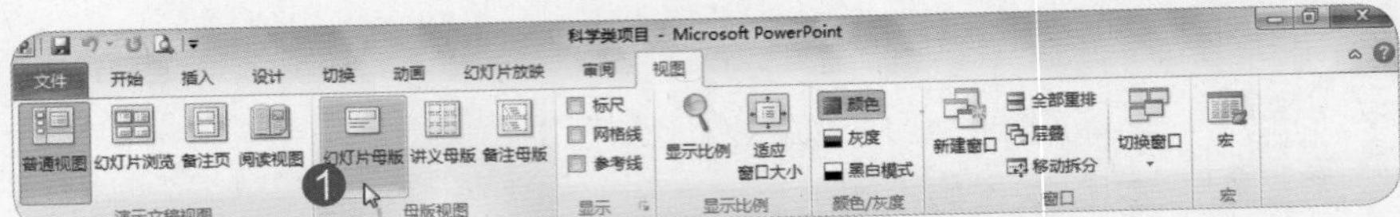

❷ 在幻灯片母版索引标签中选中第1张幻灯片母版。

❸ 单击选中“单击以编辑母版标题样式”文本框。

❹ 单击“绘图工具：格式”选项卡→“艺术字样式”组→“其他”下拉菜单按钮。

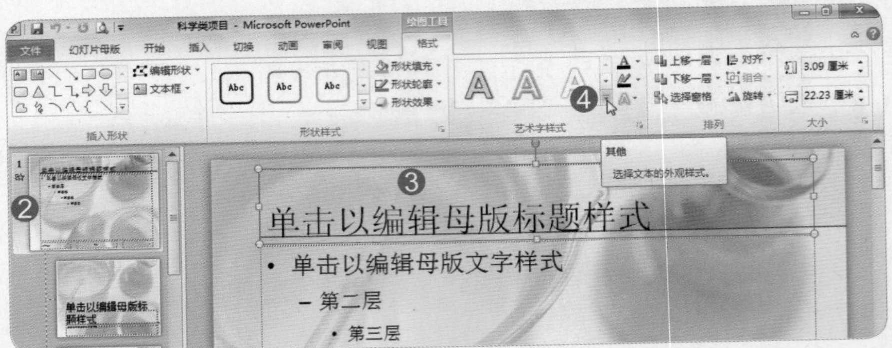

❺ 在下拉菜单中单击“填充 – 靛蓝, 强调文字颜色6, 暖色粗糙棱台”选项选项。

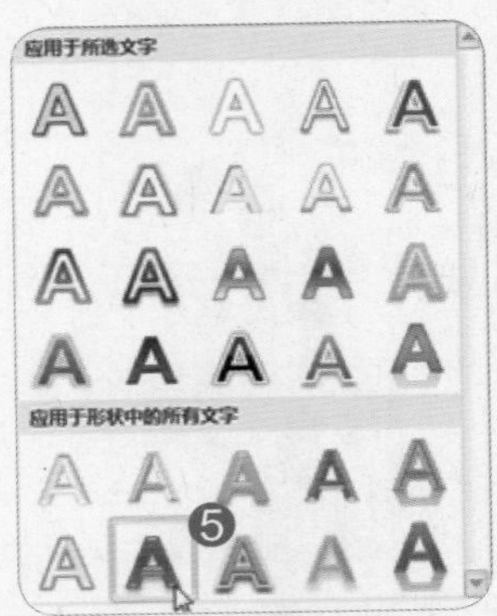

❻ 单击选中“单击以编辑母版文字样式”文本框。

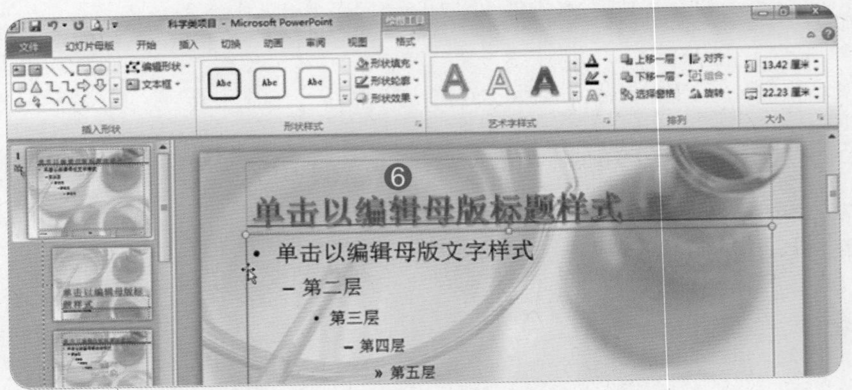

❼ 单击“开始”选项卡→“字体”组→“字体”下拉菜单按钮。

❽ 在“字体”下拉菜单中单击“微软雅黑”选项。

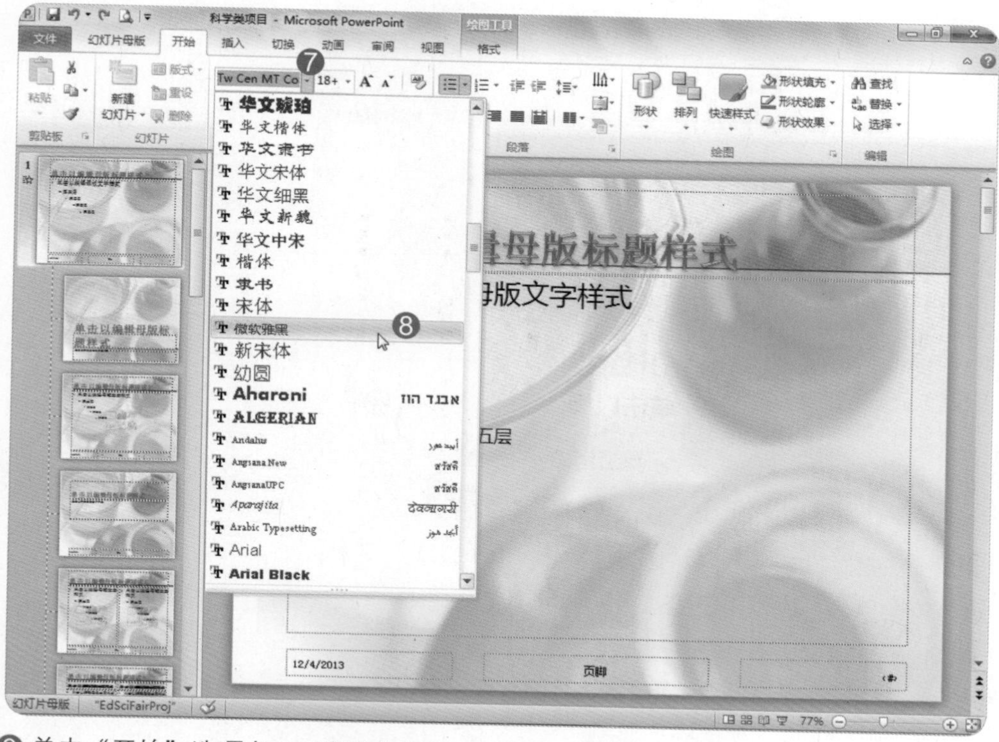

⑨ 单击“开始”选项卡→“段落”组→“行距”按钮。

⑩ 在下拉菜单中单击“1.5”选项。

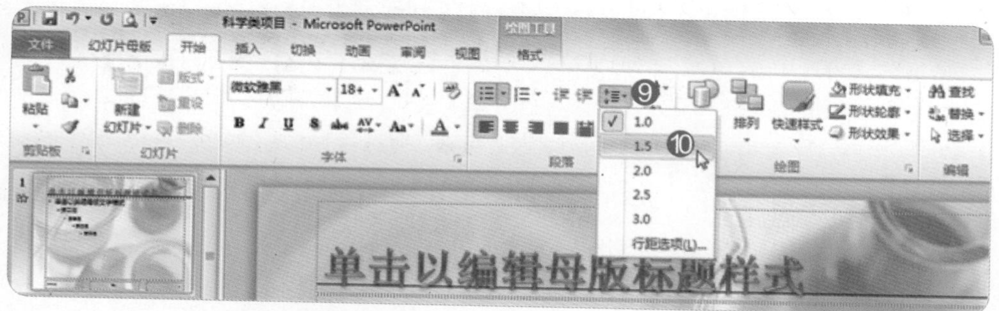

⑪ 单击“单击以编辑母版文字样式”所在段落，将光标定位于该段落。

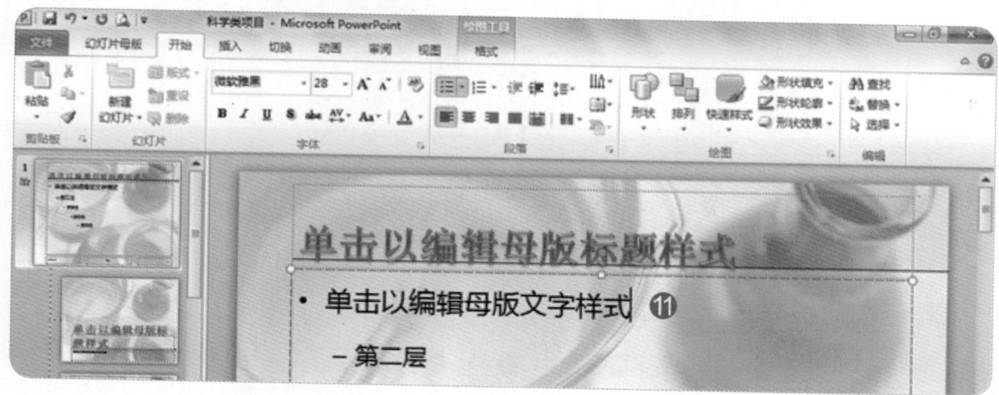

⑫ 单击“开始”选项卡→“段落”组→“项目符号”下拉菜单按钮。

⑬ 在下拉菜单中单击“项目符号和编号”选项。

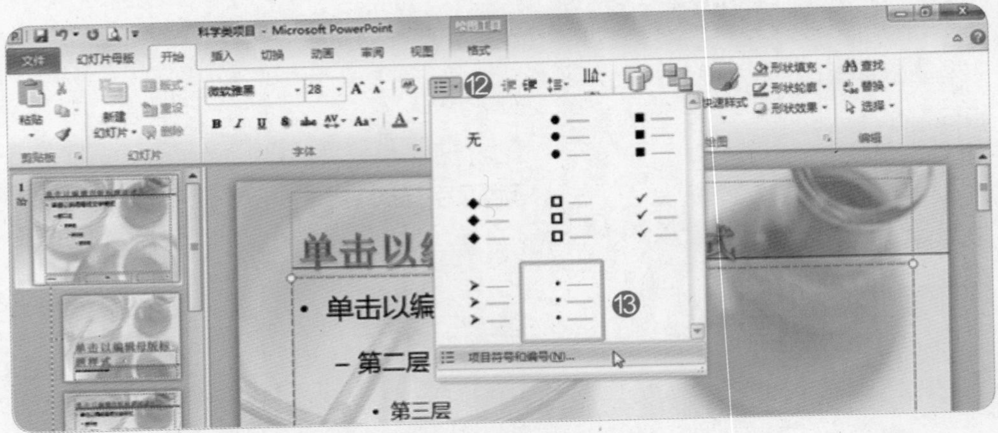

⑭ 在“项目符号和编号”对话框中单击“自定义...”按钮。

⑮ 在“字体”下拉菜单中单击“Webdings”选项。

⑯ 在“字符代码”后的文本框中输入“133”。

⑰ 然后单击“确定”按钮。

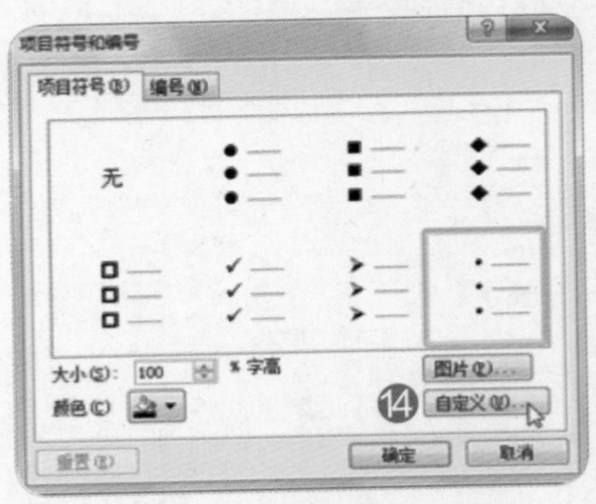

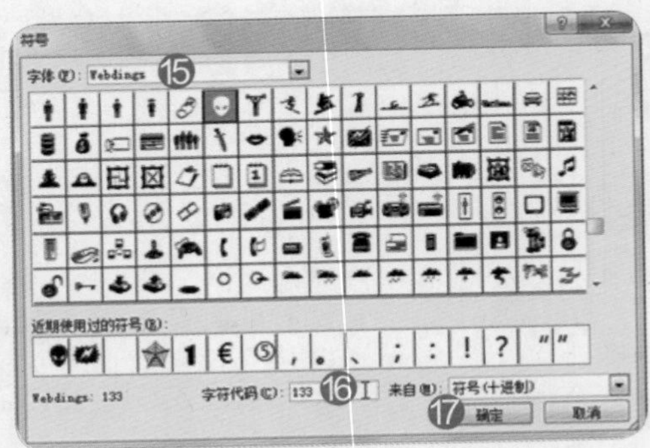

⑱ 在“颜色”下拉菜单中单击“紫色”。

⑲ 然后单击“确定”按钮。

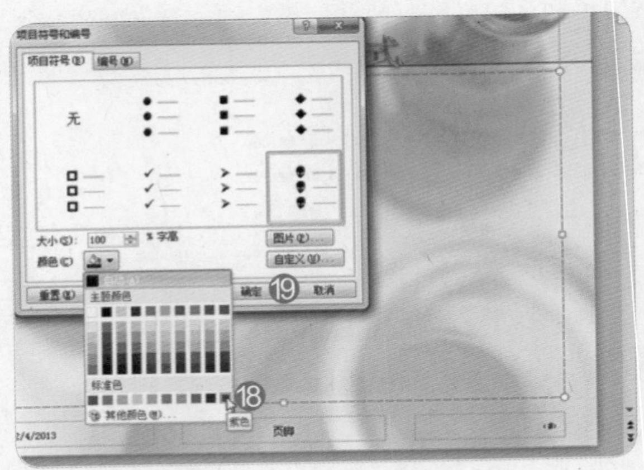

⑳ 单击“幻灯片母版”选项卡→“关闭”组→“关闭母版视图”按钮。

完成后效果如图所示。

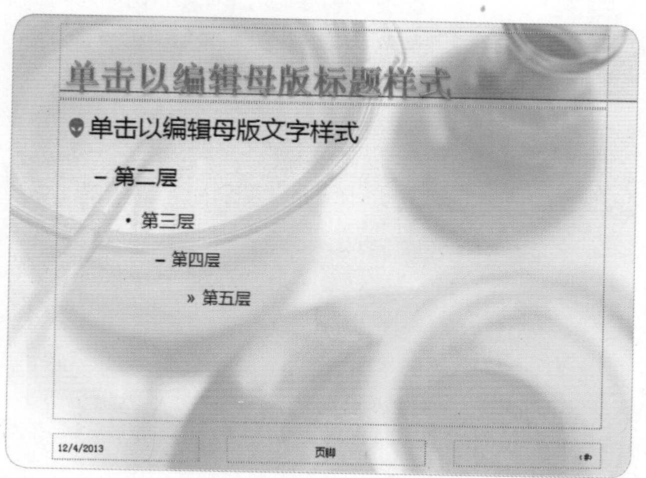

第2小题

❶ 单击“插入”选项卡→“文本”组→“日期和时间”按钮。

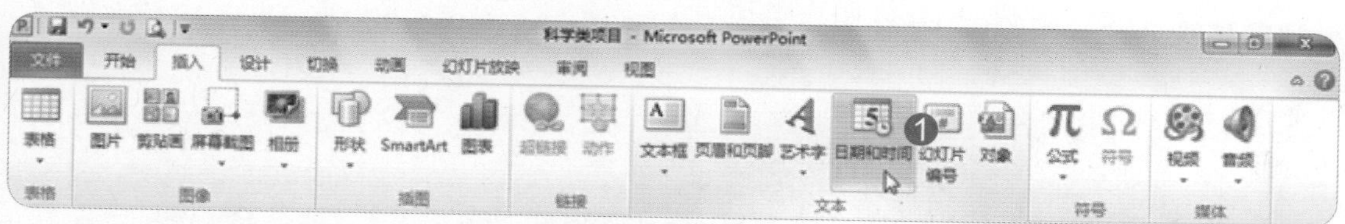

❷ 在“页眉和页脚”对话框中单击“日期和时间”复选框以及“自动更新”单选按钮。

❸ 单击“页脚”复选框并输入文字“科学”。

❹ 单击“标题幻灯片中不显示”复选框。

❺ 单击“全部应用”按钮。

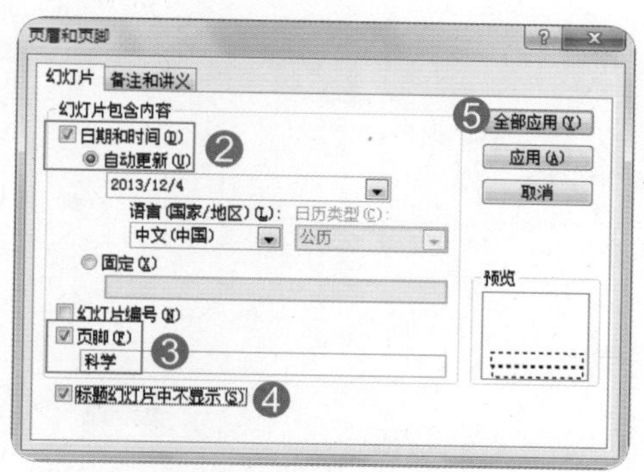

完成后效果如图所示。

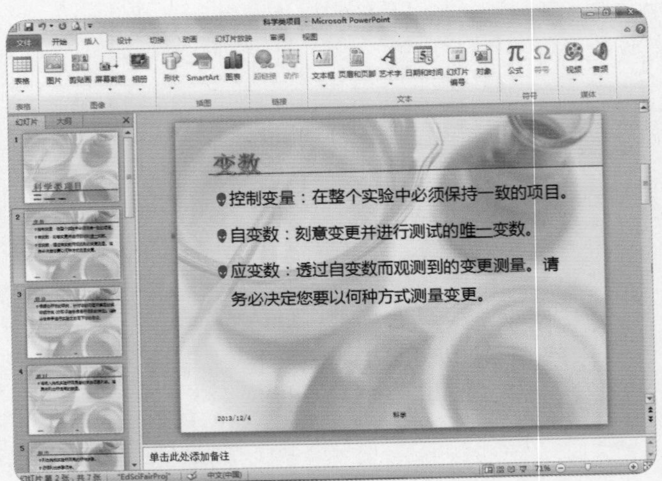

测验试题 4/30

●题目

1. 请使用“赏花”文件夹中的所有照片建立相册，移动名称为“赏花1.jpg”的照片于“高塔.jpg”之下，使其成为第2张照片。图片版式为“4张图片”、相框形状为“柔化边缘矩形”，接着创建相册。
2. 使用主题“跋涉”、主题颜色“元素”，压缩所有图片为电子邮件(96ppi)的格式，将相册另存为新文件，文件名为“赏花相册.pptx”。保存路径为默认路径。

●解题步骤

第1小题

❶ 单击“插入”选项卡→“图像”组→“新建相册”按钮。

❷ 在“相册”对话框中单击“文件/磁盘...”按钮。

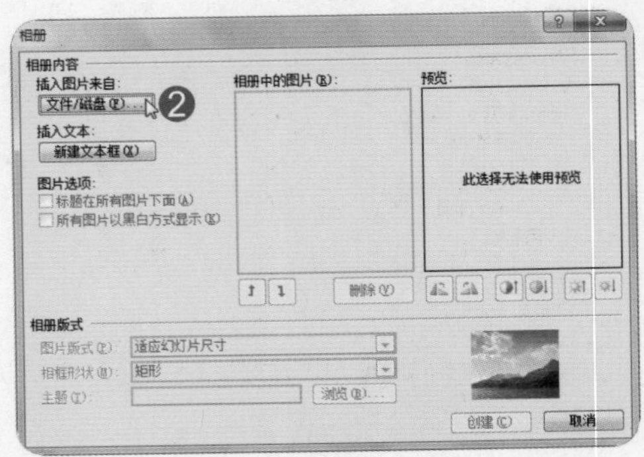

❸ 双击打开“我的图片”中的“赏花”文件夹。

❹ 按住【Ctrl+A】组合键全选“赏花”文件夹中的所有照片。

❺ 然后单击“插入”按钮。

❻ 单击选中名为“高塔”的图片，单击“上移”按钮将其移至第一张图片。

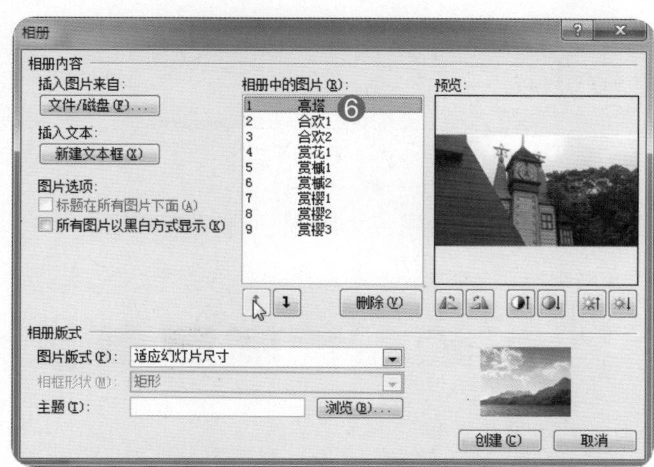

⑦ 单击选中名为“赏花1”的图片，单击“上移”按钮将其移至第二张图片。

⑧ 单击“图片版式”下拉菜单按钮，选择“4张图片”。

⑨ 单击“相框形状”下拉菜单按钮，选择“柔化边缘矩形”。

⑩ 然后单击“创建”按钮。

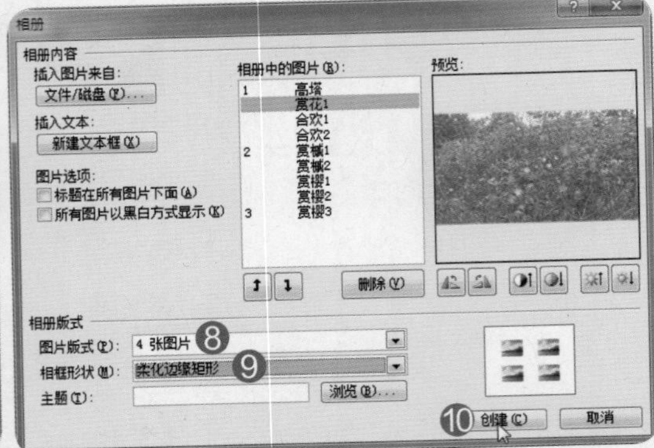

完成后效果如图所示。

第2小题

① 单击“设计”选项卡→“主题”组→“其他”下拉菜单按钮。

② 在下拉菜单中单击“跋涉”主题。

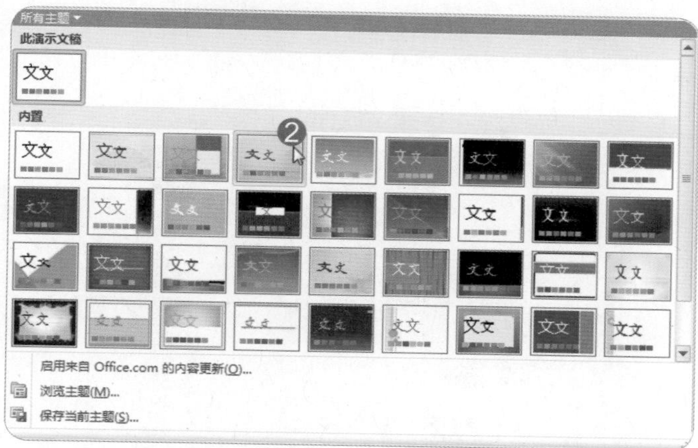

❸ 单击“颜色”按钮，在下拉菜单中单击“元素”主题颜色。

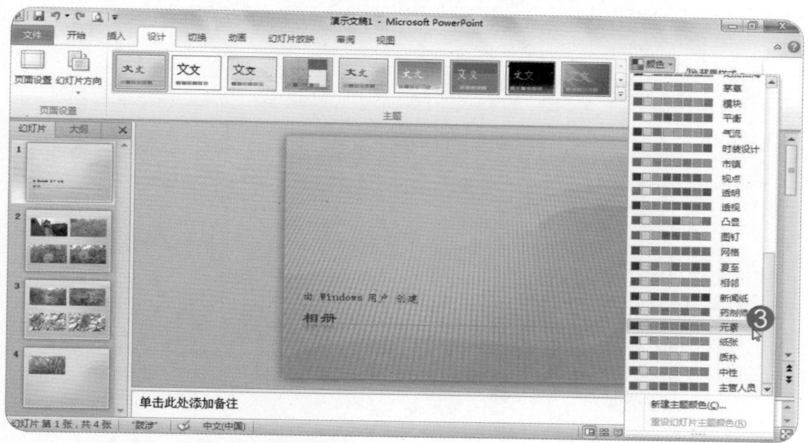

❹ 在幻灯片索引标签中选中第2张幻灯片。

❺ 单击选中任意一张图片。

❻ 单击“格式”选项卡→“调整”组→“压缩图片”按钮。

❼ 在“压缩图片”对话框中取消选择“仅应用于此图片”复选框。

❽ 单击“电子邮件(96ppi)”单选按钮。

❾ 然后单击“确定”按钮。

❿ 单击“文件”按钮→“另存为”按钮。

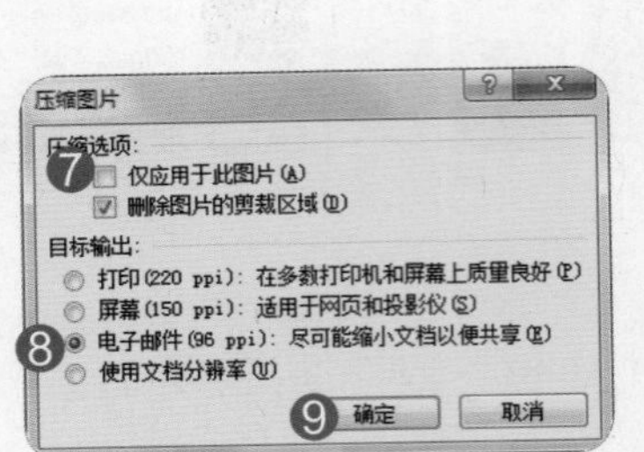

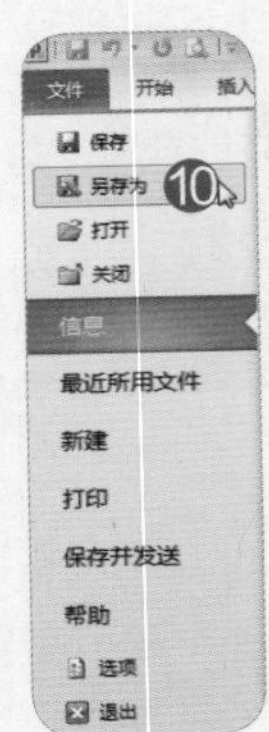

⓫ 单击选择“文档”文件夹。

⓬ 在“文件名”后文本框中输入文件名称“赏花相册”。

⓭ 然后单击“保存”按钮。

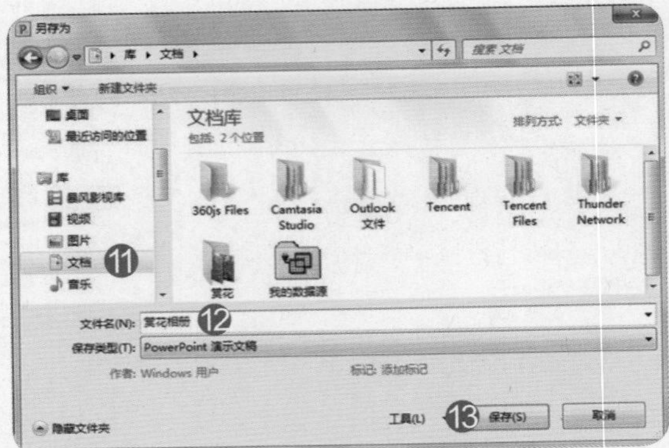

完成后效果如图所示。

测验试题　5/30

●题目

1. 重新编辑目前的相册，使得每张照片都以彩色的方式呈现，并让照片名称显示在照片下方，图片版式为“2张图片”、相框形状为“简单框架，白色”，接着更新相册。
2. 将所有演示文稿中的“宋体”更改为“微软雅黑”字体，在第5张幻灯片中将右方的图片套用“旋转，白色”的图片样式，并将图片边框更改为“红色，强调文字颜色1，淡色80%”。

●解题步骤

第1小题

❶ 单击“插入”选项卡→“图像”组→“相册”下拉菜单按钮。

❷ 在下拉菜单中单击“编辑相册...”命令。

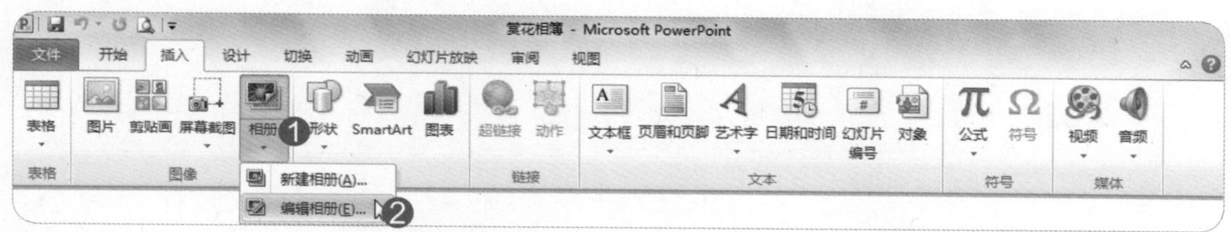

❸ 在“编辑相册”对话框中单击“标题在所有图片下面”复选框，并取消选择“所有图片以黑白方式显示”复选框。

❹ 单击“图片版式”下拉菜单按钮，选择“2张图片”。

❺ 单击“相框形状”下拉菜单按钮，选择“简单框架，白色”

❻ 然后单击“更新”按钮。

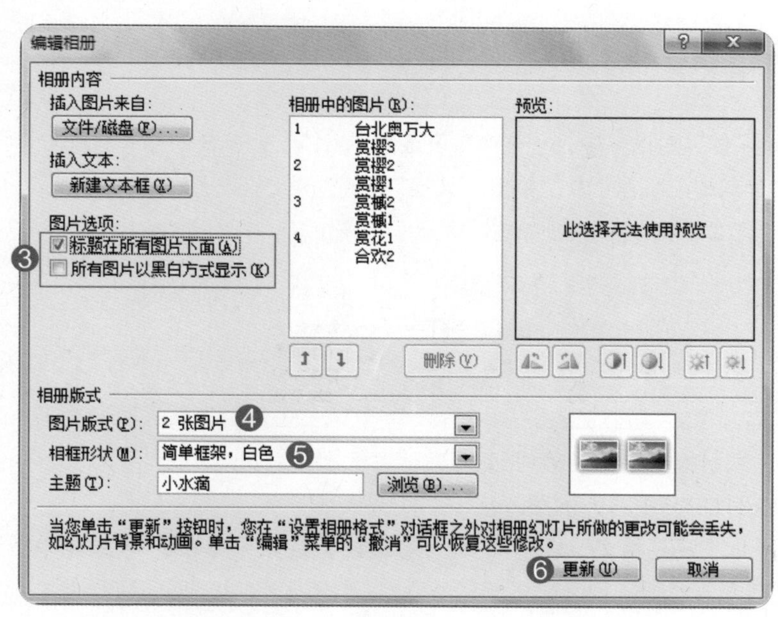

完成后效果如图所示。

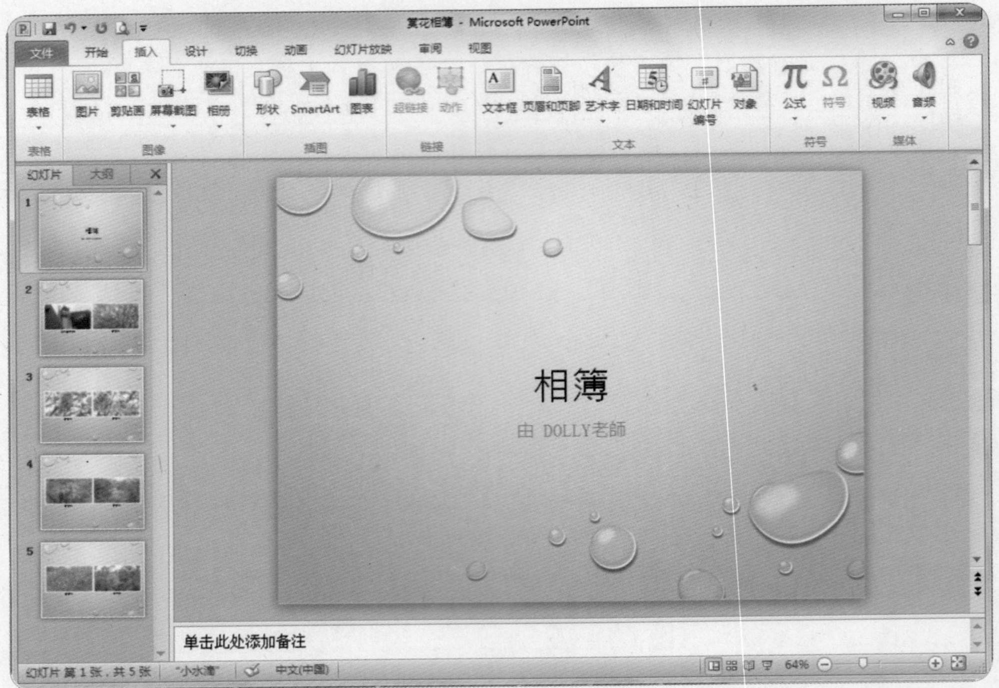

第2小题

❶ 单击“开始”选项卡→“编辑”组→“替换”下拉菜单按钮。

❷ 在下拉菜单中单击“替换字体”命令。

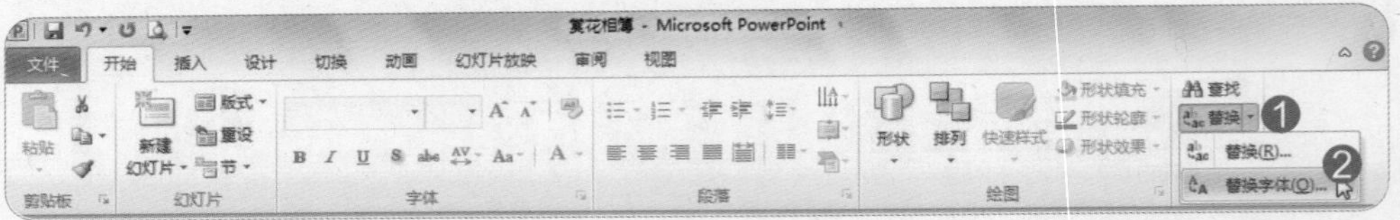

❸ 在“替换字体”对话框中，“替换”设置为“宋体”，“替换为”设置为“微软雅黑”。

❹ 在“替换字体”对话框中，单击“替换”按钮。

❺ 在“替换字体”对话框中，单击“关闭”按钮。

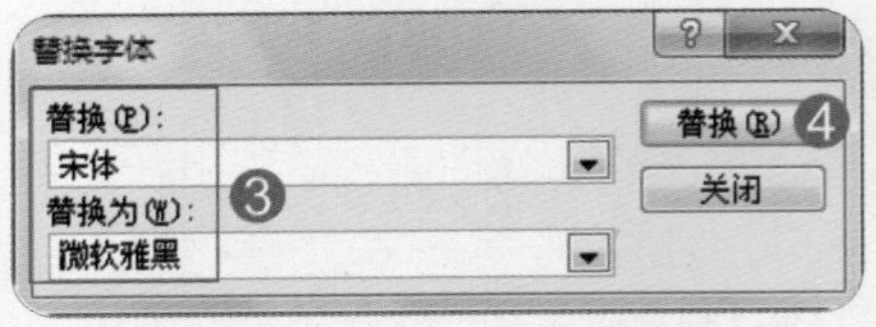

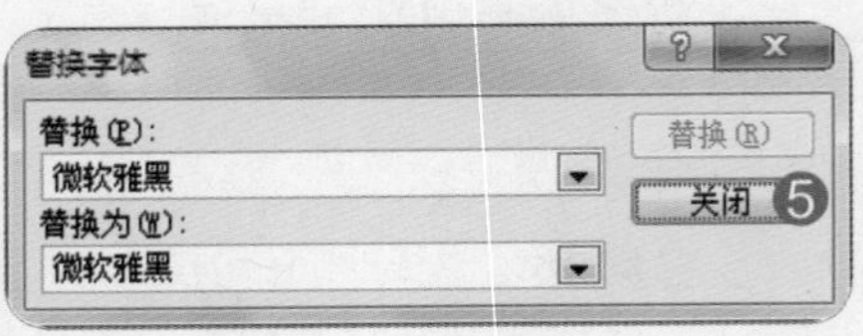

❻ 在幻灯片索引标签中选中第5张幻灯片。

❼ 单击选中幻灯片5中右方的图片。

❽ 单击“图片工具：格式”选项卡→“图片样式”组→“其他”下拉菜单按钮。

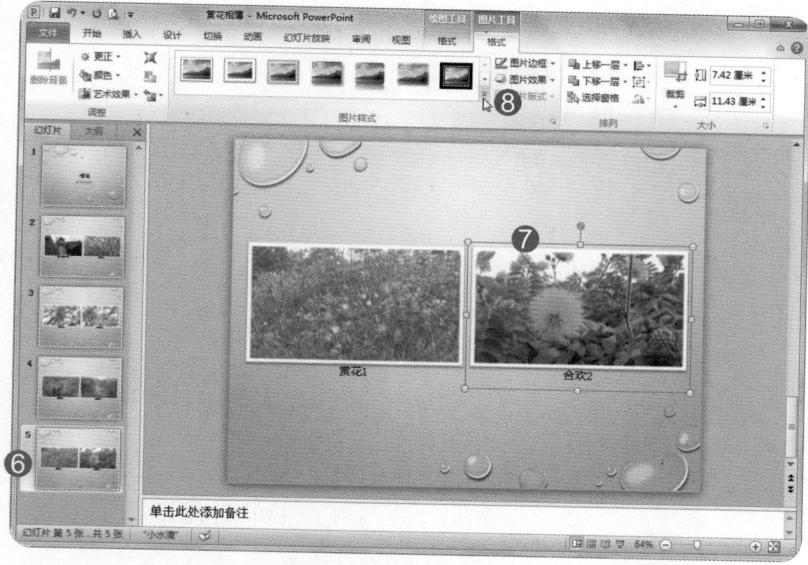

❾ 在下拉菜单中单击“旋转, 白色”图片样式。

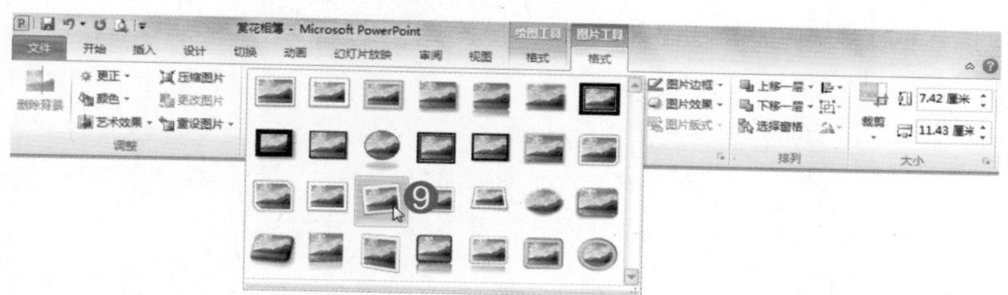

❿ 单击“图片工具：格式”选项卡→“图片样式”组→“图片边框”下拉菜单按钮。

⓫ 在下拉菜单中单击“红色, 强调文字颜色1, 淡色80%”边框。

完成后效果如图所示。

测验试题 6/30

● **题目**

1. 将幻灯片大小设定为“A4纸张”，除了标题幻灯片之外，在每一张幻灯片均插入“幻灯片编号”，但标题为“交流内容”的幻灯片从1开始编号。（注意：请接受其他默认设置）
2. 将演示文稿的文件“状态”输入文字“邀请规划中”。

● 解题步骤

第1小题

❶ 单击“设计”选项卡→“页面设置”组→“页面设置”按钮。

❷ 在“页面设置”对话框中，单击“幻灯片大小”下拉菜单，选择“A4纸张”。

❸ 在“页面设置”对话框中，单击“确定”按钮。

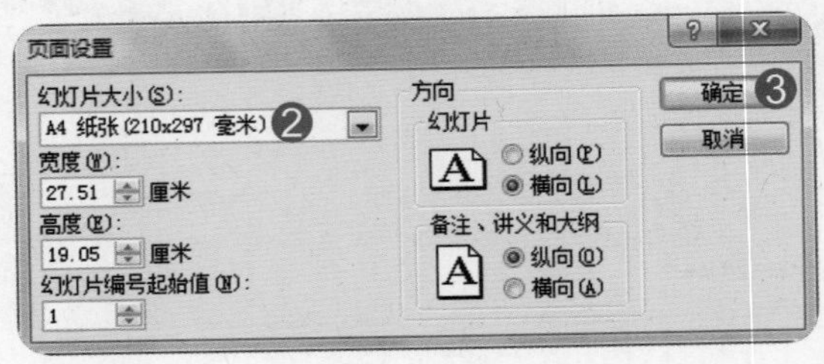

❹单击“插入”选项卡→“文本”组→“幻灯片编号”按钮。

❺在“页眉和页脚”对话框中，单击“幻灯片编号”复选框。
❻在“页眉和页脚”对话框中，单击“标题幻灯片中不显示”复选框。
❼在“页眉和页脚”对话框中，单击“全部应用”按钮。

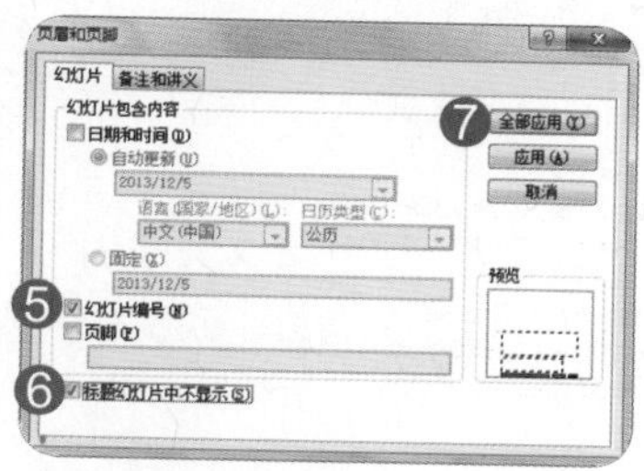

❽单击“设计”选项卡→“页面设置”组→“页面设置”按钮。

❾在“页面设置”对话框中，将“幻灯片编号起始值”设置为“0”。
❿在“页面设置”对话框中，单击“确定”按钮。

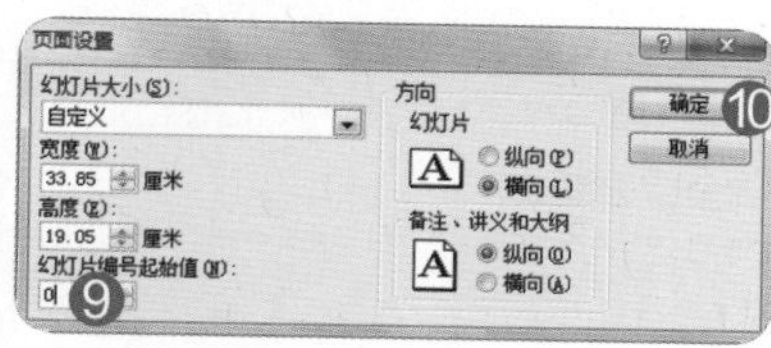

完成后效果如图所示。

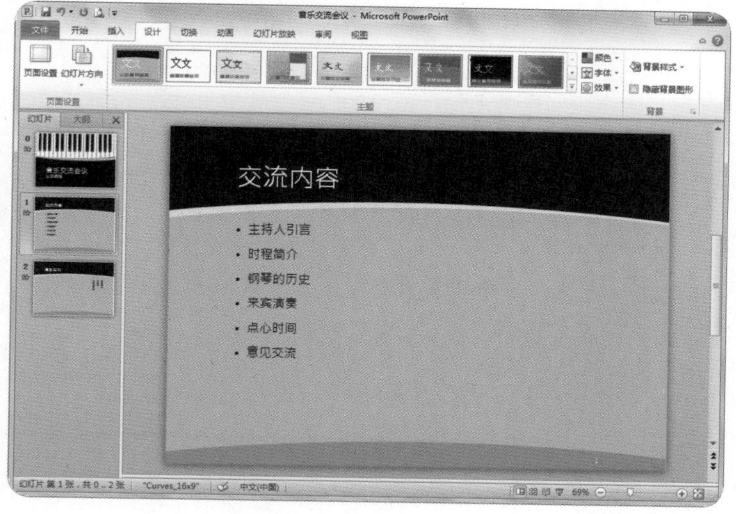

第2小题

❶ 单击“文件”选项卡→“信息”命令。

❷ 单击页面右下角“显示所有属性”按钮。

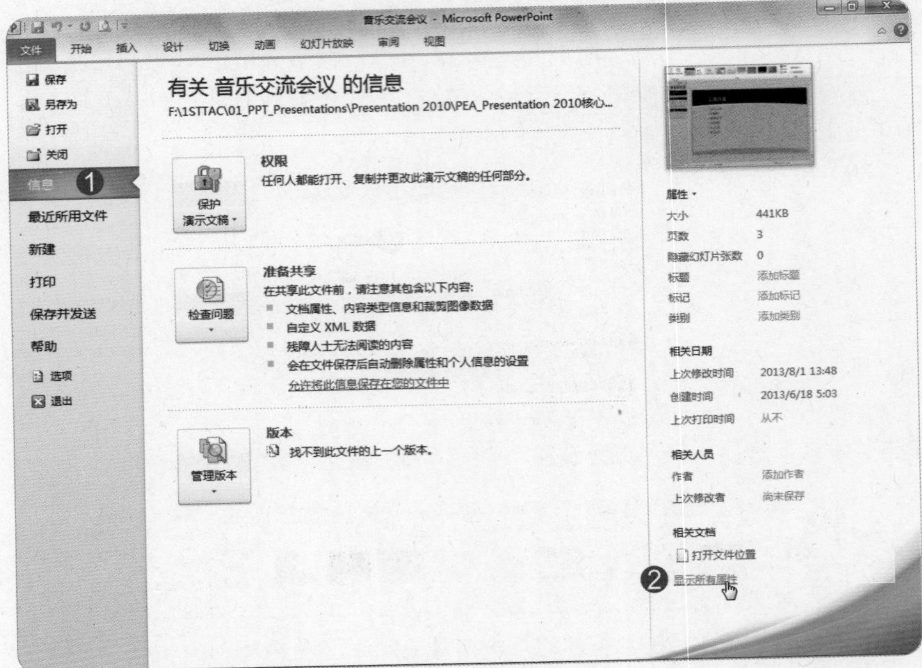

❸ 在属性“状态”中输入文字“邀请规划中”。

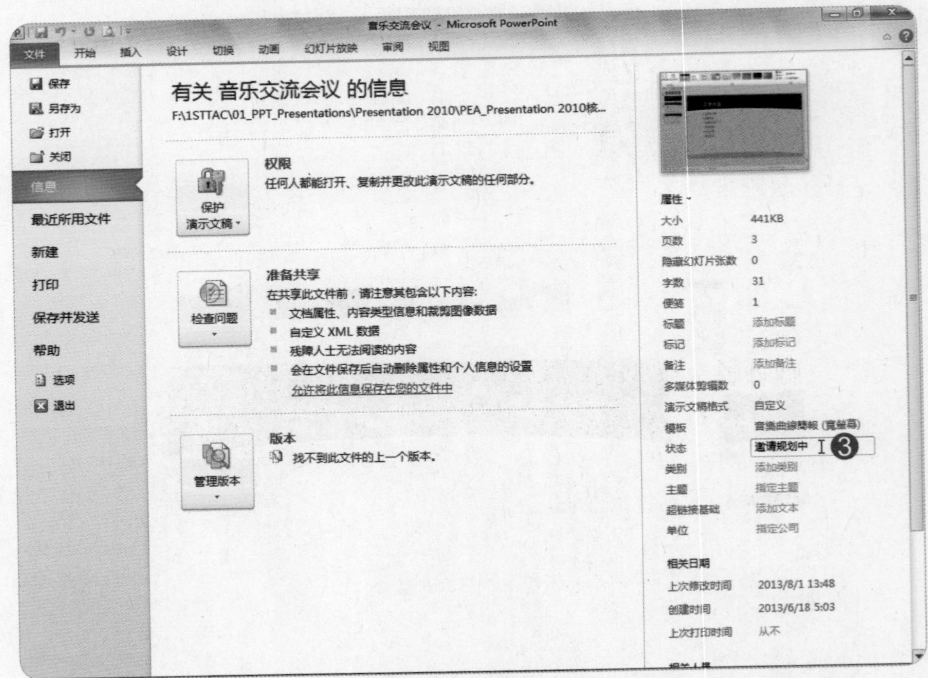

测验试题 7/30

●**题目**

1. 将演示文稿的讲义母版套用“图案填充：大网格”的背景样式，前景色为“粉红，强调文字颜色4, 淡色80%”，背景色不更改。
2. 插入图片“五线谱.jpg”并删除背景（保留默认设置），图片大小的缩放比例为高度50%、宽度50%，并放在自左上角水平15厘米、垂直0厘米的位置。
3. 使用“Microsoft XPS Document Writer”打印机，打印目前演示文稿，使用“讲义：3张幻灯片”的模式将演示文稿保存到“文档”，文件名为“音乐讲义.xps”。

●解题步骤

第1小题

❶ 单击“视图”选项卡→“母版视图”组→“讲义母版”按钮。

❷ 单击选择“背景样式”下拉菜单中的“设置背景格式...”命令。

❸ 单击“设置背景格式”对话框左侧“填充”选项，选择“图案填充”中的“大网格”。

❹ 单击“前景色”下拉菜单按钮，选择“粉红, 强调文字颜色4, 淡色80%”。

❺ 单击“全部应用”按钮。

❻ 在“设置背景格式”对话框中，单击“关闭”按钮，关闭对话框。

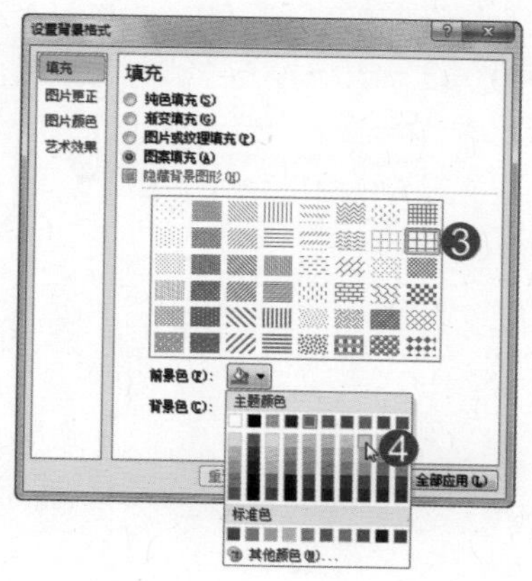

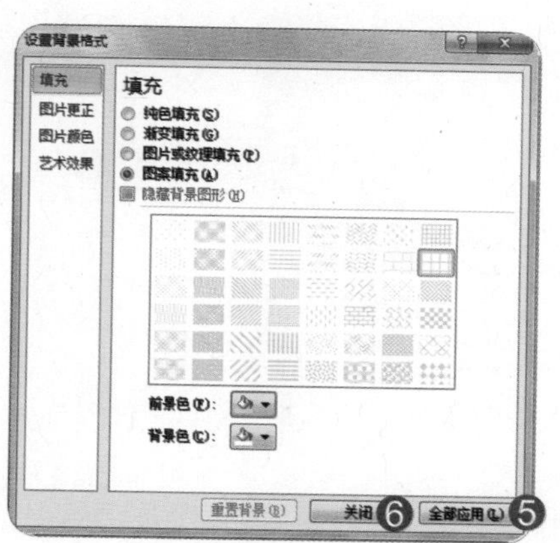

第2小题

❶单击“插入”选项卡→“图像”组→“图片”按钮。

❷单击选中“图片”文件夹。

❸单击选中文件夹中名称为“五线谱.jpg”的图片。

❹单击“插入”按钮。

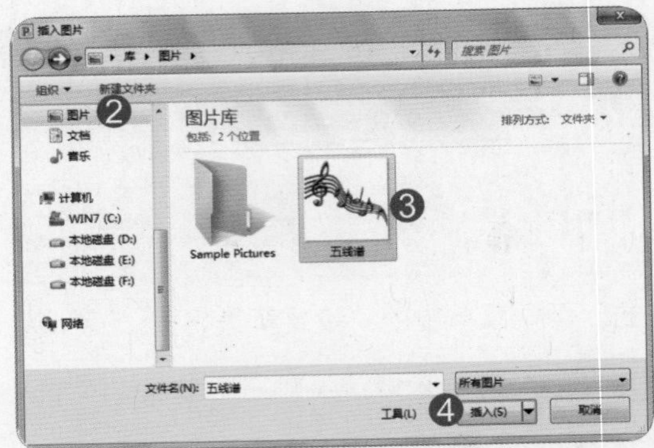

❺单击“格式”选项卡→“大小”组→“大小和位置”按钮。

❻单击“设置图片格式”对话框左侧“大小”选项。

❼单击“锁定纵横比”复选框并将“高度”设置为“50%”。

❽单击“设置图片格式”对话框左侧“位置”选项，并将“在幻灯片上的位置”组设置为“水平：15厘米，自：左上角”，“垂直：0厘米，自：左上角”。

❾在“设置图片格式”对话框中，单击“关闭”按钮，关闭对话框。

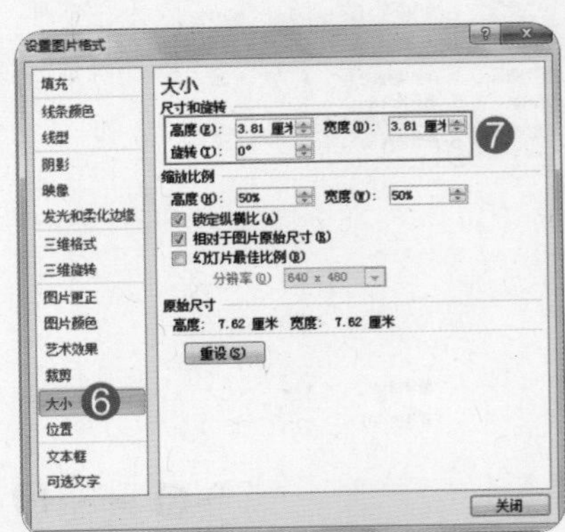

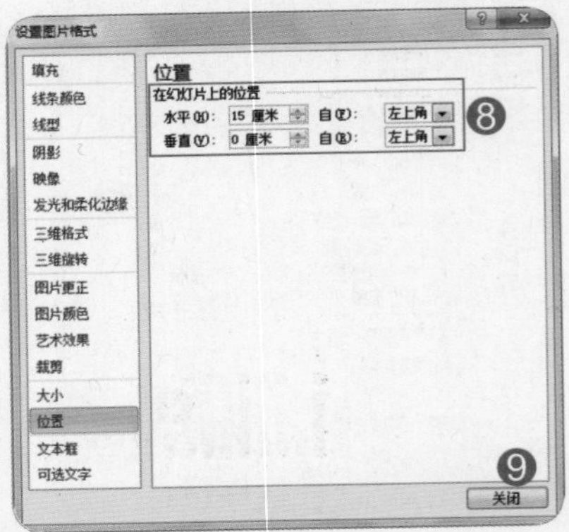

完成后效果如图所示。

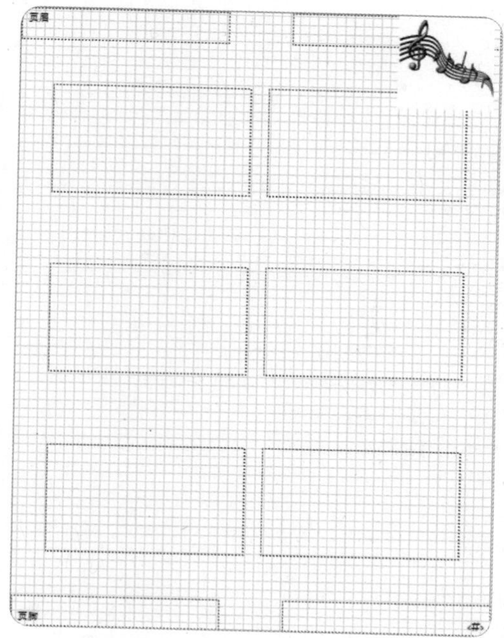

第3小题

❶ 单击“文件”选项卡→“打印”命令。

❷ 单击“打印机”下拉菜单，选择“Microsoft XPS Document Writer”打印机。

❸ 将打印“设置”设置为“讲义：3张幻灯片”。

❹ 单击“打印”按钮。

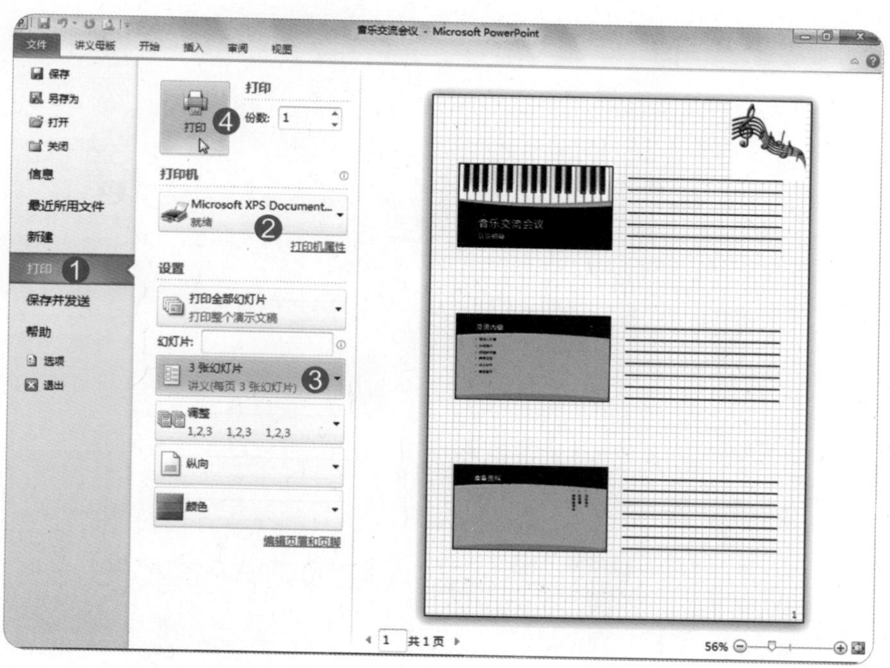

❺单击选择“文档”文件夹。

❻输入文件名为“音乐讲义.xps”。

❼单击“保存”按钮。

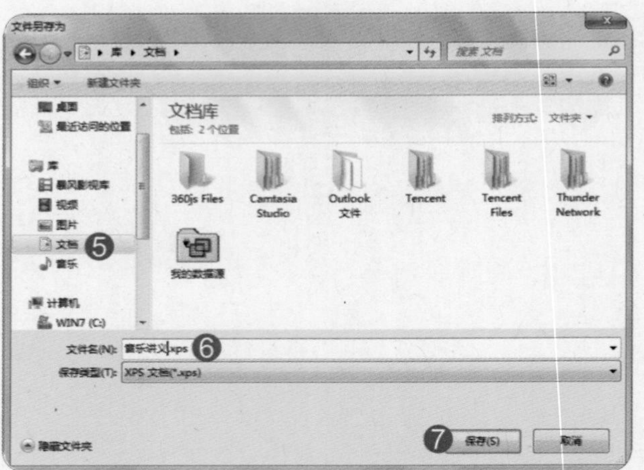

测验试题 8/30

●题目

1. 在第1张幻灯片插入位于“文档”里的音乐文件“music.wav”，并设置音乐“跨幻灯片播放”、“放映时隐藏”。
2. 设置每一张幻灯片“每隔3秒”自动换片，并“循环放映，按ESC键终止”。

●解题步骤

第1小题

❶在幻灯片索引标签中选中第1张幻灯片。

❷单击“插入”选项卡→“媒体”组→“音频”按钮。

❸ 单击选中“文档”文件夹。

❹ 单击选中音乐文件“music.wav”。

❺ 单击“插入”按钮。

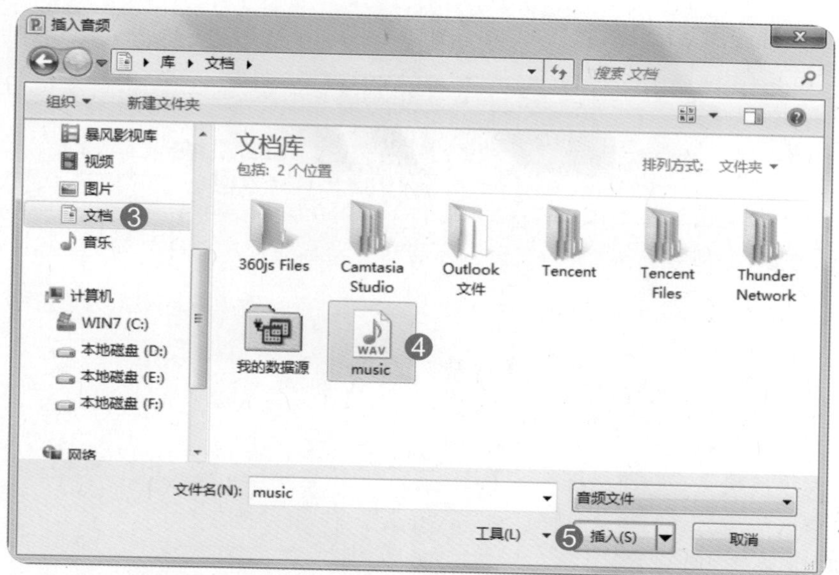

❻ 单击选中音频图标。

❼ 将“播放”选项卡→“音频选项”组→“开始”下拉菜单→“跨幻灯片播放”命令。

❽ 单击“放映时隐藏”复选框，设置完成。

第2小题

❶ 单击“切换”选项卡。

❷ 在“计时”组中，将“持续时间”文本框设置为“03.00”。

❸ 单击“全部应用”按钮。

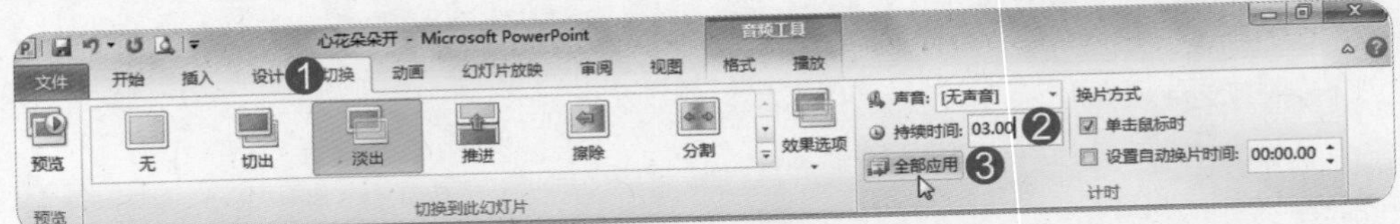

❹ 单击“幻灯片放映”选项卡→“设置”组→“设置幻灯片放映”按钮。

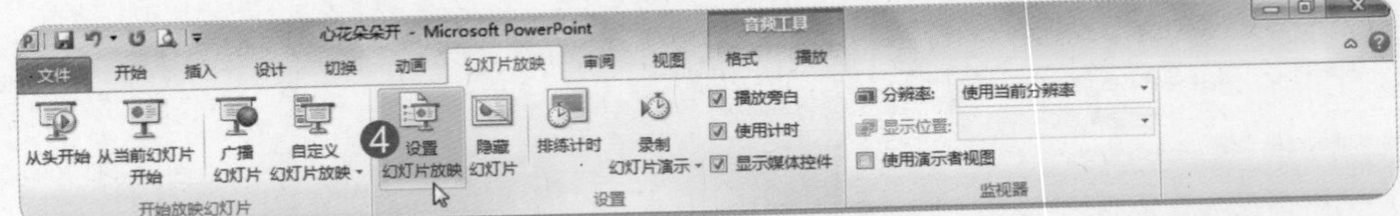

❺ 在“设置放映方式”对话框中，单击“循环放映，按ESC键终止”复选框。

❻ 在“设置放映方式”对话框中，单击“确定”按钮。

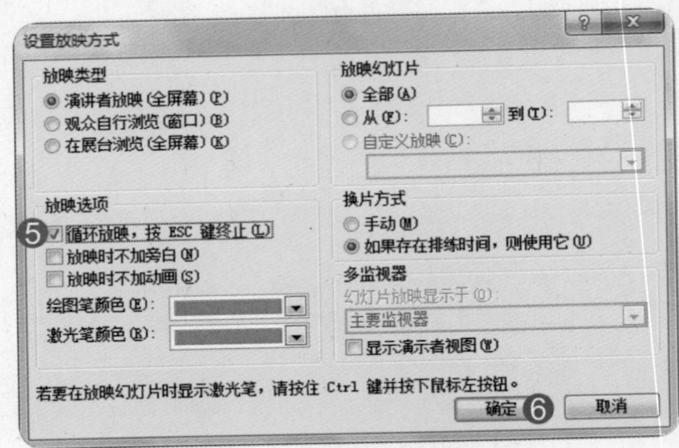

测验试题 9/30

● **题目**

使用视图功能将目前的演示文稿“新建窗口”，再使用“全部重排”命令，使左边窗口视图为幻灯片5，右边窗口视图为幻灯片6，并将幻灯片5的文本框“但不止是如此。”删除。

● **解题步骤**

❶ 单击“视图”选项卡→“窗口”组→“新建窗口”按钮。

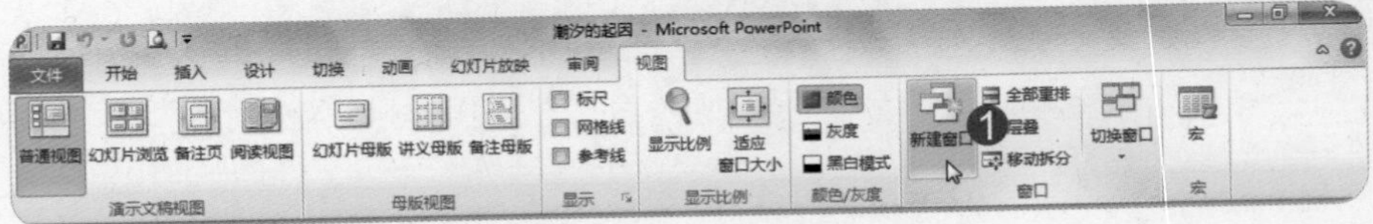

❷单击“视图”选项卡→“窗口”组→“全部重排”按钮。

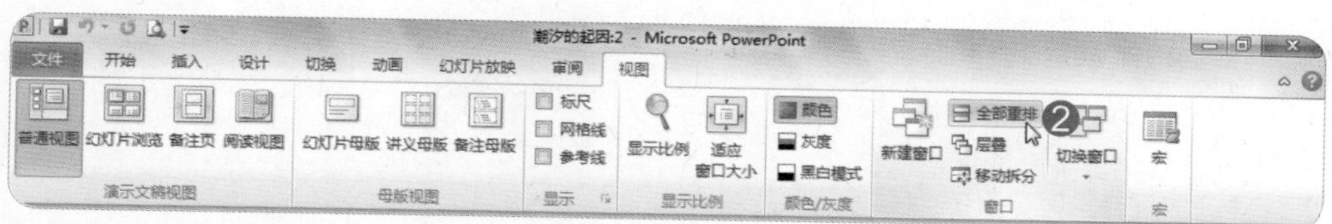

❸在左边窗口的幻灯片索引标签中选中第5张幻灯片。

❹在右边窗口的幻灯片索引标签中选中第6张幻灯片。

❺选中左边窗口幻灯片5中的文本框“但不止是如此。”。

❻按键盘【Delete】键将其删除。

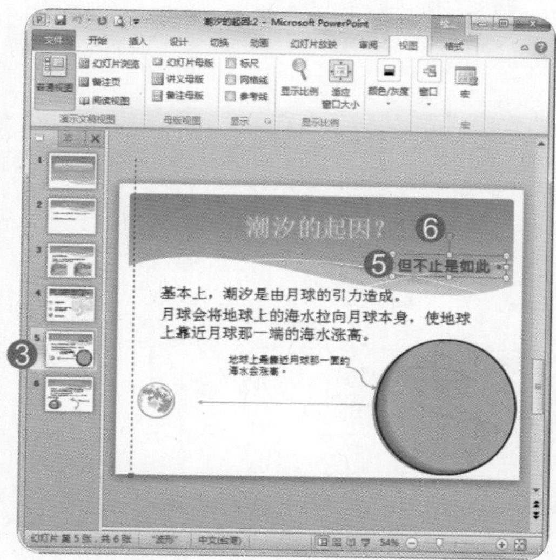

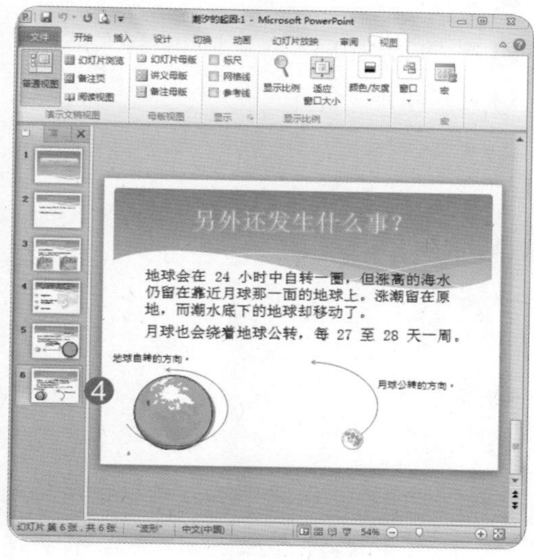

完成后效果如图所示。

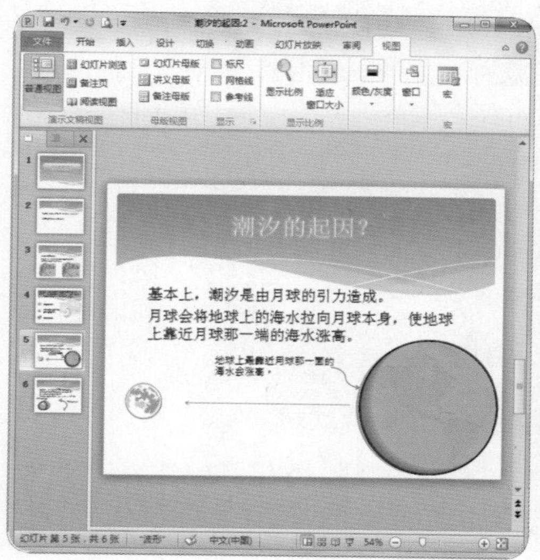

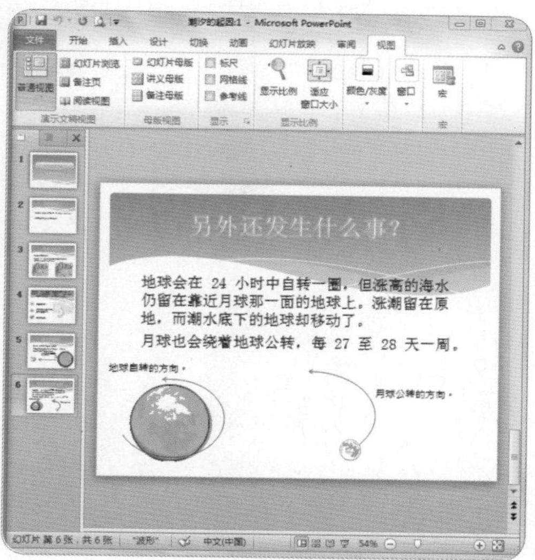

测验试题 10/30

●题目

1. 使用“幻灯片浏览”视图及“100%”的显示比例，将幻灯片2移至幻灯片9之后。
2. 将幻灯片3至幻灯片6新增一个节，名称为“团队资源”，将幻灯片7至幻灯片9新增一个节，名称为“目标分析”。

●解题步骤

第1小题

❶ 单击“视图”选项卡→“演示文稿视图”组→“幻灯片浏览”按钮。

❷ 单击“视图”选项卡→“显示比例”组→“显示比例”按钮。

❸ 在“显示比例”对话框中单击“100%”单选按钮。

❹ 然后单击“确定”按钮。

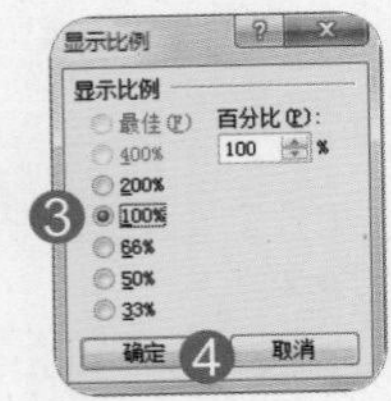

❺ 单击选中幻灯片2。

❻ 按住鼠标左键不放，将其拖动至幻灯片9之后释放鼠标。

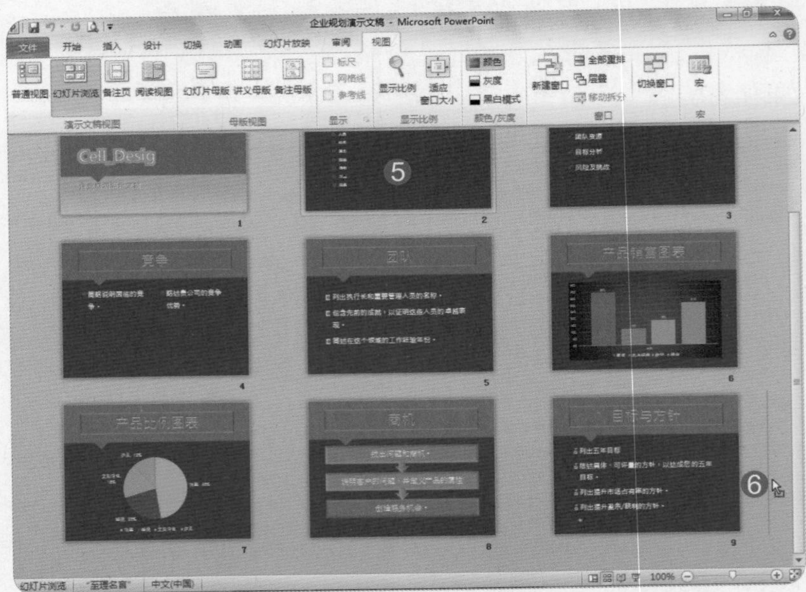

第2小题

❶ 在幻灯片2和幻灯片3之间的空隙处右击。

❷ 在弹出的快捷菜单中选择“新增节”命令。

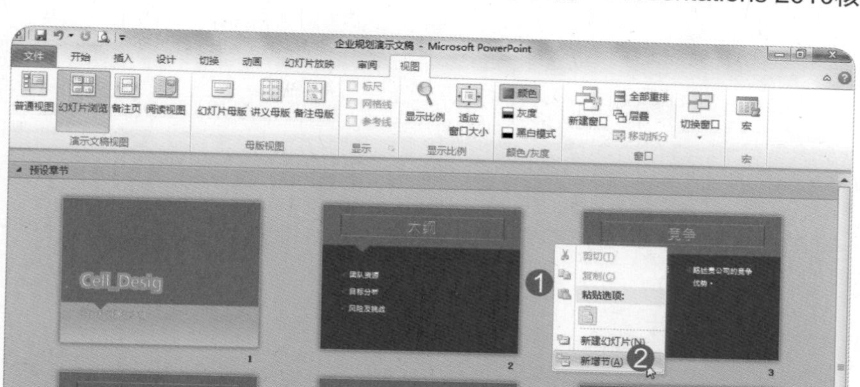

❸ 在“无标题节”处右击，在弹出的快捷菜单中选择“重命名节”命令。

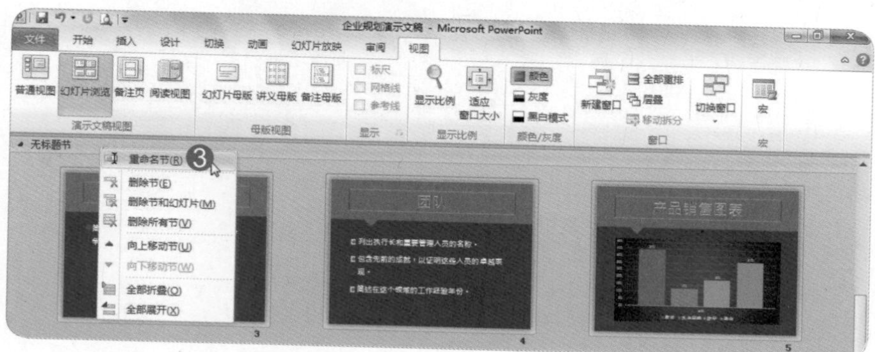

❹ 在弹出的“重命名节”对话框中输入“节名称”为“团队资源”。

❺ 然后单击“重命名”按钮。

❻ 在幻灯片6和幻灯片7之间的空隙处右击。

❼ 选择“新增节”命令。

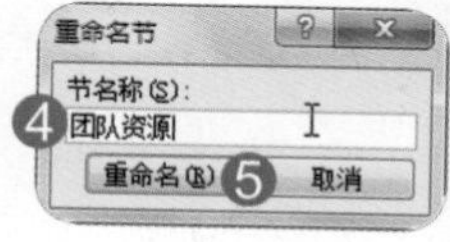

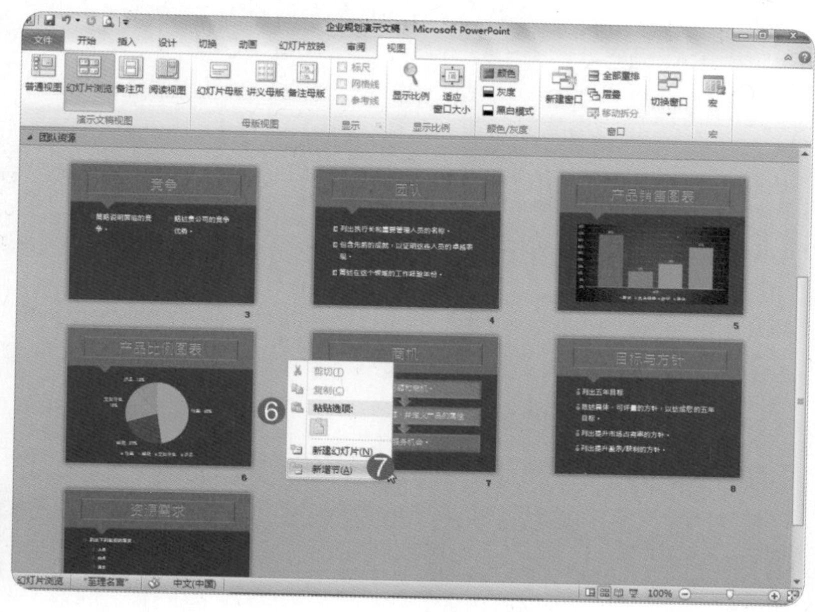

❽在“无标题节”处右击，在弹出的快捷菜单中选择单击“重命名节”命令。

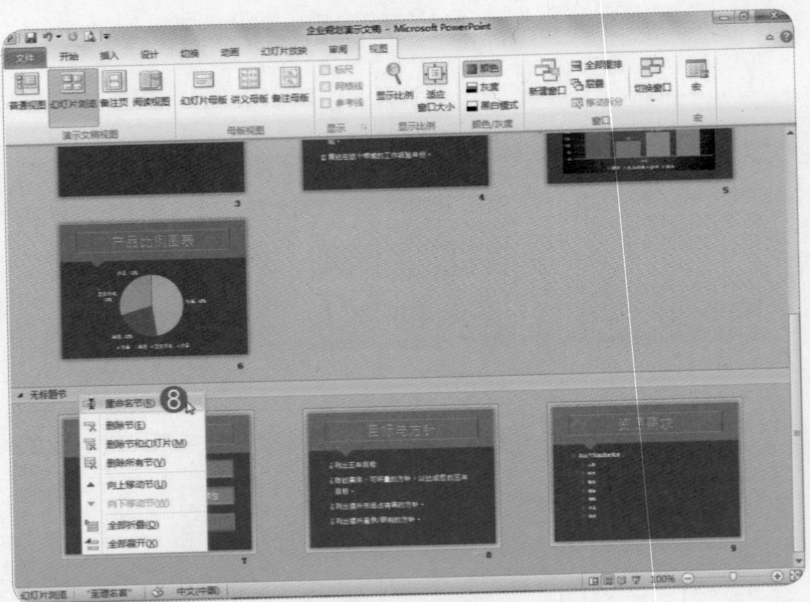

❾输入“节名称”为“目标分析”。

❿然后单击“重命名”按钮。

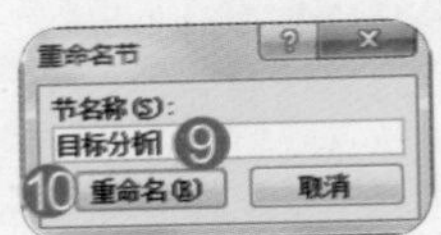

完成后效果如图所示。

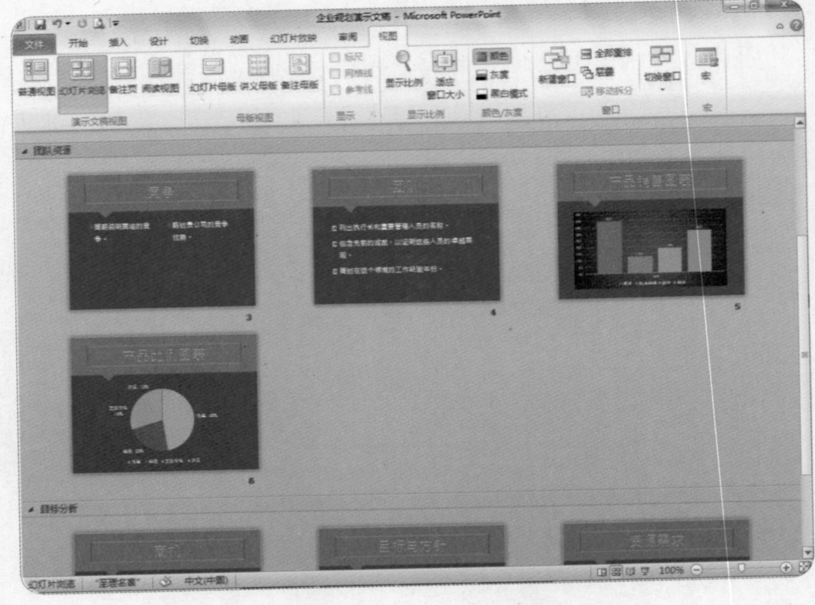

测验试题 11/30

●题目

1. 在幻灯片2插入一个“连续块状流程”SmartArt，并于三个区块中输入文字从左到右分别为“检讨”“改善”“实施”，更改颜色为“彩色－强调文字颜色”并套用“强烈效果”SmartArt样式。
2. 将整个SmartArt图形设置为高度“10厘米”、宽度“16厘米”，并对齐于幻灯片的正中央位置。

●解题步骤

第1小题

❶ 在幻灯片索引标签中选中第2张幻灯片。

❷ 单击“插入”选项卡→“插图”组→“SmartArt”按钮。

❸ 在“选择SmartArt图形”对话框中单击“流程”选项。

❹ 单击选择“连续块状流程”。

❺ 单击“确定”按钮。

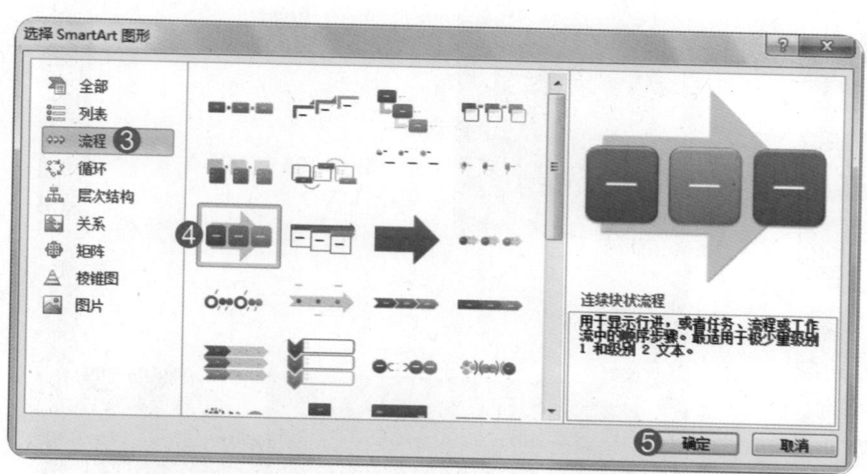

❻从左到右依次单击三个文本框，分别输入文字“检讨”“改善”“实施”。

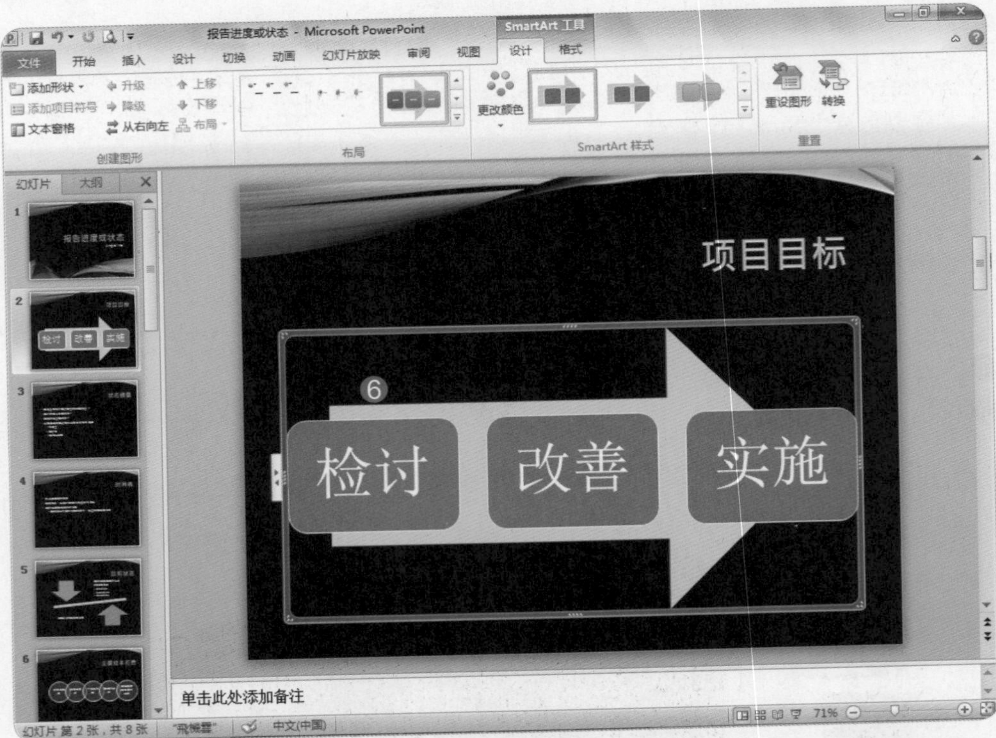

❼单击“SmartArt工具：设计”选项卡→“SmartArt样式”组→“更改颜色”按钮。

❽在下拉菜单中单击“彩色－强调文字颜色”。

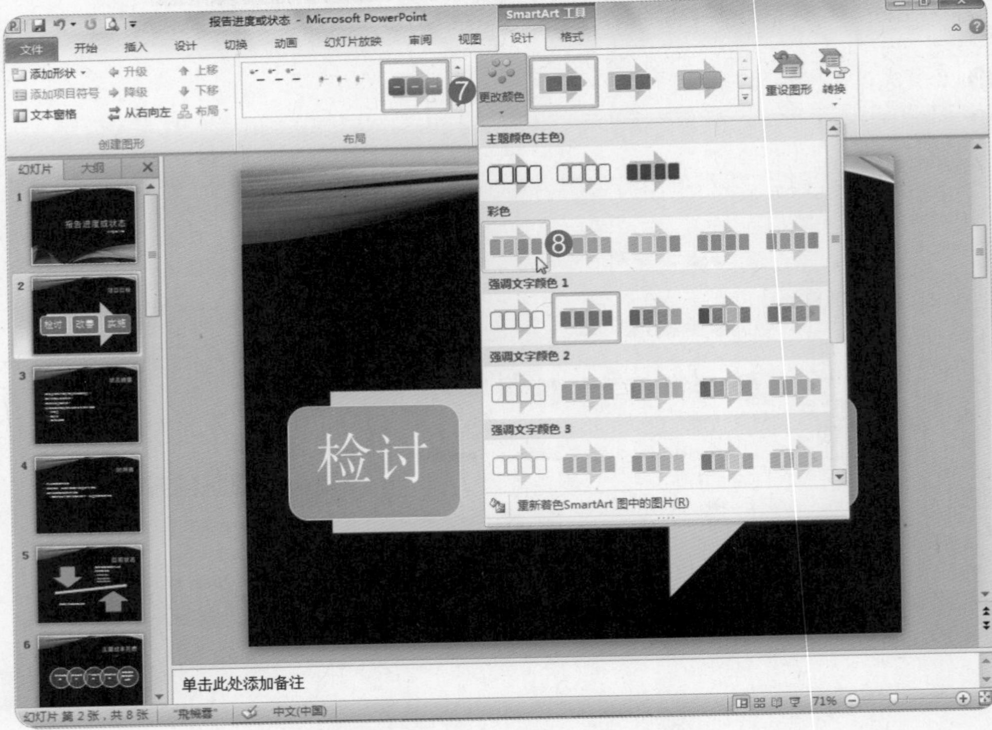

❾ 单击“SmartArt工具：设计”选项卡→“SmartArt样式”组→“其他”下拉菜单按钮。

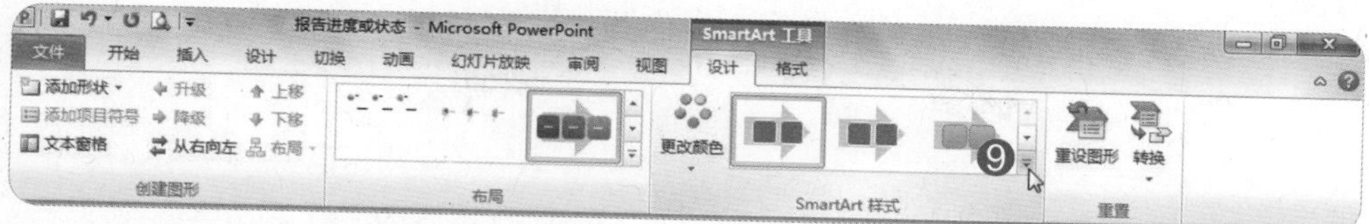

❿ 在下拉菜单中单击“强烈效果”。

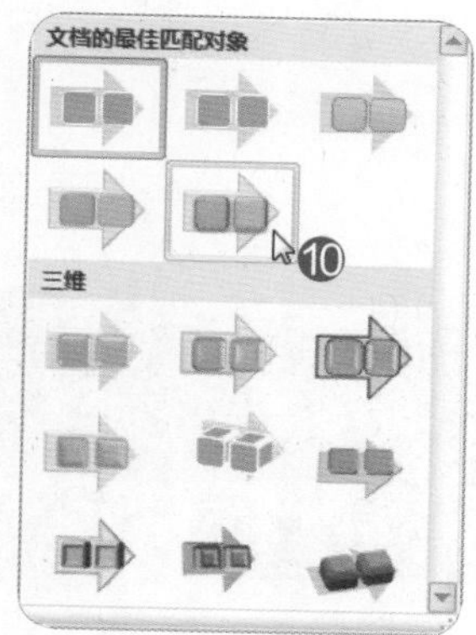

完成后效果如图所示。

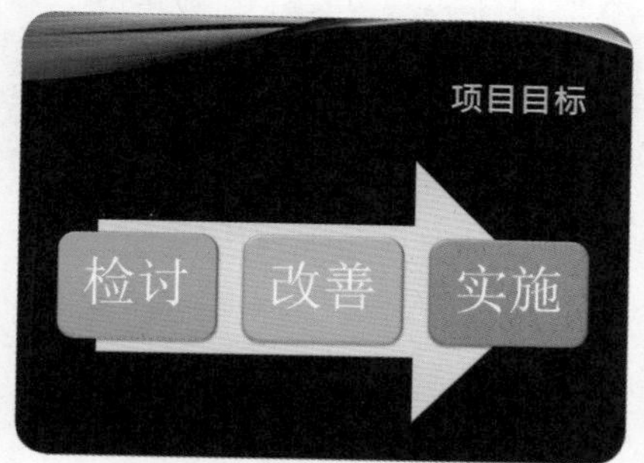

第2小题

❶ 单击选中SmartArt图形。

❷ 单击“SmartArt工具：格式”选项卡→“大小”组→“SmartArt大小”按钮。

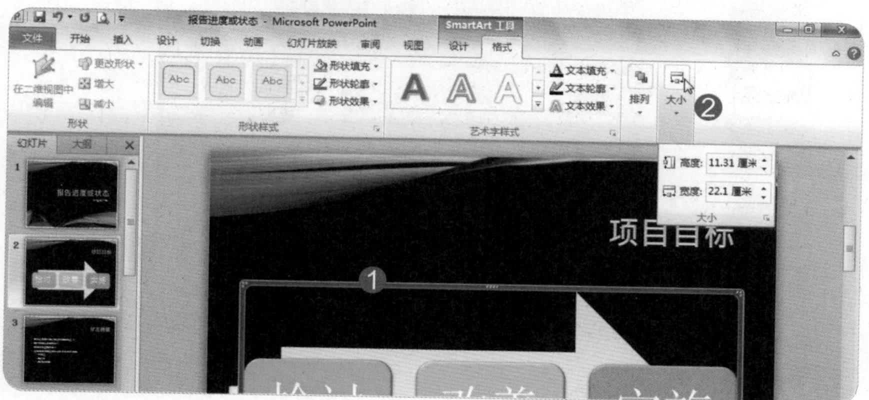

❸ 将“高度”设置为“10 厘米”，“宽度”设置为“16厘米”。

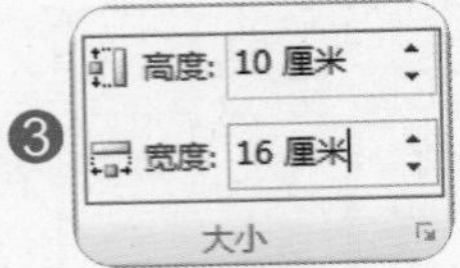

❹ 单击“SmartArt工具：格式”选项卡→“排列”组→“对齐”按钮。

❺ 在下拉菜单中单击“左右居中”命令。

❻ 单击“SmartArt工具：格式”选项卡→“排列”组→“对齐”按钮。

❼ 在下拉菜单中单击“上下居中”命令。

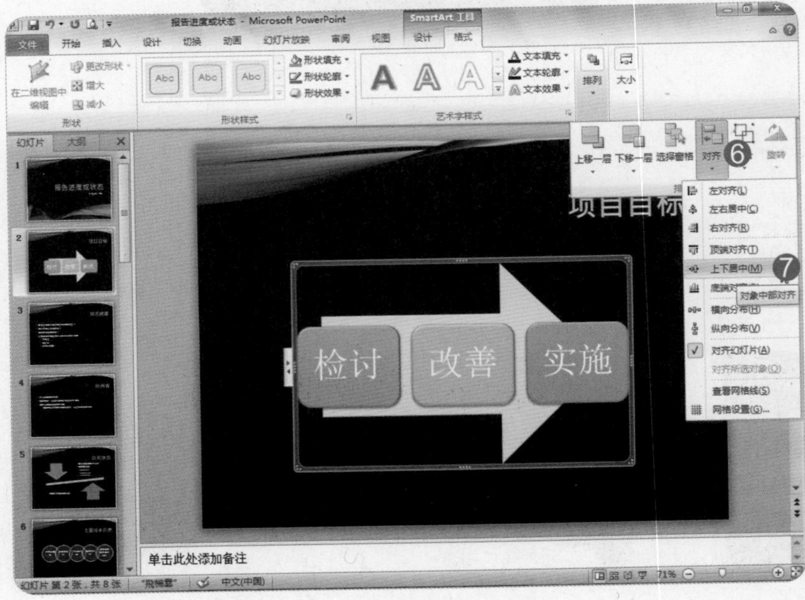

完成后效果如图所示。

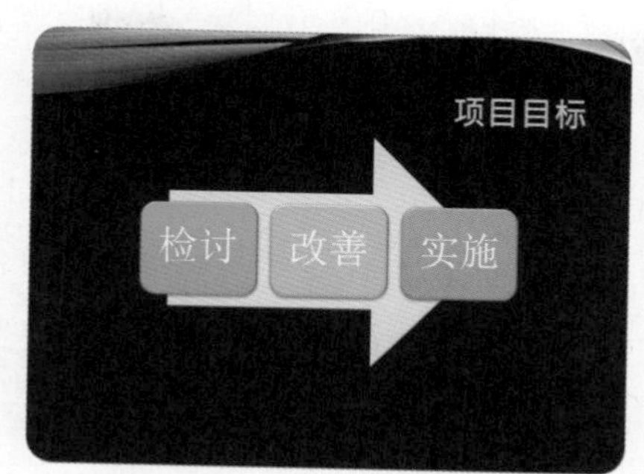

测验试题 12/30

●**题目**

1. 在幻灯片7中将项目符号文字转换为“分离射线”SmartArt，套用“三维：优雅”SmartArt样式，再将正中央的“资源假设”形状增大2次及设置“强烈效果－蓝色，强调颜色6”形状样式。
2. 将幻灯片6的SmartArt图形转换为文本，最后将幻灯片8的SmartArt图形更改为“流程箭头”布局配置并将箭头方向改为“从右向左”。

●解题步骤

第1小题

❶ 在幻灯片索引标签中选中第7张幻灯片。

❷ 单击选中项目文字“资源假设”文本框。

❸ 单击“开始”选项卡→“段落”组→“转换为SmartArt”按钮。

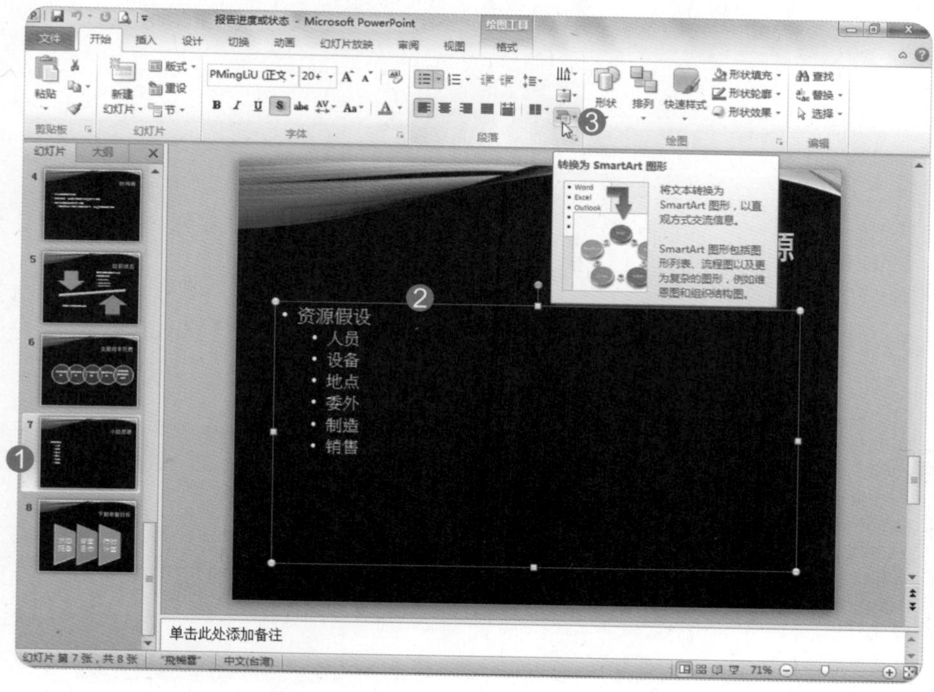

❹ 在下拉菜单中单击“其他SmartArt图形”命令。

❺ 单击“选择SmartArt图形”对话框中左侧“循环”选项。

❻ 单击选择“分离射线”。

❼ 单击“确定”按钮。

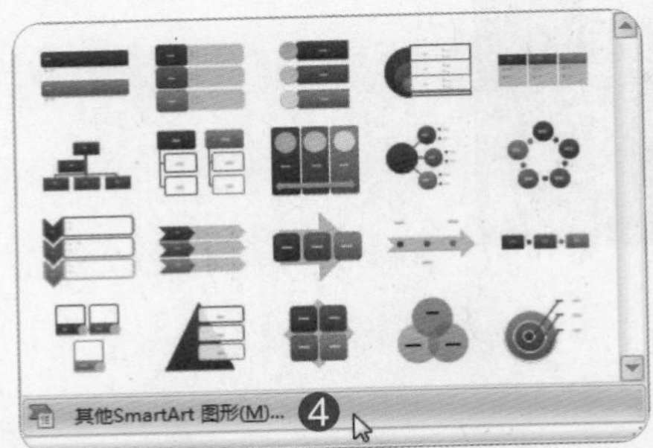

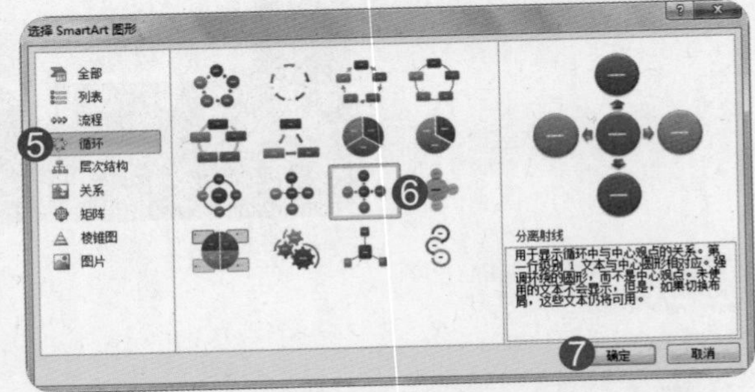

❽ 单击“SmartArt工具：设计”选项卡→“SmartArt样式”组→“其他”下拉菜单按钮。

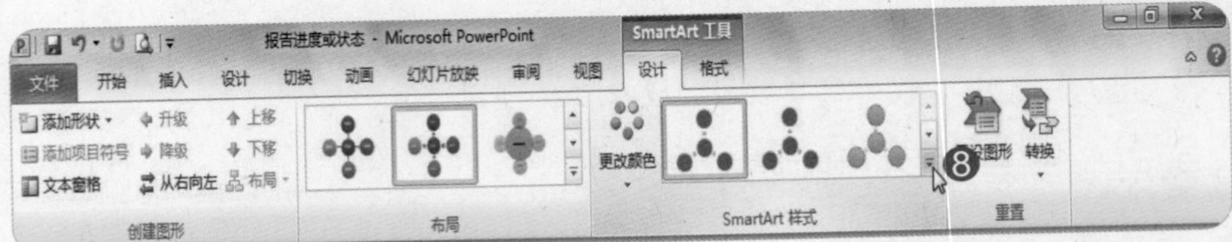

❾ 在下拉菜单中单击“三维：优雅”。

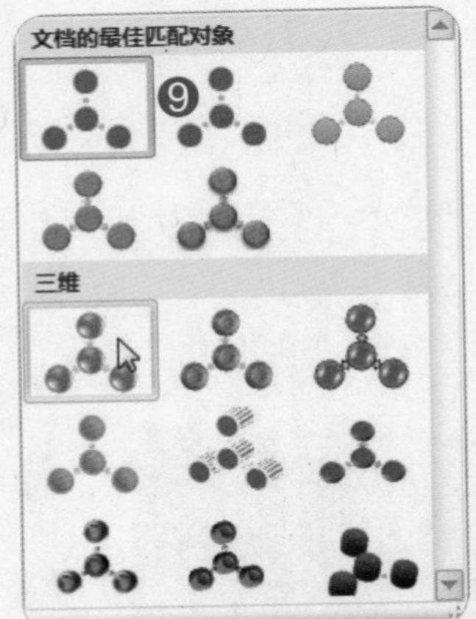

❿ 单击“SmartArt工具：格式”选项卡。

⓫ 在“形状”组中，单击“增大”按钮两次。

⓬ 单击“SmartArt工具：格式”选项卡→“形状样式”组→“其他”下拉菜单按钮。

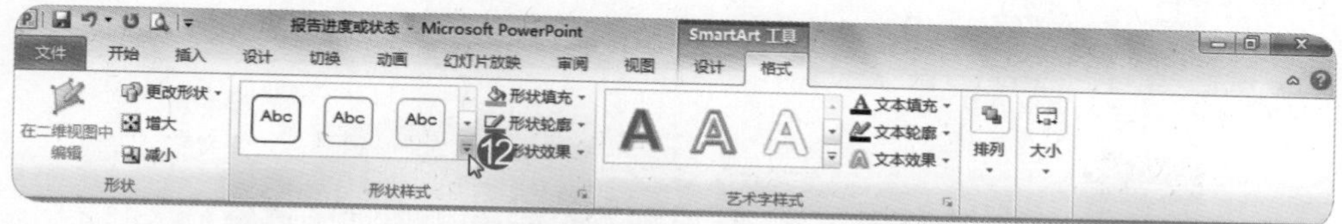

⓭ 在下拉菜单中单击“强烈效果－蓝色，强调颜色6”。

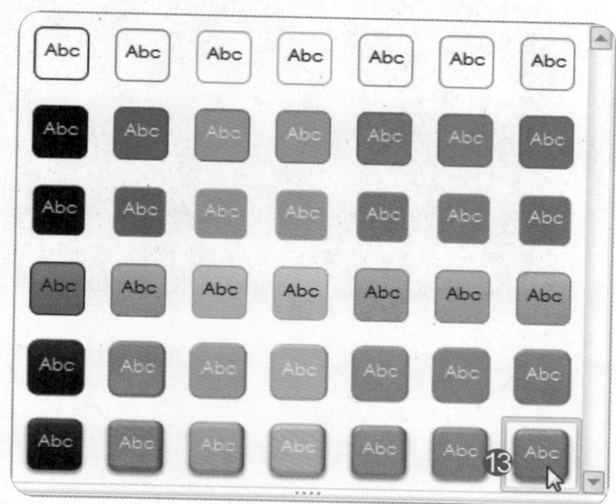

完成后效果如下图所示：

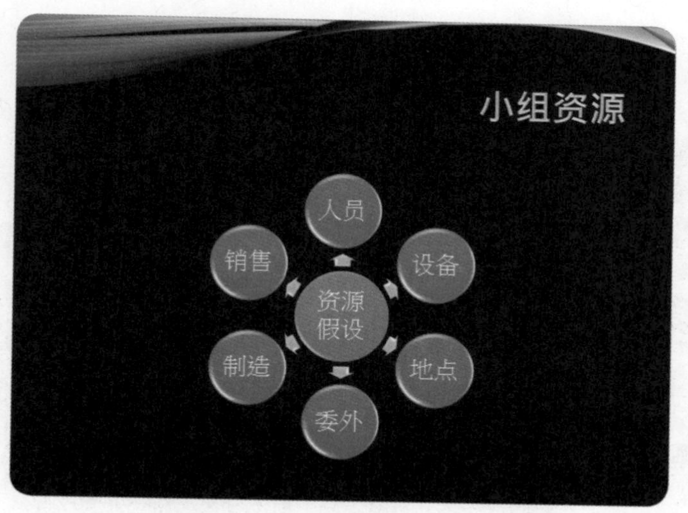

第2小题

❶ 在幻灯片索引标签中选中第6张幻灯片。

❷ 单击选中SmartArt图形。

❸ 单击“SmartArt工具：设计”选项卡→“重置”组→“转换”按钮。

❹ 在下拉菜单中单击“转换为文本”命令。

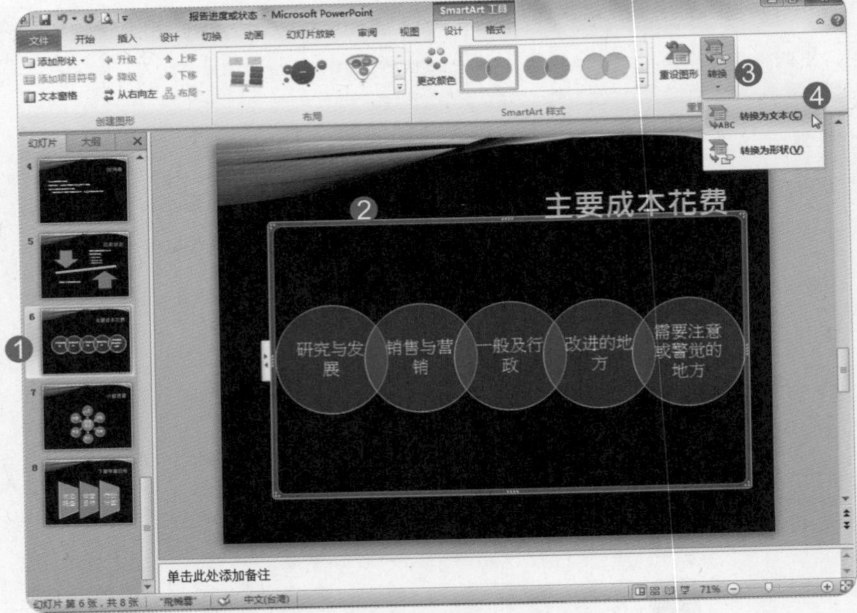

⑤ 在幻灯片索引标签中选中第8张幻灯片。

⑥ 单击选中SmartArt图形。

⑦ 单击“SmartArt工具：设计”选项卡→“布局”组→“其他”下拉菜单按钮。

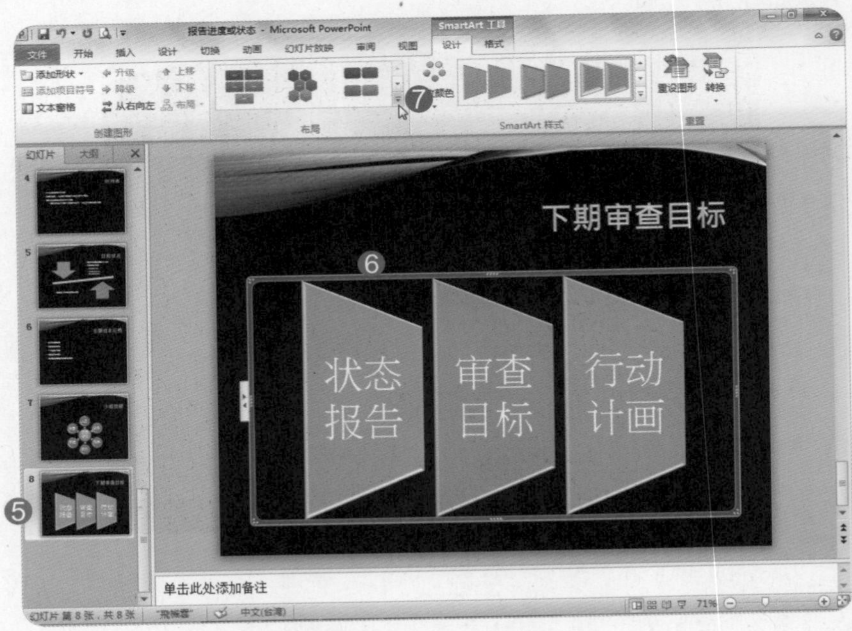

⑧ 在下拉菜单中单击“其他布局”命令。

⑨ 单击“选择SmartArt图形”对话框中左侧“流程”选项。

⑩ 单击选择“流程箭头”。

⑪ 单击“确定”按钮。

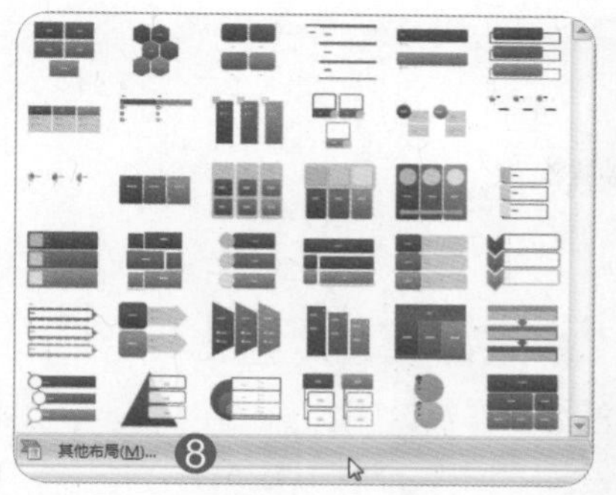

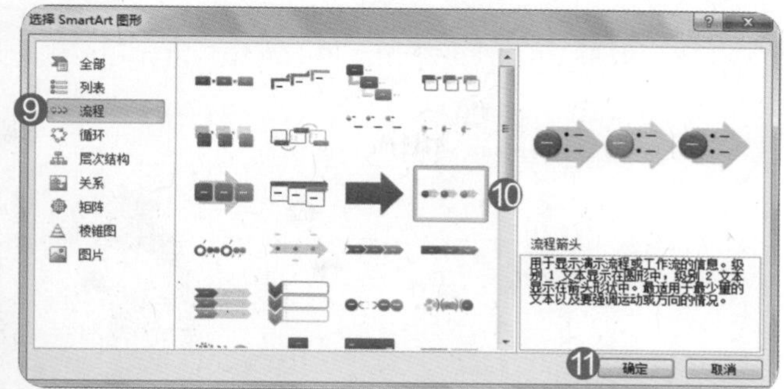

⑫ 单击“SmartArt工具：设计”选项卡→“创建图形”组→“从右向左”按钮。

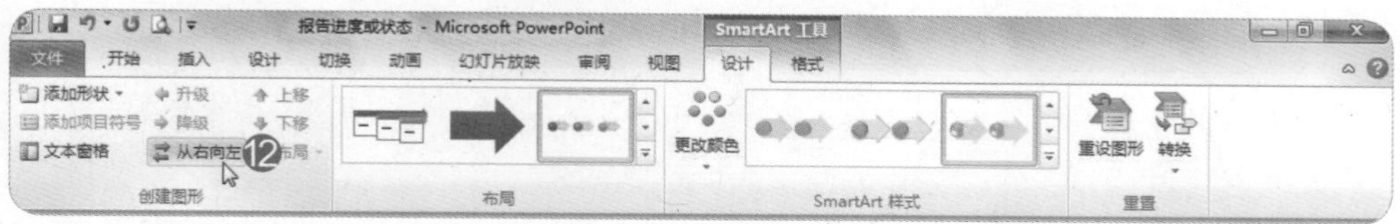

完成后效果如图所示。

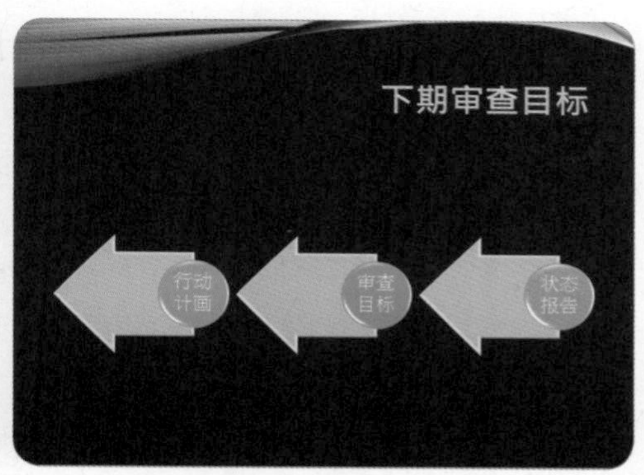

测验试题 13/30

●题目

1. 在幻灯片1之后新增一张“标题和内容”版面布局的幻灯片，于幻灯片标题输入文字“运动消耗热量表”，于下方内容区插入一个“3列2行”的表格，并在第一行由左至右输入文字“游泳”“跑步”“跳绳”，接着在第二行由左至右输入数字“581”“352”“224”，表格样式为“中度样式2 – 强调3”。
2. 插入一个文本框并输入文字“单位：30分钟”，文本框的高度为“1厘米”、宽度“5厘米”，并放在自左上角水平25厘米、垂直9厘米的位置。

●解题步骤

第1小题

❶ 在幻灯片索引标签中选中第1张幻灯片。

❷ 单击“开始”选项卡→“幻灯片”组→“新建幻灯片”下拉菜单按钮。

❸ 在下拉菜单中单击“标题和内容”幻灯片。

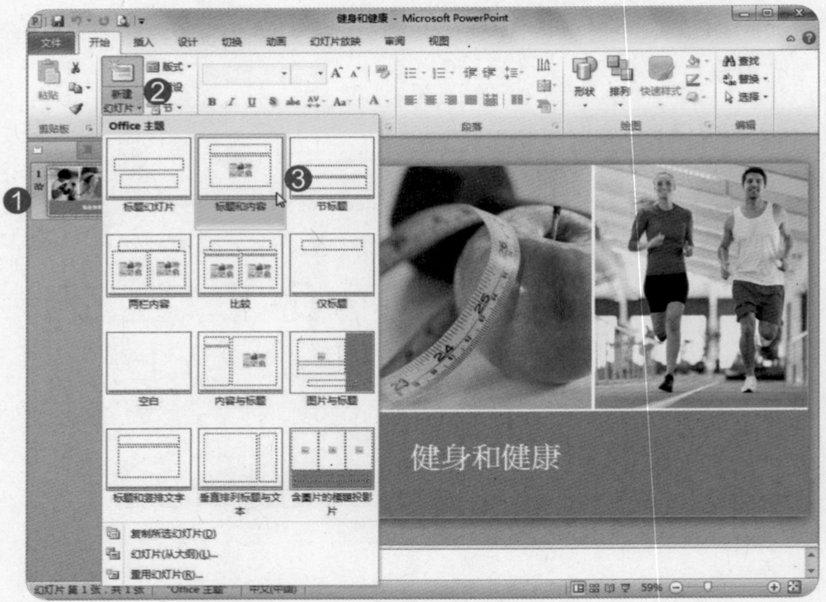

❹单击标题文本框，输入文字“运动消耗热量表”。

❺单击内容文本框内的“插入表格”按钮。

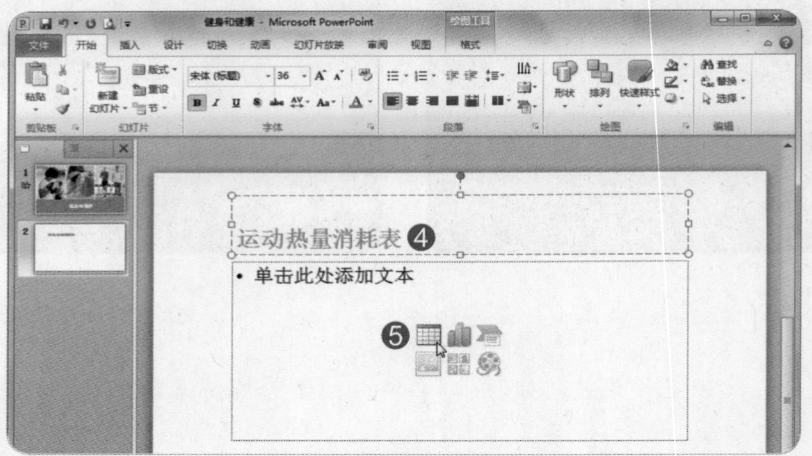

❻将“列数”设置为“3”，“行数”设置为“2”。

❼然后单击“确定”按钮。

❽从左到右依次单击表格第一行单元格，分别输入文字“游泳”“跑步”“跳绳”。

❾从左到右依次单击表格第二行单元格，分别输入数字“581”“352”“224”。

❿单击“表格工具：设计”选项卡→“表格样式”组→“其他”下拉菜单按钮。

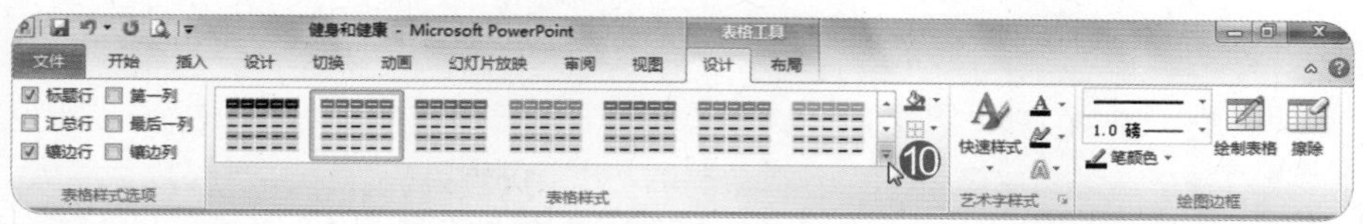

⓫ 在下拉菜单中单击“中度样式2 – 强调3”样式。

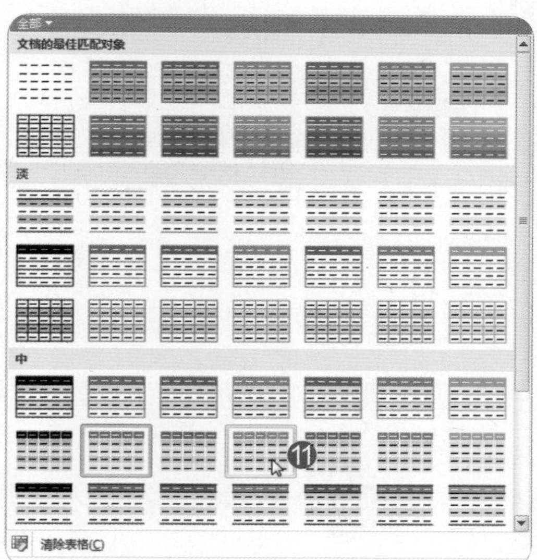

完成后效果如图所示。

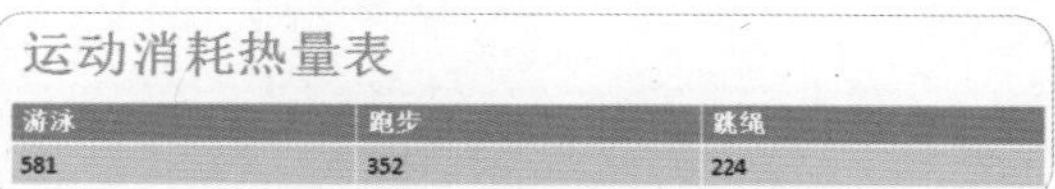

第2小题

❶ 单击“插入”选项卡→“文本”组→“文本框”按钮。

❷在幻灯片2中，按住鼠标左键不放，拖动至合适大小释放鼠标。

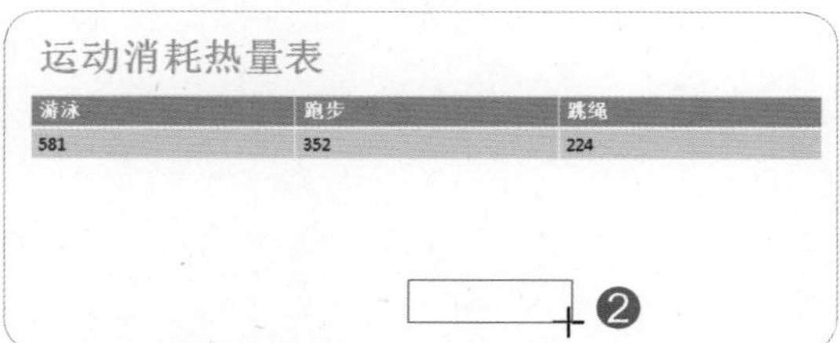

❸ 右击文本框，选择“编辑文本”命令。

❹ 在文本框内输入文字“单位：30分钟”。

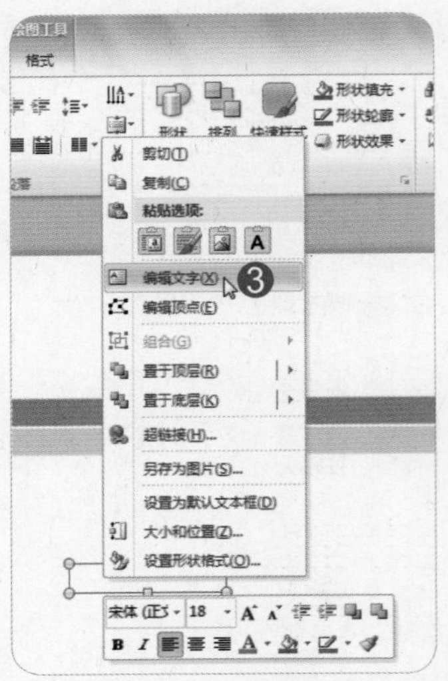

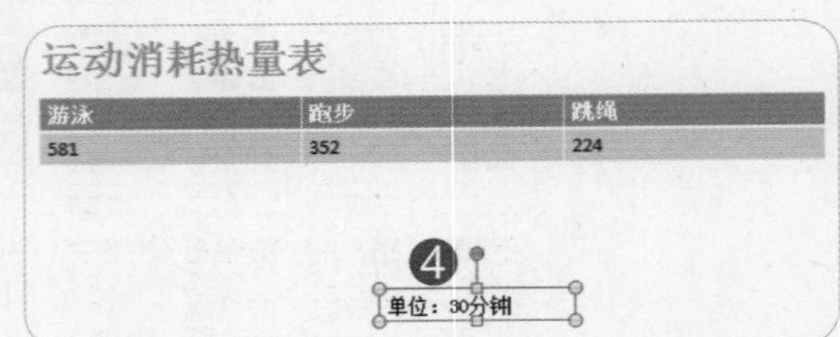

❺ 单击“绘图工具：格式”选项卡。

❻ 在“大小”组中，将“高度”设置为“1 厘米”，“宽度”设置为“5厘米”。

❼ 单击“格式”选项卡→“大小”组→“大小和位置”按钮。

❽ 单击“设置图片格式”对话框左侧“位置”选项。

❾ 将“在幻灯片上的位置”设置为“水平：25 厘米，自：左上角”，“垂直：9 厘米，自：左上角”。

❿ 然后单击“关闭”按钮。

完成后效果如下图所示。

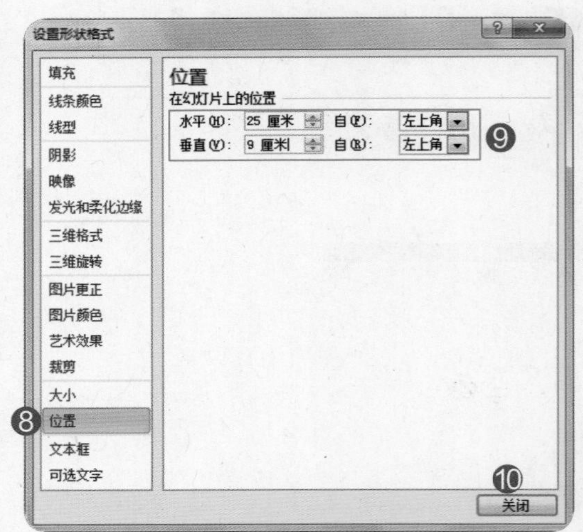

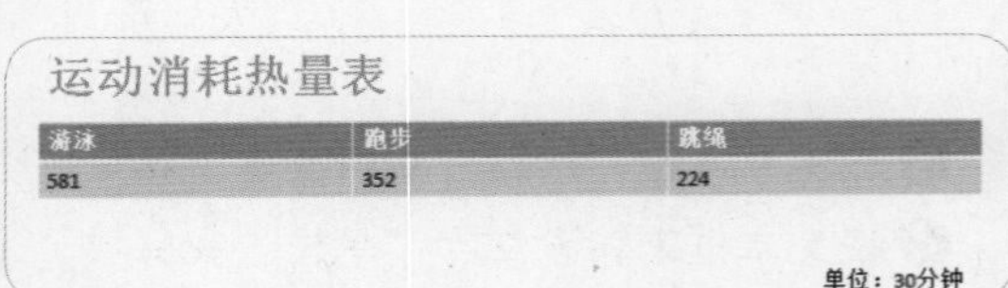

测验试题 14/30

●**题目**

将第6张幻灯片中右方的图片"更改图片"为文件夹中的"水中摄影.jpg"。"创建视频"为"便携式设备"类型，放映每一张幻灯片的秒数设置为"1秒"，保存在"文档"文件夹，文件名为"月历影片.wmv"。（注意：接受其他默认设置）

●**解题步骤**

❶ 在幻灯片索引标签中选中第6张幻灯片。

❷ 单击选中幻灯片6中右方的图片。

❸ 单击"图片工具：格式"选项卡→"调整"组→"更改图片"按钮。

❹ 单击选择"图片"文件夹。

❺ 单击选择图片文件"水中摄影.jpg"。

❻ 单击"插入"按钮。

❼ 单击“文件”选项卡→“保存并发送”命令→“创建视频”命令。

❽ 在“创建视频”窗口中，单击第一个下拉菜单，选择视频类型为“便携式设备”。

❾ 将“放映每张幻灯片的秒数”设置为“01.00”。

❿ 单击“创建视频”按钮。

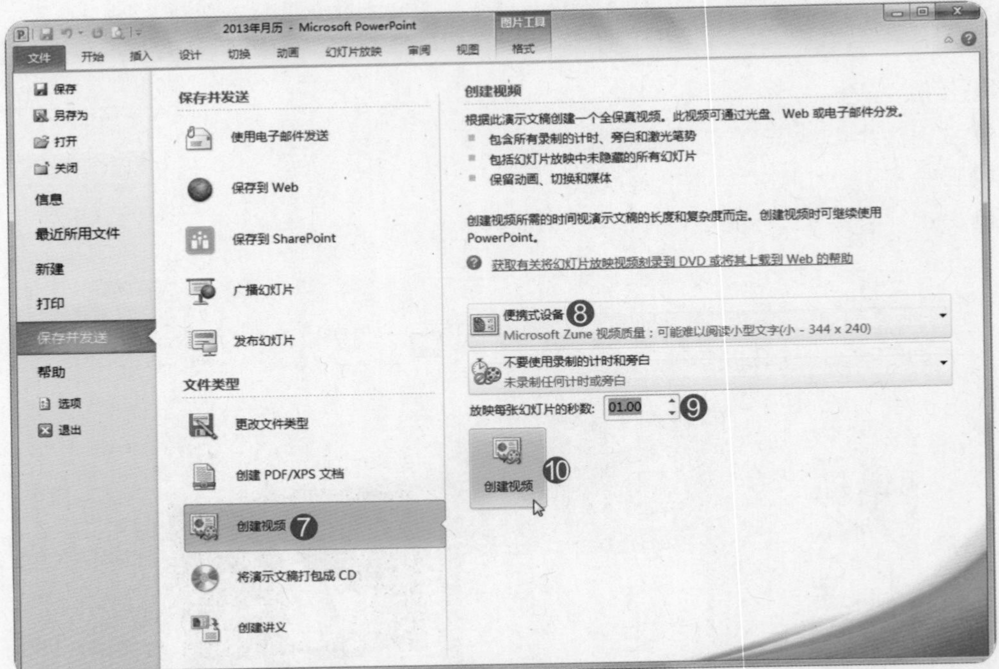

⓫ 单击选择“文档”文件夹。

⓬ 输入文件名称为“月历影片”。

⓭ 然后单击“保存”按钮。

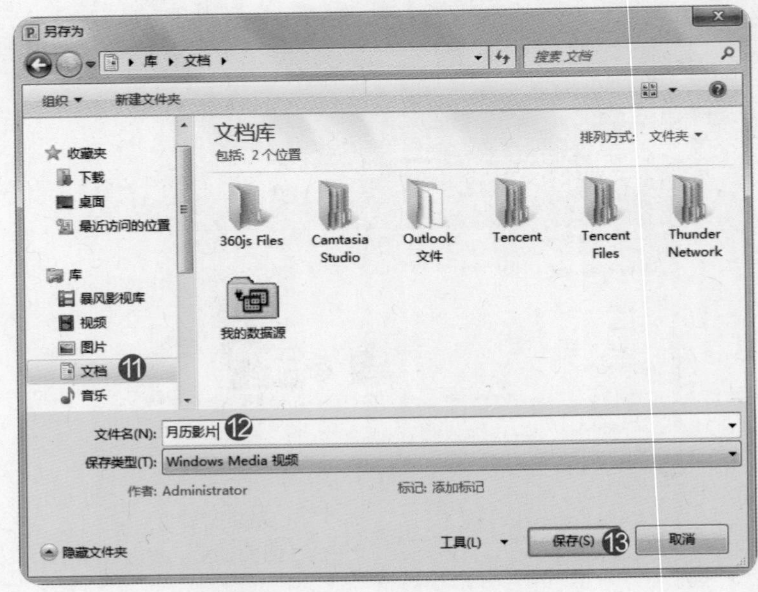

完成后效果如图所示。

测验试题 15/30

●题目

1. 将演示文稿中的所有繁体中文转换为简体中文。
2. 对幻灯片2中的图片新增“阶梯状”进入动画、开始：“上一动画之后”、持续时间：“1秒”、效果选项“方向：左上”。
3. 对幻灯片5中的图表新增“切入”进入动画、开始：“上一动画之后”、持续时间：“1秒”、效果选项“序列：按系列”。（注意：接受其他默认设置）

●解题步骤

第1小题

单击“审阅”选项卡→“中文简繁转换”组→“繁转简”按钮。

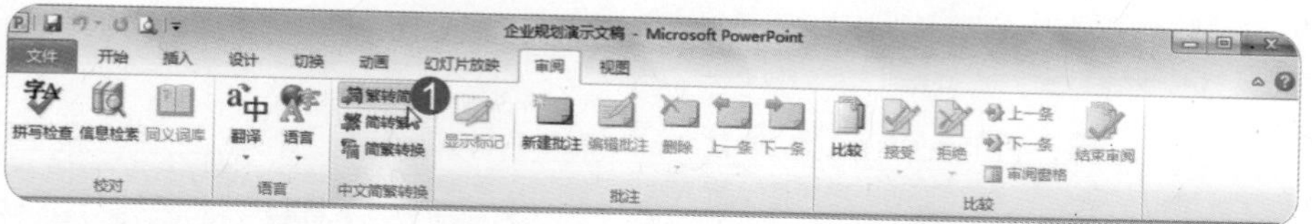

完成后效果如图所示。

第2小题

❶ 在幻灯片索引标签中选中第2张幻灯片。

❷ 单击选中幻灯片2中的图片。

❸ 单击“动画”选项卡→“动画”组→“其他”下拉菜单按钮。

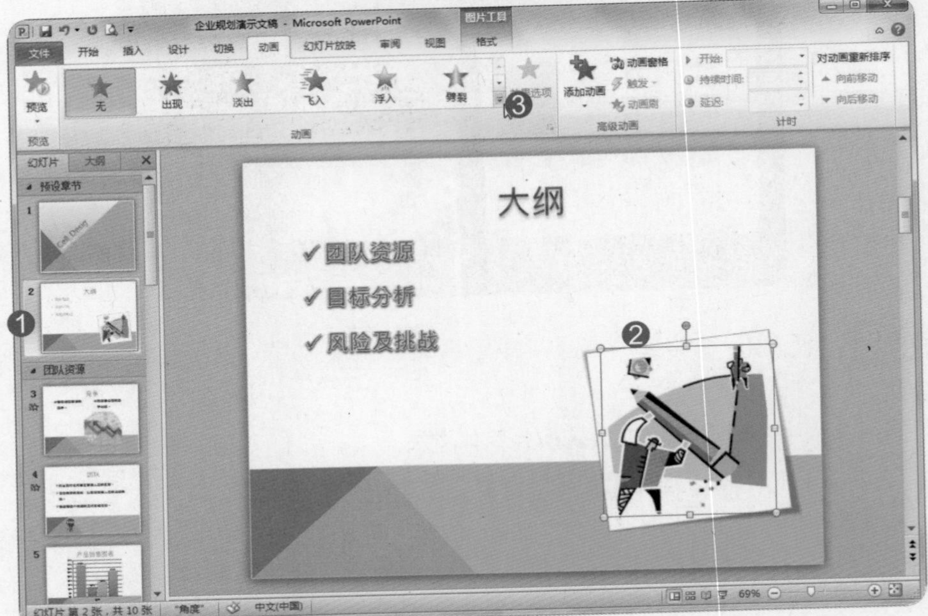

❹ 在下拉菜单中单击“更多进入效果”命令。

❺ 在“更改进入效果”对话框中单击选中“基本型：阶梯状”。

❻ 然后单击“确定”按钮。

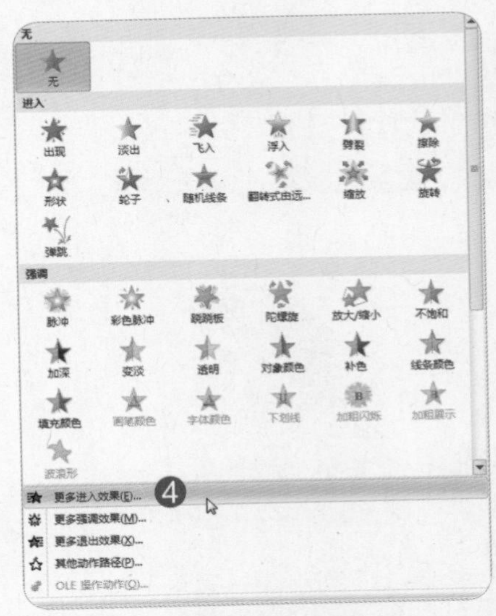

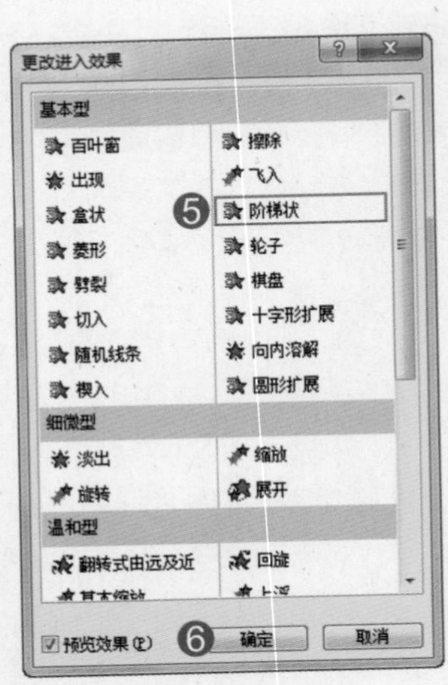

❼ 单击“动画”选项卡→“计时”组→“开始”下拉菜单按钮。

❽ 在下拉菜单中单击“上一动画之后”命令。

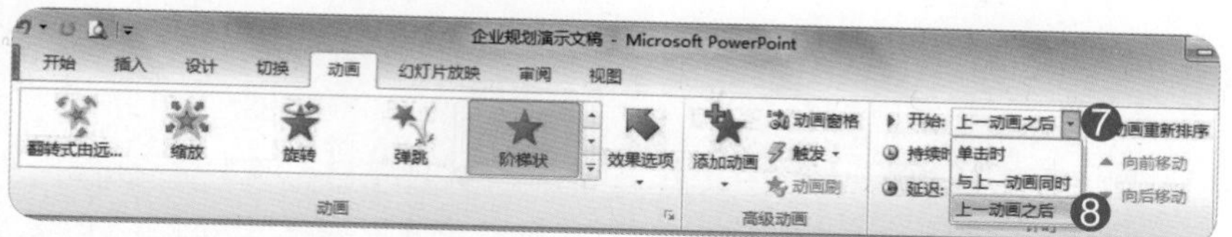

❾将“持续时间”设置为“01.00”。

⓫ 单击“动画”选项卡→“动画”组→“效果选项”按钮。

⓬ 在下拉菜单中单击“左上”命令。

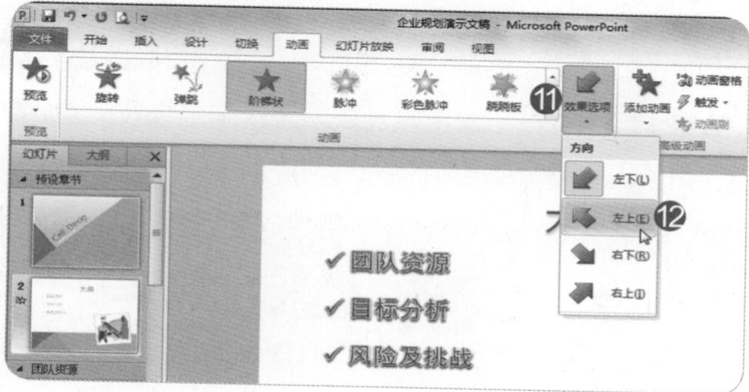

第3小题

❶ 在幻灯片索引标签中选中第5张幻灯片。

❷ 单击选中幻灯片5中的图表。

❸ 单击“动画”选项卡→“动画”组→“其他”下拉菜单按钮。

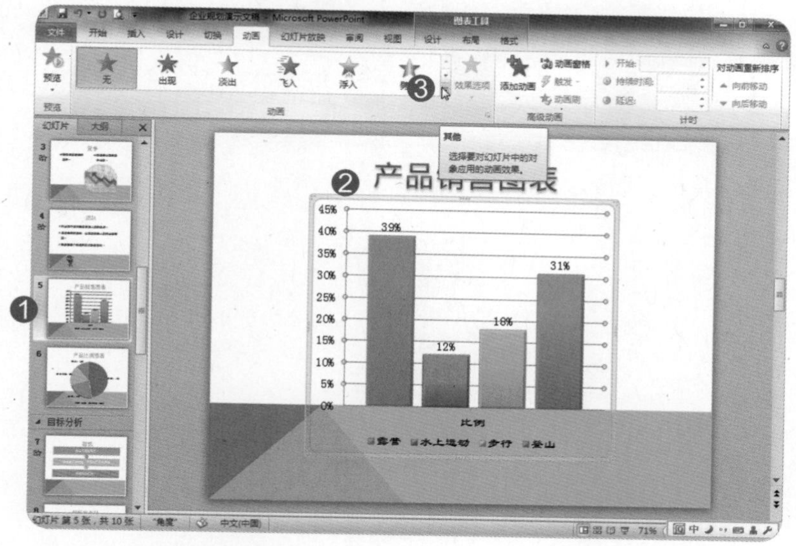

❹ 在下拉菜单中单击“更多进入效果”。

❺在“更改进入效果”对话框中单击选中“基本型：切入”。

❻然后单击“确定”按钮。

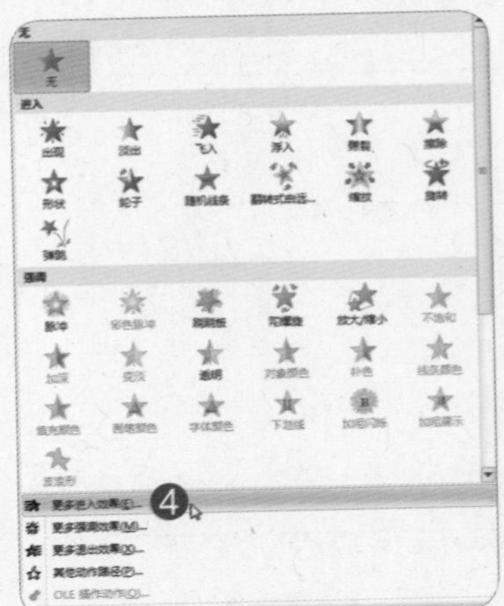

❼单击“动画”选项卡→“计时”组→“开始”下拉菜单按钮。

❽在下拉菜单中单击“上一动画之后”命令。

❾将“持续时间”设置为“01.00”。

❿单击“动画”选项卡→“动画”组→“效果选项”按钮。

⓫在下拉菜单中单击“序列：按系列”命令。

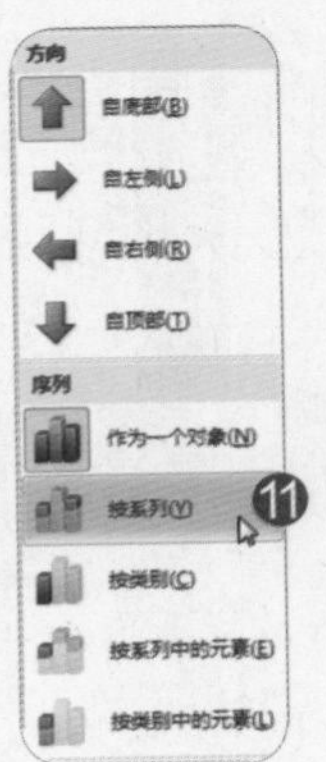

完成后效果如图所示。

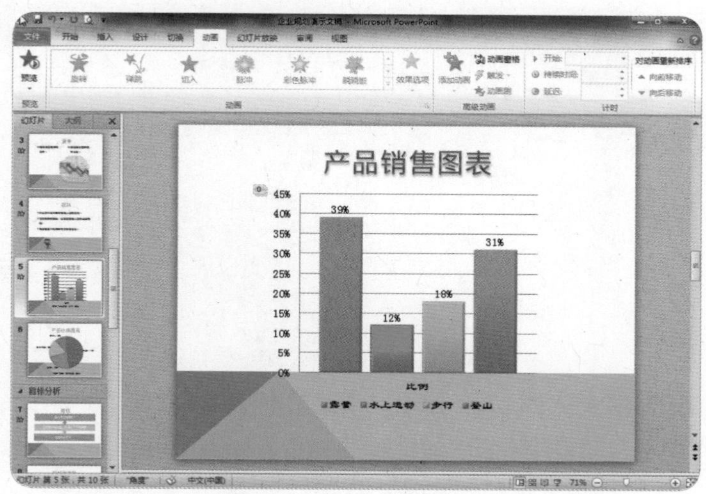

测验试题 16/30

●题目

比较目前演示文稿和“文档”文件夹中“企业规划演示文稿_更新.pptx”两份演示文稿的不同，接受前3个更改后结束审阅，并将文件另存为新文档“PowerPoint97-2003演示文稿”，保存到“文档”文件夹，文件名为“企业规划”。（注意：接受其他默认设置）

●解题步骤

❶ 单击“审阅”选项卡→“比较”组→“比较”按钮。

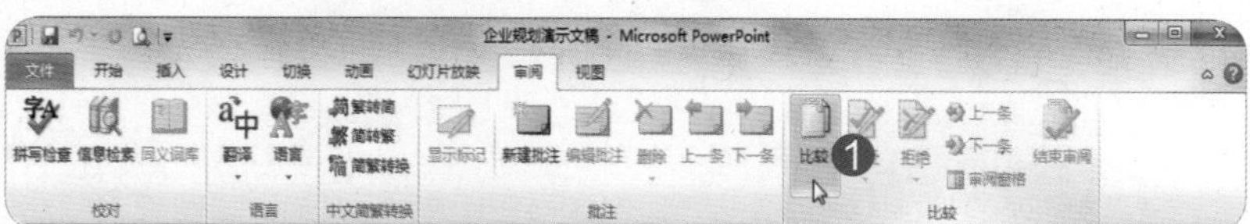

❷ 单击选择“文档”文件夹。

❸ 单击选择文件“企业规划演示文稿_更新”。

❹ 单击“合并”按钮。

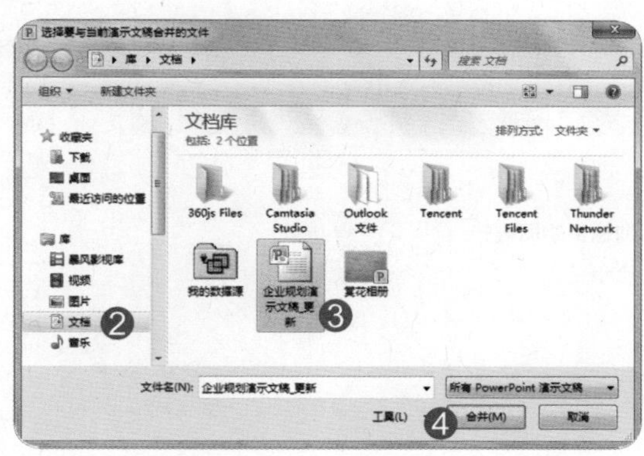

❺ 在幻灯片索引标签中选中第1张幻灯片。

❻ 单击幻灯片右侧的“修订”窗格“详细信息”中的“幻灯片更改”内容“Rectangle 4：”。

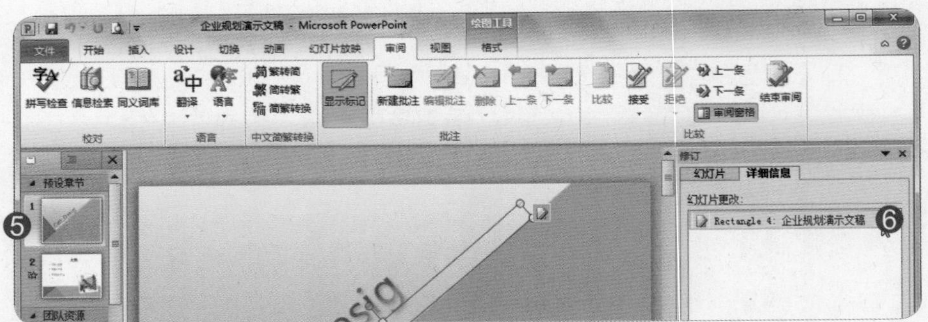

❼ 单击“审阅”选项卡→“比较”组→“接受”下拉菜单按钮。

❽ 在下拉菜单中单击“接受修订”命令。

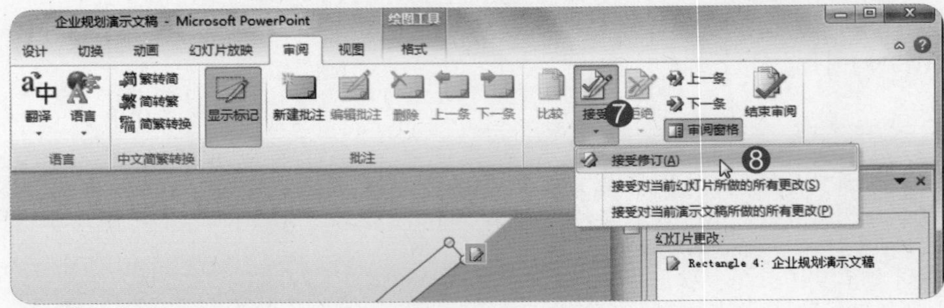

❾ 单击“审阅”选项卡→“比较”组→“下一条”按钮。

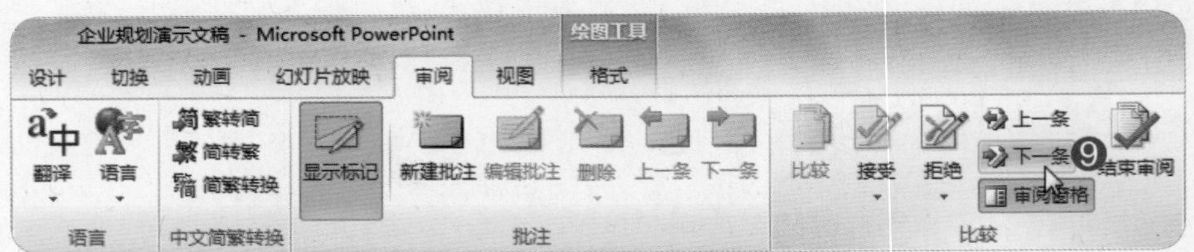

❿ 单击幻灯片右侧的“修订”窗格“详细信息”中的“幻灯片更改”内容“Rectangle 2：”。

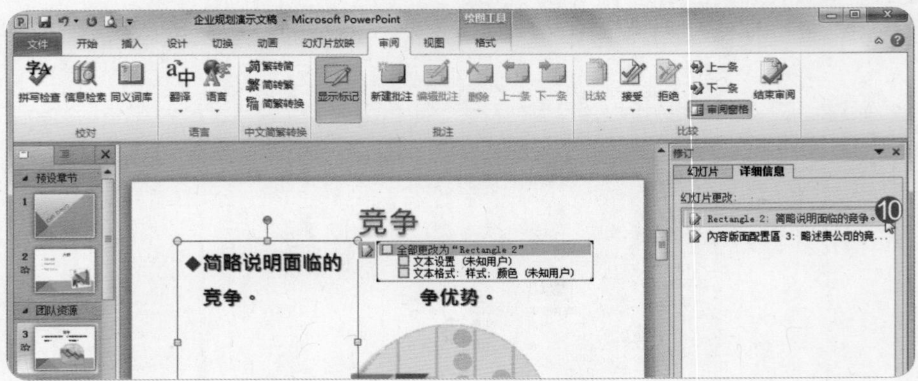

⑪ 单击“审阅”选项卡→“比较”组→“接受”下拉菜单按钮。

⑫ 在下拉菜单中单击“接受修订”命令。

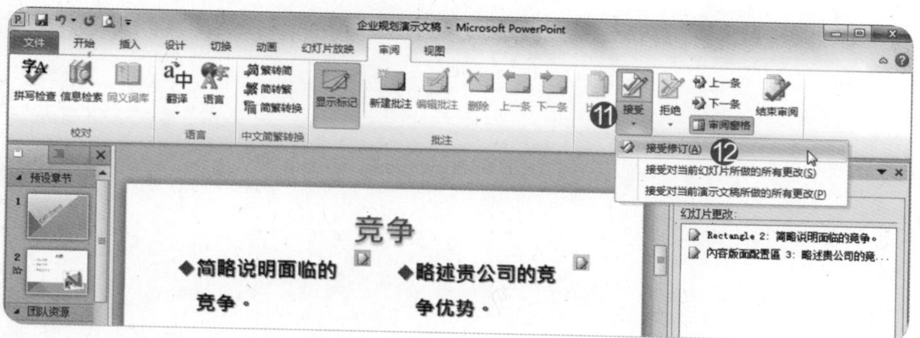

⑬ 单击幻灯片右侧的“修订”窗格“详细信息”中的“幻灯片更改”内容“内容版面配置区 3：”。

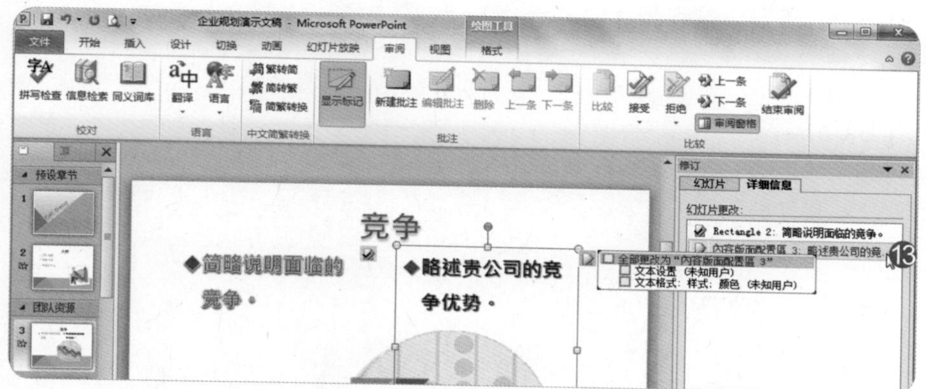

⑭ 单击“审阅”选项卡→“比较”组→“接受”下拉菜单按钮。

⑮ 在下拉菜单中单击“接受修订”命令。

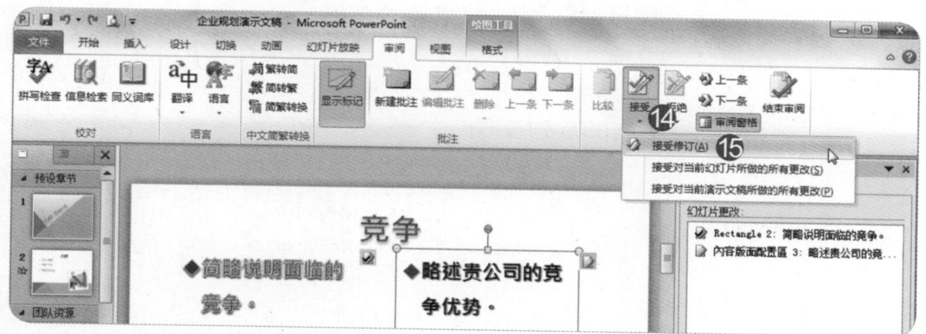

⑯ 单击“审阅”选项卡→“比较”组→“结束审阅”按钮。

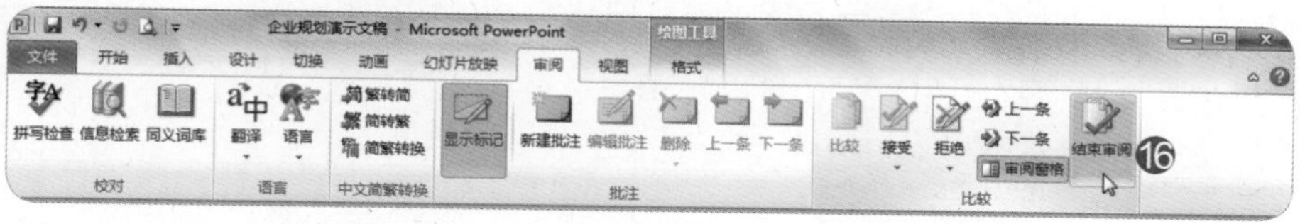

⑰ 单击“是”按钮。

⑱ 单击“文件”选项卡→“另存为”命令。

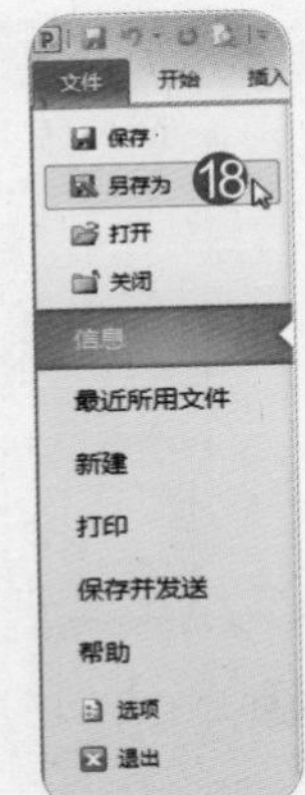

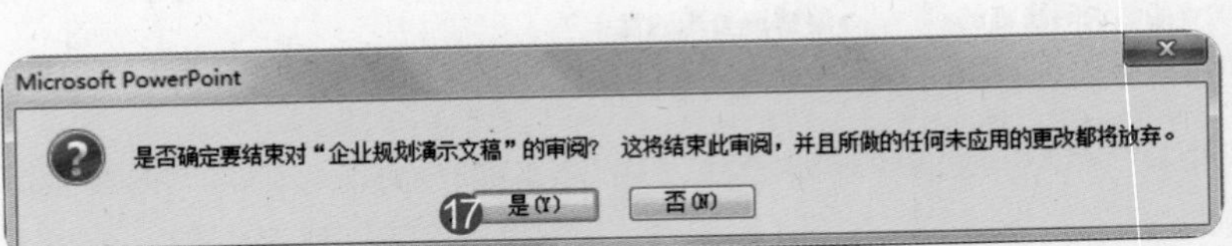

⑲ 单击选择“文档”文件夹。

⑳ 输入文件名为“企业规划”。

㉑ 单击“保存类型”下拉菜单按钮，选择“PowerPoint97-2003演示文稿”保存类型。

㉒ 单击“保存”按钮。

测验试题 17/30

●题目

1. 在幻灯片3新增图表，图表类型为“簇状圆柱图”，数据源为幻灯片2中表格的所有内容。
2. 使用图表样式“样式34”，并将背景墙更改颜色为“蓝色，强调文字颜色3，淡色80%”、基底更改颜色为“蓝色，强调文字颜色3，淡色40%”，关闭“图例”、开启“显示模拟运算表和图例项标示”。

●解题步骤

第1小题

❶ 在幻灯片索引标签中选中第2张幻灯片。

❷ 单击表格边框选中表格。

❸ 按【Ctrl+C】组合键对表格内容进行复制。

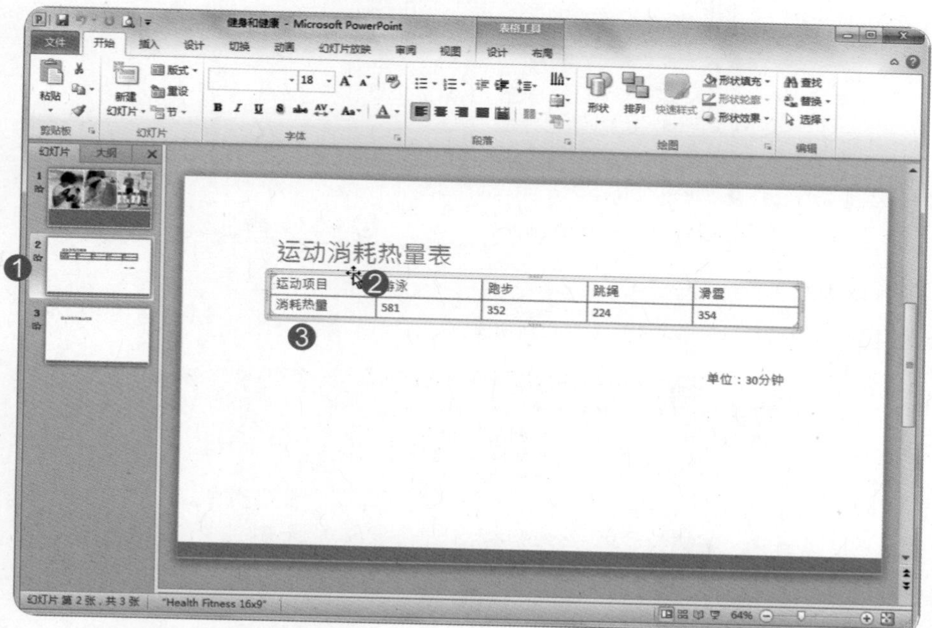

❹ 在幻灯片索引标签中选中第3张幻灯片。

❺ 单击内容区文本框中的“插入图表”按钮。

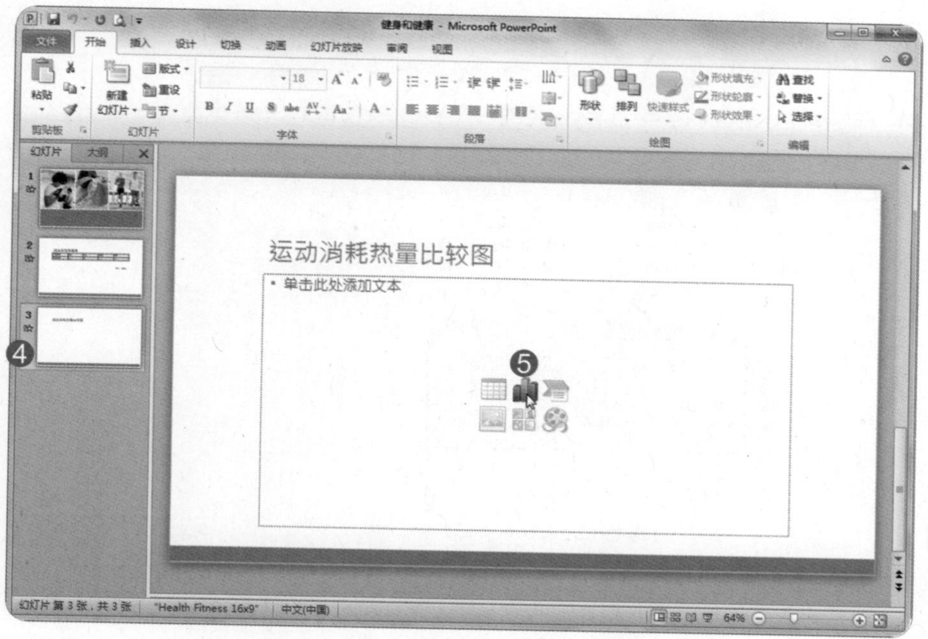

❻ 单击“插入图表”对话框中左侧“柱形图”选项。

❼ 单击选择“簇状圆柱图”。

❽ 单击“确定”按钮。

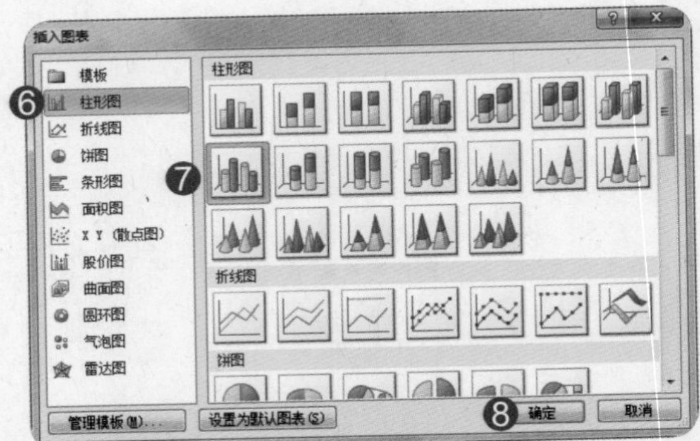

❾ 单击Excel数据表A1单元格。

❿ 按【Ctrl+V】组合键对表格内容进行粘贴。

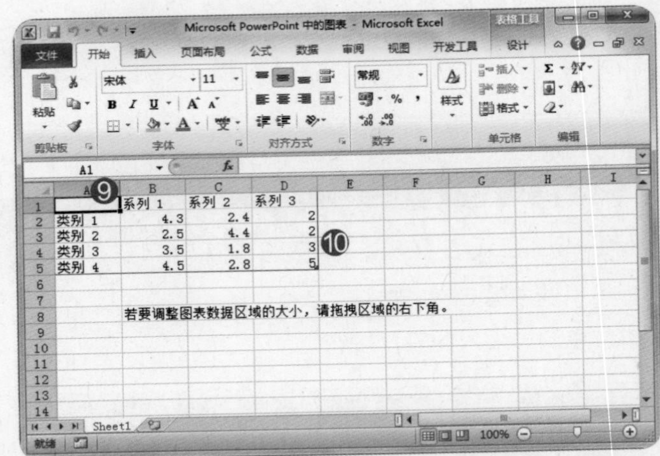

⓫ 将鼠标移至Excel数据表中蓝色框线的右下角，按住鼠标左键不放。

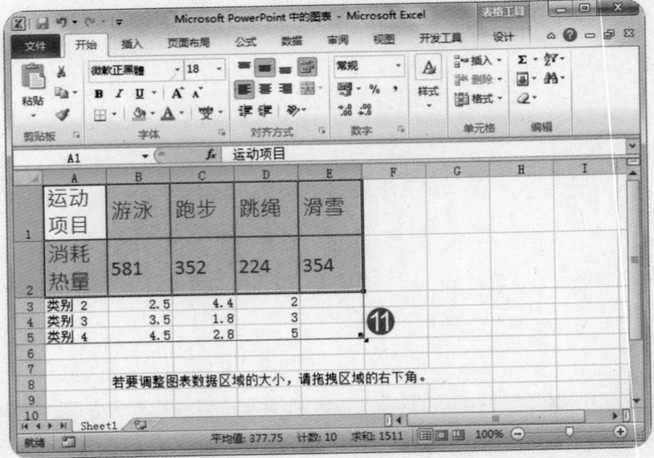

⑫ 将鼠标移至E2单元格右下角时释放鼠标。

⑬ 关闭Excel数据表。

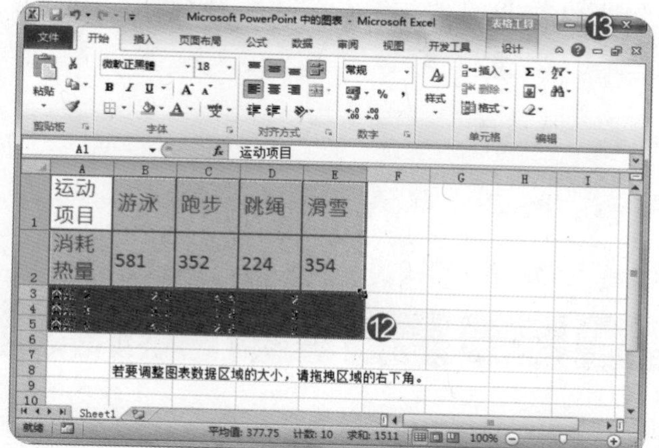

完成后效果如图所示。

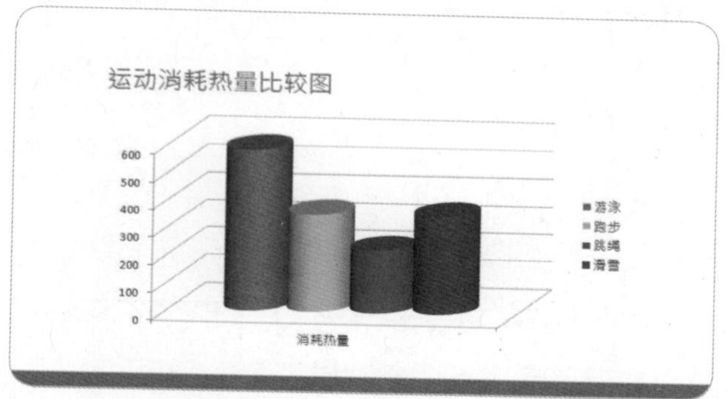

第2小题

❶ 在幻灯片索引标签中选中第3张幻灯片。

❷ 单击选中幻灯片3中的图表。

❸ 单击“图表工具：设计”选项卡→“图表样式”组→“其他”下拉菜单按钮。

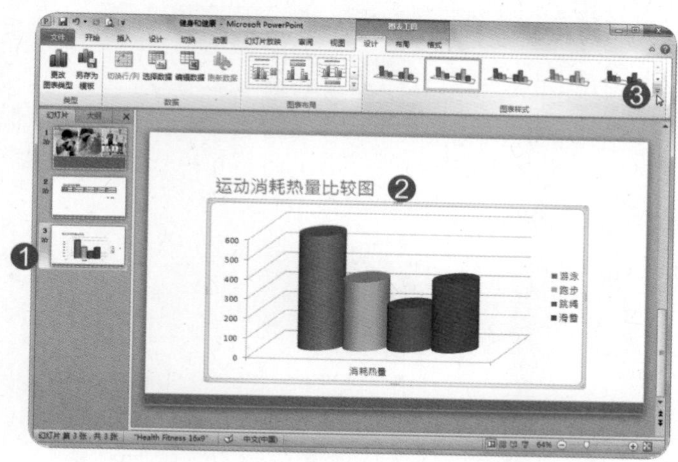

❹ 在下拉菜单中单击“样式34”。

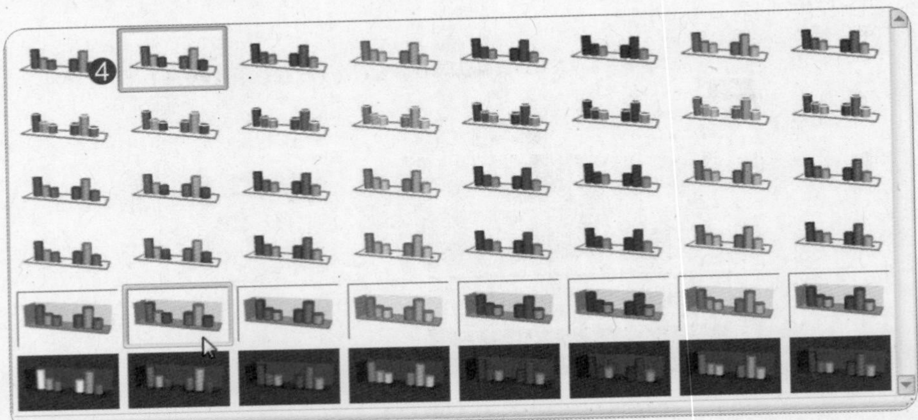

❺ 单击“图表工具：格式”选项卡→“当前所选内容”组→“图表元素”下拉菜单按钮，在下拉菜单中单击“背景墙”。

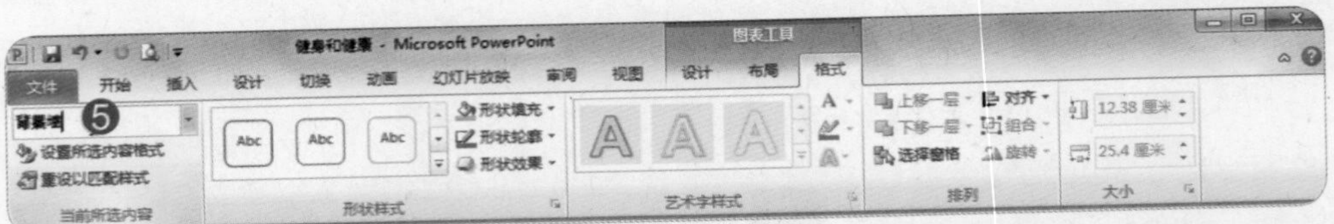

❻ 单击“图表工具：格式”选项卡→“形状样式”组→“形状填充”下拉菜单按钮。

❼ 在下拉菜单中单击“蓝色, 强调文字颜色3, 淡色80%”主题颜色。

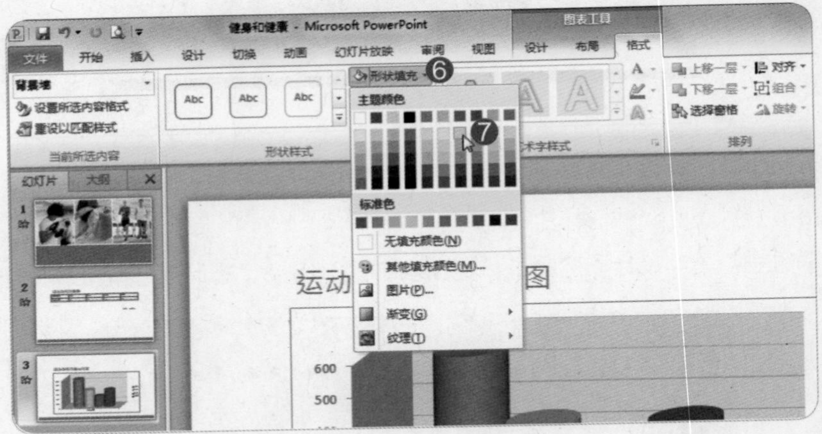

❽ 单击“图表工具：格式”选项卡→“当前所选内容”组→“图表元素”下拉菜单按钮，在下拉菜单中单击“基底”选项。

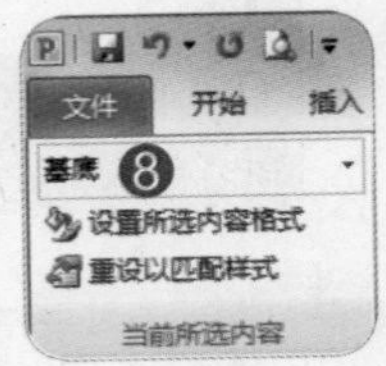

⑨ 单击“图表工具：格式”选项卡→“形状样式”组→“形状填充”下拉菜单按钮。
⑩ 在下拉菜单中单击“蓝色, 强调文字颜色3, 淡色40%”。

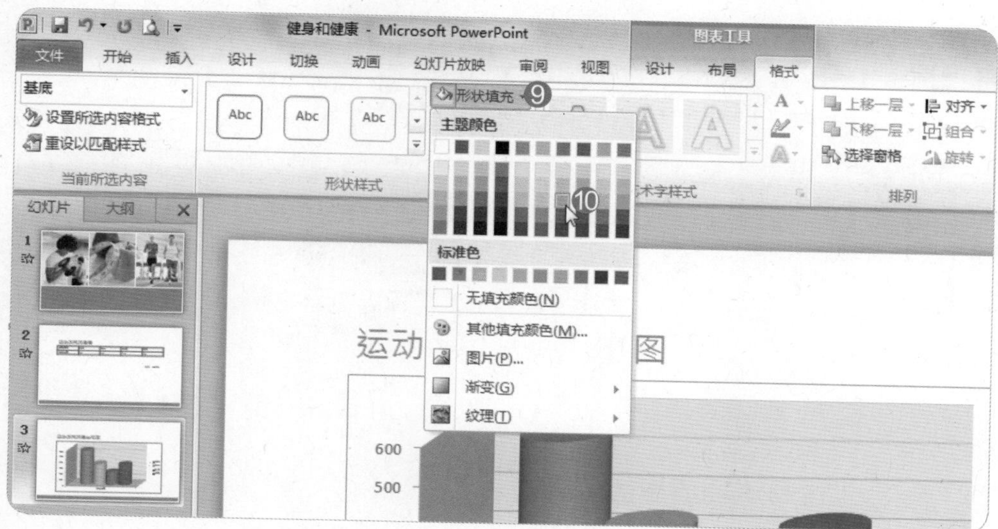

⑪ 单击“图表工具：布局”选项卡→“标签”组→“图例”按钮。
⑫ 在下拉菜单中单击“无”命令。

⑬ 单击“图表工具：布局”选项卡→“标签”组→“模拟运算表”按钮。

⑭ 在下拉菜单中单击“显示模拟运算表和图例项标示”命令。

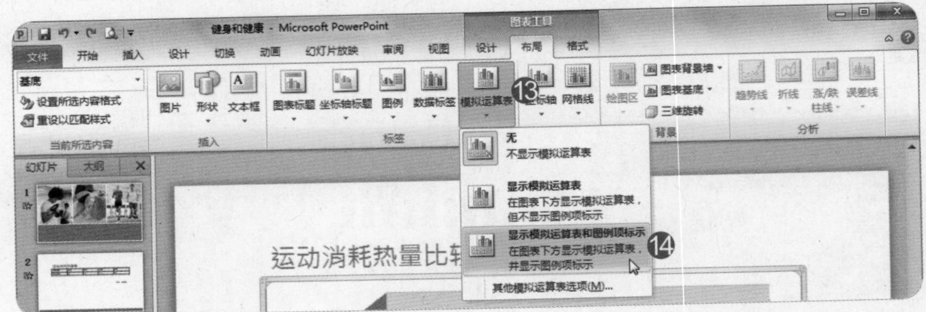

完成后效果如图所示。

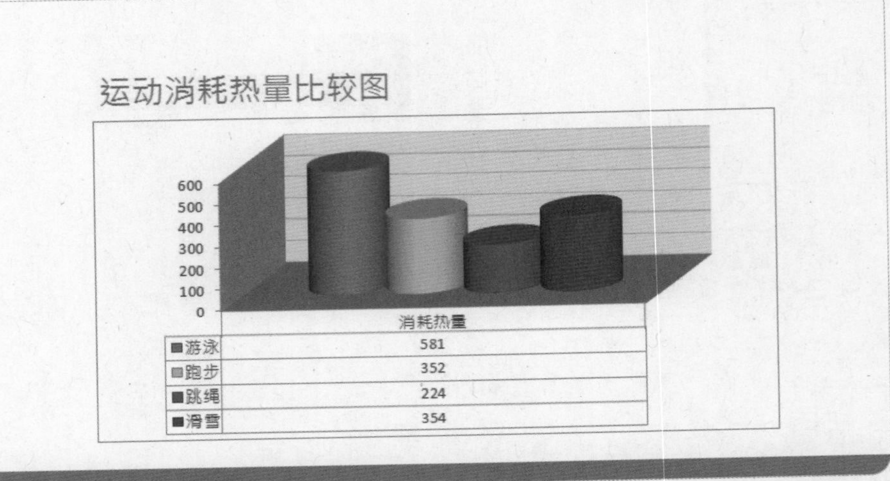

测验试题 18/30

●题目

1. 请先依窗口调整目前幻灯片的大小。
2. 接着删除演示文稿中的所有批注，再将演示文稿标记为最终状态。

●解题步骤

第1小题

❶单击“视图”选项卡→“显示比例”组→“适应窗口大小”按钮。

完成后效果如图所示。

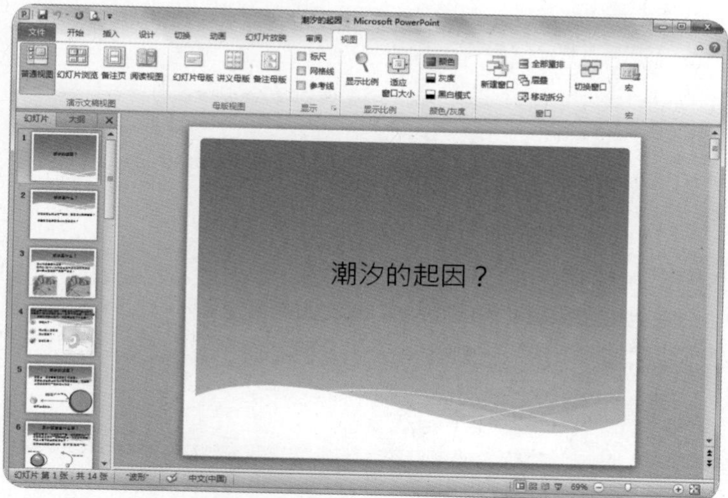

第2小题

❶ 单击“审阅”选项卡→“批注”组→“删除”下拉菜单按钮。

❷ 在下拉菜单中单击“删除此演示文稿中的所有标记”命令。

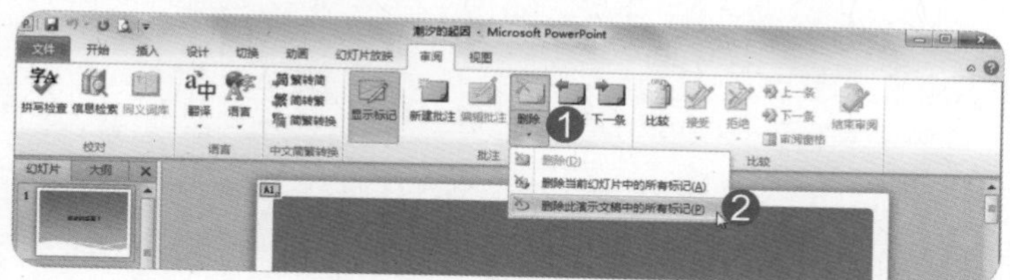

❸ 单击“是”按钮。

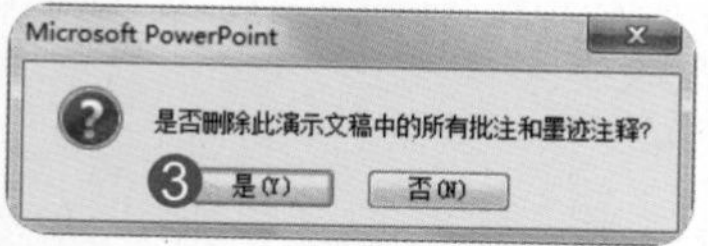

❹ 单击“文件”按钮→“信息”选项→“保护演示文稿”按钮。

❺ 在下拉菜单中单击“标记为最终状态”命令。

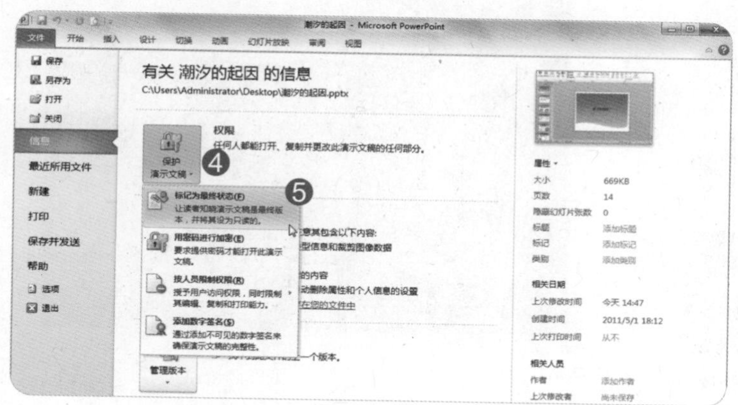

❻ 单击“确定”按钮。

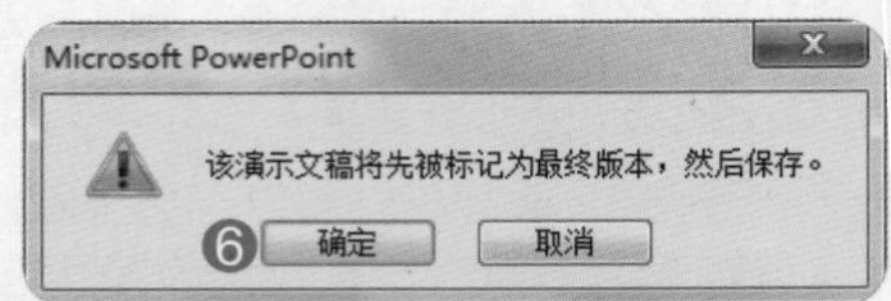

❼ 单击“确定”按钮。

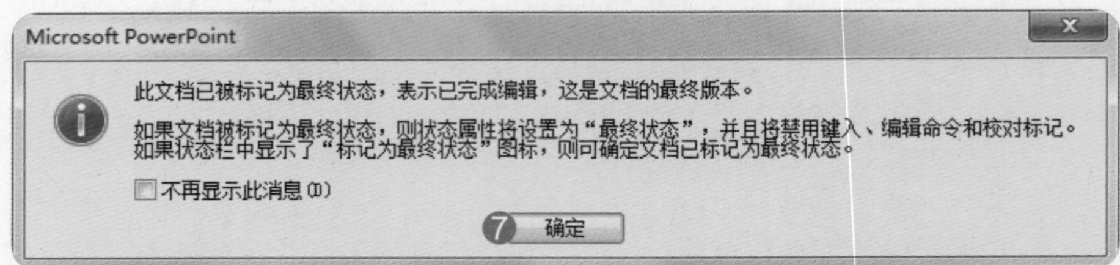

测验试题 19/30

●**题目**

1. 在幻灯片6中使用“链接到文件”的方式，插入文件夹中“media1.wmv”视频文件，并将视频套用“border1.png”标牌框架。
2. 只将幻灯片6的背景改为渐变填充中的“预设颜色：羊皮纸”。

●解题步骤

第1小题

❶ 在幻灯片索引标签中选中第6张幻灯片。

❷ 单击内容区文本框中的“插入媒体剪辑”按钮。

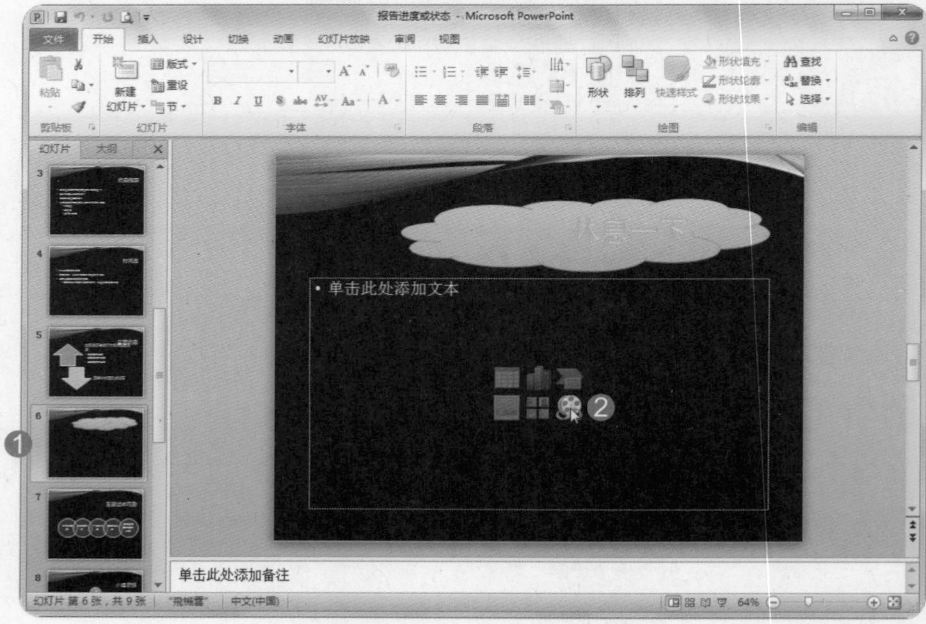

❸ 单击选择“文档”文件夹。

❹ 单击选中名称为“media1.wmv”视频文件。

❺ 单击“插入”下拉菜单。

❻ 在下拉菜单中单击“链接到文件”。

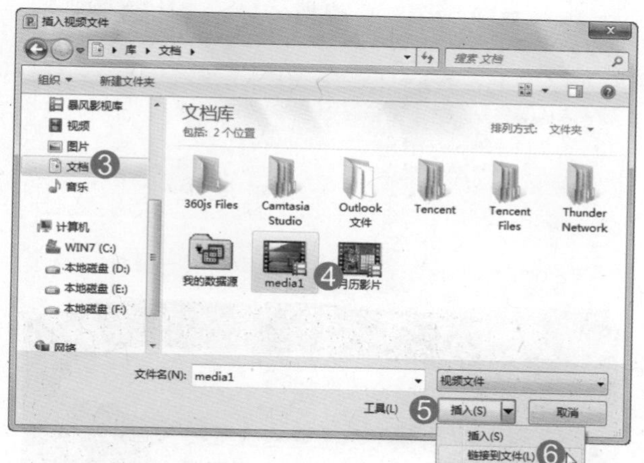

❼ 单击选中幻灯片6中的视频。

❽ 单击“视频工具：格式”选项卡→“调整”组→“标牌框架”按钮。

❾ 在下拉菜单中单击“文件中的图像”命令。

❿ 单击选择“图片”文件夹。

⓫ 单击选中“border1.png”。

⓬ 单击“插入”按钮。

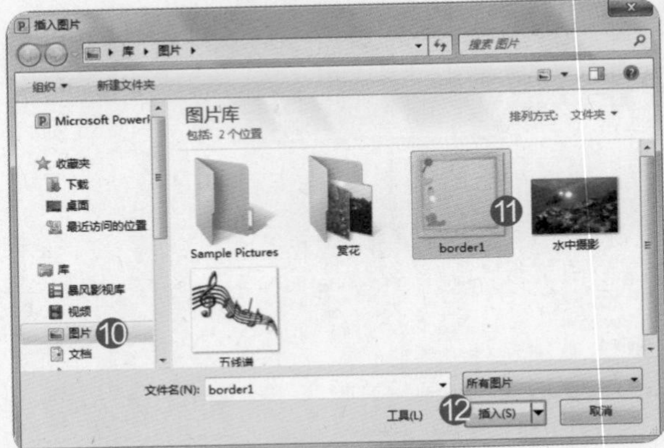

完成后效果如图所示。

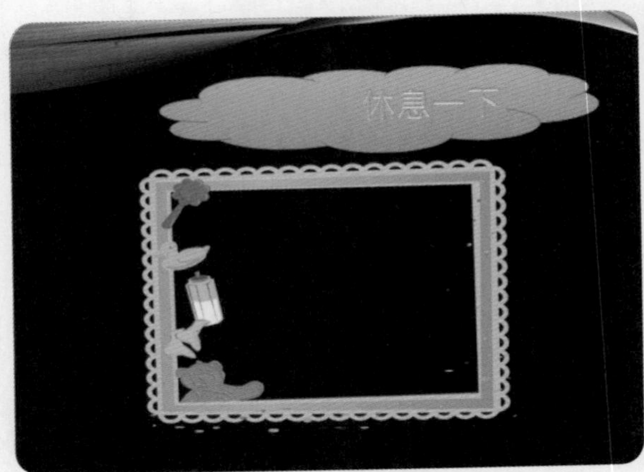

第2小题

❶ 在幻灯片索引标签中选中第6张幻灯片。

❷ 右击幻灯片6，弹出快捷菜单。

❸ 单击“设置背景格式”命令。

❹ 单击“设置背景格式”对话框左侧的“填充”选项。

❺ 单击选择“渐变填充”单选按钮。

❻ 单击选择“预设颜色”按钮。

❼ 在下拉菜单中单击“羊皮纸”。

❽ 单击“关闭”按钮。

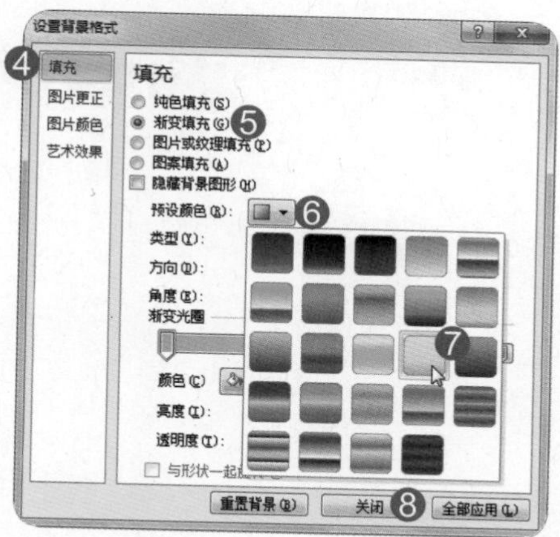

完成后效果如图所示。

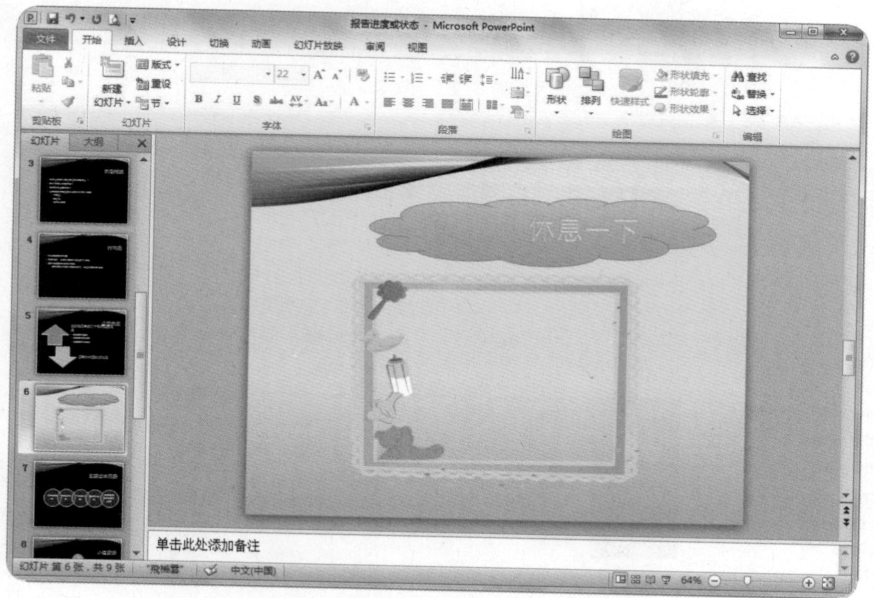

测验试题　20/30

●**题目**

1. 建立新的主题颜色，名称为“新颜色”。仅更改超链接的文字颜色，“超链接”颜色为“蓝色”、“已访问过的超链接”颜色为“红色”。
2. 在幻灯片7将“参考网站”文字建立超链接，链接网址为“http://www.jyic.net.cn”，输入屏幕提示文字“劲园信息”。

●解题步骤

第1小题

❶ 单击“设计”选项卡→“主题”组→“颜色”按钮。

❷ 在下拉菜单中单击“新建主题颜色”命令。

❸ 在“新建主题颜色”对话框中“名称”文本框中输入文字“新颜色”。

❹ 单击“超链接”颜色按钮，在下拉菜单中单击“蓝色”。

❺ 单击“已访问过的超链接”颜色按钮，在下拉菜单中单击“红色”。

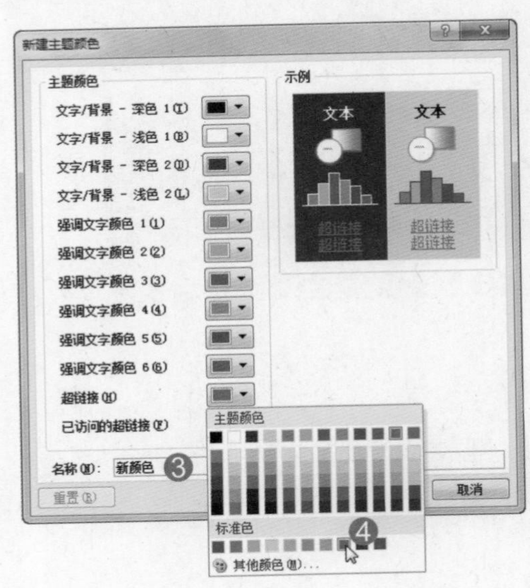

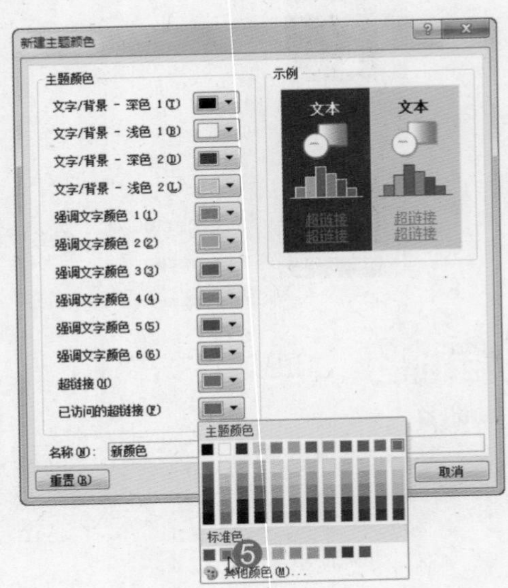

❻ 单击“保存”按钮。

第2小题

❶ 在幻灯片索引标签中选中第7张幻灯片。

❷ 按住鼠标左键，拖动鼠标选中文字“参考网站”。

❸ 单击“插入”选项卡→“链接”组→“超链接”按钮。

❹ 在“插入链接”对话框中“地址”文本框中输入网址“http://www.jyic.net.cn”。

❺ 单击“屏幕提示”按钮。

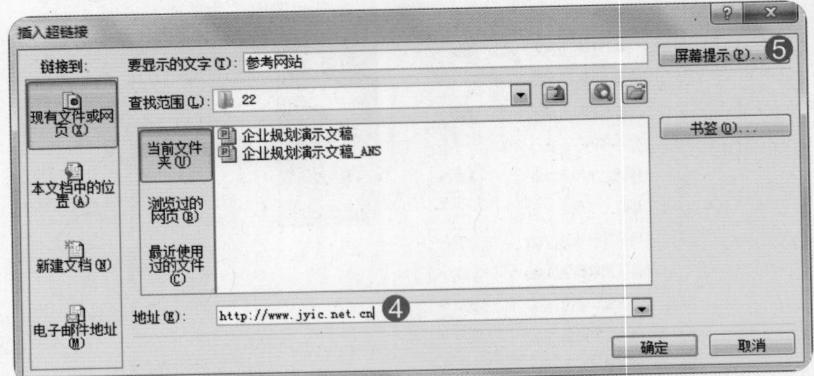

❻ 输入屏幕提示文字“劲园信息”。

❼ 然后单击“确定”按钮。

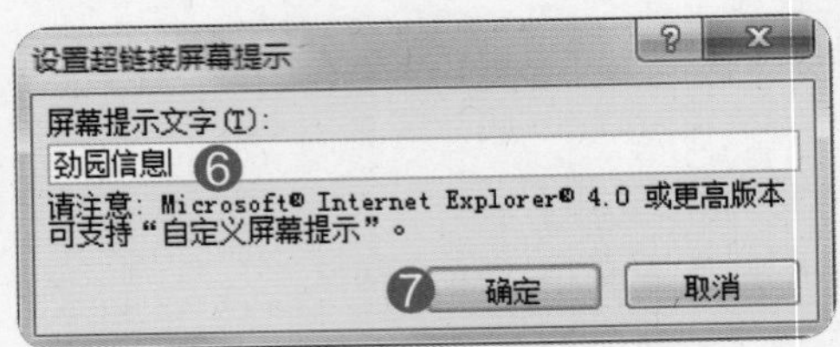

完成后效果如图所示。

测验试题 21/30

●题目

1. 使用“幻灯片（从大纲）”的方式，将“科学类项目.docx”导入至目前的演示文稿中，并将第1张幻灯片更改为“标题幻灯片”版式。
2. 将每张幻灯片都套用“随机线条”的幻灯片切换效果，效果选项为“水平”，并加上“照相机”的声音。

●解题步骤

第1小题

❶单击“开始”选项卡→“幻灯片”组→“新建幻灯片”下拉菜单按钮。

❷在下拉菜单中单击“幻灯片（从大纲）”命令。

❸单击选择“文档”文件夹。

❹单击选中文件“科学类项目.docx”。

❺单击“插入”按钮。

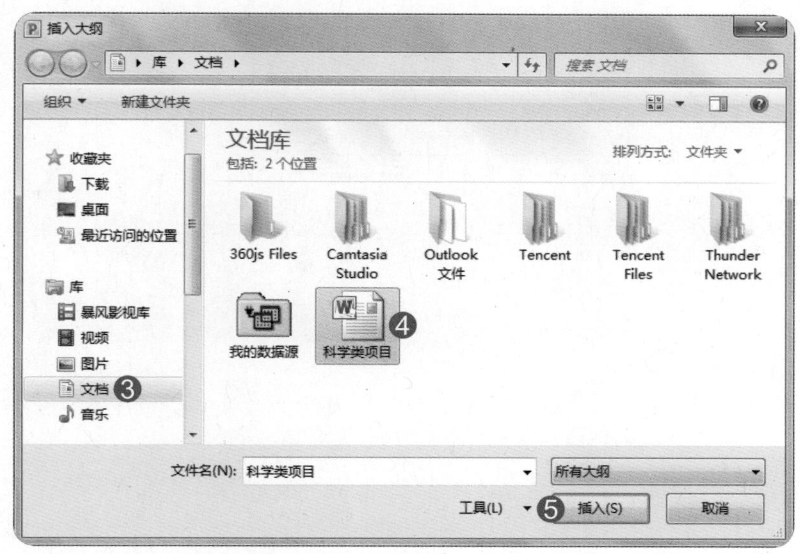

⑥ 在幻灯片索引标签中选中第1张幻灯片。

⑦ 单击“开始”选项卡→“幻灯片”组→“版式”下拉菜单按钮。

⑧ 在下拉菜单中单击“标题幻灯片”版式。

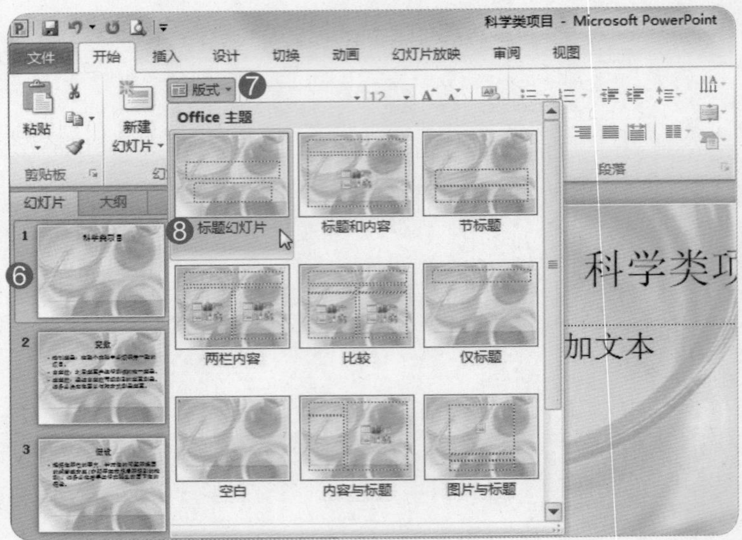

完成后效果如图所示。

第2小题

❶ 单击“切换”选项卡→“切换到此幻灯片”组→“其他”下拉菜单按钮。

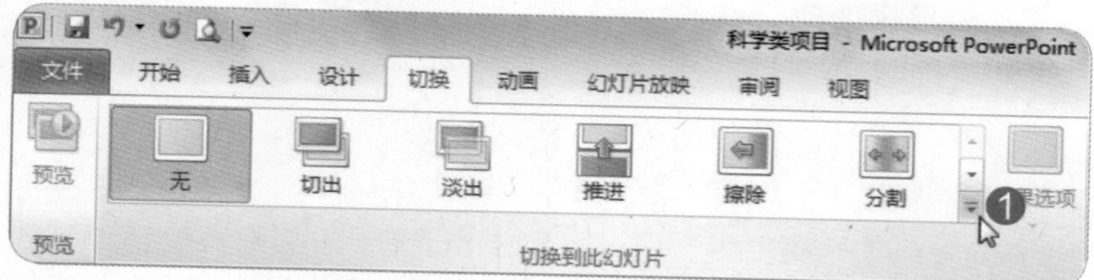

❷ 在下拉菜单中单击“细微型：随机线条”切换方式。

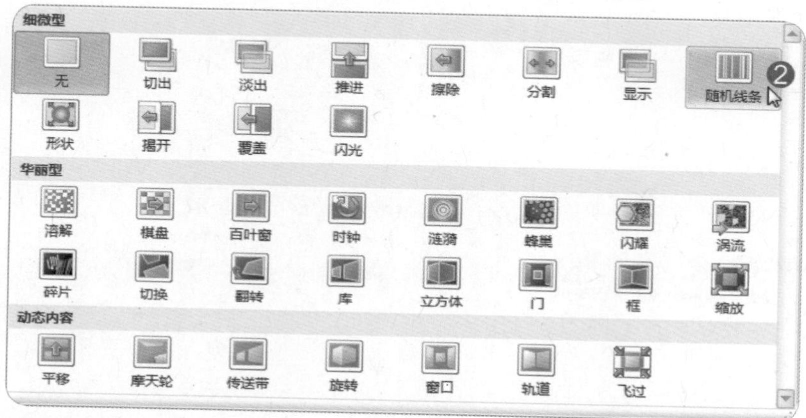

❸ 单击“效果选项”按钮。

❹ 在下拉菜单中单击“水平”命令。

❺ 单击“切换”选项卡→“计时”组→“声音”下拉菜单按钮。

❻ 在下拉菜单中单击“照相机”声音。

❼ 单击“全部应用”按钮。

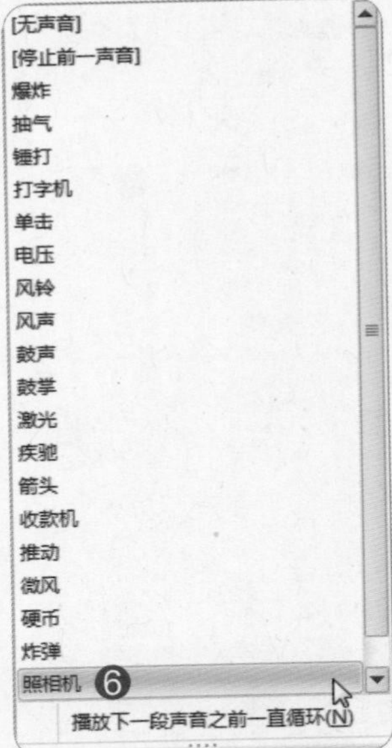

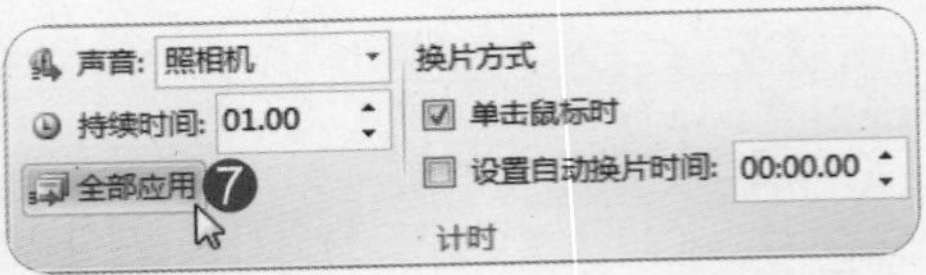

完成后效果如图所示。

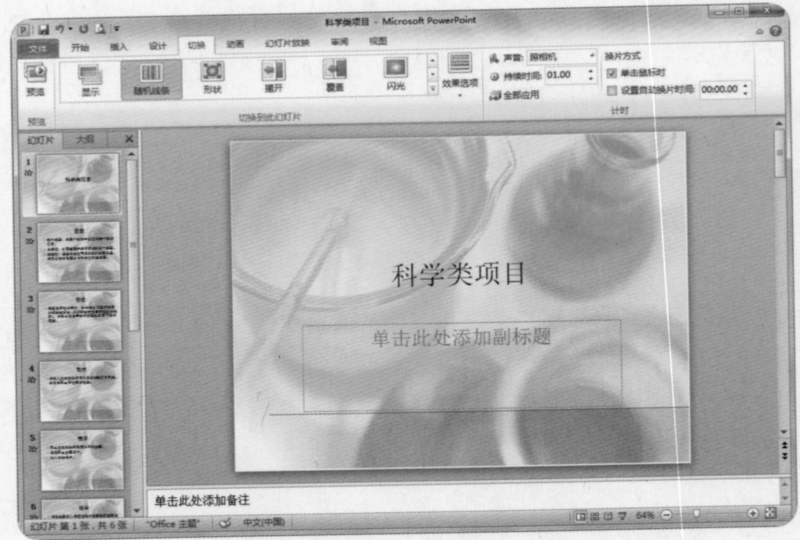

测验试题 22/30

●**题目**

1. 在幻灯片8中对“目前进度”形状插入“动作”，使其“单击鼠标”时可开启“目前进度.xlsx”工作簿，并“单击时突出显示”。
2. 将演示文稿打包成CD，且“复制到文件夹”，文件夹名称为“企业规划演示文稿”，位置为“文档”文件夹，最后关闭窗口。

●解题步骤

第1小题

❶ 在幻灯片索引标签中选中第8张幻灯片。

❷ 单击“目前进度”形状的边框选中形状。

❸ 单击“插入”选项卡→“链接”组→“动作”按钮。

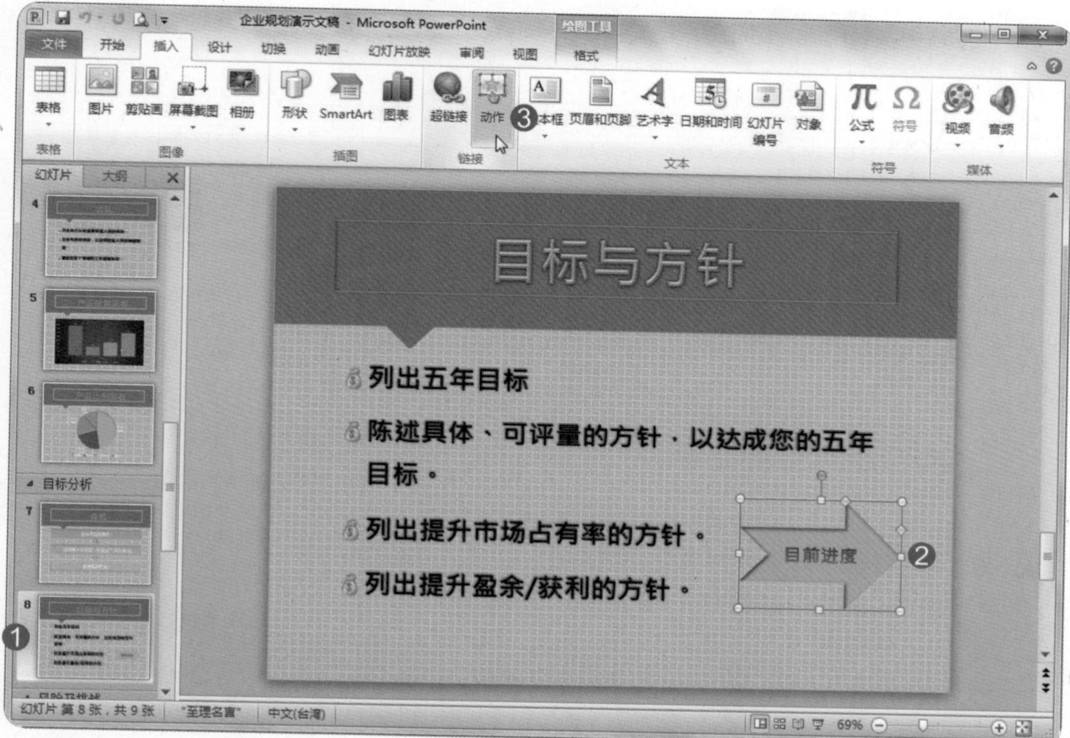

❹ 在弹出的“动作设置”对话框中单击选择“超链接到：”单选按钮。

❺ 在下拉菜单中单击“其他文件”。

❻在弹出的“超链接到其他文件”对话框中单击选择“文档”文件夹。

❼单击选中文件“目前进度.xlsx”。

❽单击“确定”按钮。

❾在“动作设置”对话框中单击“单击时突出显示”复选框。

❿然后单击“确定”按钮。

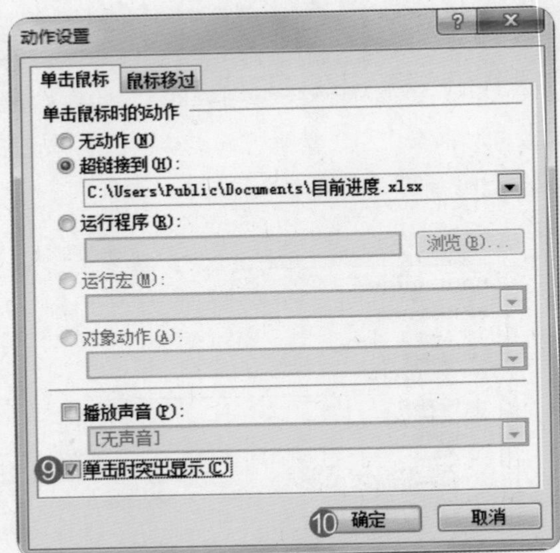

第2小题

❶ 单击“文件”选项卡→“保存并发送”命令→“将演示文稿打包成CD”命令→“打包成CD”按钮。

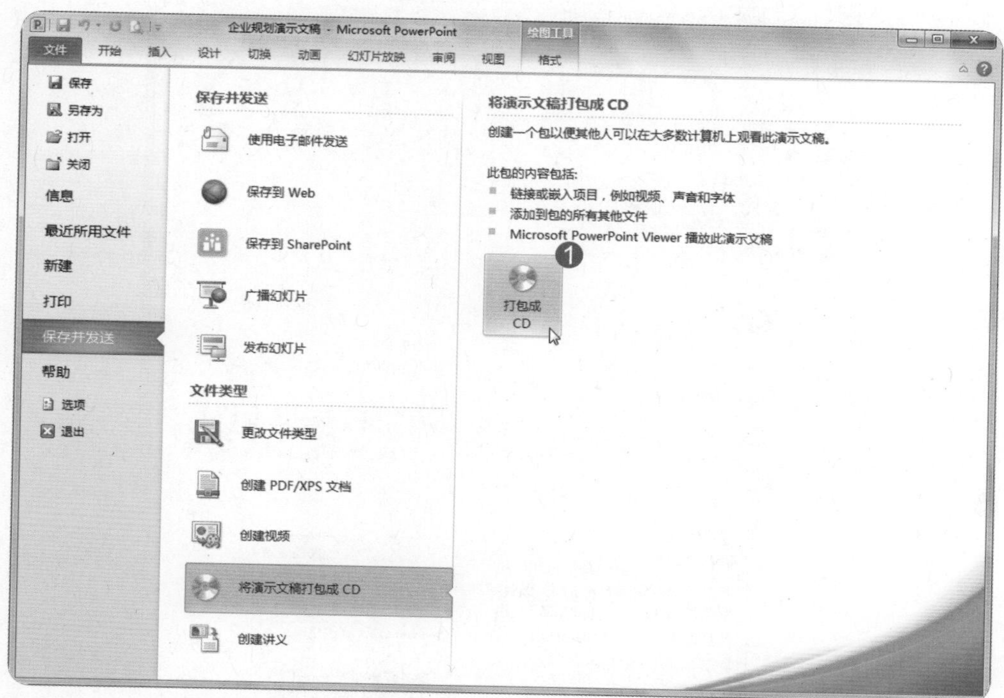

❷ 在弹出的“打包成CD”对话框中单击“复制到文件夹”按钮。

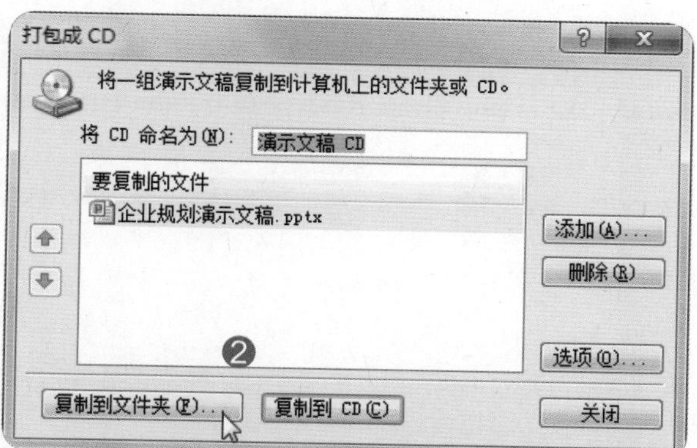

❸ 在“文件夹名称”后的文本框中输入“企业规划演示文稿”。

❹ 单击“位置”后的“浏览”按钮。

❺ 在弹出的“选择位置”对话框中单击选择“文档”文件夹。

❻ 然后单击“关闭”按钮。

❼ 在“复制到文件夹”对话框中，单击“确定”按钮。

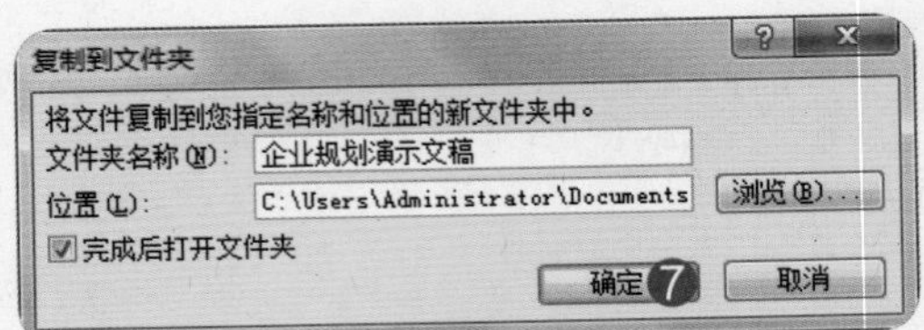

❽ 单击“是”按钮。

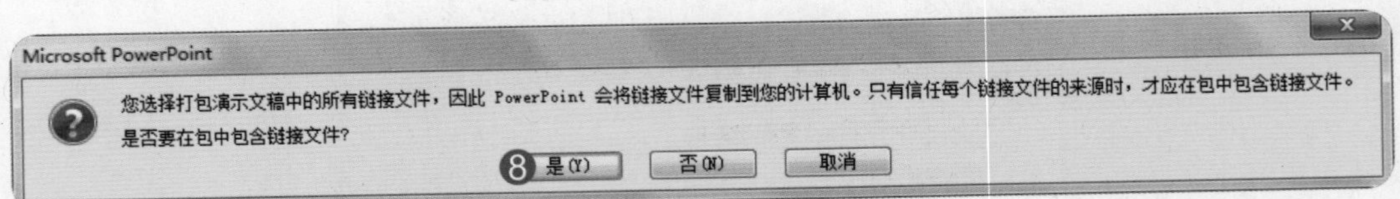

测验试题 23/30

●题目

1. 在幻灯片6插入剪贴画，搜索“背包”并将第一个结果图片放入演示文稿，相对于幻灯片的右下角。（注意：请包含Office.com内容）
2. 在幻灯片6对图表新增“轮子”的进入动画、持续时间“1秒”，单击右下方的背包图片才能触发动画的播放。

●解题步骤

第1小题

❶ 在幻灯片索引标签中选中第6张幻灯片。

❷ 单击“插入”选项卡→“图像”组→“剪贴画”按钮。

❸ 在“剪贴画”窗格中，“搜索文字”处输入“背包”。

❹ 单击“包括Office.com内容”复选框。

❺ 然后单击“搜索”按钮。

❻ 双击选择第一个结果图片。

❼ 按住鼠标左键不放，拖动图片至幻灯片6右下角，然后释放鼠标。

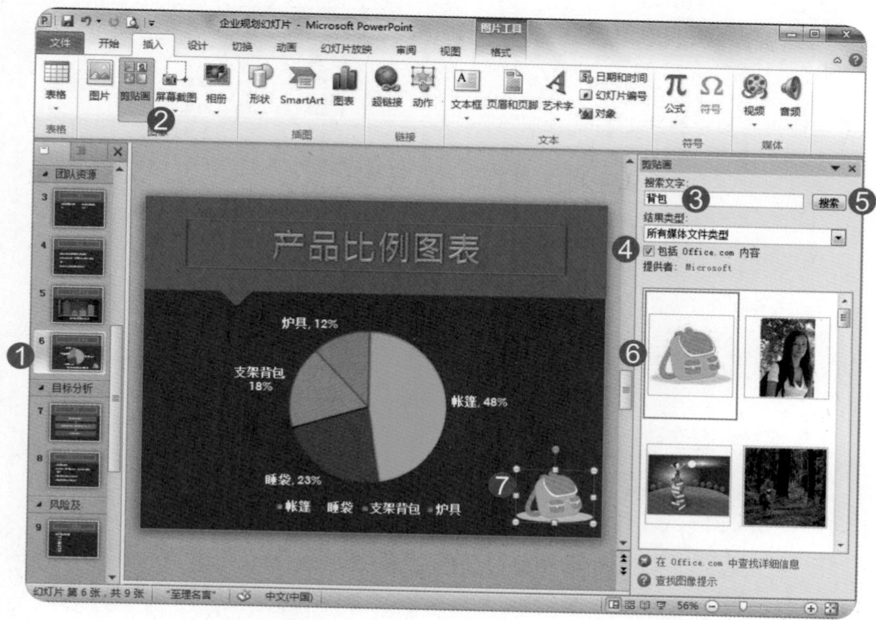

第2小题

❶ 单击选中图表。

❷ 单击“动画”选项卡→“动画”组→“其他”下拉菜单按钮。

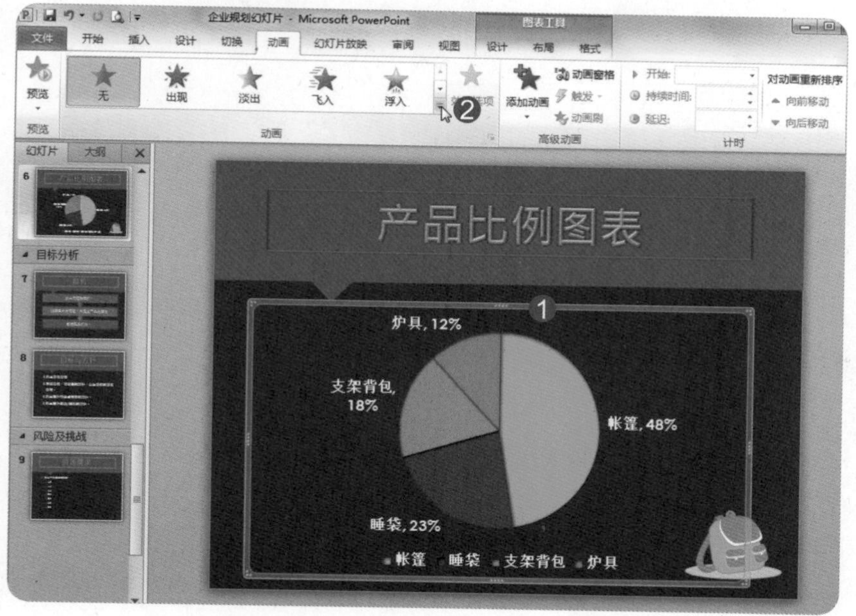

❸ 在下拉菜单中单击“更多进入效果”命令。

❹ 在“更改进入效果”对话框中，单击选中“基本型：轮子”。

❺ 单击“确定”按钮。

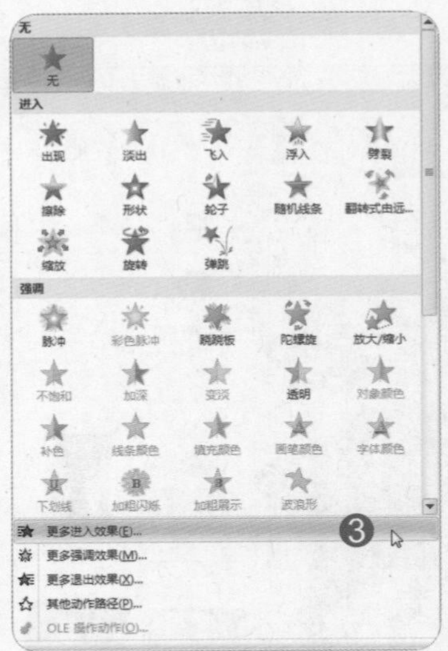

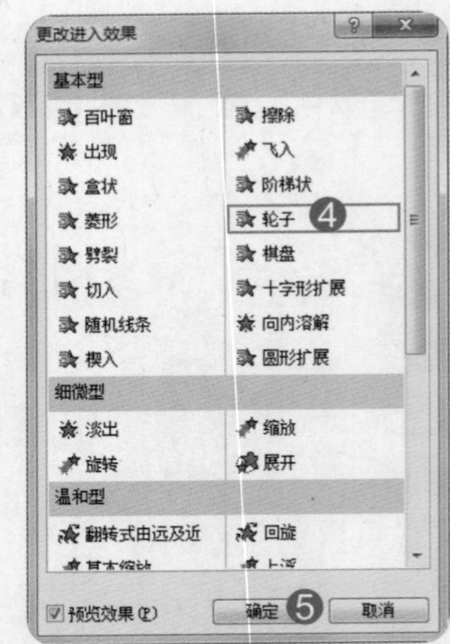

❻ 在“动画”选项卡“计时”组中将“持续时间”设置为“01.00”。

❼ 单击“动画”选项卡→“高级动画”组→“触发”按钮。

❽ 在下拉菜单中单击“单击”命令→“Picture 2”命令。

测验试题 24/30

● **题目**

1. 进入“灰度”视图，在幻灯片3将左方的图片设定为“浅灰度”，完成后“返回颜色视图”。
2. 在快速访问工具栏上新增“打印预览和打印”的按钮，单击“打印预览和打印”按钮，并选择“灰度”的打印预览效果。

● 解题步骤

第1小题

❶ 单击“视图”选项卡→“颜色/灰度”组→“灰度”按钮。

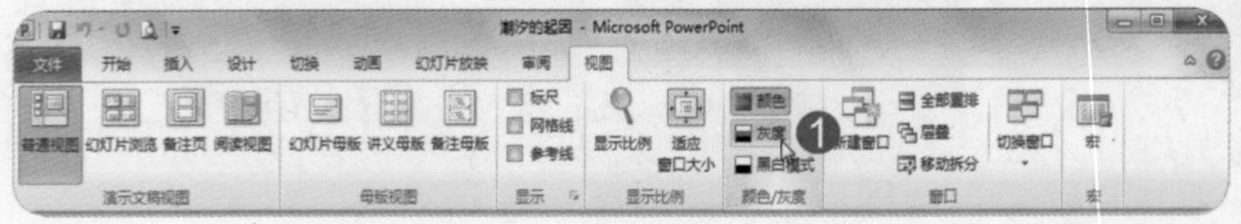

❷ 在幻灯片索引标签中选中第3张幻灯片。

❸ 单击选中幻灯片3中左方的图片。

❹ 单击“灰度”选项卡→“更改所选对象”组→“浅灰度”按钮。

❺ 单击“返回颜色视图”按钮。

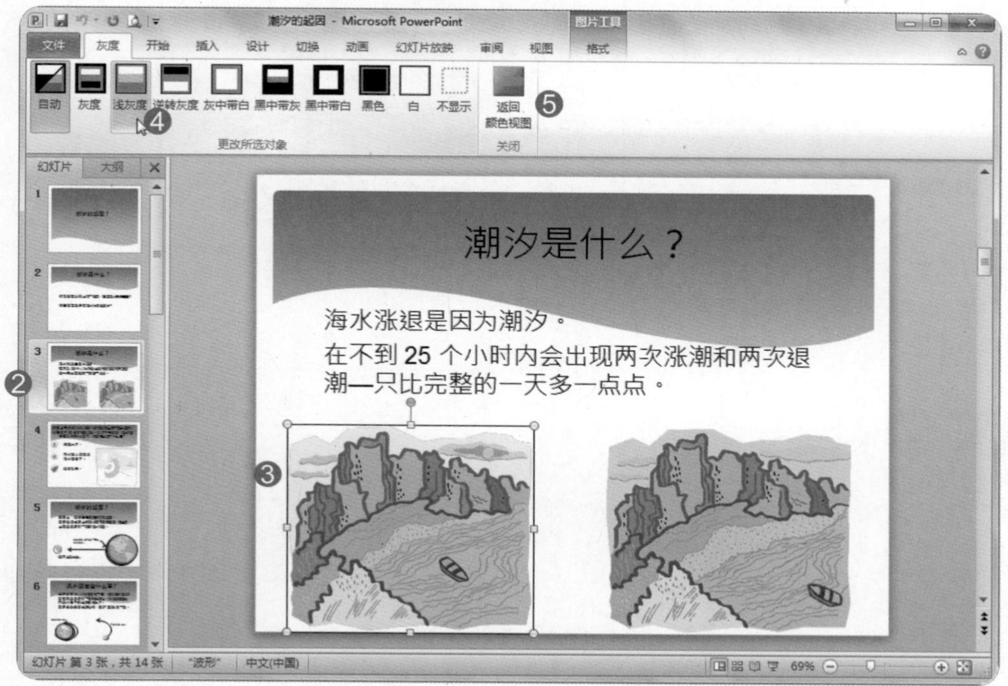

第2小题

❶ 单击演示文稿左上角“自定义快速访问工具栏”按钮。

❷ 在下拉菜单中单击“打印预览和打印”命令。

❸ 单击演示文稿左上角“自定义快速访问工具栏”的“打印预览和打印”按钮。

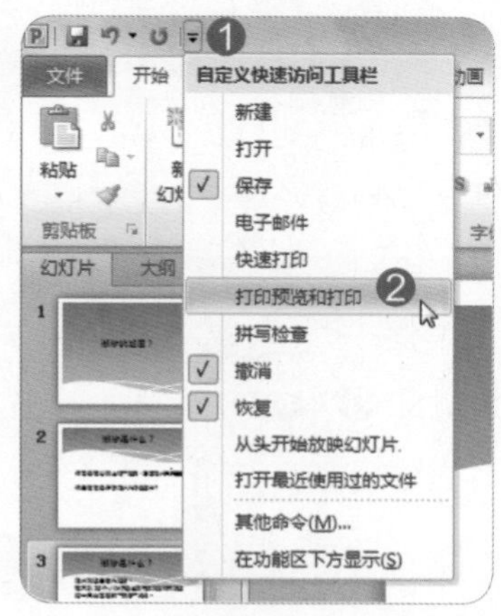

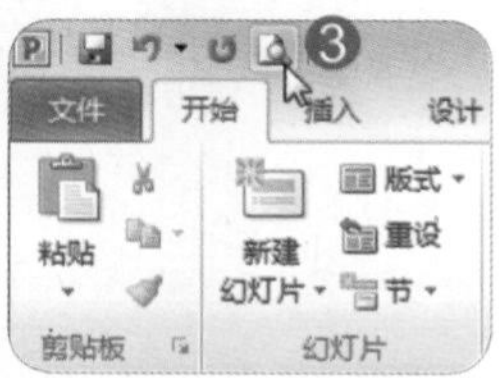

❹ 在“设置”中，选择“灰度”的打印预览效果。

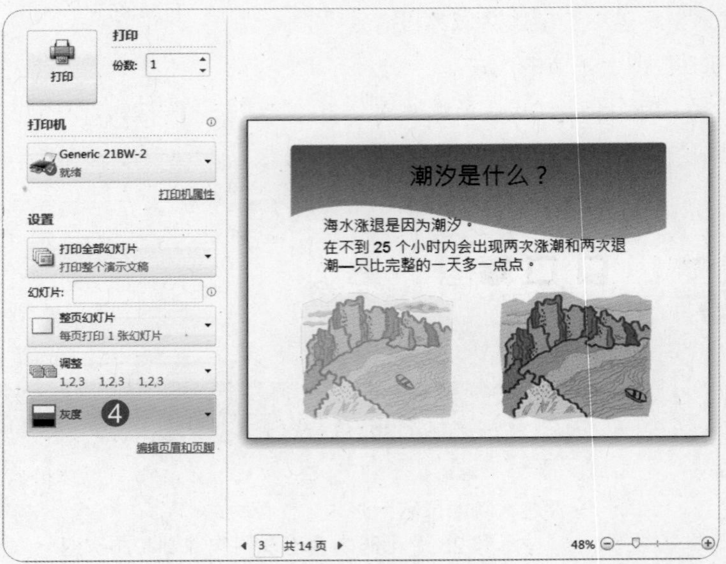

测验试题 25/30

●题目

1. 新增一个名称为“快速演示文稿”的“自定义幻灯片放映”，只播放幻灯片“1、2、3、5、7”，最后关闭窗口。
2. 在幻灯片2新增批注，输入文字“增加图片”，再将演示文稿“用密码进行加密”，需要输入“7713”时才能开启演示文稿。

●解题步骤

第1小题

❶ 单击“幻灯片放映”选项卡→“开始放映幻灯片”组→“自定义幻灯片放映”按钮。

❷ 在下拉菜单中单击“自定义放映”命令。

❸ 单击“自定义放映”对话框中的“新建”按钮。

❹ 在“幻灯片放映名称”后的文本框中输入文字“快速演示文稿”。

❺ 按住【Ctrl】键不放，依次单击在“在演示文稿中的幻灯片”窗口中的“1、2、3、5、7”。

❻ 单击“添加”按钮。

❼ 单击“确定”按钮。

❽ 单击“关闭”按钮。

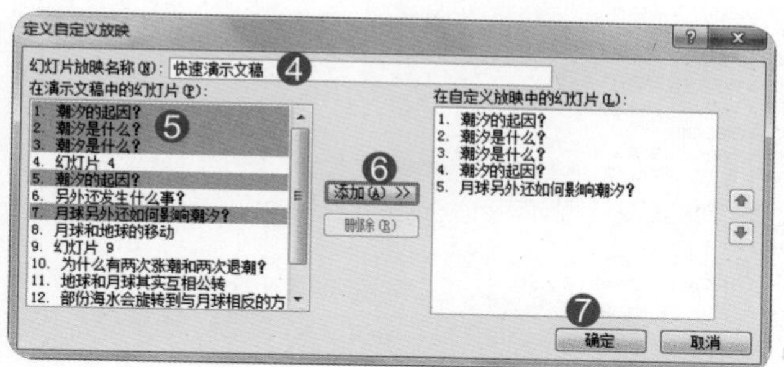

第2小题

❶ 在幻灯片索引标签中选中第2张幻灯片。

❷ 单击“审阅”选项卡→“批注”组→“新建批注”按钮。

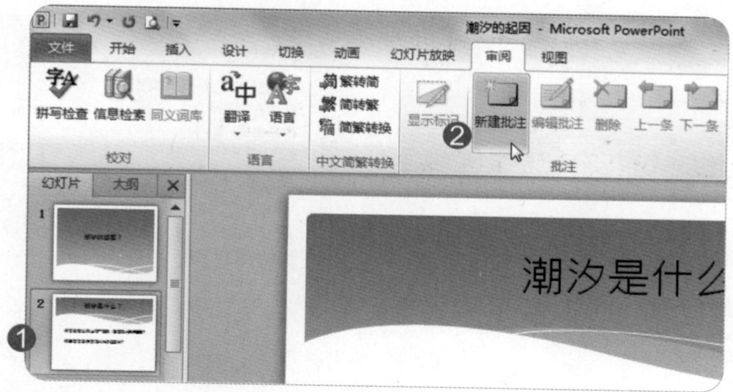

❸ 单击幻灯片2中批注文本框，并输入文字“增加图片”。

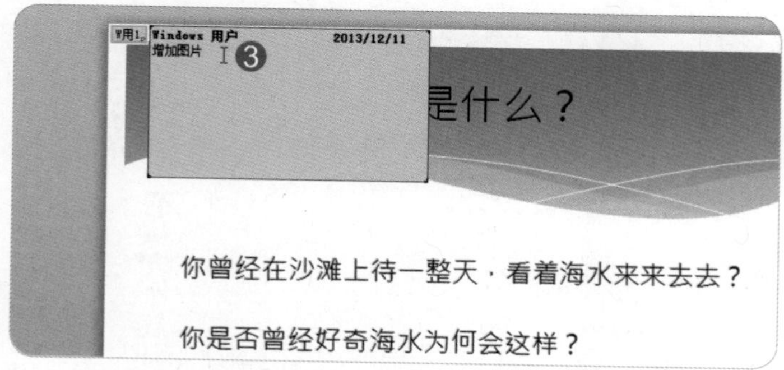

❹ 单击“文件”选项卡→“信息”命令→“保护演示文稿”按钮。

❺ 在下拉菜单中单击“用密码进行加密”命令。

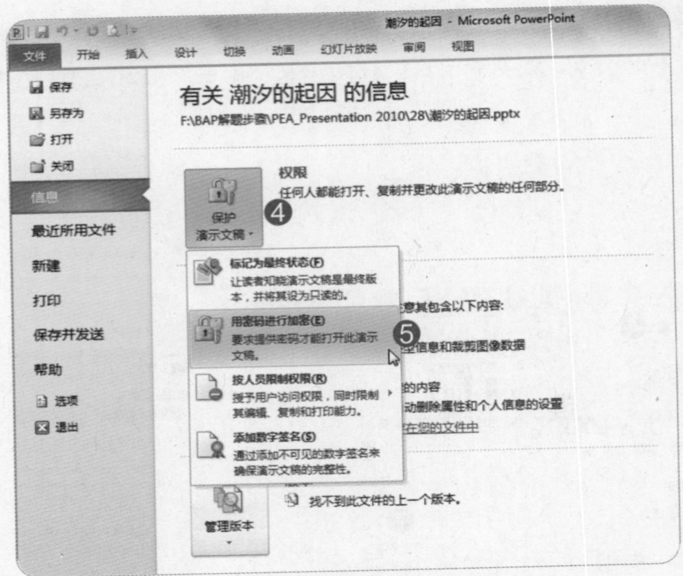

❻在“加密文档”对话框中，“密码”文本框中输入“7713”。

❼然后单击“确定”按钮。

❽在“确认密码”对话框中，在“重新输入密码”文本框中输入“7713”。

❾然后单击“确定”按钮。

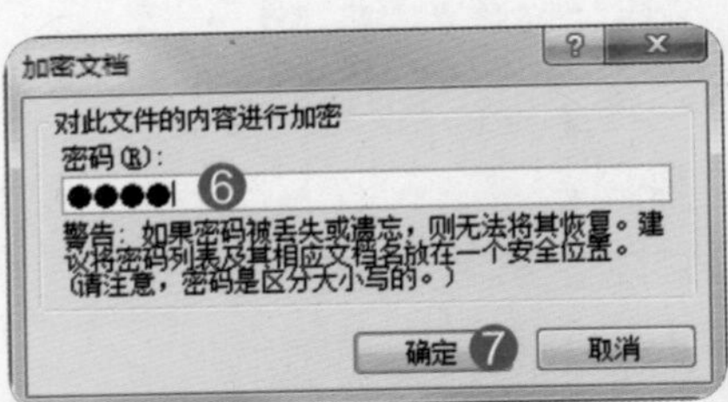

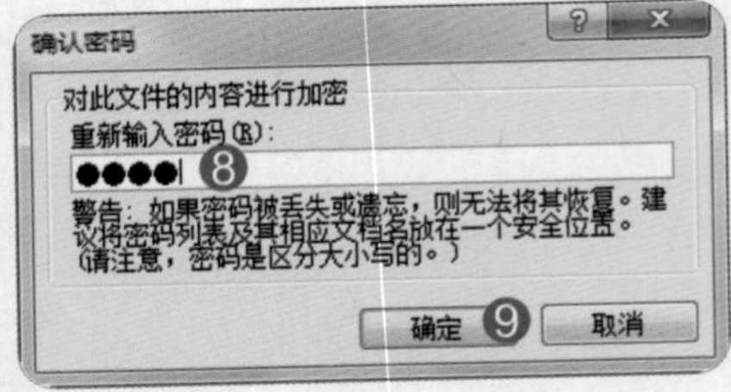

完成后效果如图所示。

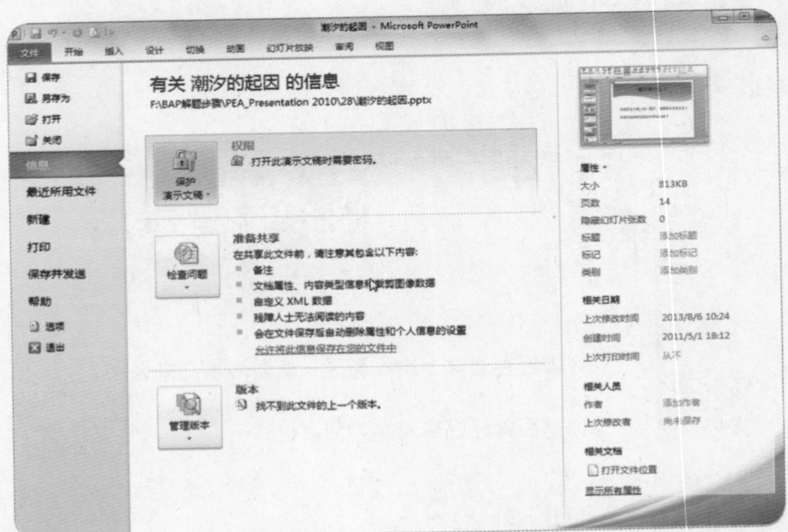

测验试题 26/30

●**题目**

1. 隐藏幻灯片2至幻灯片7，接着从第一张幻灯片开始放映演示文稿，放映至“月球已经移动一点点…”开头的两行文字时，以“黄色荧光笔”圈选起来，最后结束放映并保留墨迹注释。
2. 在幻灯片14修改原有的批注，在文字“确认到此结束？”之后再加上新文字“已确认”。

●解题步骤

第1小题

❶ 在幻灯片索引标签中选中第2张幻灯片。

❷ 按住【Shift】键，在幻灯片索引标签中单击第7张幻灯片。

❸ 右击幻灯片2～7中任意一张幻灯片，如幻灯片6。

❹ 在弹出的快捷菜单中单击“隐藏幻灯片”命令。

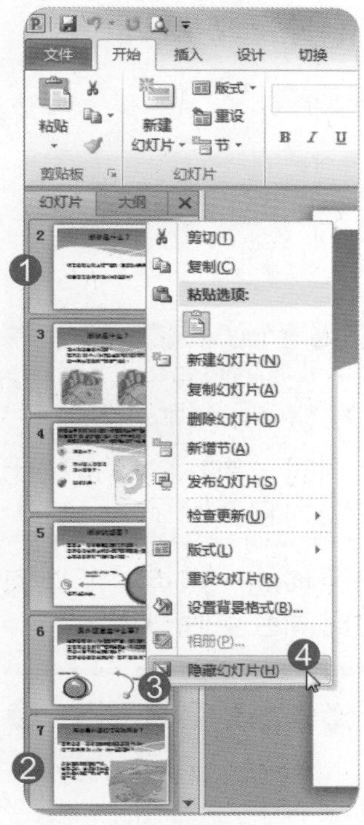

❺ 单击“幻灯片放映”选项卡→“开始放映幻灯片”组→“从头开始”按钮。

❻ 单击鼠标左键以切换放映幻灯片，放映至有“月球已经移动一点点…”开头的两行文字所在幻灯片右击。

❼ 在快捷菜单中单击“指针选项”命令→“荧光笔”选项。

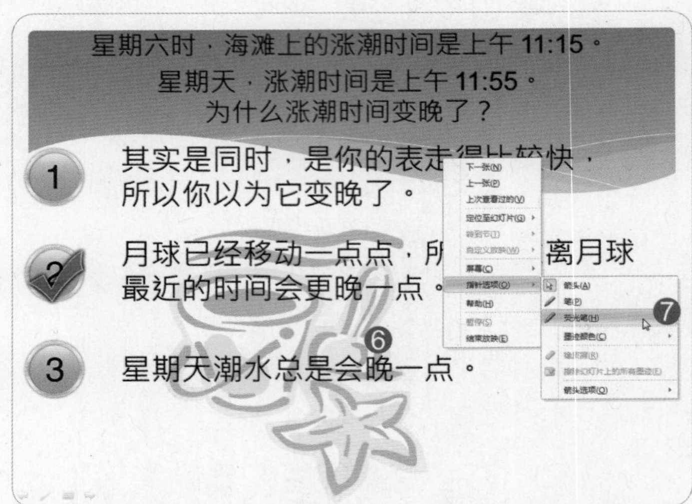

❽ 按住鼠标左键，拖动鼠标圈选“月球已经移动一点点…”开头的两行文字，然后释放鼠标。

❾ 在幻灯片上右击，弹出快捷菜单。

❿ 在快捷菜单中单击“结束放映”命令。

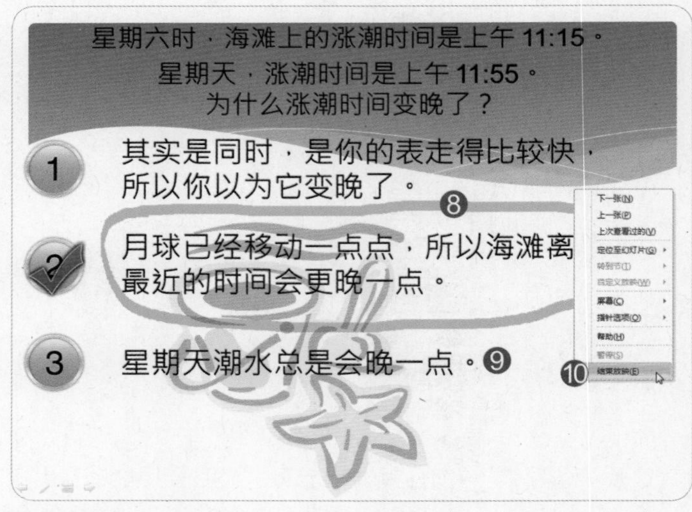

⓫ 单击“保留”按钮。

完成后效果如图所示。

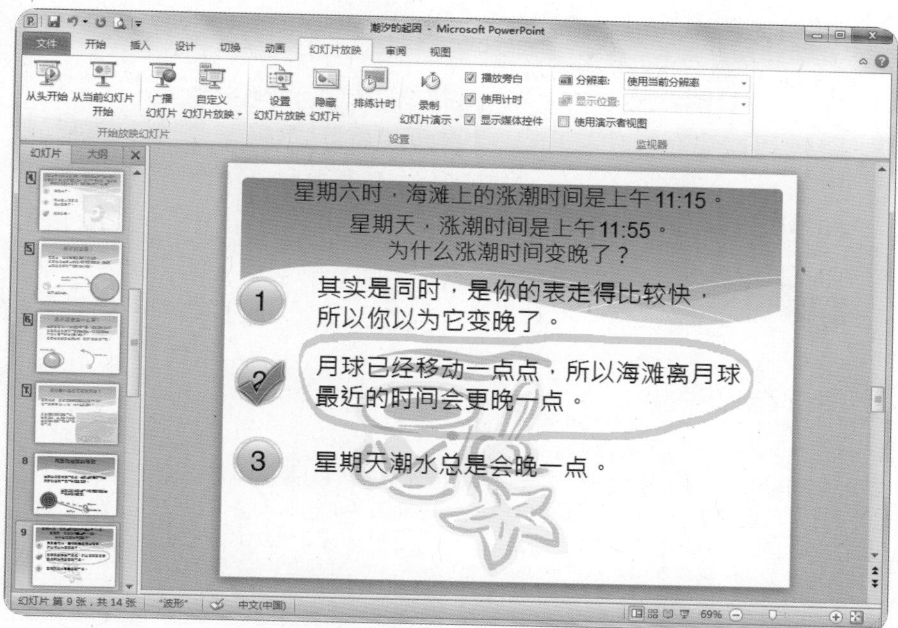

第2小题

❶ 在幻灯片索引标签中选中第14张幻灯片。

❷ 单击选中幻灯片14中的批注标记。

❸ 单击“审阅”选项卡→“批注”组→“编辑批注”按钮。

❹ 在批注文本框中的文字“确认到此结束？”之后输入文字“已确认”。

测验试题 27/30

●题目

1. 设置PowerPoint选项，取消“Internet和网络路径替换为超链接”功能。
2. 在幻灯片3，删除第2个项目符号中网址“www.music.com”的超链接，并在第4个项目符号之后输入网址“www.ttc.com.tw”，再按下【Enter】键换行。

●解题步骤

第1小题

❶ 单击“文件”选项卡“选项”命令。

❷ 单击“PowerPoint选项”对话框左侧“校对”选项。

❸ 单击“自动更正选项”按钮。

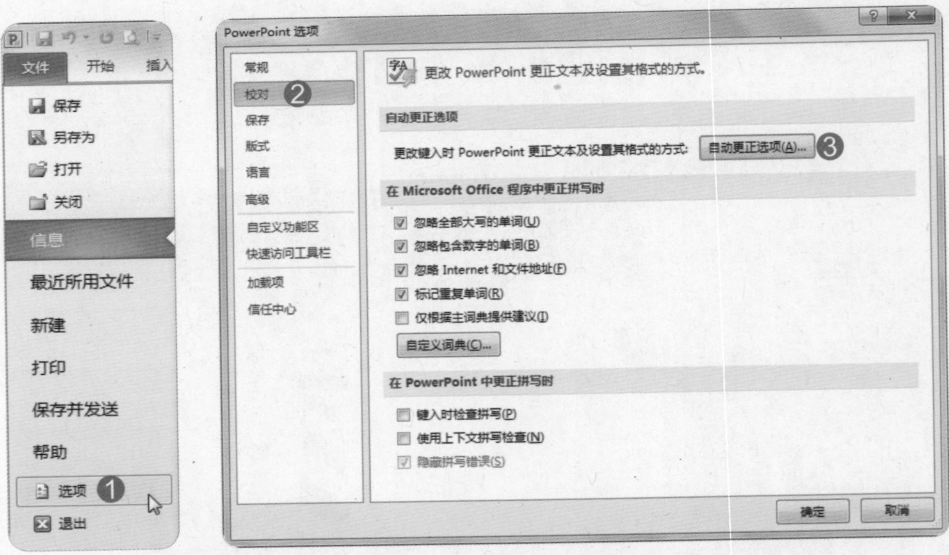

❹ 在弹出的“自动更正”对话框中单击“键入时自动套用格式”选项卡。

❺ 取消选择“Internet和网络路径替换为超链接”选项。

❻ 然后单击“确定”按钮。

❼ 在“PowerPoint选项”对话框中，单击“确定”按钮。

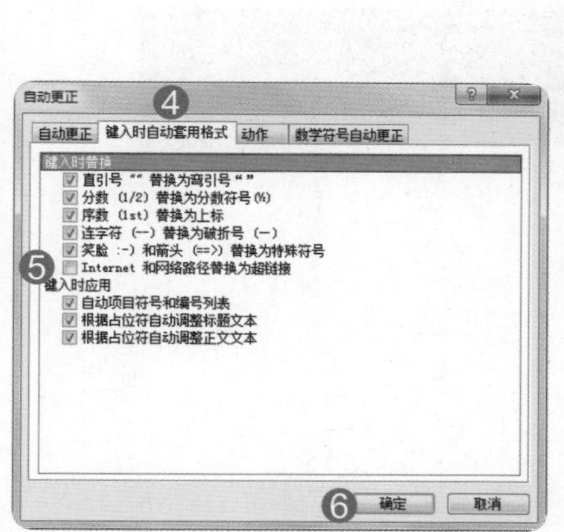

第2小题

❶ 在幻灯片索引标签中选中第3张幻灯片。

❷ 右击第2个项目符号中的网址“www.music.com”。

❸ 在弹出的快捷菜单中单击“取消超链接”命令。

❹ 在项目文字“合作平台：”之后左击，输入网址“www.ttc.com.tw”，再按下【Enter】键换行。

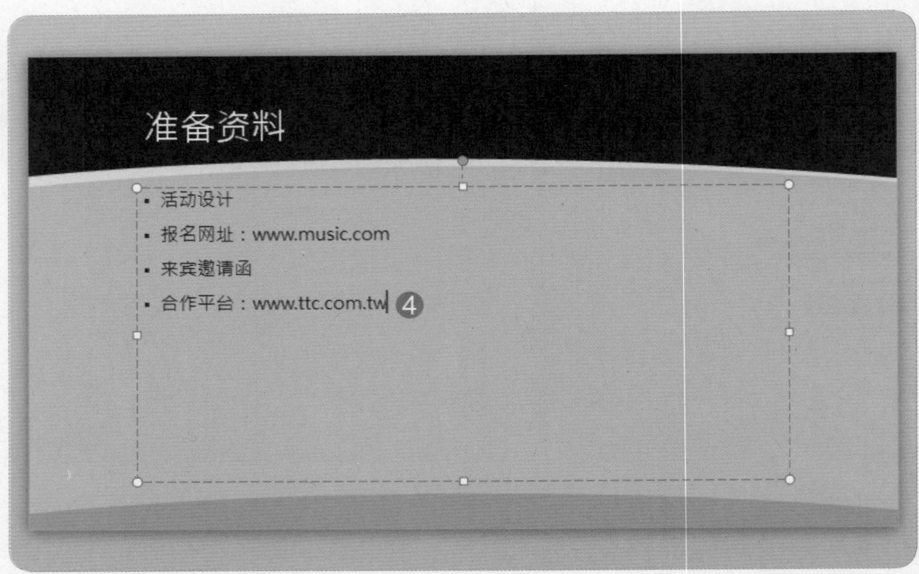

完成后效果如图所示。

测验试题 28/30

●**题目**

1. 将幻灯片显示比例调整为“最佳”，并将幻灯片1外侧右方的白鸽图片旋转“45°”，再将图片新增“其他动作路径”中的“向左”、开始：“单击时”、持续时间：“1秒”。
2. 对文本框“心花朵朵开”新增“波浪形”强调动画效果，开始：“与上一动画同时”、持续时间：“0.5秒”、延迟：“0.5秒”。

●解题步骤

第1小题

❶ 单击“视图”选项卡→“显示比例”组→“适应窗口大小”按钮。

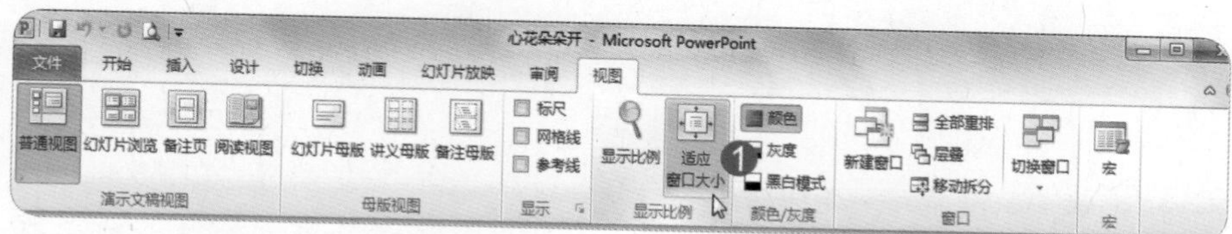

❷ 单击选中幻灯片1外侧右方的白鸽图片。

❸ 单击“图片工具：格式”选项卡→“排列”组→“旋转”按钮。

❹ 在下拉菜单中单击“其他旋转选项”命令。

❺ 单击“设置图片格式”对话框左侧“大小”选项。

❻ 将“旋转”设置为“45°”。

❼ 然后单击“关闭”按钮。

❽ 单击“动画”选项卡→“动画”组→“其他”下拉菜单按钮。

❾ 在下拉菜单中单击“其他动作路径”命令。

❿ 在“更改动作路径”对话框中，单击选择“直线和曲线：向左”路径。

⓫ 单击“确定”按钮。

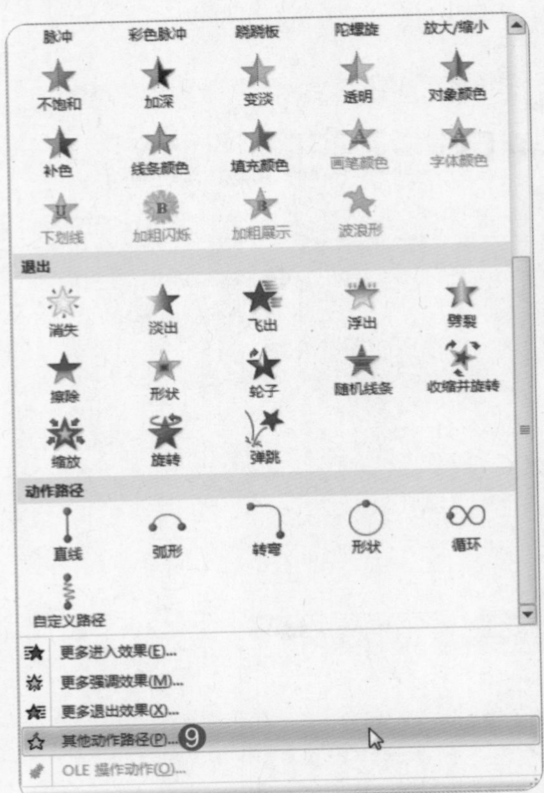

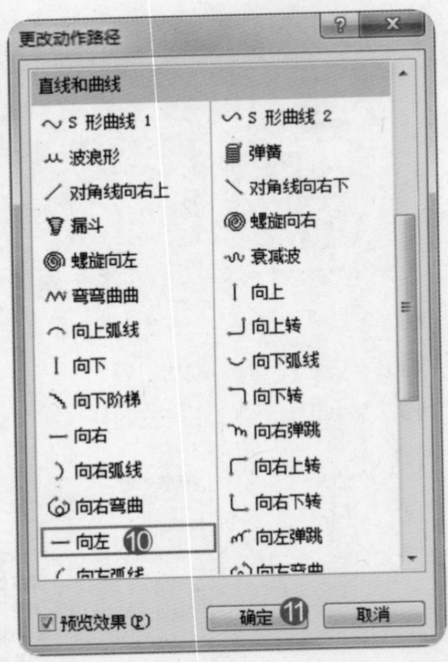

⓬ 在“动画”选项卡“计时”组中，将“开始”方式设置为“单击时”。

⓭ 将“持续时间”设置为“01.00”。

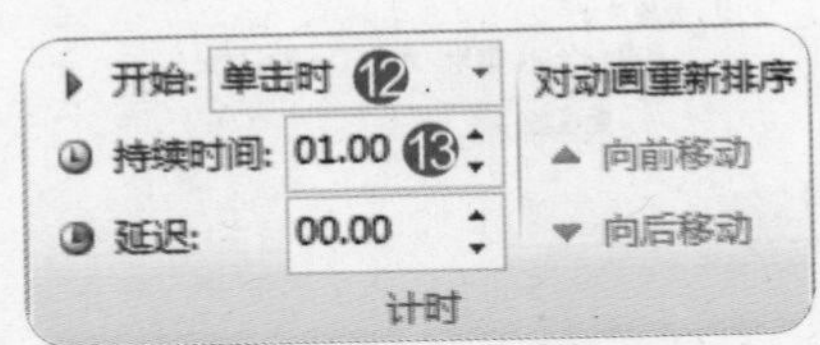

第2小题

❶ 单击选中文本框“心花朵朵开”。

❷ 单击“动画”选项卡→“动画”组→“其他”下拉菜单按钮。

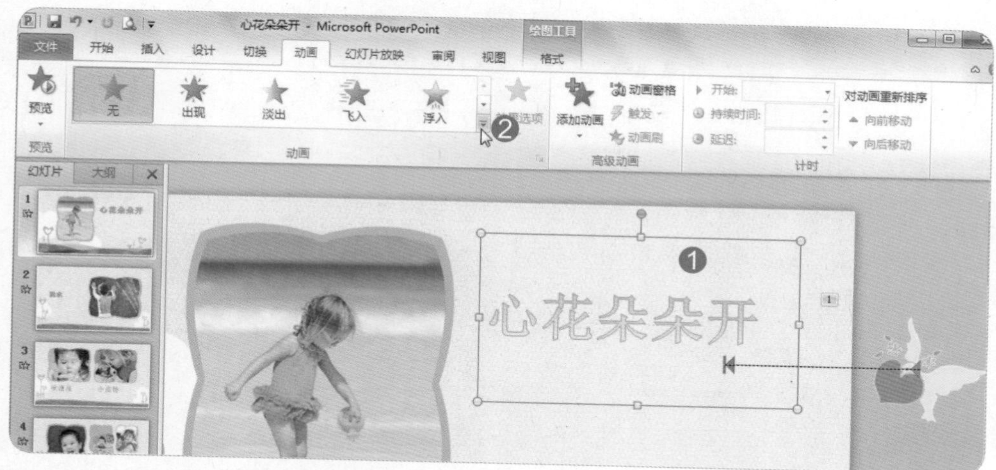

❸ 在下拉菜单中单击“强调：波浪形”动画。

❹ 单击“动画”选项卡→“计时”组→“开始”下拉菜单按钮。

❺ 在下拉菜单中单击“与上一动画同时”命令。

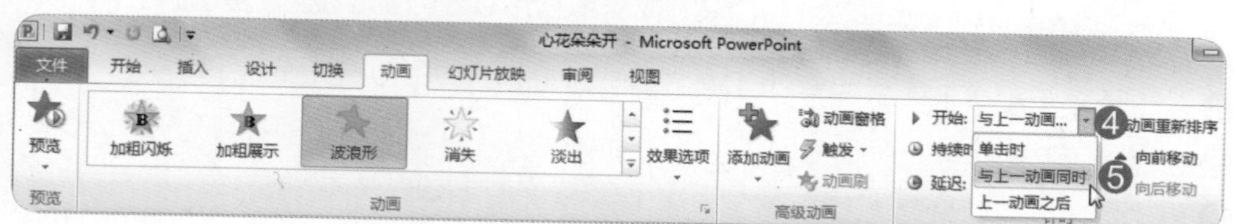

❻ 将“持续时间”设置为“00.50”。

❼ 将“延迟”设置为“00.50”。

测验试题 29/30

●题目

1. 添加“淡出”进入动画在幻灯片4的项目文字，开始：“上一动画之后”、持续时间：“0.5秒”。
2. 将幻灯片4项目文字的动画“动画刷”至幻灯片8的项目文字，调整“热气球”的动画播放顺序为最后。

●解题步骤

第1小题

❶ 在幻灯片索引标签中选中第4张幻灯片。

❷ 单击选中幻灯片4中的项目文字文本框。

❸ 单击“动画”选项卡→“动画”组→“其他”下拉菜单按钮。

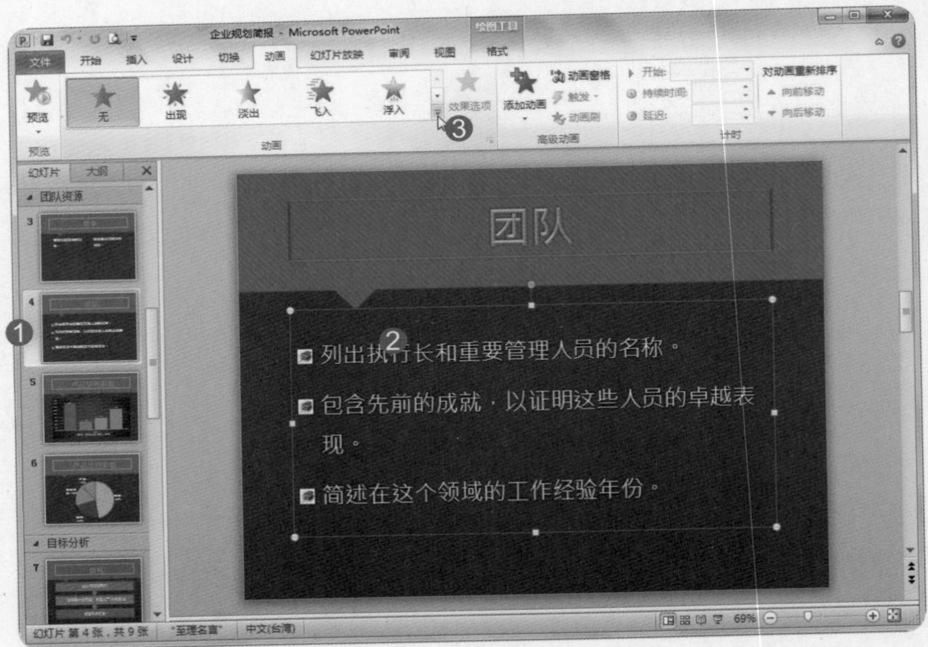

❹ 在下拉菜单中单击“进入：淡出”动画。

❺ 在“动画”选项卡“计时”组中，将“开始”方式设置为“上一动画之后”。

❻ 将“持续时间”设置为“00.50”。

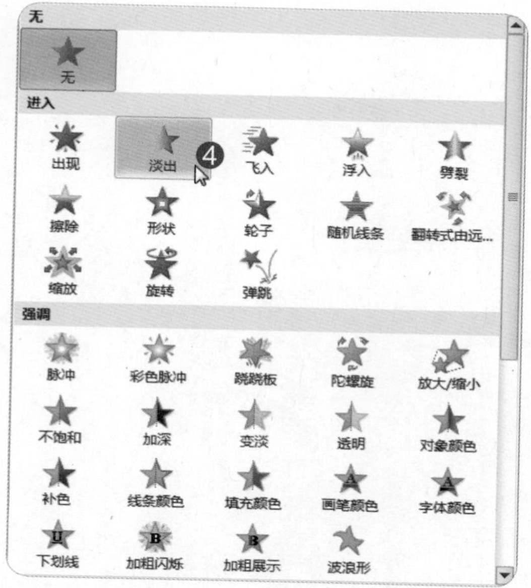

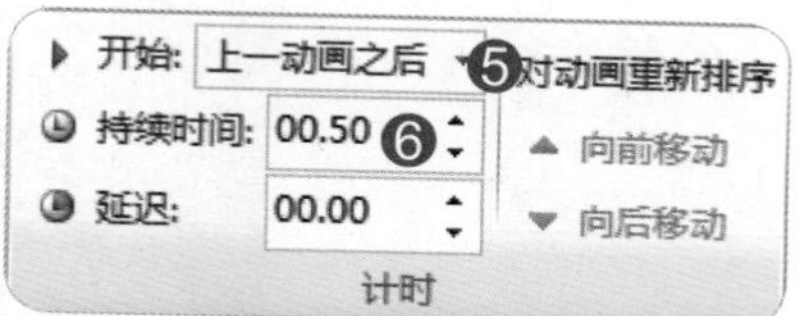

第2小题

❶ 单击选中幻灯片4中的项目文字文本框。

❷ 单击“动画”选项卡→“高级动画”组→“动画刷”按钮。

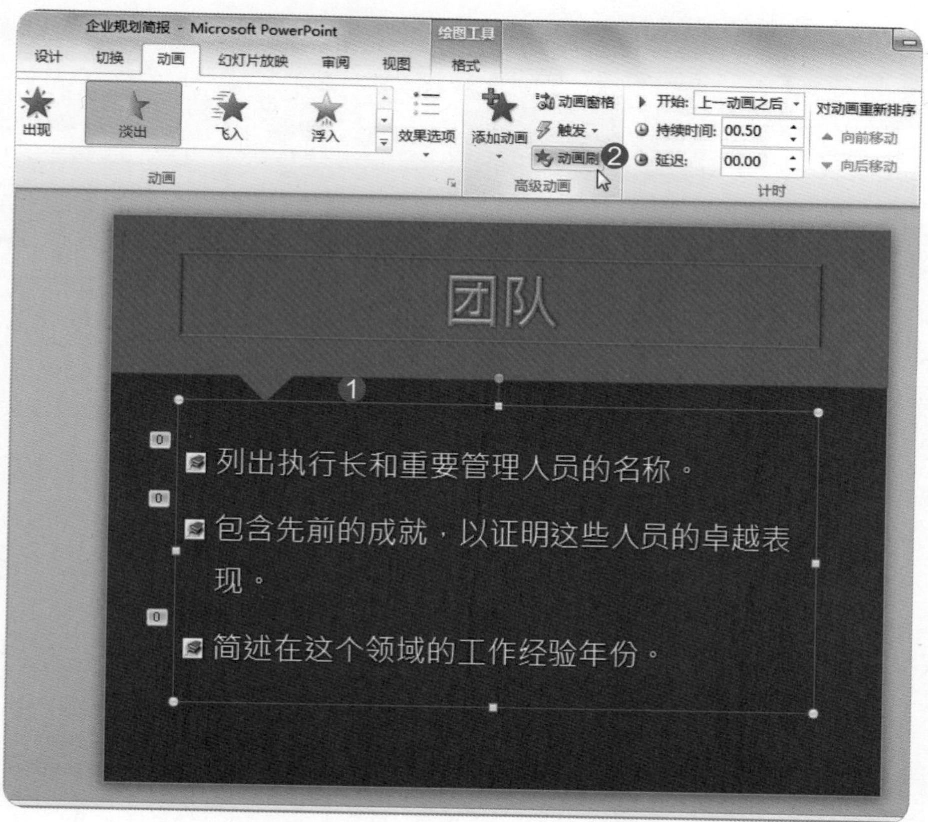

❸ 在幻灯片索引标签中选中第8张幻灯片。

❹ 单击幻灯片8中的项目文字。

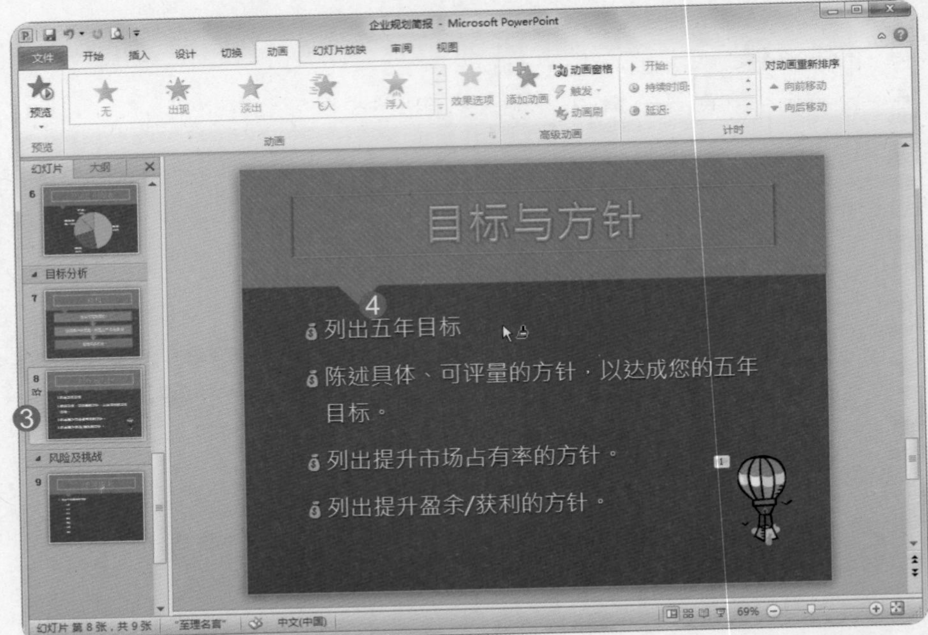

❺ 单击“动画”选项卡→“高级动画”组→“动画窗格”按钮。

❻ 在“动画窗格”中，单击“热气球”，按住鼠标左键不放，将其拖动至最后，然后释放鼠标。

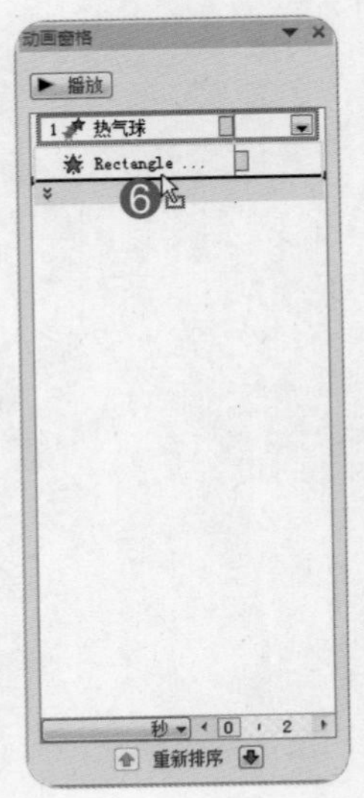

完成后效果如图所示。

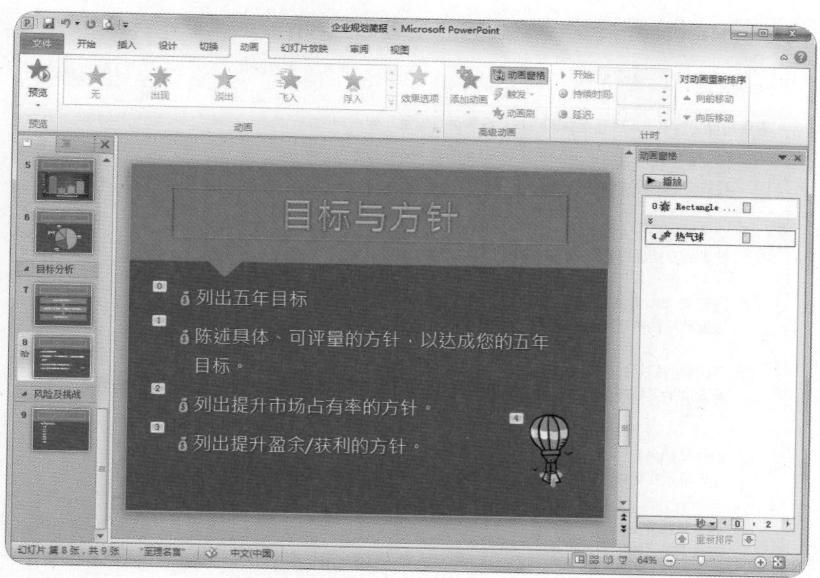

测验试题 30/30

●题目

1. 检查文档，删除“文档属性和个人信息”，使用“排练计时”功能录制每张幻灯片的时间约为2秒。
2. 设置幻灯片放映，放映类型“在展台浏览”。

●解题步骤

第1小题

❶ 单击“文件”选项卡→“检查问题”按钮→“检查文档”命令。

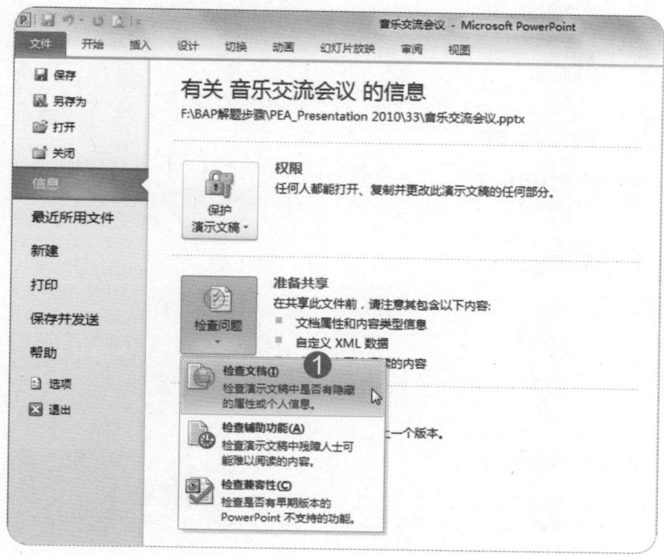

❷在“文档检查器”对话框中，单击“文档属性和个人信息”复选框。

❸单击“检查”按钮。

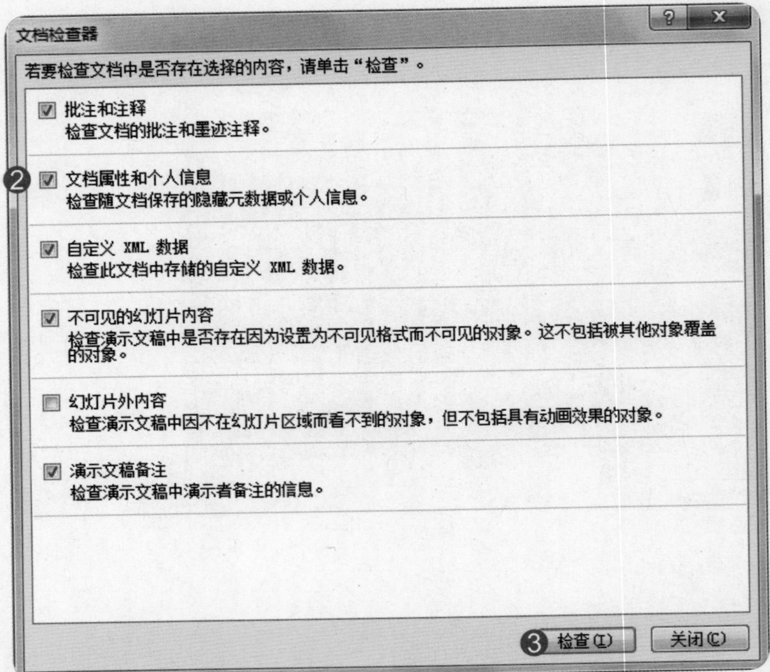

❹单击“文档属性和个人信息”一栏中的“全部删除”按钮。

❺单击“关闭”按钮。

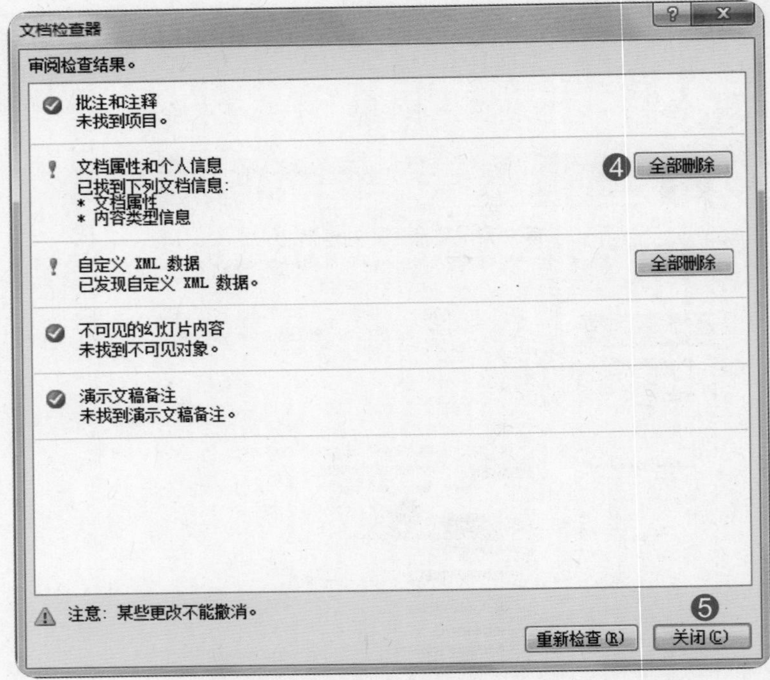

❻ 单击“幻灯片放映”选项卡→“设置”组→“排练计时”按钮。

❼ 单击左上角计时框，输入时间“0:00:02”，然后按【Enter】键。

❽ 单击左上角计时框，输入时间“0:00:02”，然后按【Enter】键。

❾ 单击左上角计时框，输入时间“0:00:02”，然后按【Enter】键。

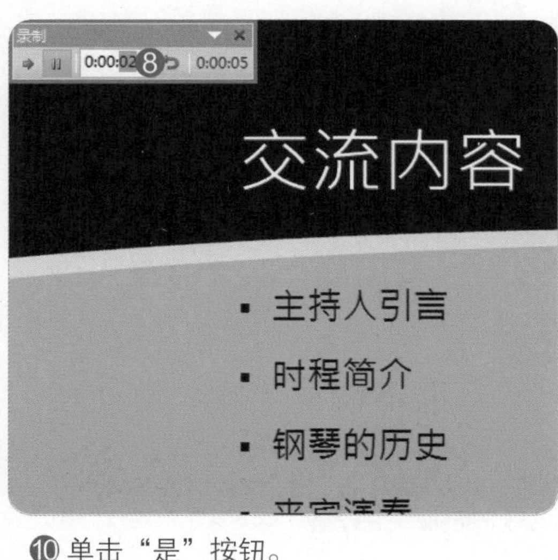

❿ 单击“是”按钮。

完成后效果如图所示。

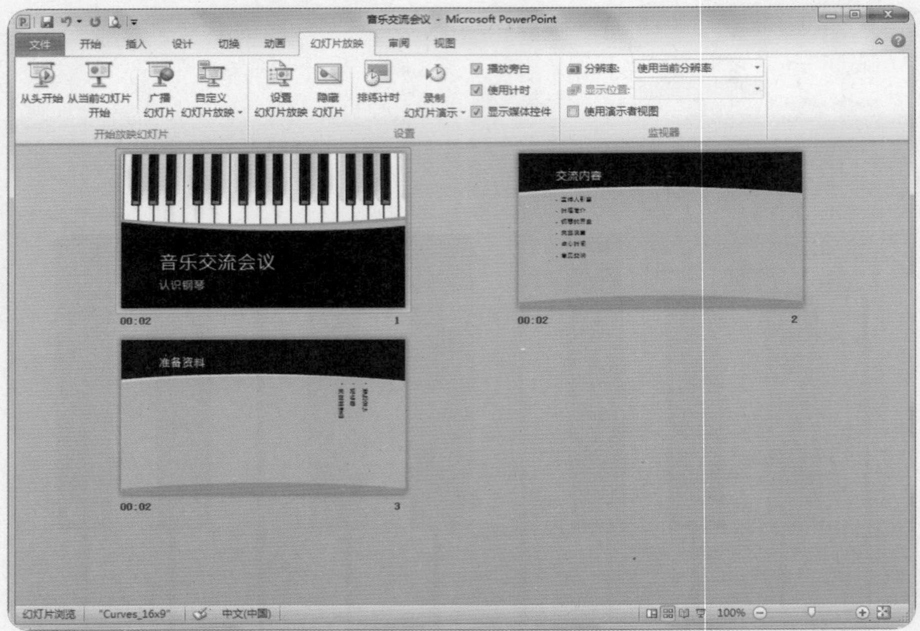

第2小题

❶ 单击“幻灯片放映”选项卡→“设置”组→“设置幻灯片放映”按钮。

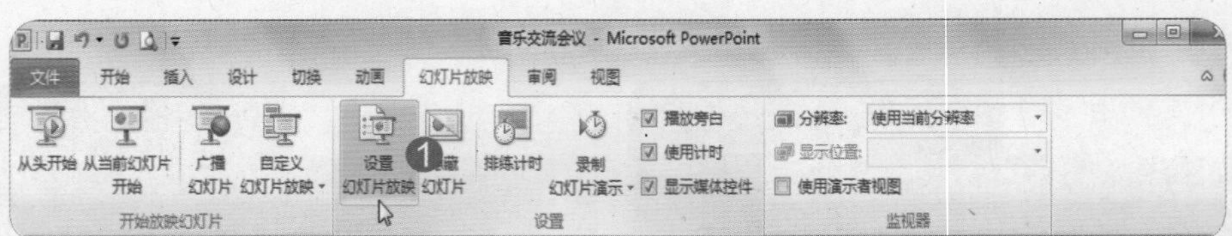

❷ 在“设置放映方式”对话框中，单击选择“放映类型”组中的“在展台浏览”单选按钮。

❸ 单击“确定”按钮。

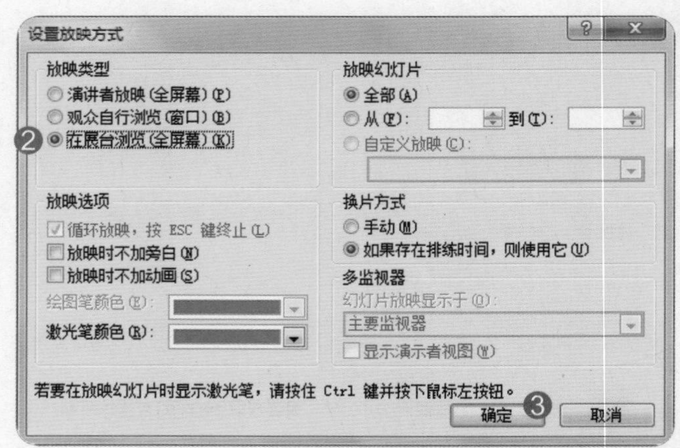